ÉLÉMENTS

DE

GÉOMÉTRIE

À l'usage des Établissements d'Instruction,
des aspirants au baccalauréat ès lettres, et des élèves
de l'enseignement spécial

CONTENANT

UN GRAND NOMBRE DE PROBLÈMES RÉSOLUS ET À RÉSOUDRE

Avec des sujets : Levé des Plans, Arpentage, Partage des terres,
des Notions de nivellement,
le Cubage des bois, le Jaugeage des tonneaux, etc.

PAR M. A. ANDRÉ

NOUVELLE ÉDITION, REVUE ET AMÉLIORÉE

PARIS

LIBRAIRIE CLASSIQUE DE F. E. ANDRÉ-GUÉDON
Successeur de Ma... et FRIOT
15, RUE SÉGUIER, 15

1875

V

30301

ÉLÉMENTS

DE

GÉOMÉTRIE

OUVRAGES DE M. PH. ANDRÉ

Nouveau Cours complet d'Algèbre élémentaire (N° 4). 1 vol. in-8, broché...................................... 4 »

Cours d'Algèbre de l'enseignement spécial. 1 vol. in-8, broché... 4 »

Éléments d'Algèbre (N° 3). 1 vol. in-8.............. 3 »

Le *Nouveau Cours d'Algèbre* (N° 4) est entièrement conforme au programme officiel; cependant, nous avons cru devoir traiter en outre diverses questions importantes, dans le but d'être agréable à MM. les Professeurs.

Nous appellerons particulièrement leur attention sur l'interprétation géométrique des équations du premier et du second degré, sur la représentation graphique des variations d'un trinome du second degré, sur la résolution des équations réciproques et des équations binomes, sur les méthodes employées pour résoudre les questions de maximum et de minimum (l'une des méthodes consiste à représenter par des courbes les fonctions à une seule variable), sur une note relative aux Formules générales pour la résolution d'un système de trois équations du premier degré à trois inconnues, sur d'autres notes ayant trait à l'analyse indéterminée du premier degré, à la résolution des équations d'un degré quelconque, etc.

Le *Cours d'Algèbre de l'Enseignement spécial* est conforme au programme de cet enseignement. Toutes les questions importantes qui font partie de cet enseignement ayant été soigneusement traitées, ce volume s'adresse non-seulement aux élèves, mais encore à toutes les personnes qui désirent connaître la théorie mathématique des grandes opérations financières. Elles trouveront dans cet ouvrage une foule de renseignements utiles, des démonstrations faciles et toujours rigoureuses.

De très-nombreux exercices pratiques complètent la théorie.

Enfin, les *Éléments d'Algèbre* (N° 3), qui sont un extrait des deux ouvrages précédents, conviennent aux aspirants au baccalauréat ès lettres et aux élèves d'un grand nombre d'Établissements d'instruction.

Nous présentons avec confiance ces trois nouveaux volumes à l'appréciation de tous les maîtres qui suivent déjà nos autres ouvrages de mathématiques. Comme toujours, nous avons fait tous nos efforts pour répondre à leur attente.

Algèbre élémentaire. 6e *édition*. 1 vol. in-12, cart... 1 60

Nouveau Cours d'exercices et de problèmes d'Algèbre, ou énoncés et solutions développées des questions proposées dans le Cours d'Algèbre. 3e *édition*. 1 vol. in-12, broché........ 1 60

Nouveau cours d'Arithmétique (N° 4), rédigé conformément aux programmes officiels de l'enseignement secondaire classique et de l'enseignement secondaire spécial. 2e *édition*. 1 volume in-8, broché.. 4 »

Éléments d'Arithmétique (N° 3), à l'usage de toutes les institutions, des aspirants au baccalauréat ès lettres, au brevet de capacité, et aux élèves de première et de deuxième année de l'enseignement spécial. 2e *édition*. 1 vol. in-8, broché............. 3 »

Exercices d'Arithmétique (problèmes et théorèmes) ou énoncés et solutions développées des questions proposées dans le *Nouveau Cours d'Arithmétique* (N°4) et dans les *Éléments* (N°3). 1 v. 8°, br. 5 »

Nouveau Cours de Géométrie, à l'usage de toutes les institutions. 7e *édition*. 1 vol. in-12, cartonné............. 4 »

Exercices de Géométrie (problèmes et théorèmes), ou énoncés et solutions développées des questions proposées dans le *Cours de Géométrie* et dans les *Éléments*. 2e *édit*. 1 fort vol. in-8, br. 6 »

Paris. — Imp. Viéville et Capiomont, rue des Poitevins, 6.

ÉLÉMENTS

DE

GÉOMÉTRIE

A l'usage des Établissements d'Instruction,
des aspirants au baccalauréat ès lettres, et des élèves
de l'enseignement spécial

CONTENANT

PLUS DE MILLE PROBLÈMES RÉSOLUS ET A RÉSOUDRE

Trois traités très-complets : Levé des plans, Arpentage, Partage des terres,
des Notions de nivellement,
le Solivage des bois, le Jaugeage des tonneaux, etc.

PAR M. PH. ANDRÉ

SEPTIÈME ÉDITION, REVUE ET AMÉLIORÉE

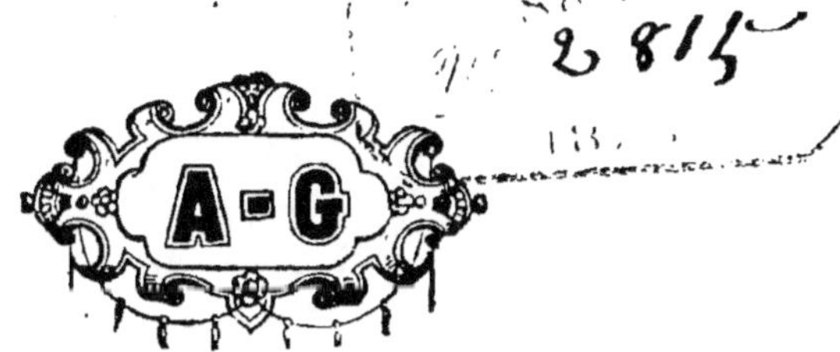

PARIS

LIBRAIRIE CLASSIQUE DE F. E. ANDRÉ-GUÉDON

Successeur de Madame veuve THIÉRIOT

15, RUE SÉGUIER, 15

1875

PRÉFACE DES ÉLÉMENTS

Pendant bien des années, en présence d'intelligences plus ou moins développées, nous avons recherché avec persévérance les meilleurs procédés pour faire saisir aux élèves les vérités mathématiques. L'ouvrage que nous publions est le fruit de cette longue expérience dans l'enseignement des sciences exactes.

Nous avons pu nous convaincre qu'il est nuisible de faire apprendre aux élèves des définitions et des démonstrations qui, sous le prétexte d'être faciles, n'ont pas toute la rigueur mathématique désirable. La vérité est une : il est préférable de ne rien savoir que de mal savoir.

Nous avons également observé que bien des jeunes gens ne font aucun progrès parce qu'ils ne se rendent pas compte de la signification de certains axiomes ; que quelques théorèmes, *parfaitement compris*, conduisent aisément les élèves à la connaissance de toute la géométrie élémentaire ; qu'il est très-avantageux de passer, à une première lecture, les théorèmes présentant quelques difficultés, ou au moins de n'apprendre que l'énoncé de ces théorèmes, quand il est nécessaire. Cette méthode nous a réussi au delà de nos espérances.

Nous avons encore remarqué que très-souvent un mot,

un exemple bien choisi fait saisir un axiome, une définition ou une démonstration. Ainsi, on se borne à faire apprendre les axiomes par cœur sans aucune explication, parce que les axiomes ne se démontrent pas ; sans doute ils ne se démontrent pas, mais quelques mots peuvent cependant très-bien servir à les faire comprendre : quel est l'enfant qui ne verra pas que si deux règles sont égales, elles restent encore égales après avoir été augmentées ou diminuées d'une même quantité ? que deux règles égales à une troisième sont égales entre elles ? etc.

C'est surtout pour la géométrie dans l'espace qu'il convient de venir en aide par quelques exemples à l'obscurité des définitions : une porte tournant sur ses gonds sera pour l'élève l'image d'un plan non fixé, les gonds et la serrure seront trois points servant à fixer le plan ; un livre entr'ouvert présentera un dièdre, le lieu où se coupent le plancher et deux murs, un trièdre, etc.

Pour bien faire comprendre les livres V, VI et VII, il est indispensable de recourir à des figures en reliefs. On peut employer pour construire ces modèles du bois, du carton, où simplement de la terre glaise pour beaucoup d'entre eux.

Enfin nous avons vu des élèves se perdre dans les démonstrations où les angles sont désignés par trois lettres. Pour éviter cet inconvénient, nous avons, en général, indiqué chaque angle par une lettre minuscule.

Toutes les fois qu'il nous a été possible, nous avons fait suivre l'énoncé de chaque théorème de notations, de formules qui le résument. Nous reconnaissons à cette méthode plusieurs avantages : ces notations guident l'élève dans sa démonstration, et lui font connaître le but vers lequel il tend. Il apprend en outre à traduire en formules le langage mathématique.

D'ailleurs, les exercices que renferme ce volume sont si nombreux et si variés qu'il sera toujours facile de trouver une application à chaque leçon en rapport avec la force des élèves.

Nous n'avons pas la prétention d'avoir atteint la perfection dans notre travail ; cependant nous invitons le lecteur qui manquerait d'indulgence à comparer notre ouvrage pour la théorie, et surtout pour la pratique, à tous ceux du même genre qui existent.

NOMBRES USUELS

$$\sqrt{2} = 1,41421 \qquad \pi = 3,14159$$
$$\sqrt{3} = 1,73205 \qquad \frac{1}{\pi} = 0,31831$$
$$\sqrt{5} = 2,23606 \qquad \log 2 = 0,3010300$$
$$\sqrt[3]{2} = 1,25992 \qquad \log 3 = 0,4771213$$
$$\sqrt[3]{3} = 1,44224 \qquad \log 5 = 0,6989700$$
$$\log \pi = 0,4971509$$

ÉLÉMENTS

DE

GÉOMÉTRIE

NOTIONS PRÉLIMINAIRES

1. Corps. On appelle *corps* tout ce qui occupe une certaine partie de l'espace[1]. Exemples : un livre, un morceau de bois, une pierre, etc.

Les corps présentent en général *trois dimensions : longueur, largeur* et *épaisseur*. Cette dernière s'appelle encore *hauteur* et *profondeur*. Ces dimensions sont bien visibles dans une règle, un livre, un mur, etc.; mais elles sont confuses dans une boule, une pierre non taillée, etc.

2. Volume. On nomme *volume* d'un corps la portion de l'espace qu'il occupe.

3. Surface. On désigne par *surface* d'un corps ce qui le termine, ce qui le sépare de l'espace environnant, ou encore la partie du corps que les yeux peuvent voir, que les mains peuvent toucher.

4. Ligne. Une *ligne* est le lieu où deux surfaces se rencontrent. Les arêtes d'une pièce de bois équarrie sont des lignes.

5. Point. On appelle *point* le lieu où deux ou plusieurs lignes se coupent. On nomme encore point l'extrémité d'une ligne.

1. On appelle espace cette immensité au milieu de laquelle sont suspendus tous les astres et le globe que nous habitons.

1

6. Figures. Les volumes, les surfaces et les lignes sont désignés sous le nom de *figures*.

7. Figures égales. Deux *figures sont égales* quand, appliquées l'une sur l'autre ou l'une dans l'autre, elles coïncident dans toute leur étendue.

8. Figures équivalentes. On appelle *figures équivalentes* celles qui ont la même valeur sans avoir la même forme. Ainsi, dans le cas où la surface d'un triangle est égale à celle d'un carré, on dit que ces deux figures sont équivalentes.

9. Figures semblables. On désigne par figures semblables les figures qui ont la même forme sans avoir la même étendue. Un petit cercle et un grand, une petite boule et une grosse, sont des figures semblables.

10. Axiome [1]. On nomme *axiome* une vérité évidente par elle-même.

Voici des axiomes d'un fréquent usage :

1° *Le tout est plus grand que sa partie;*

2° *La partie est plus petite que le tout;*

3° *Le tout est égal à la somme de ses parties;*

4° *Deux quantités égales à une troisième sont égales entre elles;*

5° *Deux quantités égales, soit qu'on les augmente ou qu'on les diminue d'une même quantité, ne cessent pas d'être égales;*

6° *Deux quantités égales, soit qu'on les multiplie ou qu'on les divise par une même quantité, ne cessent pas d'être égales;*

7° *Deux quantités inégales, augmentées ou diminuée d'une même quantité, donnent des résultats encore inégaux.*

11. Théorème [2]. On appelle *théorème* ou *proposition* une vérité qui n'est pas évidente par elle-même. Les trois angles d'un triangle valent deux angles droits : voilà une vérité, mais comme on ne peut la comprendre sans *démonstration*, on l'appelle théorème.

---

1. Du grec *axioma*, autorité, principe.

2. Du grec *Theos*, Dieu, et dè *reó*, je coule. *Theó-remd*, émanation de Dieu, quelque chose qui vient de Dieu (MONTUCLA, *Hist. des Math.*).

12. Démonstration. On appelle *démonstration* un raisonnement qui sert à prouver la vérité d'un théorème.

13. Corollaire[1]. Un *corollaire* est une conséquence qui découle d'une proposition.

14. Problème[2]. Un *problème* est une vérité à trouver.

15. Solution. Une *solution* est une réponse à un problème.

16. Réciproque. On nomme *réciproque* d'une proposition une autre proposition énoncée en sens inverse de la première. Voici deux propositions réciproques : *Dans tout triangle, au plus grand angle est opposé le plus grand côté. — Dans tout triangle, au plus grand côté est opposé le plus grand angle.*

17. Géométrie[3]. La *géométrie* est une science qui traite

---

1. Du latin *corollarium*; fait de *corolla*, altération de *corona*, couronne.

2. Du grec *probléma*, de *pro-ballô*, proposer, mettre en question.

3. La géométrie est, comme toute science, fille de la nécessité. On pense qu'elle prit naissance en Égypte et qu'elle fut créée pour remédier à la confusion que les débordements annuels du Nil mettaient dans les limites des propriétés. Son étymologie, *gê*, terre, *metron*, mesure, fait assez connaître que, dans le principe, son usage était borné à la mesure des terrains et à leur division. Aujourd'hui nous avons à chaque instant besoin de son secours.

« La géométrie, dit M. Desdouits, est la base des travaux publics; c'est elle qui fait l'astronome et guide le navigateur; c'est à ses préceptes que nous devons tous les arts de construction, nos édifices publics, nos maisons, les fortifications de nos villes, nos routes, nos ports, nos canaux et l'architecture savante des nombreux navires qui sillonnent les mers. C'est le géomètre qui mesure et dessine, suivant leurs proportions, les diverses parties des États, et qui, rapprochant ainsi leurs différents points, fait apprécier à l'œil les conséquences de leurs positions relatives; c'est lui qui dirige l'emploi de nos machines de guerre; c'est à ses mesures et à ses calculs que sont subordonnés les mouvements des armées. Enfin, toutes les sciences sont liées à la géométrie; elle est le fondement de la mécanique, de l'hydraulique, de l'optique, et toutes les parties de la physique en reçoivent de continuels secours.

» Dans une sphère moins élevée, la géométrie nous apprend à mesurer et à représenter nos champs, nos jardins, nos bâtiments, à en évaluer et à en comparer les dépenses et les produits; elle mesure des hauteurs et des distances inaccessibles, guide la main du dessinateur; enfin, présente une infinité d'usages détachés, souvent applicables dans l'économie domestique. »

Platon (348 av. J. C.) aimait tellement la géométrie, il la trouvait si de la mesure de l'étendue des figures et de l'étude de leurs propriétés.

18. Ligne droite. Une *ligne droite* est le plus court chemin d'un point à un autre, ou encore une ligne dont tous les points ou éléments qui la composent sont dans la même direction (*fig. 1*).

Fig. 1.   Fig. 2.

19. Ligne brisée. On appelle *ligne brisée* ou *polygonale* une ligne composée de plusieurs droites (*fig. 2*).

20. Ligne courbe. On nomme *ligne courbe* celle dont tous les points qui la composent ne sont pas dans la même direction.

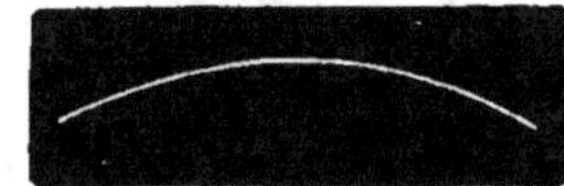

Fig. 3.

Une ligne courbe est encore celle qui n'est ni droite ni composée de lignes droites.

21. Plan ou surface plane. Le plan est une surface telle qu'elle contient tout entière la droite qui joint deux de ses points *pris à volonté*. On dit aussi que le plan est une surface sur laquelle on peut appliquer en tous sens une règle bien droite. Une glace, une table de marbre bien polie, représentent des surfaces planes.

22. Surface brisée. Une *surface brisée* est celle qui est composée de surfaces planes. Exemple : les feuillets d'un paravent.

23. Surface courbe. On appelle *surface courbe* celle qui n'est ni plane ni composée de surfaces planes. Exemple : la surface d'une boule.

24. Division de la géométrie. La géométrie se divise en deux parties : 1° la *géométrie plane*, qui traite de toutes les figures situées dans un même plan ; 2° la *géométrie*

digne d'occuper l'esprit de l'homme, qu'il pensait que la Divinité même devait faire son bonheur en géométrisant sans cesse.

Euclide d'Alexandrie est le plus ancien auteur de géométrie. Il florissait environ 300 ans avant Jésus-Christ, sous le règne de Ptolémée-Lagus. Les *Éléments* d'Euclide ont été traduits dans toutes les langues.

dans l'espace, qui traite de toutes les figures qui ne sont pas situées dans un même plan. S'occuper de théorèmes relatifs au cercle, c'est faire de la géométrie plane; en traitant ceux qui sont relatifs à la sphère, on fait de la géométrie dans l'espace.

SIGNES EMPLOYÉS EN GÉOMÉTRIE

25. On se sert en géométrie des mêmes signes qu'en arithmétique et en algèbre.

Ainsi :

$A + B$	se lit A *plus* B.
$A - B$	— A *moins* B.
$A \times B$ ou $A.B$	— A *multiplié par* B.
$A : B$ ou $\dfrac{A}{B}$	— A *divisé par* B. Pour $\dfrac{A}{B}$, on dit souvent A *sur* B.
$A = B$	— A *égale* B.
$A > B$	— A *plus grand que* B.
$A < B$	— A *plus petit que* B.
$AC = R\sqrt{2}$	— AC *égale* R *multiplié par racine carrée de* 2.

PREMIÈRE PARTIE

GÉOMÉTRIE PLANE

LIVRE PREMIER

DE LA LIGNE DROITE

26. Par un point A donné sur un plan, on peut faire passer une infinité de droites venant de toutes les directions possibles; mais, par deux points A et B, on n'en peut faire passer qu'une, parce que, de toutes celles qui partent du point A, une seule se dirige au point B. Alors on admet comme évident :

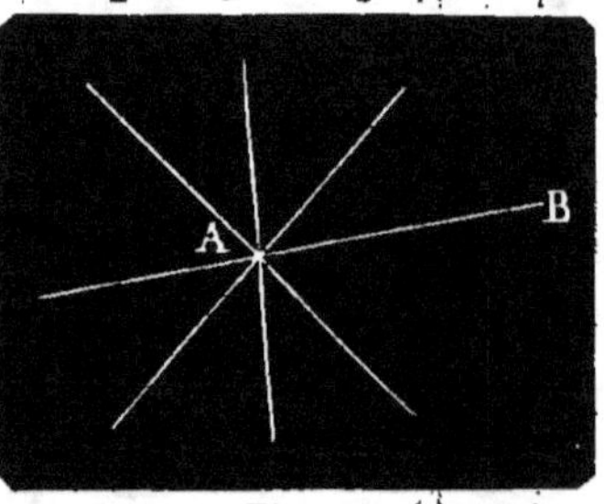

Fig. 4.

1° Que par deux points on ne peut mener qu'une seule ligne droite;

2° Que si deux droites ont deux points de communs, elles coïncident dans toute leur étendue.

DES ANGLES

27. Angle. On appelle *angle* l'ouverture plus ou moins grande formée par deux droites qui se rencontrent en un point nommé *sommet* de l'angle.

Les lignes AB et AC sont les *côtés* de l'angle.

La grandeur d'un angle dépend de l'ouverture de ses côtés, et non de leur longueur, qui est supposée indéfinie.

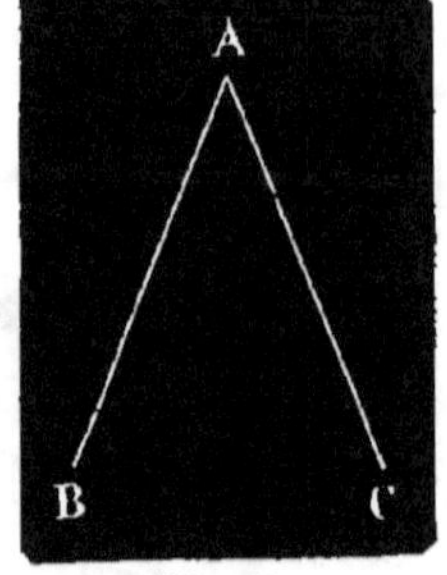

Fig. 5.

28. Un angle se désigne par la lettre du sommet :

lorsque plusieurs angles ont le même sommet, pour évi-
ter la confusion, on les dési-
gne chacun par trois lettres,
en mettant celle du sommet
au milieu, ou encore par de
petites lettres qui se mettent
dans l'intérieur des angles.

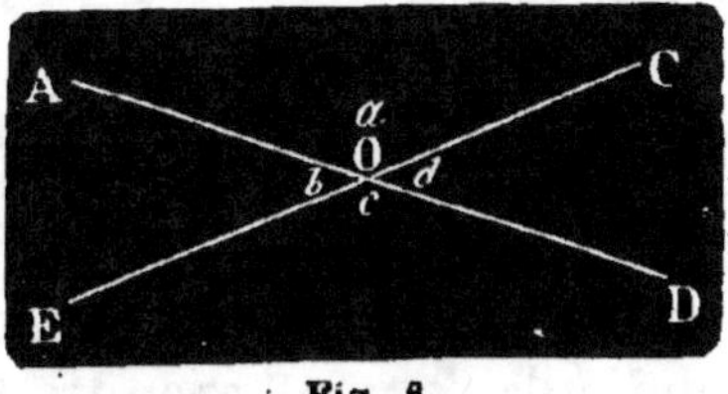

Fig. 6.

Ainsi on dira les angles AOC, AOE, EOD, DOC, ou a, b, c, d.

29. Génération des angles. Soient deux droites AB et
CD, l'une fixe AB, et l'autre CD mobile autour du point C.

Si l'on suppose que la droite CD, d'abord appliquée sur
CB, se relève, elle formera
dans son mouvement autour
du point C deux angles, dont
l'un, BCD, augmentera, et
l'autre, ACD, diminuera
d'une manière continue. Or,
il arrivera un instant où la

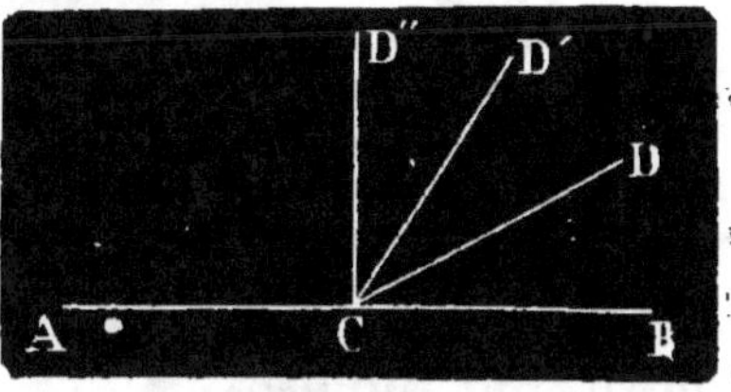

Fig. 7.

droite CD, devenue CD″, fera avec AB deux angles BCD″,
ACD″ égaux entre eux. Dans cette position, la droite CD″
est dite *perpendiculaire* à AB. Les deux angles égaux BCD″
et ACD″ sont appelés *angles droits* ou simplement *droits*.

30. Perpendiculaire. On appelle donc *perpendiculaire*
une ligne qui en rencontre une autre, de manière à for-
mer deux angles égaux. On nomme encore perpendicu-
laire une ligne qui en rencontre une autre, sans pencher
ni d'un côté ni de l'autre de cette même ligne. La ligne
CD″ est dans cette position, parce qu'elle ne penche ni
du côté de A ni du côté de B.

31. Oblique. L'*oblique* est une
ligne qui en rencontre une au-
tre en formant deux angles iné-
gaux. La ligne CD est oblique à
AB, parce que les deux angles
ACD et DCB ne sont pas égaux.

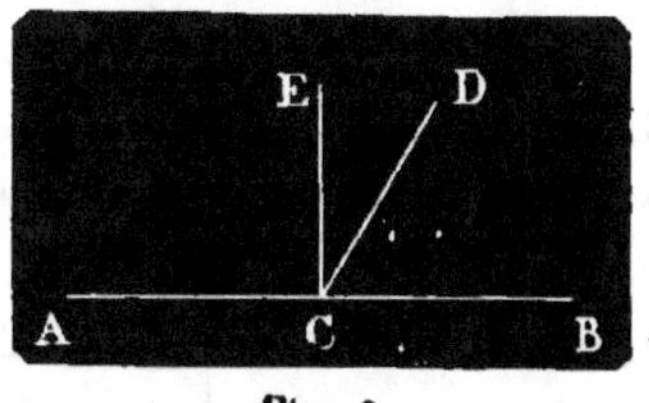

Fig. 8.

32. Verticale. On nomme *verticale* une ligne qui suit
la direction du fil à plomb.

33. Horizontale. L'*horizontale* est une ligne qui suit la direction de l'eau tranquille, considérée dans une petite étendue.

34. Remarque. Il est important de ne pas confondre les mots verticale et perpendiculaire : la verticale ne peut prendre que la direction du fil à plomb et être seulement perpendiculaire à l'horizontale, tandis que la perpendiculaire peut prendre toutes les directions, car une ligne sera toujours perpendiculaire à une autre si elle la rencontre en formant deux angles égaux.

35. Angle aigu. On appelle angle *aigu* un angle tel que BCD (*fig.* 8), plus petit qu'un angle droit.

36. Angle obtus. On nomme angle *obtus* un angle tel que ACD, plus grand qu'un angle droit.

37. Angles opposés par le sommet. Deux angles sont *opposés par le sommet* lorsque les côtés de l'un sont les prolongements des côtés de l'autre. Les angles *a* et *c* (*fig.* 6) sont opposés par le sommet; il en est de même des angles *d* et *b*.

38. Angles adjacents. On nomme angles *adjacents* deux angles qui ont un côté commun et les deux autres en ligne droite : les angles ACD et DCB (*fig.* 8), qui ont le côté commun CD et les deux autres AC et CB en ligne droite, sont adjacents.

THÉORÈME

39. *Par un point pris sur une droite, on ne peut élever qu'une seule perpendiculaire à cette droite.*

Première démonstration. En effet, si CD est perpendiculaire sur AB, on a (30) ACD = DCB. Une autre droite CE ne peut être aussi perpendiculaire, car l'angle de gauche a augmenté, tandis que celui de droite a diminué; donc les deux angles formés par CE

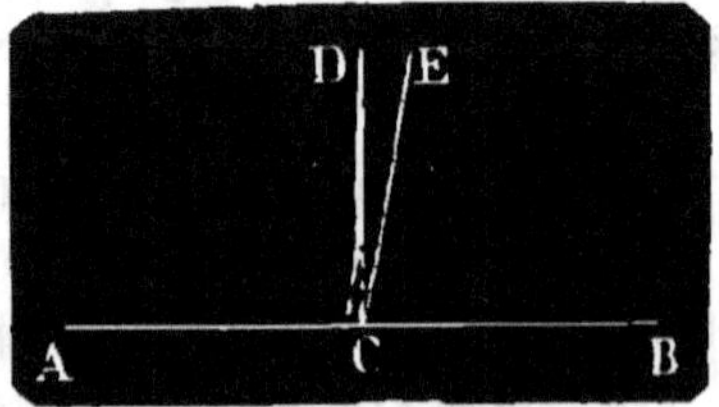

Fig. 9.

ne sont pas égaux, et par conséquent CE n'est point perpen

diculaire sur AB : donc par un point pris sur une droite on ne peut élever qu'une perpendiculaire à cette droite.

Seconde démonstration. En effet, si CD est perpendiculaire sur AB, on a (30) ACD = DCB ; or, pour qu'une autre droite CE puisse être aussi perpendiculaire sur AB, au même point C, il faudrait qu'on eût encore ACE = ECB, ce qui est impossible, puisque ACE est plus grand que ACD ou son égal DCB, tandis que ECB est plus petit. Les deux angles ACE et ECB ne sont donc pas égaux et CE n'est par conséquent pas perpendiculaire sur AB.

THÉORÈME

40. *Tous les angles droits sont égaux.*

Soit CD perpendiculaire sur AB et EF sur GH ; je dis que les deux angles droits formés par CD seront égaux aux deux angles droits formés par EF.

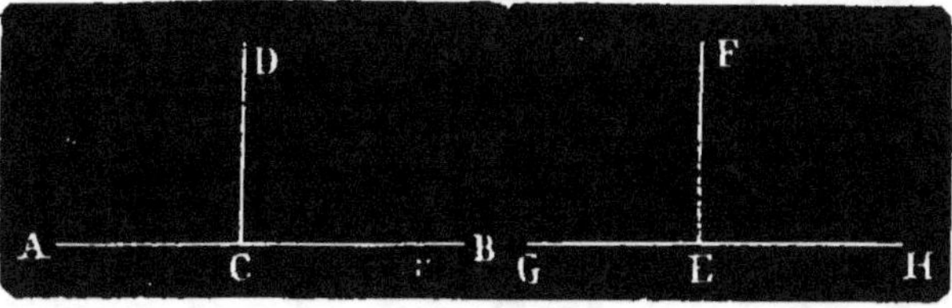

Fig. 10.

En effet, si nous plaçons la ligne GH sur la ligne AB, de manière qu'elles coïncident, et que le point E soit au point C, il faudra forcément que EF se confonde avec CD, sans quoi on pourrait élever sur AB deux perpendiculaires par le même point C, ce qui est impossible (39).

THÉORÈME

41. *La somme de deux angles adjacents, tels que* ACD, DCB, *est égale à deux droits.*

En effet, si nous menons la perpendiculaire CE, les deux angles ACD et DCB, occuperont le même espace que les deux angles droits ACE et ECB donc ils vaudront deux angles droits.

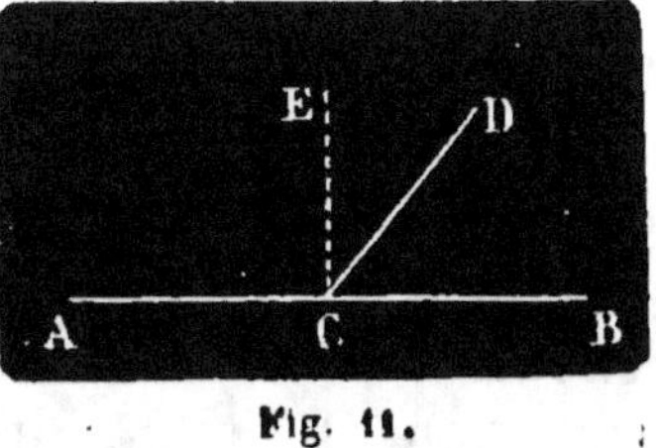

Fig. 11.

1.

AUTRE DÉMONSTRATION. A cause de la perpendiculaire EC, on a ACE + ECD + DCB = 2 droits ; mais ACE + ECD = ACD, donc ACD + DCB = 2 droits.

42. COROLLAIRE. *Si l'un des angles adjacents est droit, l'autre l'est aussi.*

43. Angles complémentaires. On désigne par *angles complémentaires* deux angles dont la somme vaut un droit : les angles BCD et DCE sont complémentaires.

44. Angles supplémentaires. On appelle *angles supplémentaires* deux angles dont la somme vaut deux droits : les angles ACD et DCB sont supplémentaires.

THÉORÈME

45. *La somme d'un nombre quelconque d'angles* a, b, c, d, e, *ayant même sommet C et situés du même côté d'une droite est égale à deux droits.*

En effet, on a ACD + DCB = 2 droits (41), donc les angles *a*, *b*, *c*, *d*, *e*, qui occu-

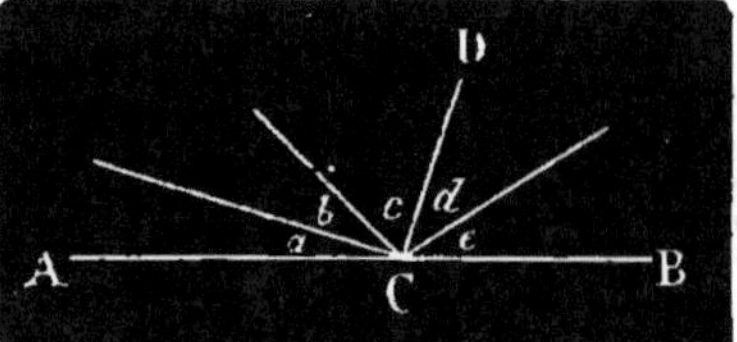

Fig. 12.

pent ensemble le même espace, valent aussi deux droits.

THÉORÈME

46. *La somme d'un nombre quelconque d'angles formés autour d'un même point* O *est égale à quatre droits.*

Pour le démontrer, menons la ligne MN : la somme des angles situés au-dessus de MN vaut deux droits (45), celle des angles situés au-dessous de la même ligne vaut également deux droits (45), donc la somme des angles réunis en O vaut 4 droits.

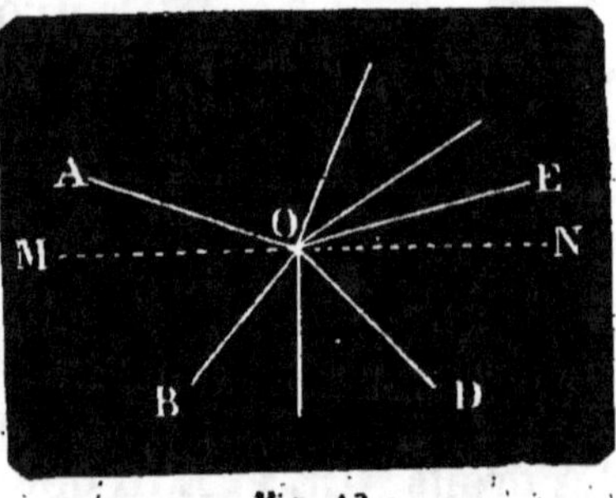

Fig. 13

Il est bien évident que la ligne MN ne change pas la

somme des angles, car les parties des angles AOB, EOD, qui ne figurent pas dans la somme des deux droits supérieurs, se trouvent dans la somme des deux droits inférieurs.

THÉORÈME

47. *Si une droite* CD *est perpendiculaire à une autre droite* AB, *réciproquement celle-ci l'est sur* CD.

En effet, CD étant perpendiculaire à AB, l'angle CFB est droit, mais son adjacent BFD le sera aussi (42), donc BF, et par conséquent AB, qui n'est qu'un prolongement de BF, est perpendiculaire sur CD.

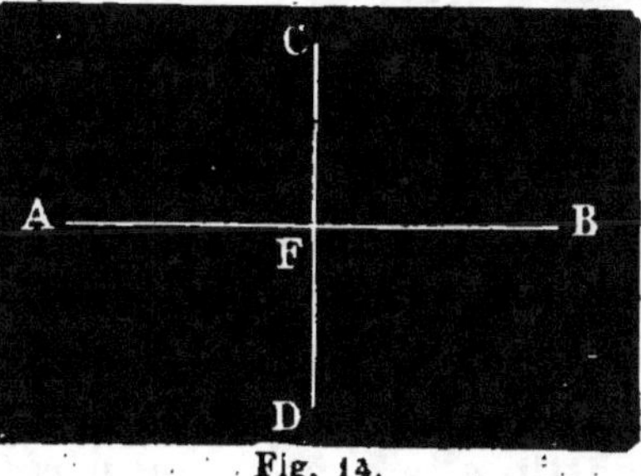

Fig. 14.

THÉORÈME

48. *Lorsque la somme de deux angles tels que* ACD *et* DCB *est égale à deux angles droits, les côtés extérieurs* AC *et* CB *sont en ligne droite.*

En effet, si CB n'est pas le prolongement de AC, on pourra toujours mener par le point C une ligne CE qui le sera, alors les deux angles ACD et DCE seront adjacents, et par conséquent leur somme vaudra deux droits (44); mais, par hypothèse, on a déjà ACD + DCB = 2

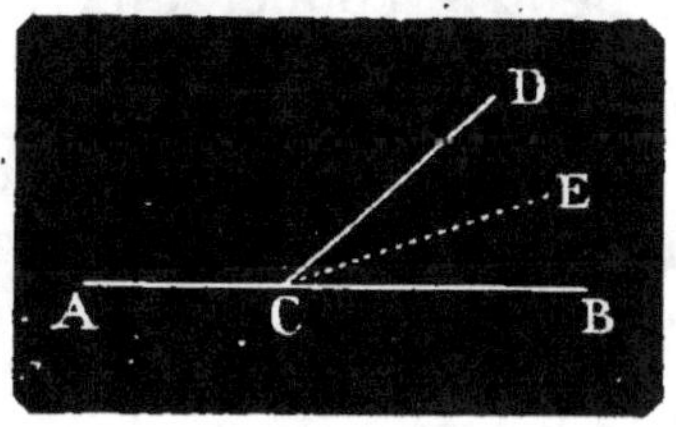

Fig. 15.

droits; donc (10, 4°), on devrait avoir ACD + DCE = ACD + DCB, ou DCE = DCB, ce qui est impossible, car l'un de ces angles n'est qu'une partie de l'autre : donc CB est le prolongement de AC.

THÉORÈME

49. *Les angles opposés par le sommet sont égaux.*

Ainsi on aura $a = c$ et $b = d$.

Je dis que $a = c$; en effet, $a + b = 2$ droits comme angles adjacents; pour la même raison on a aussi $b + c = 2$ droits; donc (10, 4°) $a + b = b + c$, d'où, en retranchant b à chaque membre (10, 5°), $a = c$. On prouverait de même que $b = d$.

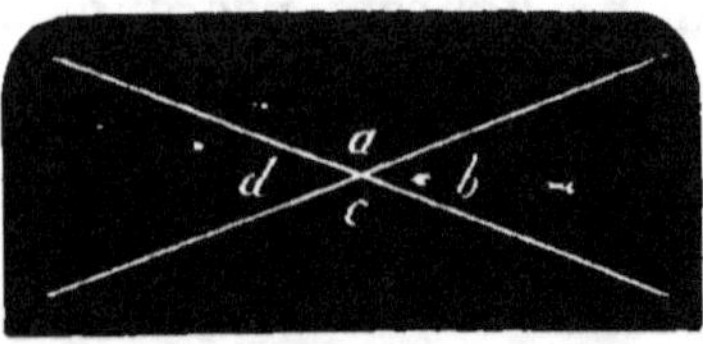

Fig. 16.

DES POLYGONES EN GÉNÉRAL

50. On appelle *polygone*[1] une figure plaine terminée de toutes parts par des lignes droites.

Les lignes AB, BC, CD..., sont les côtés du polygone; leur ensemble en constitue le contour ou *périmètre*[2].

Les points A, B, C..., où se rencontrent les côtés, sont les *sommets* du polygone.

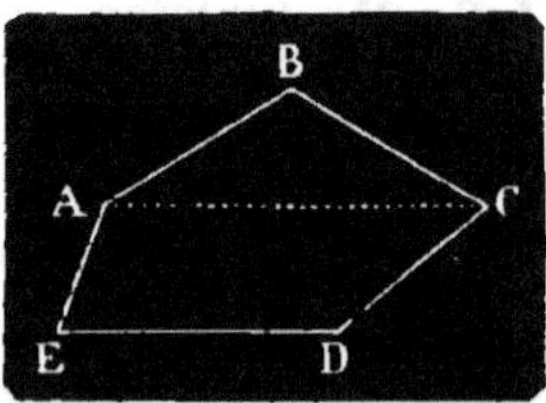

Fig. 17.

51. On nomme *diagonale*[3] une droite telle que AC, qui joint deux sommets non consécutifs.

52. Un polygone est *convexe*[4] ou à *angles saillants* lorsqu'une droite ne peut le couper qu'en deux points (*fig.* 18).

53. Un polygone est *concave*[5] ou à *angles rentrants* lorsqu'une droite peut le couper en plus de deux points (*fig.* 19).

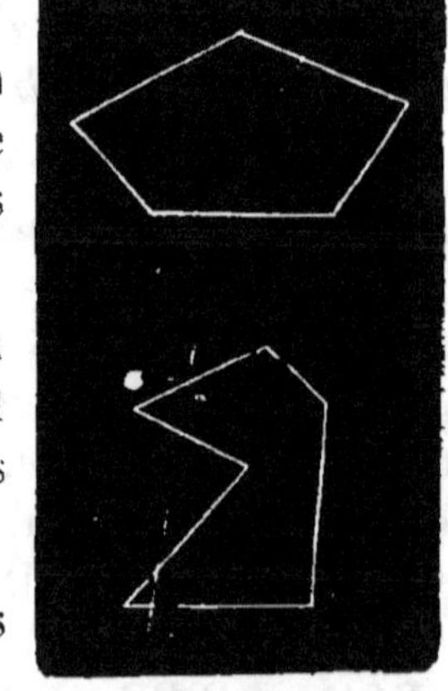

54. Un polygone a autant d'angles que de côtés.

Fig. 18 et 19.

1. Du gr. *polus*, plusieurs; *gónia*, angle.
2. Du gr. *peri*, autour ; *metron*, mesure.
3. Du gr. *dia*, à travers : *gónia*, angle.
4. Du lat. *convexus*, de *conveheré*, porter ensemble.
5. Du lat. *concavus*, formé de *cum*, avec ; *cavea*, cave ; radical *cavus*, creux (*concave*, avec un creux).

On nomme

Triangle[1]	le polygone de	3	côtés.
Quadrilatère[2]	—	4	—
Pentagone[3]	—	5	—
Hexagone[4]	—	6	—
Heptagone[5]	—	7	—
Octogone[6]	—	8	—
Ennéagone[7]	—	9	—
Décagone[8]	—	10	—
Hendécagone[9]	—	11	—
Dodécagone[10]	—	12	—
Pentédécagone[11]	—	15	—

Les autres polygones se désignen. par le nombre de leurs côtés.

Des Triangles

On distingue plusieurs espèces de triangles :

55. 1° Le triangle *équilatéral*[12], qui a ses trois côtés égaux (*fig.* 20) ;

56. 2° Le triangle *isocèle*[13], qui a deux côtés égaux (*f.*21) ;

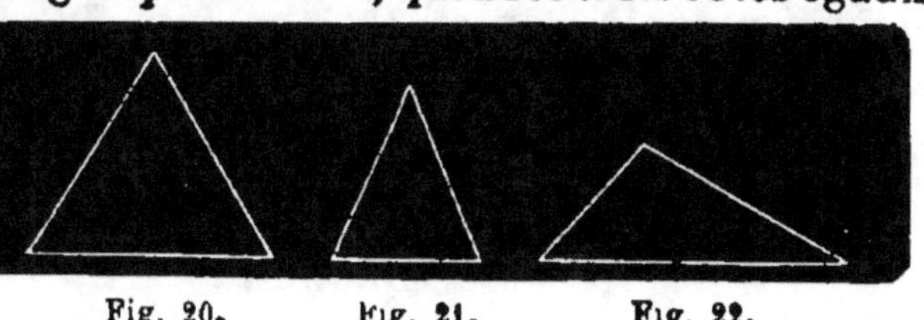

57. 3° Le triangle *scalène*[14], qui a ses trois côtés inégaux (*fig.* 22).

1. Du gr. *treis*, trois, et du français angle.
2. Du lat. *quadrinus*, quatre ; *latus*, génitif *lateris*, côté.
3. Du gr. *pente*, cinq ; *gónia*, angle.
4. Du gr. *hex*, six ; *gónia*, angle.
5. Du gr. *hepta*, sept ; *gónia*, angle.
6. Du gr. *oktô*, huit ; *gónia*, angle.
7. Du gr. *ennéa*, neuf ; *gónia*, angle.
8. Du gr. *déka*, dix ; *gónia*, angle.
9. Du gr. *hendéka*, onze ; *gónia*, angle.
10. Du gr. *dodéka*, douze ; *gónia*, angle.
11. Du gr. *pente*, cinq ; *déka*, dix ; *gónia*, angle.
12. Du lat. *œquus*, égal ; *latus*, génitif *lateris*, côté.
13. Du gr. *isoskélos*, qui a les jambes égales; de *ises*, égal ; *skélos*, jambes.
14. Du gr. *skalénos*, boiteux, inégal.

58. Dans un triangle isocèle, la *base* est le côté qui n'est pas égal aux deux autres.

59. On appelle triangle *rectangle*[1] celui qui a un angle droit.

Le côté BC, opposé à l'angle droit, se nomme *hypoténuse*[2].

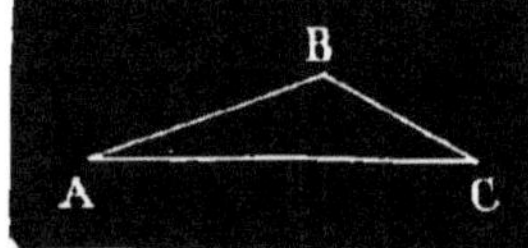

Fig. 23.

La *hauteur* de tout triangle est la perpendiculaire menée d'un sommet sur le côté opposé, qui prend le nom de *base*.

THÉORÈME

60. *Dans tout triangle, un côté quelconque est plus petit que la somme des deux autres et plus grand que leur différence.*

Ainsi on aura :

1° $AC < AB + BC$;

2° $BC > AC - AB$.

Puisque la ligne droite est le plus court chemin d'un point à un autre, on a : 1° $AC < AB + BC$; 2° en retranchant AB à chaque membre de cette inégalité (10, 7°), il vient $AC - AB < BC$, ou $BC > AC - AB$. Ce qu'il fallait démontrer.

THÉORÈME

61. *Si l'on joint un point O, pris dans l'intérieur d'un triangle, aux extrémités de l'un des côtés AC, la somme $AO + OC$ sera moindre que la somme $AB + BC$ des deux autres côtés.*

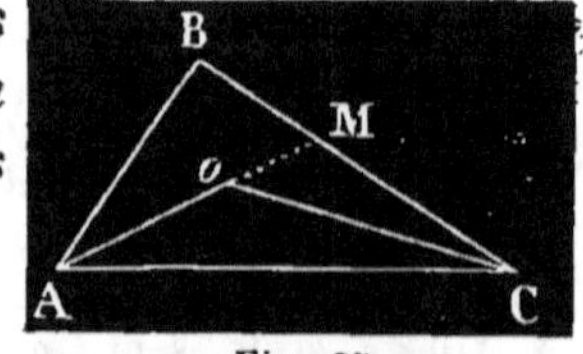

Fig. 25.

On aura $AO + OC < AB + BC$.

En effet, si l'on prolonge AO jusqu'à la rencontre du côté BC, on a (60)

$$AO + OM < AB + BM$$

et

$$OC < OM + MC$$

---

1. Du lat. *rectus*, droit ; du français angle.

2. Du gr. *upo*, sous ; *teino*, tendre.

En additionnant ces inégalités membre à membre, il vient

$$AO + OM + OC < AB + BM + OM + MC.$$

En retranchant OM de part et d'autre, on obtient

$$AO + OC < AB + BM + MC,$$

où

$$AO + OC < AB + BC,$$

car

$$BM + MC = BC.$$

Remarque. La ligne brisée ABC s'appelle *enveloppante*, et la ligne AOC, *enveloppée*.

Égalité des Triangles

Il y a trois cas principaux d'égalité des triangles.

62. 1er cas. *Deux triangles sont égaux lorsqu'ils ont un angle égal compris entre deux côtés égaux chacun à chacun.*

On a B=D, AB=ED, BC=DF : je dis que les deux triangles sont égaux.

En effet, portons le triangle EDF sur le triangle ABC, de manière que le côté ED soit sur son égal AB, le point D au point B, et le point E au

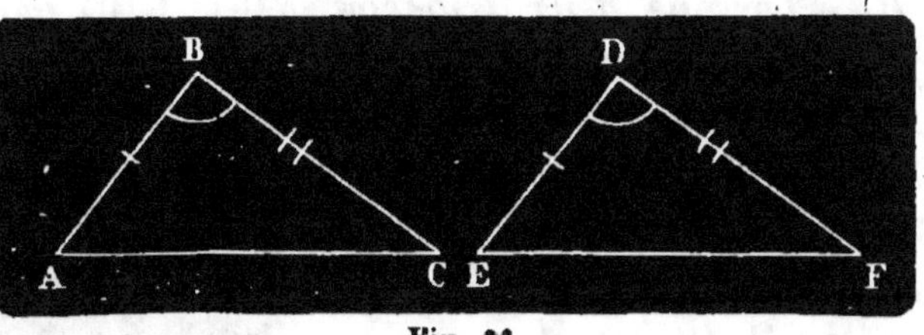

Fig. 26.

point A. L'angle D étant égal à l'angle B, DF prendra la direction de BC, et comme ces deux côtés sont égaux, le point F tombera au point C; les deux côtés EF et AC ayant mêmes extrémités se confondront (26, 1°), et par conséquent les deux triangles EDF et ABC se confondront aussi et seront égaux.

63. 2e cas. *Deux triangles sont égaux lorsqu'ils ont un côté égal adjacent à deux angles égaux chacun à chacun.*

On a AC=EF, A=E, C=F : je dis que les deux triangles sont égaux.

En effet, portons le triangle EDF sur ABC, de manière
que le côté
EF soit sur
son égal
AC, le point
E au point
A, et le
point F au

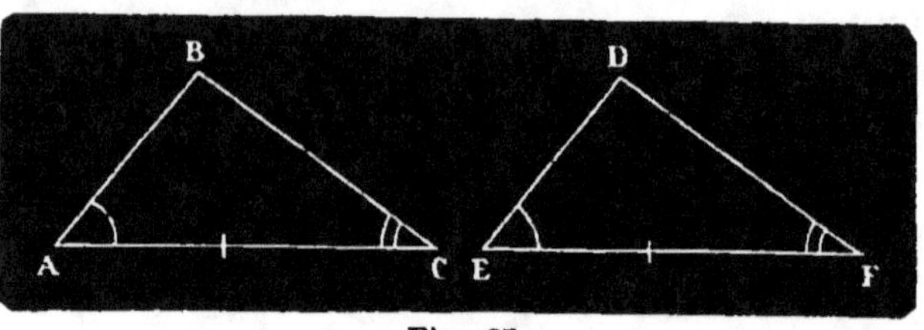
Fig. 27.

point C. L'angle E étant égal à l'angle A, ED prendra la
direction de AB, et le point D tombera sur un des points
de AB; de même, l'angle F étant égal à l'angle C, FD
prendra la direction de CB, et le point D tombera sur un
des points de CB; mais le même point D ne peut être à la
fois sur AB et sur CB sans se trouver à l'intersection de
ces deux lignes : donc le point D se confondra avec le point
B, et les deux triangles coïncideront dans toutes leurs
parties, et seront par conséquent égaux.

THÉORÈME

64. *Lorsque deux triangles ABC, CBD ont aeux côtés
égaux chacun à chacun (AB = BD, BC commun) et que l'an-
gle ABC formé par les côtés AB et BC est plus grand que
l'angle CBD formé par les côtés
CB et BD, le côté AC du pre-
mier triangle est plus grand que
le côté CD du second.*

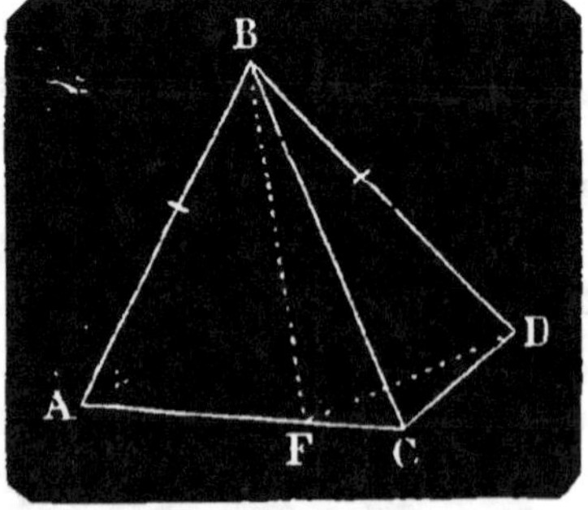
Fig. 28.

Pour le démontrer, divisons
l'angle total ABD en deux par-
ties égales par la ligne BF, qui
tombera dans le plus grand
angle ABC, et joignons les
points F et D. Nous aurons deux triangles, ABF et FBD,
égaux comme ayant un angle égal compris entre côtés
égaux, savoir :

L'angle ABF = l'angle FBD par construction;

Le côté BF est commun,

Et AB $=$ BD par hypothèse,

Donc AF $=$ FD.

Mais on a CF $+$ FD $>$ CD ou, en remplaçant FD par AF, sa valeur, AF $+$ FC $>$ CD, et enfin AC $>$ CD, car AF $+$ FC $=$ AC.

REMARQUE. Les deux triangles ABC et CBD ont un côté commun; cependant cette démonstration n'en est pas moins rigoureuse, car, quelle que soit la position des triangles dont il s'agit, on pourra toujours leur faire prendre celle qu'ils ont dans la figure ci-dessus.

THÉORÈME RÉCIPROQUE

65. *Si les côtés* AB, BC *du triangle* ABC *sont égaux aux côtés* BD, BC *du triangle* BCD, *et que le côté* AC *du premier triangle soit plus grand que le côté* CD *du second, l'angle* ABC *sera* $>$ *l'angle* CBD.

En effet, si l'angle ABC était $<$ l'angle CBD, on aurait (64) AC $<$ CD, ce qui serait contre l'hypothèse; si l'angle ABC égalait l'angle CBD, les deux triangles ABC, CBD seraient égaux (62) et l'on aurait AC $=$ CD, ce qui serait encore contre l'hypothèse, l'angle ABC ne pouvant être ni plus petit ni égal à l'angle CBD sera forcément plus grand.

THÉORÈME

66. 3ᵉ cas. *Deux triangles sont égaux lorsqu'ils ont les trois côtés égaux chacun à chacun.*

On a AB $=$ ED, BC $=$ DF, AC $=$ EF : je dis que les deux triangles sont égaux;

En effet, les côtés BA et BC étant respective-

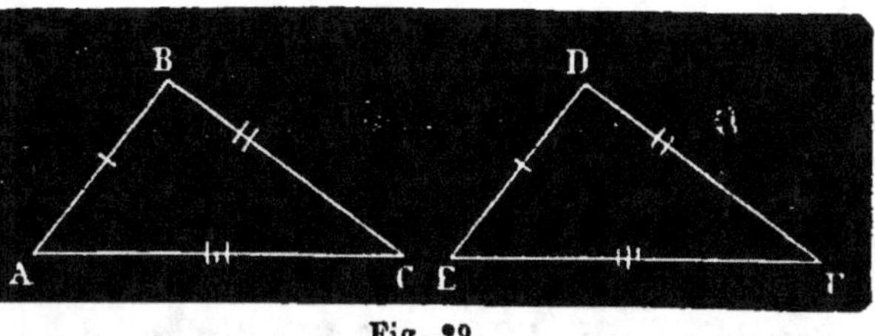

Fig. 29.

ment égaux aux côtés DE et DF, il faut forcément que

l'angle B soit égal à l'angle D, sans quoi (64) on n'aurait pas AC=EF, ce qui serait contre l'hypothèse : les angles B et D étant égaux, les triangles proposés auront un angle égal compris entre deux côtés égaux chacun à chacun, donc ils seront égaux.

REMARQUE. D'après les théorèmes précédents, on voit que dans les triangles égaux les côtés égaux sont opposés aux angles égaux, et réciproquement : ainsi, AC égalant EF, on a B=D, etc.

Du Triangle isocèle, etc.

THÉORÈME

67. *Dans tout triangle isocèle les angles opposés aux côtés égaux sont égaux.*

Si AB=BC, on aura A=C.

Pour le prouver, joignons le point D, milieu de AC, au sommet B : nous formons ainsi les deux triangles ADB, DCB qui ont les trois côtés égaux chacun à chacun, savoir : BD commun, AB=BC par hypothèse, AD =DC par construction : donc ces triangles sont égaux, et par conséquent A=C (66, RE-MARQUE).

Fig. 30.

68. COROLLAIRE. *Un triangle équilatéral est en même temps équiangle.*

THÉORÈME

69. *Dans tout triangle isocèle la ligne qui joint le sommet au milieu de la base est 1° perpendiculaire à la base, et 2° divise l'angle du sommet en deux parties égales* (fig. 30).

En effet, à cause de l'égalité des triangles ADB, DCB, on a (66, REMARQUE) $a=b$ et $c=d$: donc 1° BD est perpendiculaire sur AC, et 2° BD divise l'angle du sommet en deux parties égales.

THÉORÈME

70. *Si dans un triangle deux angles sont égaux, les côtés opposés sont aussi égaux.*

Si $B = C$, on aura $AC = AB$.

En effet, je construis un triangle $A'B'C'$ égal au triangle ABC, et je le transporte sur ABC *en le retournant* de manière que le point C' tombe au point B et le point B' au point C. L'angle C' étant égal à l'angle C et par suite égal à l'angle B, le côté $C'A'$ prendra la direction du côté BA et le point A' tombera sur un

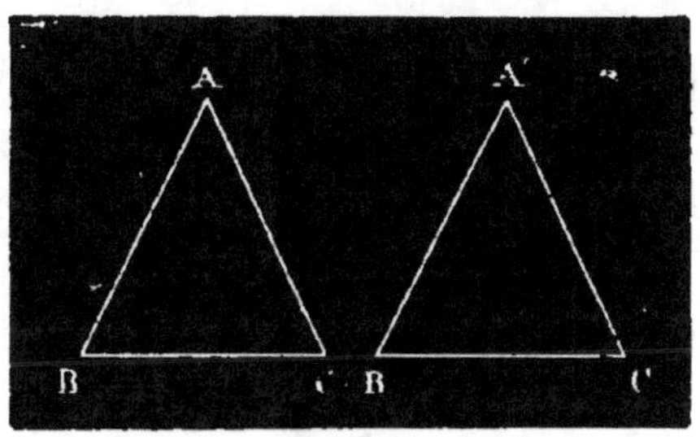

Fig. 31,

des points de BA. De même l'angle B' étant égal à l'angle B, et par suite égal à l'angle C, le côté $B'A'$ prendra la direction du côté CA et le point A' tombera sur un des points de CA. Le même point A' devant se trouver à la fois sur BA et sur CA ne peut tomber qu'au point A et les deux triangles coïncideront; donc $A'B' = AC$, mais par construction $A'B' = AB$, donc enfin $AC = AB$.

THÉORÈME

71. *Dans tout triangle, au plus grand angle est opposé le plus grand côté, et réciproquement.*

L'angle A étant $>$ l'angle C, on aura $BC > AB$.

Pour le démontrer, menons la droite AD de manière qu'elle fasse avec AC un angle o égal à C. Les angles o et C étant égaux, le triangle ADC est isocèle : ce qui donne $DA = DC$. Mais on a $BD + DA > BA$, ou

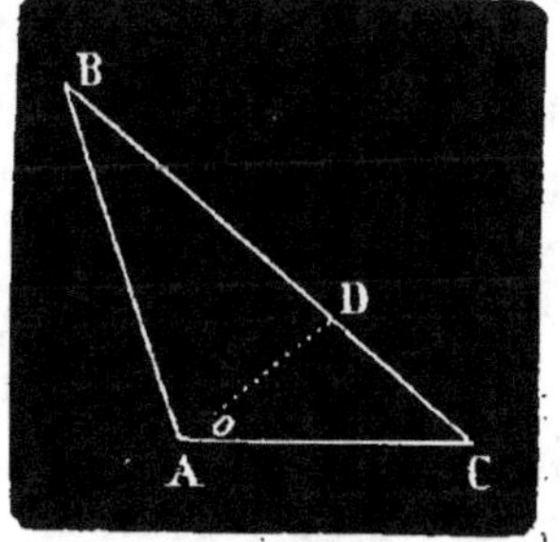

Fig. 32.

en remplaçant DA par DC, sa valeur, $BD + DC > BA$, ou enfin $BC > BA$.

72. RÉCIPROQUEMENT. *Si* BC *est plus grand que* AB, *on aura l'angle* A *plus grand que l'angle* C.

En effet, si **A** était égal à **C**, le triangle serait isocèle, et l'on aurait $BC = BA$, ce qui serait contre l'hypothèse; si **A** était plus petit que **C**, **BC** serait plus petit que **AB**, ce qui serait encore contraire à l'hypothèse. L'angle **A**, ne pouvant ni être égal ni plus petit que l'angle **C**, sera forcément plus grand.

Des Perpendiculaires et des Obliques menées d'un même point sur la même droite

THÉORÈME

73. *D'un même point pris hors d'une droite, on ne peut mener qu'une seule perpendiculaire à cette droite.*

Si **CD** est perpendiculaire sur **AB**, toute autre droite **CE** ne pourra être perpendiculaire sur la même ligne.

En effet, prolongeons CD d'une quantité $DC' = DC$ et joignons le point **E** et le point **C'**, nous formerons deux triangles CED et C'ED qui ont un angle égal compris entre deux côtés égaux chacun à chacun, savoir : les angles EDC et EDC' sont droits, le côté ED est commun, $DC = DC'$ par construction, ces triangles sont donc égaux, et

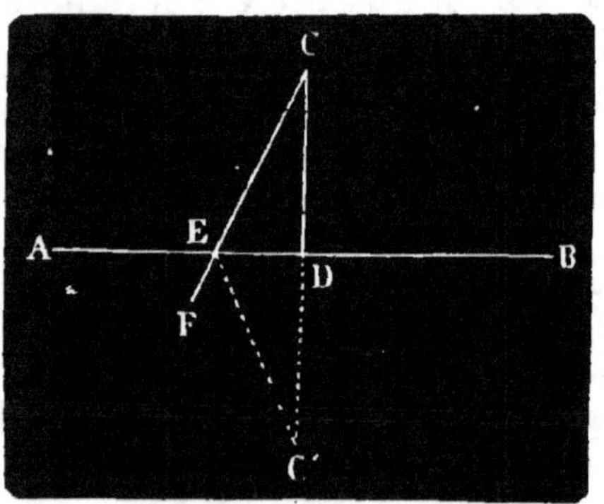

Fig. 33.

l'angle CED égale l'angle C'ED. Si le premier de ces angles était droit, le second le serait aussi, et (48) la ligne CEC' serait une ligne droite, mais CC' étant déjà une ligne droite, il arriverait que des points C et C' on pourrait mener deux droites distinctes, ce qui est impossible : donc CD est la seule perpendiculaire que l'on puisse mener du point C sur AB.

THÉORÈME

74. *Si d'un même point, pris hors d'une droite, on mène une perpendiculaire et différentes obliques, 1° la perpendiculaire est plus courte que toute oblique; 2° deux obliques qui s'écartent également du pied de la perpendiculaire sont égales; 3° de deux obliques, celle qui s'écarte le plus du pied de la perpendiculaire est la plus longue.*

1° La perpendiculaire CD est plus **courte qu'une oblique** quelconque CE.

En effet, si nous prolongeons la droite CD d'une quantité DC' = CD et que nous joignions les points E et C', nous aurons aussi (73) C'E = CE; mais la droite CC' est plus courte que la ligne brisée CE + EC' : donc CD, ou moitié de la ligne droite, sera plus courte que CE, ou moitié de la ligne brisée.

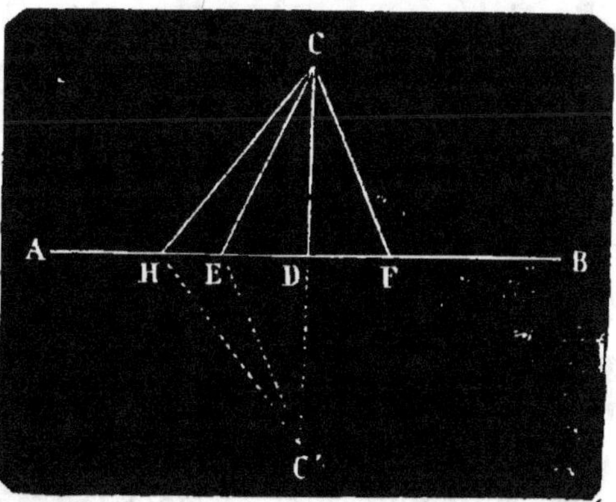

Fig. 34.

REMARQUE. La perpendiculaire CD, étant *plus courte que toute oblique, mesure la distance du point C à la droite* AB.

2° Si l'on fait ED = DF, les deux triangles EDC, CDF, auront un angle égal compris entre côtés égaux chacun à chacun et seront par conséquent égaux : donc CE = CF.

3° Si l'on a DH > DE, l'oblique CH sera plus longue que l'oblique CE.

En effet, pour la même raison que C'E = EC, on a aussi HC' = HC. Mais (61) la ligne brisée CH + HC' est plus grande que la ligne brisée CE + EC' : donc CH ou moitié de la première ligne est plus grande que CE ou moitié de la seconde.

75. Corollaire I. *Deux obliques égales s'écartent également du pied de la perpendiculaire,* car si elles ne s'écartaient pas également, elles seraient inégales, ce qui serait contre l'hypothèse.

76. Corollaire II. *De deux obliques inégales la plus longue s'écarte le plus du pied de la perpendiculaire,* car celles qui s'écartent le plus sont les plus longues.

77. Corollaire III. *D'un même point on ne peut mener à une droite que deux obliques égales,* car deux obliques seulement peuvent s'écarter également du pied de la perpendiculaire.

THÉORÈME

78. *Si, sur le milieu d'une droite AB, on élève une perpendiculaire CD, 1° tout point de la perpendiculaire est également éloigné des extrémités de la droite ; 2° tout point hors de la perpendiculaire est inégalement distant des extrémités de la droite.*

1° Le point C est sur la perpendiculaire.

Si AD=DB, les deux obliques CA, CB, s'écartent également du pied de la perpendiculaire : donc elles sont égales.

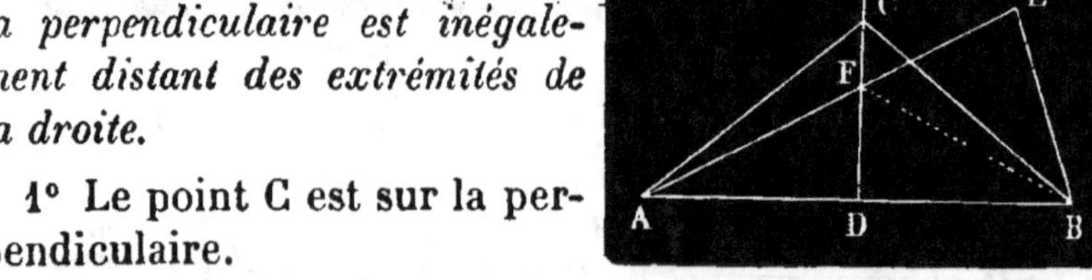

Fig. 35.

2° Le point E est hors de la perpendiculaire : AE sera plus grand que EB.

Pour le démontrer, menons par le point F, où AE rencontre la perpendiculaire, la droite FB. Nous obtiendrons BF+FE > EB, mais BF=AF : donc on a AF+FE > EB, ou enfin AE > EB.

Remarque. *Lieux géométriques.* On appelle *lieu géométrique* une figure contenant tous les points qui jouissent d'une même propriété, qui satisfont à une même condition.

Comme tout point pris sur la perpendiculaire CD jouit de la même propriété que le point C, nous pouvons dire que la perpendiculaire élevée sur le milieu d'une droite est le lieu géométrique des points également distants des deux extrémités de cette droite.

Égalité des Triangles rectangles, Bissectrice d'un Angle

THÉORÈME

79. *Deux triangles rectangles sont égaux lorsqu'ils ont l'hypoténuse égale et un autre côté égal.*

Si BC=DF et AB=ED, on aura ABC=EDF.

En effet, portons le triangle EDF sur ABC, de manière que le côté ED soit sur son égal AB, le point E au point A, et le point D au point B, les angles E et A étant égaux comme droits; EF prendra la direction de AC; mais le point D étant au point B, les deux hypoténuses BC et DF deviendront alors deux obliques à AC : comme elles sont égales et qu'elles partent du même point B, elles s'écartent également du pied de la perpendiculaire AB, et

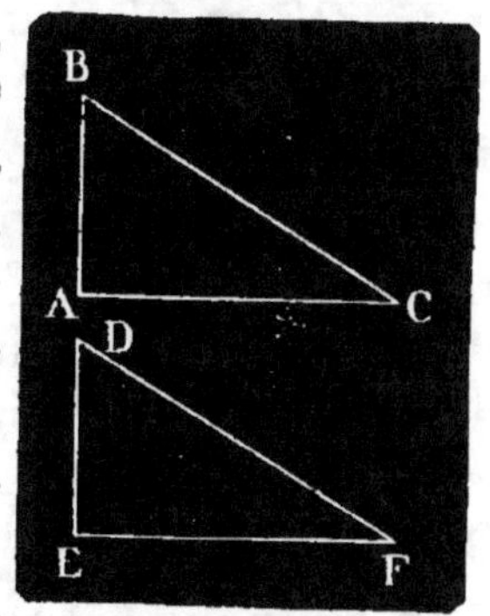

Fig. 36.

EF=AC. Donc, les deux triangles sont égaux, puisqu'ils ont les trois côtés égaux.

THÉORÈME

80. *Deux triangles rectangles sont égaux lorsqu'ils ont l'hypoténuse égale et un angle aigu égal* (fig. 36).

Si BC=DF et B=D, on aura ABC=EDF.

En effet, portons le triangle EDF sur ABC, de manière

que le côté DF soit sur son égal BC, le point D au point B et le point F au point C. L'angle B étant égal à l'angle D, DE prendra la direction de BA. Mais alors, du même point C, on a CA et FE perpendiculaires sur AB : ces deux côtés coïncideront donc, sans quoi on pourrait abaisser d'un même point deux perpendiculaires à une même droite : les trois côtés coïncidant, les deux triangles seront égaux.

THÉORÈME

81. 1° *Tout point de la bissectrice*[1] *d'un angle est également distant des côtés de l'angle; 2° tout point pris dans l'intérieur d'un angle, hors de la bissectrice, est inégalement distant des côtés de l'angle.*

1° BD est bissectrice de l'angle ABC, O est un point quelconque de cette bissectrice. OE et OF étant perpendiculaires sur les côtés AB et BC, on aura OE = OF.

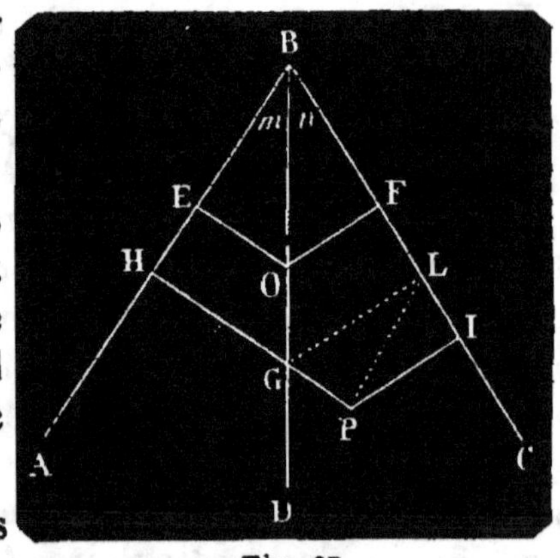

Fig. 37.

En effet, les triangles rectangles BOE, BOF, ayant l'hypoténuse BO commune et chacun un angle aigu égal ($m = n$), sont égaux, donc OE = OF.

2° Le point P est dans l'intérieur de l'angle donné et hors de la bissectrice. PH et PI étant perpendiculaires sur les côtés AB et BC, on aura PI < PH.

En effet, du point G, où la perpendiculaire PH rencontre la bissectrice, abaissons sur BC la perpendiculaire GL, et nenons la droite PL. PI étant perpendiculaire à BC et PL oblique à la même ligne, on a PL > PI. Si donc nous prouvons que PL est plus petit que PH, nous aurons prouvé que PI est plus petit que PH.

---

1. Droite qui divise un angle en deux parties égales.

Or, on a $PL < PG + GL$; en remplaçant GL par sa valeur GH, on obtient $PL < PG + GH$, ou $PL < PH$, et enfin $PI < PH$.

REMARQUE. Lorsque l'angle ABC est obtus, il peut arriver dans le second cas qu'une des perpendiculaires aille rencontrer un des côtés hors de l'angle. On a encore $PI < PH$, car la perpendiculaire PI étant plus courte que l'oblique PS, on a *a fortiori* $PI < PH$.

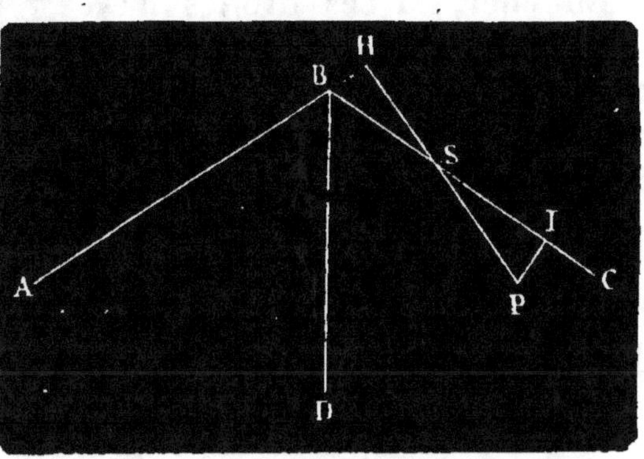

Fig. 38.

82. COROLLAIRE I. *Tout point pris dans un angle et également distant des côtés de l'angle appartient à la bissectrice*, car s'il ne lui appartenait pas il ne serait pas également distant des côtés de l'angle (81, 2°).

83. COROLLAIRE II. *Tout point pris dans un angle et inégalement distant des côtés de l'angle n'appartient pas à la bissectrice*, car s'il lui appartenait il serait également distant des côtés.

REMARQUE. La bissectrice d'un angle est par conséquent le *lieu géométrique* de tous les points également distants de ses côtés.

Des Parallèles

84. On appelle *parallèles* des droites qui, situées dans un même plan, ne peuvent se rencontrer, à quelque distance qu'on les prolonge. Le théorème suivant va nous démontrer qu'il existe des lignes qui jouissent de cette propriété.

THÉORÈME

85. *Deux droites* AB, CD, *perpendiculaires à une troisième* EF, *sont parallèles entre elles.*

En effet, si ces droites n'étaient pas parallèles, suffisamment prolongées, elles se rencontreraient en un point quelconque O, mais alors de ce point on aurait deux perpendiculaires à la même droite EF, ce qui est impossible. Donc les droites AB, CD,

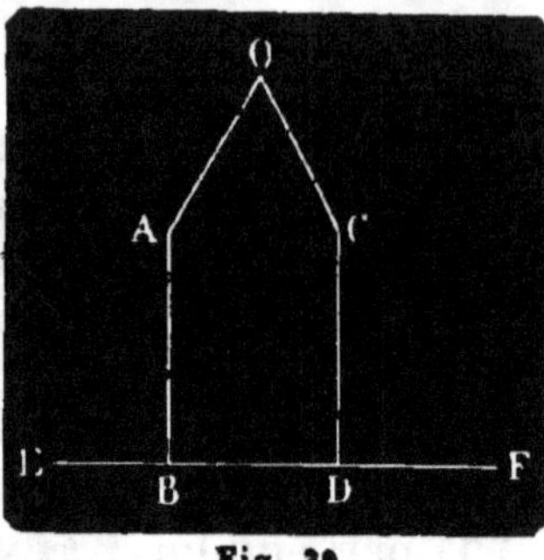

Fig. 39.

perpendiculaires à la même ligne EF, sont parallèles.

THÉORÈME

86. *Par un point* A, *on peut toujours mener une parallèle à une droite donnée* BC.

En effet, du point A j'abaisse la perpendiculaire AD sur BC, et au même point A je mène AE perpendiculaire sur AD. Les deux droites BC et AE, étant per-

Fig. 40.

pendiculaires à une troisième AD, sont parallèles (85).

87. Remarque. *On admet comme évident que du point* A *on ne peut mener qu'une seule parallèle à* BC. Toute proposition adoptée comme évidente est un *postulatum.*

THÉORÈME

88. *Deux droites* AB, CD, *parallèles à une troisième* MN, *sont parallèles entre elles.*

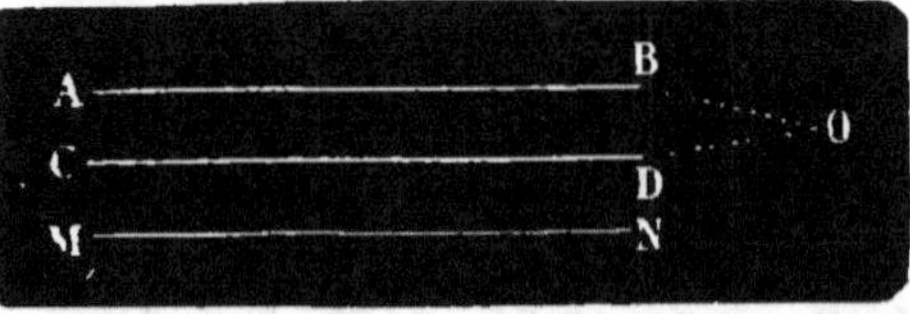

Fig. 41.

En effet, si elles n'étaient pas parallèles, suffisamment prolongées, elles se rencontreraient en un point quelconque O, mais alors de ce point on aurait deux parallèles à la même droite MN, ce qui est impossible (87).

THÉORÈME

89. *Deux droites AB, CD, qui sont l'une oblique et l'autre perpendiculaire à une troisième AC, ne sont pas parallèles.*

En effet, AB étant oblique à la droite AC, on pourra toujours, par le point A, mener une perpendiculaire AE sur AC. Les droites AE et CD étant perpendi-

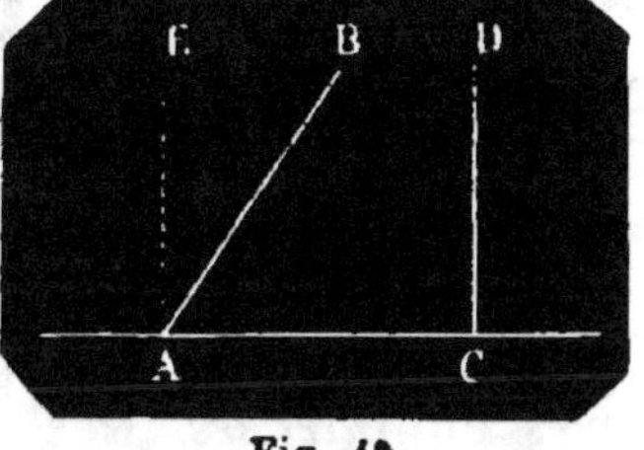

Fig. 42.

culaires à une même droite AC sont parallèles (85). Donc, AB ne peut être parallèle à CD, puisque par un point donné on ne peut mener qu'une seule parallèle à une droite.

THÉORÈME

90. *Lorsque deux droites BC, AE (fig. 40) sont parallèles, toute perpendiculaire AD à l'une d'elles, BC, l'est aussi à l'autre, AE.*

Si AD n'était pas perpendiculaire à AE, AE serait oblique sur AD, et, par conséquent, ne serait pas parallèle à BC (89), ce qui serait contre l'hypothèse.

THÉORÈME

91. *Lorsque deux droites AB, CD sont parallèles, toute droite MN, oblique à l'une d'elles, AB, l'est aussi à l'autre, CD.*

En effet, si MN n'était pas oblique à CD, elle lui serait perpendiculaire, mais elle devrait l'être aussi à AB (90),

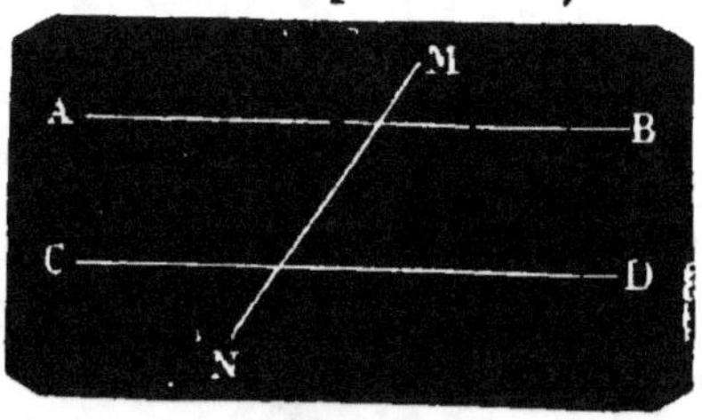

Fig. 43.

ce qui n'est pas. Donc MN oblique à AB l'est aussi à CD.

DÉFINITIONS

92. Lorsque deux droites AB, CD sont coupées par
une troisième MN, ap-
pelée *sécante* [1], elles for-
ment, avec elle, huit an-
gles qui ont reçu diffé-
rents noms.

Les angles *a*, *b*, *c*, *d*,
placés à l'intérieur des
droites, sont dits *inté-
rieurs* ou *internes*. Les

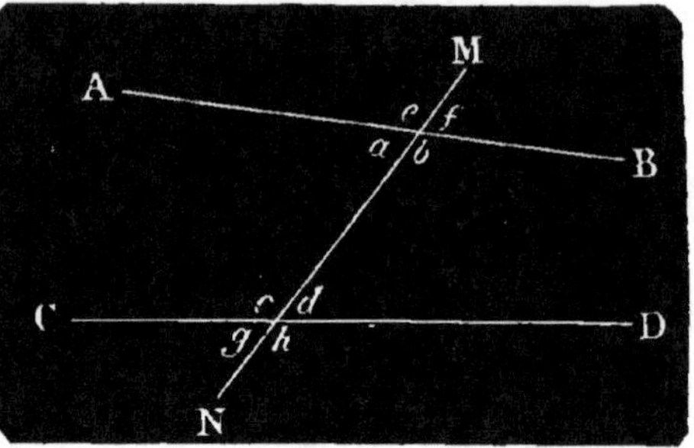

Fig. 44.

angles *e*, *f*, *g*, *h*, placés à l'extérieur des droites, sont dits
extérieurs ou *externes*.

Les angles intérieurs placés de chaque côté de la sé-
cante, mais *non adjacents*, sont appelés *alternes-internes* :
les angles *a* et *d*, *b* et *c* sont alternes-internes. Les angles
extérieurs, placés de chaque côté de la sécante, mais
non adjacents, sont appelés *alternes-externes* : les angles *e*
et *h*, *f* et *g* sont alternes-externes. Enfin les angles placés
du même côté de la sécante, l'un à l'intérieur et l'autre
à l'extérieur, mais *non adjacents*, sont dits *correspon-
dants* : les angles *a* et *g*, *b* et *h*, *e* et *c*, *f* et *d* sont corres-
pondants.

THÉORÈME

93. *Lorsque deux droites parallèles sont rencontrées par
une sécante :*

1° *Les angles alternes-internes sont égaux ;*

2° *Les angles alternes-externes sont égaux ;*

3° *Les angles correspondants sont égaux ;*

4° *Les angles intérieurs placés du même côté de la sécant
sont supplémentaires ;*

5° *Les angles extérieurs placés du même côté de la sé-
cante sont supplémentaires.*

Les lignes AB, CD sont parallèles, EF est une sécante.

1. Du lat. *secare*, couper.

1° *Les angles alternes-internes sont égaux.*

On aura $p = n$ et $m = G$.

En effet, si par le point O milieu de GH nous menons KOI perpendiculaire à AB et par conséquent à CD (90), nous formerons deux triangles rectangles qui ont l'hypoténuse égale et un angle aigu égal, savoir : OG = OH par construc-

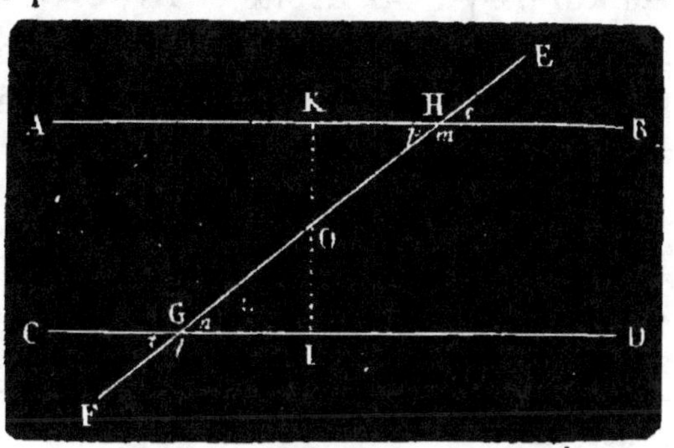

Fig. 45.

tion, les angles aigus en O égaux comme opposés par le sommet; donc ces deux triangles sont égaux, et par suite p, opposé au côté KO, est égal à l'angle n opposé au côté OI.

On a de même $m = G$, car ces deux angles sont l'un et l'autre supplémentaires des deux angles égaux p et n.

2° *Les angles alternes-externes sont égaux.*

On aura $s = t$ et $H = l$.

En effet, s et t sont égaux, parce qu'ils sont l'un et l'autre supplémentaires des angles égaux m et G; les angles H et l étant l'un et l'autre supplémentaires des angles égaux, p et n, sont aussi égaux.

3° *Les angles correspondants sont égaux.*

On aura $s = n$.

Les angles s et n sont égaux parce qu'ils sont l'un et l'autre égaux au même angle p. On prouverait de même l'égalité des autres angles correspondants.

4° *Les angles intérieurs du même côté de la sécante sont supplémentaires*, c'est-à-dire qu'on aura $p + G = 2$ droits et $m + n = 2$ droits.

En effet, n est le supplément de G, mais $n = p$; donc p est aussi le supplément de G. On prouverait de même que $m + n = 2$ droits.

5° *Les angles extérieurs placés du même côté de la sécante sont supplémentaires.*

On aura $s + l = 2$ droits et $H + t = 2$ droits.

En effet, n est le supplément de l, mais $n = s$; donc s est aussi le supplément de l. On prouverait de même que $H + t = 2$ droits.

THÉORÈME

94. Les théorèmes précédents ont leurs réciproques.

Lorsque deux droites AB, CD sont traversées par une sécante EF et

1° *Que les angles alternes-internes sont égaux,*

2° *Que les angles alternes-externes sont égaux,*

3° *Que les angles correspondants sont égaux,*

4° *Que les angles intérieurs du même côté de la sécante sont supplémentaires,*

5° *Que les angles extérieurs placés du même côté de la sécante sont supplémentaires,*

Les deux droites sont parallèles.

1° On a $p = n$ (ou $m = G$); je dis que les droites AB et CD sont parallèles.

En effet, du point O, milieu de GH, menons à CD la perpendiculaire OI et prolongeons-la jusqu'à la rencontre de AB, en K. Les deux triangles GIO, HOK ont par construction $OG = OH$, les angles aigus en O égaux comme opposés par le sommet

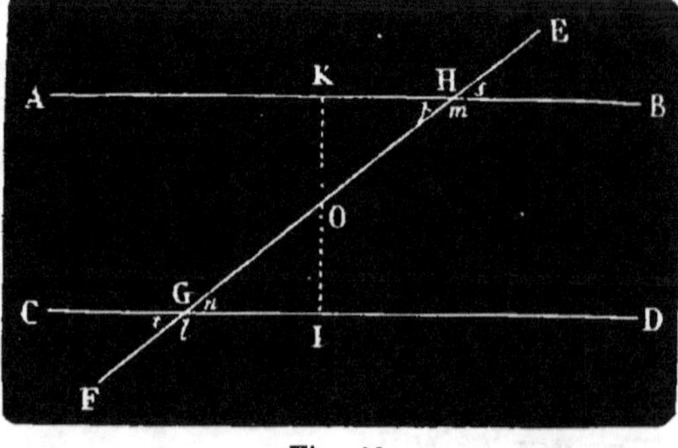

Fig. 46.

et l'angle $p = $ l'angle n par hypothèse : donc ils sont égaux comme ayant un côté égal adjacent à deux angles égaux, par conséquent l'angle $OIG = $ l'angle OKH; le premier de ces angles étant droit, le second l'est aussi : donc les lignes AB et CD, perpendiculaires à une même droite KI, sont parallèles.

2° On a $s = t$; je dis que les droites AB et CD sont parallèles.

En effet, si les angles s et t sont égaux, les angles p et n qui leur sont opposés par le sommet sont égaux aussi, et (1°) les droites AB, CD sont parallèles.

3° On a $s = n$; je dis que les droites AB et CD sont parallèles.

En effet, les angles s et p sont égaux comme opposés par le sommet, donc $p = n$; par conséquent (1°) AB et CD sont parallèles.

4° On a $m + n = 2$ droits; je dis que les droites AB et CD sont parallèles.

En effet $m + p = 2$ droits : en ajoutant n ou p à la même quantité, m, on trouve une somme égale à deux droits; donc $p = n$, et (1°) les droites AB et CD sont parallèles.

5° On a $H + t = 2$ droits; je dis que les droites AB et CD sont parallèles.

En effet, $t = n$ et $H = m$, donc $t + H = n + m = 2$ droits, mais on a aussi $p + m = 2$ droits, en ajoutant n ou p à la même quantité, m, la somme est égale à deux droits; donc $p = n$, et (1°) les droites AB et CD sont parallèles.

THÉORÈME

95. *Deux angles qui ont leurs côtés parallèles sont égaux ou supplémentaires :*

1° Égaux, si leurs côtés sont dirigés dans le même sens ou en sens opposé;

2° Supplémentaires, si deux côtés sont dirigés dans un sens et les deux autres en sens contraire.

AB et CD sont parallèles de même que AE et FG.

1° Les angles A et n, qui ont leurs côtés parallèles et dirigés dans le même sens, sont égaux.

En effet, A et *n* étant tous ceux égaux à l'angle *o* comme correspondants sont égaux entre eux.

Les angles A et *p*, qui ont leurs côtés parallèles et dirigés en sens contraire, sont aussi égaux.

En effet, on a $n = p$ comme opposés par le sommet, mais $n = A$, donc $A = p$.

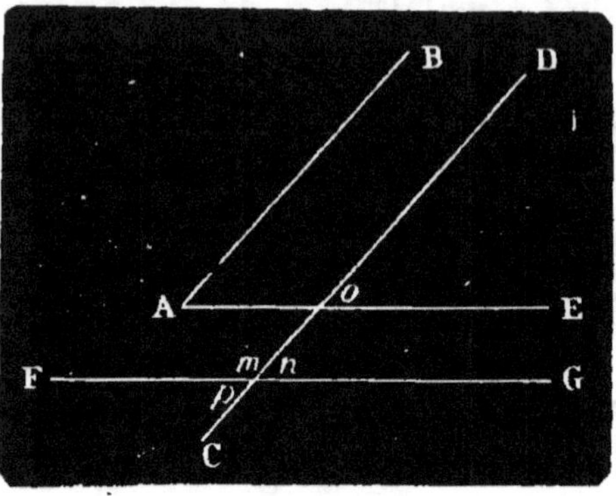

Fig. 47.

2° Les angles A et *m*, qui ont leurs côtés parallèles, mais dont deux, AB, D*m*, sont dirigés dans le même sens et les deux autres AE, *m*F en sens opposé, sont supplémentaires.

En effet, les deux angles *m* et *n* sont supplémentaires, or $A = n$, donc A et *m* sont aussi supplémentaires.

THÉORÈME

96. *Deux angles qui ont leurs côtés perpendiculaires sont égaux ou supplémentaires :*

1° Égaux, s'ils sont l'un et l'autre aigus ou obtus,

2° Supplémentaires, si l'un est aigu et l'autre obtus.

1° Les angles aigus *m* et *n*, qui ont leurs côtés perpendiculaires, sont égaux, car ils sont l'un et l'autre complémentaires de l'angle *o*.

Les angles obtus CAG et DAF sont aussi égaux, car l'un et l'autre sont supplémentaires des angles égaux *m* et *n*.

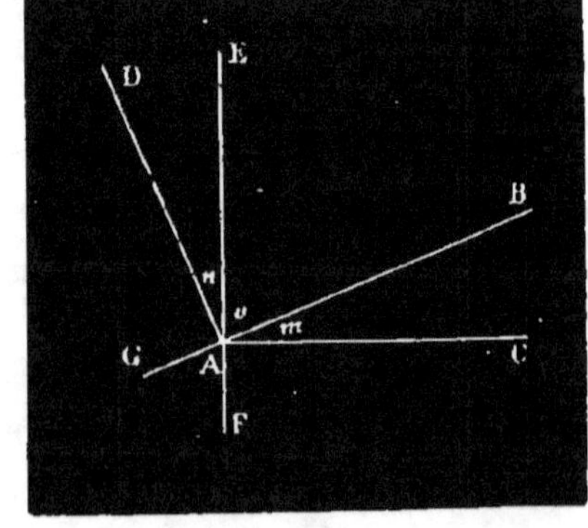

Fig. 48.

2° Les angles *m* et DAF, qui ont leurs côtés perpendiculaires, mais dont l'un, *m*, est aigu, et l'autre, DAF, est obtus, sont supplémentaires.

En effet, *n* est le supplément de DAF : donc *m*, qui est égal à *n*, est aussi le supplément de DAF.

REMARQUE. — Quelle que soit la position des angles donnés, on pourra toujours leur faire prendre celle qu'ils ont dans la figure. La démonstration est donc générale.

Somme des Angles d'un Triangle et d'un Polygone quelconque

THÉORÈME

97. *La somme des trois angles d'un triangle est égale à deux droits.*

Pour le démontrer, prolongeons le côté AC et par le point C menons la droite CE parallèle à AB.

Les angles A et *n* sont égaux comme correspondants, les angles B et *m* sont

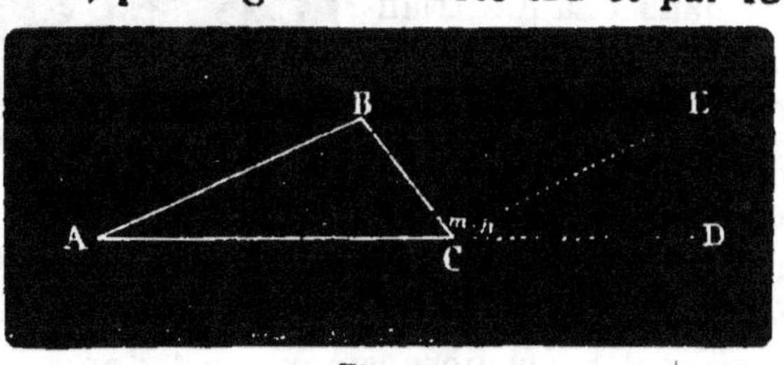

Fig. 49.

aussi égaux comme alternes-internes; les angles A, B et ACB, ou les trois angles du triangle, sont donc égaux aux trois angles formés au point C, et comme ceux-ci valent deux droits, il s'ensuit que la somme des trois angles du triangle est égale à deux droits,

98. COROLLAIRE I. *Un triangle ne peut avoir qu'un seul angle droit, et à plus forte raison qu'un seul angle obtus.*

99. COROLLAIRE II. *Un angle d'un triangle est le supplément de la somme des deux autres.*

100. COROLLAIRE III. *Les deux angles aigus d'un triangle rectangle sont complémentaires.*

101. COROLLAIRE IV. *Lorsque deux triangles ont deux*

angles égaux chacun à chacun, le troisième angle de l'un est égal au troisième angle de l'autre.

102. Corollaire V. *L'angle BCD, extérieur au triangle formé par le côté BC et le prolongement de AC, est égal à la somme des angles A et B, qui ne lui sont pas adjacents.*

THÉORÈME

103. *La somme des angles d'un polygone est égale à autant de fois deux angles droits qu'il a de côtés moins deux.*

Joignons par des diagonales le sommet A à tous les autres sommets non adjacents, nous décomposerons le polygone en autant de triangles qu'il a de côtés moins deux, car dans chaque triangle, ACD, il entre seulement un côté du polygone CD, excepté pour

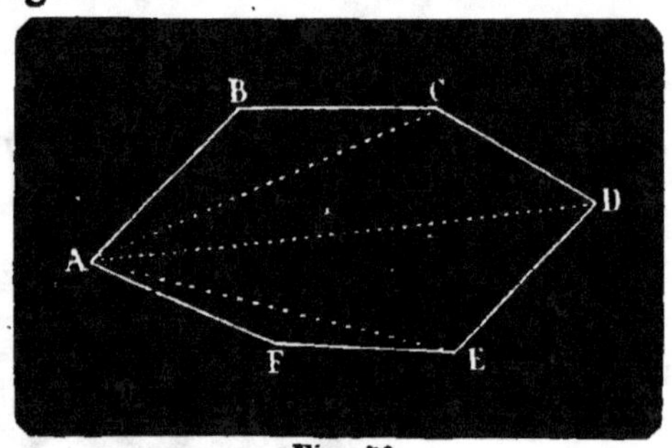

Fig. 50.

les deux triangles extérieurs ABC, AFE, qui en contiennent chacun deux. Or, la somme des angles des triangles est évidemment égale à la somme des angles du polygone, cette dernière somme est donc égale à autant de fois deux angles droits qu'il y a de triangles ou à autant de fois deux droits qu'il y a de côtés moins deux.

Par exemple, le nombre des angles droits d'un polygone de cinq côtés sera égal à 2×3 ou à $2(5-2) = 6$.

Si, en général, on représente par n le nombre des côtés d'un polygone, la somme de ses angles droits sera égale à $2(n-2) = 2n-4$, ou $= 2$ fois le nombre des côtés -4 droits.

Du Quadrilatère en général

104. On distingue parmi les quadrilatères :

1° Le *parallélogramme* [1] ou *rhombe* [2], dont les côtés op-

---

1. Du gr. *parallélos*, parallèle ; *gramma*, ligne.
2. Du gr. *rhombos*, même sens.

posés sont parallèles et les angles quelconques (*fig.* 51).

Fig. 51.

Fig. 52.

105. 1° Le *rectangle*, parallélogramme dont les angles sont droits (*fig.* 52).

106. 3° Le *carré*, parallélogramme dont les côtés sont égaux et les angles droits (*fig.* 53).

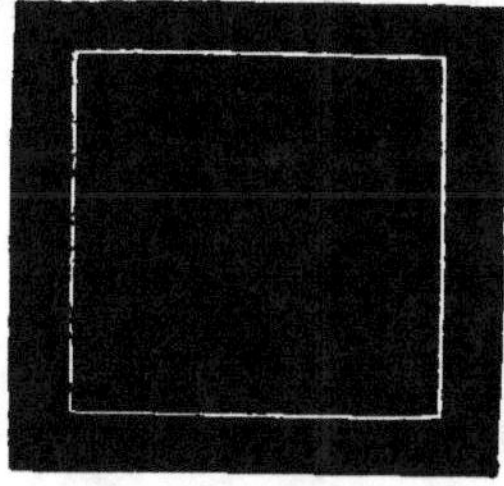

Fig. 53.

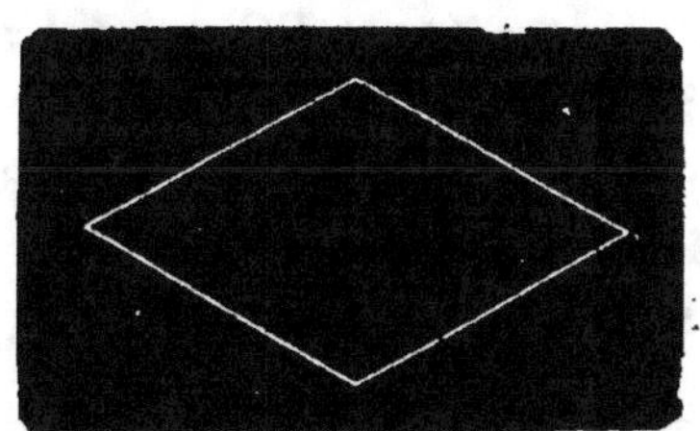

Fig. 54.

107. 4° Le *losange* [1], parallélogramme dont les côtés sont égaux sans que les angles le soient (*fig.* 54).

108. 5° Le *trapèze* [2], dont deux côtés seulement sont parallèles (*figure* 55). Le trapèze n'est

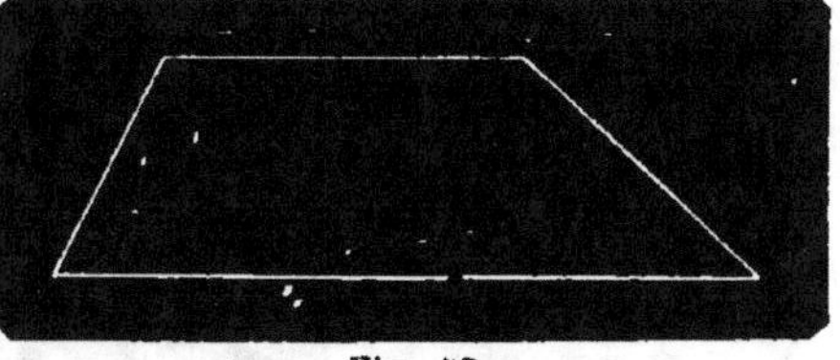

Fig. 55.

pas comme le rectangle, etc., une espèce de parallélogramme.

Du Parallélogramme

THÉORÈME

109. *Dans un parallélogramme,* 1° *Les côtés opposés sont égaux ;*

2° *Les angles opposés sont aussi égaux.*

1° Menons la diagonale AC : les deux triangles ABC

1. Du gr. *loxos*, oblique, et du lat. *angulus*, angle.
2. Du gr. *trapeza*, table.

et ACD ont un côté égal adjacent à deux angles égaux chacun à chacun, savoir : AC commun, $m = o$ comme alternes-internes (les parallèles sont AB et DC et la sécante AC); $n = p$ comme alternes-internes (les parallèles sont AD et BC et la sécante AC) :

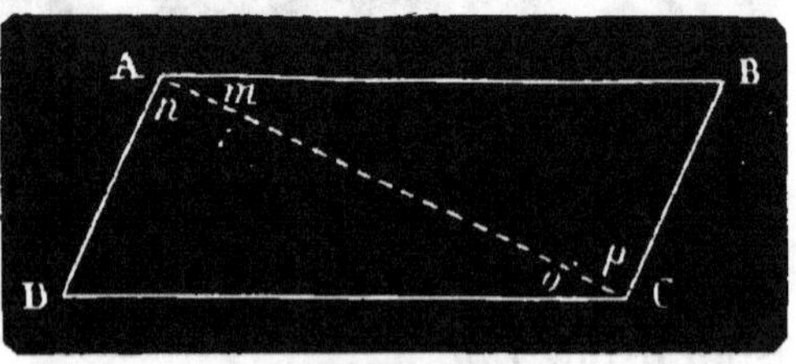

Fig. 56.

donc ces deux triangles sont égaux et AB opposé à l'angle p égale DC opposé à l'angle n; on a de même AD opposé à l'angle o égale BC opposé à l'angle m.

2° L'angle A = l'angle C, et l'angle B = l'angle D, car ces angles ont les côtés parallèles et dirigés en sens contraire (95).

110. Corollaire I. *La diagonale d'un parallélogramme le partage en deux triangles égaux.*

111. Corollaire II. *Deux parallèles* AD, BC, *comprises entre parallèles sont égales.*

112. Corollaire III. *Deux parallèles sont partout également distantes.* Car si de deux points quelconques E et F on élève deux perpendiculaires EG, FH à la droite AB, ces

Fig. 57.

perpendiculaires mesureront les distances des points E et F à la droite AB et *seront égales* comme parallèles comprises entre parallèles.

THÉORÈME

113. *Si les côtés opposés d'un quadrilatère sont égaux, ils sont aussi parallèles, et la figure est un parallélogramme.*

Menons la diagonale AC; les deux triangles ABC, ACD sont égaux comme ayant les trois côtés égaux chacun à chacun, savoir : AC commun, AB $=$ DC par hypothèse, AD $=$ BC pour la même raison, donc $n = p$ (66, REMAR-

QUE); mais ces deux angles occu- pent la position d'alternes-inter- nes (par rapport aux droites AD,

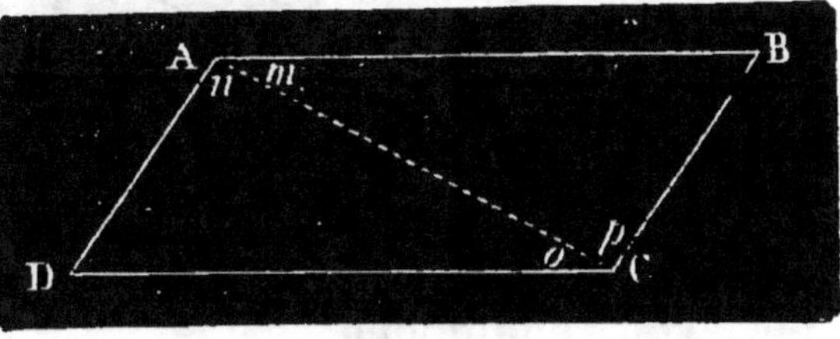

Fig. 58.

BC et à la sécante AC), donc AD est parallèle à BC. Les angles m et o étant aussi égaux, AB est parallèle à DC. Le quadrilatère ABCD, ayant les côtés parallèles deux à deux, est un parallélo- gramme.

THÉORÈME

114. *Un quadrilatère est un parallélogramme lorsque deux côtés AD et BC sont égaux et parallèles.*

Menons la diagonale AC. Les deux triangles ABC et ACD ont un angle égal compris entre côtés égaux cha- cun à chacun, savoir : $n = p$ comme alternes-internes (à cause des parallèles AD, BC et de la sécante AC), AD $=$ BC par hypothèse, AC est commun : donc ces deux

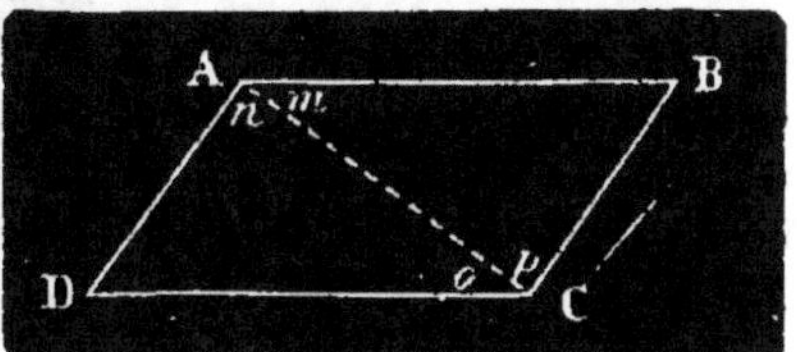

Fig. 59.

triangles sont égaux, et l'angle m opposé au côté BC est égal à l'angle o opposé au côté AD, mais ces deux angles sont alternes-internes (par rapport aux droites AB, DC, et à la sécante AC) : AB est donc parallèle à DC. Le quadrila- tère ABCD, ayant ses côtés opposés parallèles, est un pa- rallélogramme.

THÉORÈME

115. *Un quadrilatère qui a ses angles opposés égaux est un parallélogramme.*

Je dis que ABCD est un parallélogramme parce qu'on a A $=$ C et D $=$ B.

En effet, si l'on additionne ces deux égalités membre à

membre, on aura $A + D = C + B$; mais **(103)** les quatre angles A, B, C, D valent quatre droits, donc $A + D = 2$ droits, et **(94, 4°)** AB est parallèle à DC. Si l'on écrit $A = C$ et $B = D$, puis que l'on additionne

Fig. 60.

membre à membre, on aura $A + B = C + D$: d'où $A + B = 2$ droits. AD est donc parallèle à BC **(94, 4°)**. Le quadrilatère ABCD, ayant ses côtés opposés parallèles, est un parallélogramme.

THÉORÈME

116. *Les diagonales d'un parallélogramme se coupent mutuellement en deux parties égales.*

ABCD étant un parallélogramme, et AC, BD deux diagonales, on aura $AE = EC$ et $BE = ED$.

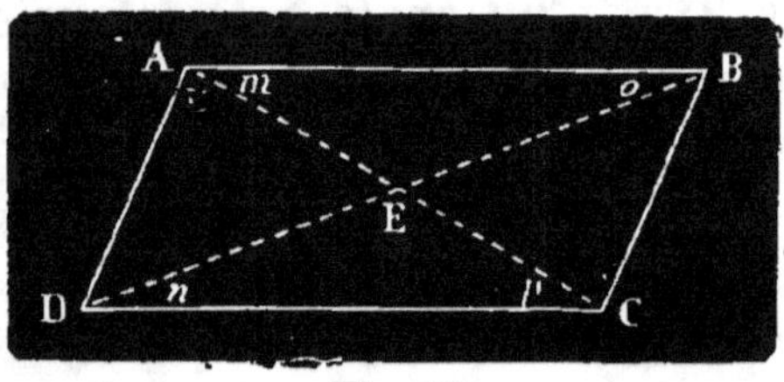

Fig. 61.

En effet, les deux triangles AEB, DEC ont le côté $AB = DC$ **(109)**, l'angle $m = p$ comme alternes-internes, l'angle $n = o$ pour la même raison, donc ces deux triangles sont égaux, et **(66, REMARQUE)** $AE = EC$, $BE = ED$.

THÉORÈME

117. *Les diagonales d'un rectangle sont égales.*

En effet, les deux triangles ADC et BCD, ayant chacun un angle droit compris entre côtés égaux chacun à chacun, DC commun, $AD = BC$, sont égaux, et $AC = BD$.

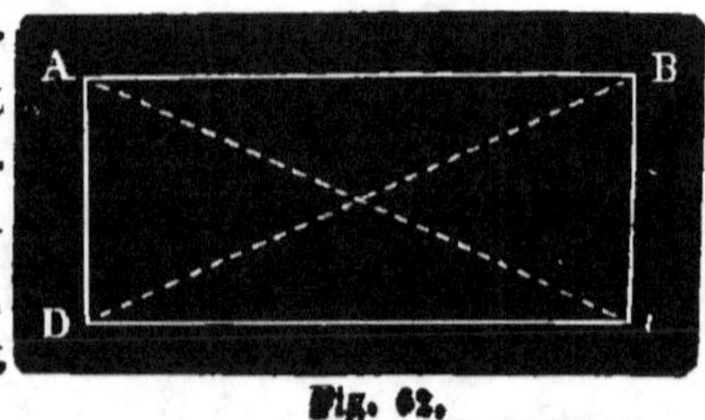

Fig. 62.

THÉORÈME

118. *Les diagonales d'un losange se coupent à angles droits.*

En effet, le triangle ABC est isocèle et AE = EC (116), donc (69) BE est perpendiculaire sur AC.

119. Corollaire. *Les diagonales d'un carré sont égales et se coupent à angles droits,* puisqu'un carré est à la fois un rectangle et un losange.

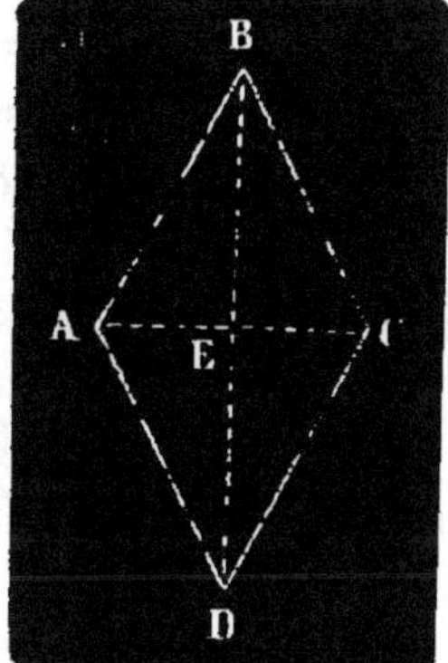

Fig. 63.

LIVRE DEUXIÈME

DE LA CIRCONFÉRENCE ET DU CERCLE

120. Circonférence. La *circonférence* est une ligne courbe fermée dont tous les points sont également distants d'un point intérieur appelé *centre*. ABC est une circonférence, O est le centre.

121. Cercle. Le *cercle* est la surface renfermée par la circonférence. Telle est la surface limitée par la circonférence ABC. Pour ne pas confondre les mots cercle et circonférence, il suffit de se rappeler que le cercle est une surface et la circonférence une ligne.

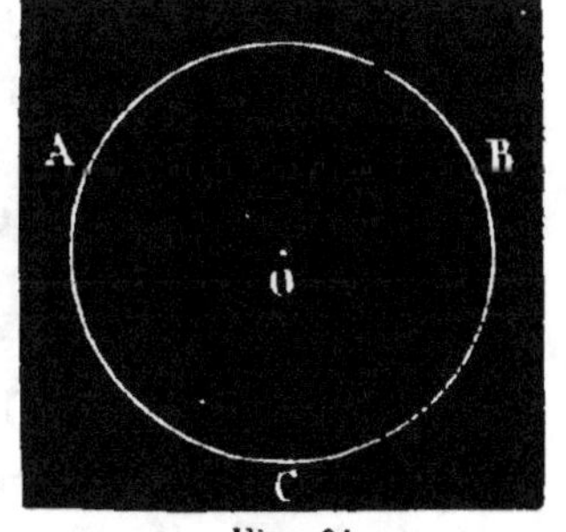

Fig. 64.

122. Rayon. On appelle rayon toute droite qui va du centre à la circonférence. OA, OB sont des rayons (*fig.* 65).

123. Diamètre. On appelle *diamètre* toute droite qui joint deux points de la circonférence en passant par le centre. DC est un diamètre.

D'après la définition de la circonférence, tous les rayons sont égaux; il en est de même des diamètres qui sont doubles des rayons.

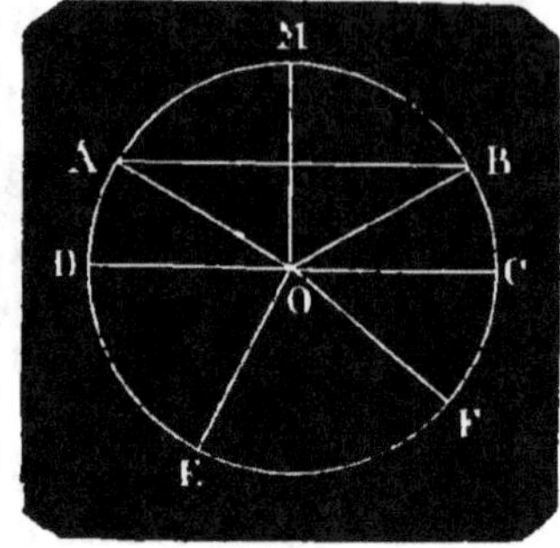

Fig. 65.

124. Arc. On appelle *arc* toute portion de circonférence. AMB est un arc.

125. Corde. La *corde* ou *sous-tendante* est une droite qui joint les deux extrémités d'un arc. AB est une corde.

126. Segment. On appelle *segment* la portion de cercle comprise entre un arc et sa corde. Ex. : la surface AMB.

127. Secteur. On nomme *secteur* la portion de cercle comprise entre deux rayons et l'arc qu'ils limitent. Ex. : la surface EOF.

128. Angle au centre. On appelle angle *au centre* tout angle qui a son sommet au centre du cercle. Ex. : l'angle EOF.

129. Angle inscrit. L'angle *inscrit* est un angle qui a son sommet sur la circonférence. Ex. : l'angle ABC (*fig.* 66).

130. Sécante. On appelle *sécante* toute droite qui rencontre la circonférence en deux points et qui se prolonge au dehors. BF et MN sont deux sécantes.

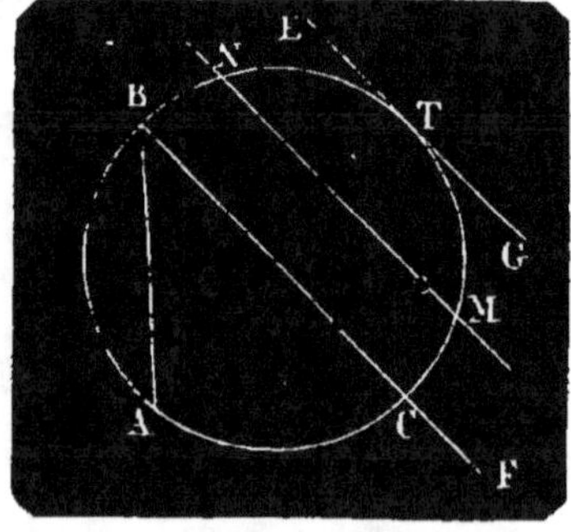

Fig. 66.

131. Tangente [1]. On nomme *tangente* une droite qui, prolongée à volonté, ne peut rencontrer la circonférence qu'en un point appelé point de contact ou de *tangence*. ETG est une tangente, T est le point de contact.

---

1. Du lat. *tangere*, toucher.

THÉORÈME

132. *Deux cercles de même rayon sont égaux.*

En effet, si l'on place l'un de ces cercles sur l'autre, de manière que les centres coïncident, les rayons de l'un étant égaux aux rayons de l'autre coïncideront aussi et par suite les circonférences et les cercles.

THÉORÈME

133. *Tout diamètre divise la circonférence en deux parties égales.*

Pour le démontrer, faisons tourner autour du diamètre AB la partie supérieure AMB du cercle pour la rabattre sur la partie inférieure ANB. Tous les points de l'arc AMB devront coïncider avec ceux de l'arc ANB; car, s'il en était autrement, et que AMB, pût prendre la position AM'B, ou toute autre, il y aurait des points de la circonférence qui seraient inégalement distants du centre, ce qui serait contre la définition du cercle.

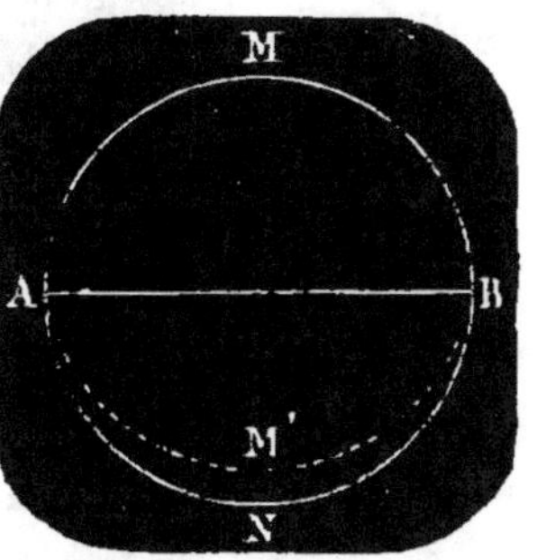

Fig. 67.

Donc, tout diamètre divise la circonférence et le cercle en deux parties égales.

THÉORÈME

134. *Un diamètre est plus grand que toute corde.*

AB étant un diamètre et AC une corde, on aura $AB > AC$.

En effet, si nous menons le rayon OC, nous aurons $AO + OC > AC$ ou $AB > AC$, car $AO + OC = AB$.

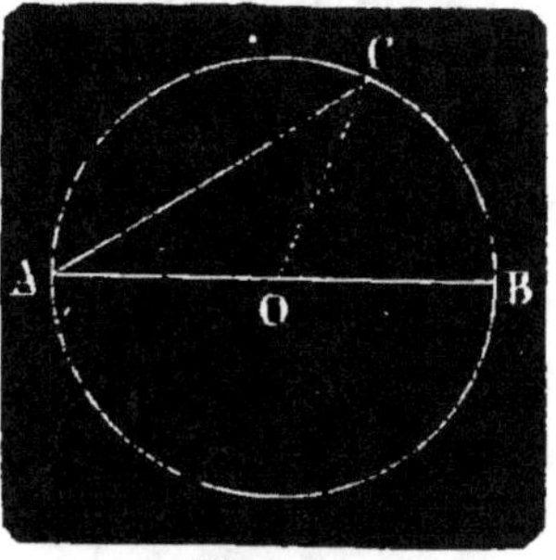

Fig. 68.

THÉORÈME

135. *Dans un même cercle ou dans des cercles égaux, des arcs égaux sont sous-tendus par des cordes égales.*

L'arc AMB étant égal à l'arc ENF, on aura AB = EF.

En effet, portons la demi-circonférence FEG sur son égale BAD, le point F au point B, et le point G au point D. Les arcs propo- sés étant é- gaux coïnci- deront dans toute leur é-

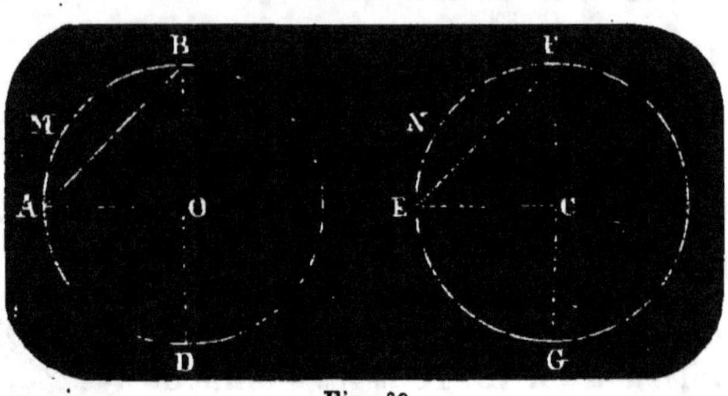

Fig. 69.

tendue (133) et le point E tombera au point A. Les cordes EF et AB ayant mêmes extrémités se confondront et se- ront par conséquent égales.

THÉORÈME RÉCIPROQUE

136. *Dans un même cercle ou dans des cercles égaux, les cordes égales sous-tendent des arcs égaux (fig. 69)*

La corde AB étant égale à la corde EF, on aura l'arc AMB = l'arc ENF.

En effet, si l'on mène les rayons OA, CE, les deux trian- gles AOB, ECF auront les trois côtés égaux chacun à cha- cun et seront égaux. Par conséquent on aura l'angle ECF = l'angle AOB. Si maintenant l'on porte le demi- cercle FEG sur son égal BAD, de manière que le point F soit au point B, et le point C au point O, à cause des an- gles égaux ECF, AOB, le côté CE coïncidera avec son égal OA, et les deux arcs AMB, ENF auront mêmes extrémités et seront égaux.

THÉORÈME

137. *Dans un même cercle ou dans des cercles égaux, le plus grand arc est sous-tendu par la plus grande corde.*

L'arc ABC étant plus grand que l'arc DEF, la corde AC sera plus grande que la corde DF.

Si nous faisons AMB=DEF, il suffit de prouver que l'on a AC >AB. Menons les rayons OA, OB, OC, nous formerons les triangles AOB, AOC, qui ont

Fig. 70.

deux côtés égaux chacun à chacun; or l'angle AOC est plus grand que l'angle AOB, car l'un n'est qu'une partie de l'autre; donc on a AC>AB (64), ou, enfin, AC>DF.

THÉORÈME RÉCIPROQUE

138. *Dans un même cercle ou dans des cercles égaux, la plus grande corde sous-tend le plus grand arc (fig. 70).*

La corde AC étant plus grande que la corde DF, l'arc ABC sera plus grand que l'arc DEF.

En effet, si ABC pouvait égaler DEF, on aurait aussi (135) AC = DF, ce qui serait contre l'hypothèse. Si ABC pouvait être plus petit que DEF, on aurait (137) AC < DF, ce qui serait encore contre l'hypothèse. L'arc ABC ne pouvant être ni égal, ni plus petit que l'arc DEF sera plus grand.

THÉORÈME

139. *Tout diamètre perpendiculaire sur une corde divise cette corde et chacun des arcs qu'elle sous-tend en deux parties égales.*

Le diamètre DE étant perpendiculaire sur la corde AB, on aura AC = CB, arc AE = arc BE et arc AD = arc BD.

En effet, les obliques OA, OB étant deux rayons sont égales, donc elles s'écartent également du pied de la perpendiculaire DE (75) et AC = BC. Puisque AC = BC, les obliques AE et BE s'écartent également du pied de la perpendiculaire EC, donc elles sont égales, et par conséquent (136) arc AE = arc BE.

On a aussi arc AD = arc BD, car si l'on menait les cordes AD et BD, elles seraient égales par la raison que AE = BE.

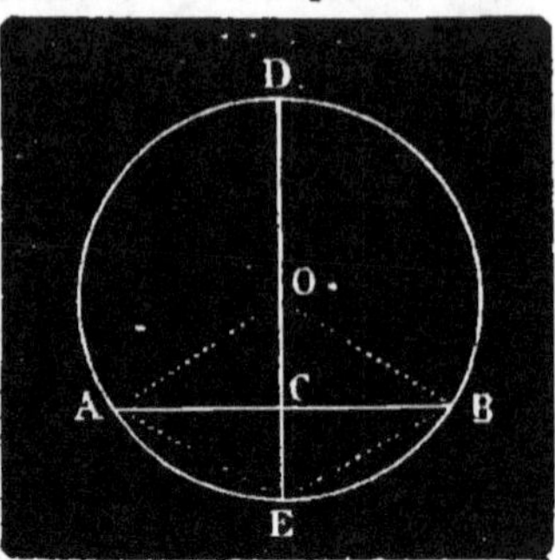

Fig. 71.

140. Corollaire I. *Toute perpendiculaire sur le milieu d'une corde passe par le centre du cercle,* car ce point est également distant des extrémités de la corde.

141. Corollaire II. *Le centre de tout cercle, le milieu d'une corde, les milieux des arcs qu'elle sous-tend sont quatre points en ligne droite.*

THÉORÈME

142. *Les perpendiculaires élevées sur deux droites qui se coupent ne sont pas parallèles.*

Les droites qui se coupent sont AB, BC et les perpendiculaires ED et GF. Je dis que ED et GF ne sont pas parallèles.

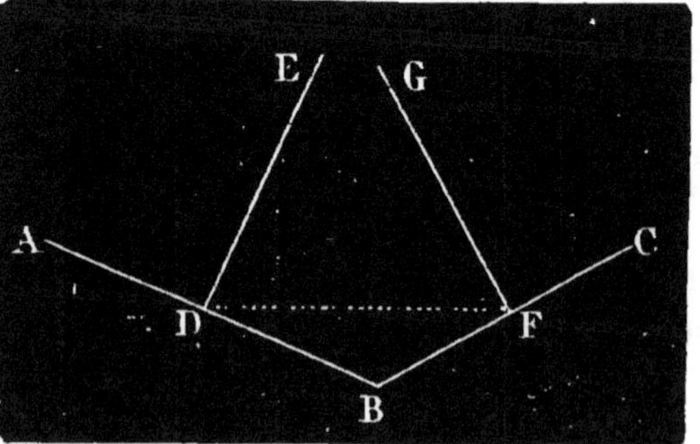

Fig. 72.

En effet, menons la droite DF : les angles intérieurs EDF et GFD ne valent pas deux droits, car le premier est une partie de l'angle droit EDB, et le second une partie de l'angle droit GFB : donc DE n'est pas parallèle à GF (94, 4°).

THÉORÈME

143. *Par trois points,* A, B, C, *donnés non en ligne droite :* 1° *on peut toujours faire passer une circonférence,* 2° *on n'en peut faire passer qu'une.*

1° Joignons les points donnés par des droites, et sur les milieux de ces droites élevons les perpendiculaires DE, FG qui se rencontreront (142) en un certain point O. Le point O, étant sur les perpendiculaires DE et FG, se trouve à égale distance des points A, B, C, car (78) OA = OB = OC. (Supposez ces lignes menées.) Si donc de ce même point O on décrit une circonférence en prenant OA pour rayon,

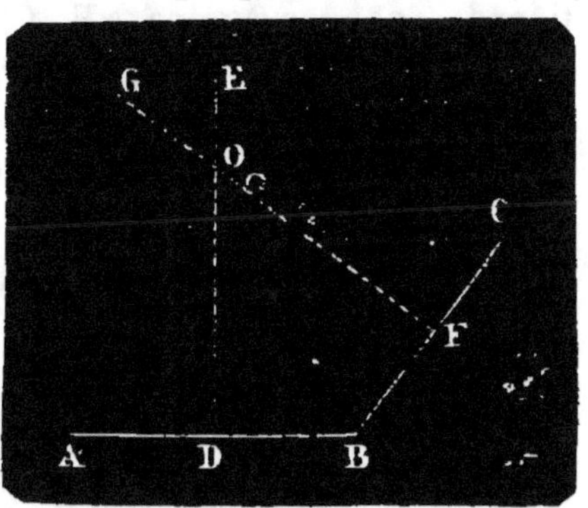

Fig. 73.

cette circonférence passera par les trois points A, B, C; 2° toute circonférence passant par les trois points A, B, C, devra avoir son centre sur DE et sur FG (140), donc il sera au point O où ces deux droites se coupent. Toutes les circonférences passant par les points A, B, C, ayant le point O pour centre, auront le même rayon OA = OB = OC; elles se confondront par conséquent et n'en formeront qu'une.

144. COROLLAIRE. *Les perpendiculaires élevées sur les milieux des côtés d'un triangle se rencontrent en un même point, qui est le centre de la circonférence passant par les trois sommets du triangle.*

THÉORÈME

145. *Dans le même cercle ou dans des cercles égaux, les cordes égales sont également éloignées du centre.*

Les cordes AB, CD étant égales, je dis que les perpendiculaires OM, ON, qui mesurent la distance du centre aux cordes AB, CD, le sont aussi.

En effet, si l'on mène les rayons OB, OD, on formera deux triangles rectangles qui ont les hypoténuses égales. OB = OD comme rayons d'un même cercle, et les côtés BM, DN égaux comme moitiés des cordes égales AB, CD : donc ces deux triangles sont égaux, et OM = ON, donc les cordes AB, CD sont également éloignées du centre O.

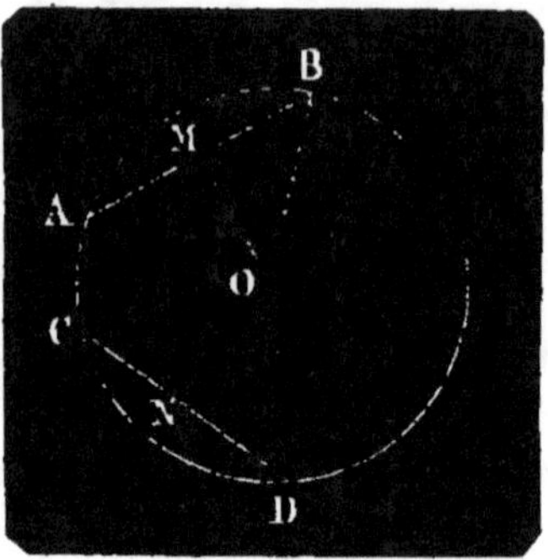

Fig. 74.

THÉORÈME

146. *De deux cordes inégales, la plus grande est la plus rapprochée du centre.*

La corde AB étant plus grande que la corde CD, la perpendiculaire OM sera plus courte que la perpendiculaire ON.

L'arc AB est plus grand que l'arc CD ; prenons sur AB un arc AE égal à l'arc CD, et menons la corde AE qui sera égale à la corde CD. Les cordes CD et AE étant égales, on a ON = ON' (145), mais la perpendiculaire OM est plus courte que l'oblique OI, donc, à bien plus forte raison a-t-on, OM < ON', ou que son égale ON : donc la corde AB est plus rapprochée du centre O que la corde CD.

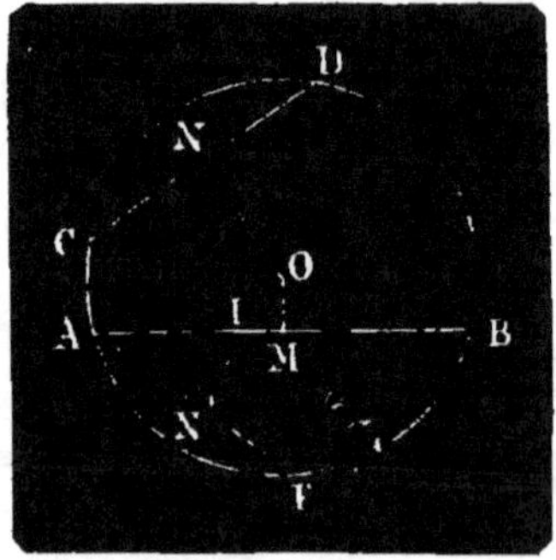

Fig. 75.

THÉORÈME

147. *Toute perpendiculaire à l'extrémité d'un rayon est tangente à la circonférence.*

La droite AB, perpendiculaire à l'extrémité du rayon CD, est une tangente.

En effet, prenons sur AB un point quelconque E, autre que D, et menons la droite CE ; cette ligne, étant oblique par rapport à AB, sera plus longue que la perpendiculaire CD : donc le point E est situé hors de la circonférence ; il en serait de même de tout autre point de la droite AB, à l'exception du point D. La perpendiculaire AB

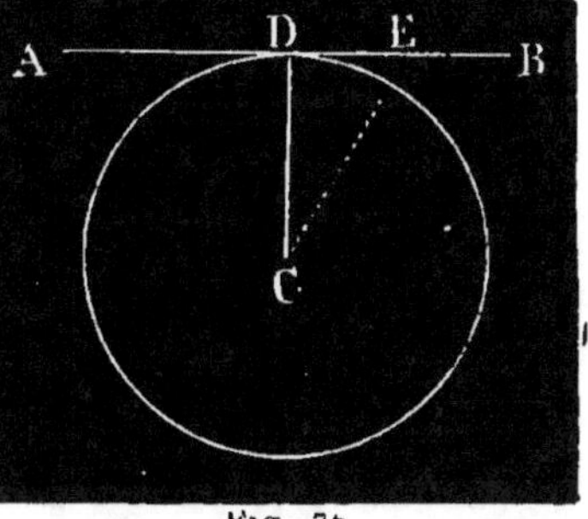

Fig. 76.

n'ayant que le point D de commun avec la circonférence est une tangente.

THÉORÈME RÉCIPROQUE

148. *Toute tangente est perpendiculaire à l'extrémité du rayon qui va au point de contact (fig.* 76).

AB est tangente au point D : je dis que cette droite est perpendiculaire à l'extrémité du rayon CD.

En effet, tout point E, autre que D, pris sur AB, étant situé hors de la circonférence, est plus éloigné du centre que le point D : la ligne CD est donc la plus courte distance du point C à la droite AB : donc CD est perpendiculaire sur AB (74).

COROLLAIRE I. *Par un point* D, *pris sur une circonférence, on peut toujours mener une tangente,* car il suffit de mener une perpendiculaire à l'extrémité du rayon qui aboutit à ce point.

COROLLAIRE II. *En un point* D *pris sur une circonférence, on ne peut mener qu'une seule tangente,* car, s'il pouvait y en avoir deux, elles seraient l'une et l'autre perpendiculaires à l'extrémité du rayon qui aboutit à ce point, ce qui est impossible (39).

COROLLAIRE III. *Les tangentes à l'extrémité d'un diamètre sont parallèles,* puisqu'elles sont perpendiculaires à une même droite.

THÉORÈME

149. *Deux parallèles interceptent sur la circonférence des arcs égaux.*

Il y a trois cas à considérer :

1° Les deux parallèles AB, CD sont sécantes : on aura

$$AC = BD.$$

Pour le prouver, menons le rayon OM perpendiculaire sur la sécante CD, il le sera aussi à sa parallèle AB (90) et divisera en deux parties égales chacun des arcs CMD et AMB (139), et on aura par conséquent,

$$CM = MD$$
$$AM = MB.$$

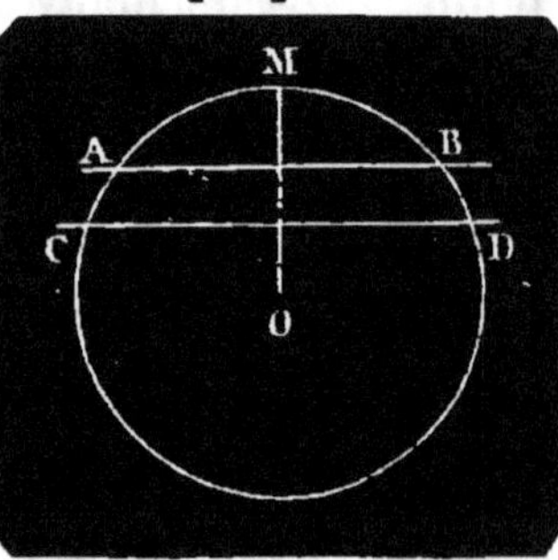

Fig. 77.

En retranchant ces égalités membre à membre, on obtient

$$CM - AM \text{ ou } AC = MD - MB \text{ ou } BD,$$
$$AC = BD.$$

2° Les deux parallèles AB et CD (fig. 78) sont, l'une tangente, l'autre sécante : on aura

$$CM = MD.$$

En effet, si nous joignons le centre O au point de contact M, le rayon OM sera perpendiculaire à la tangente AB (148) et à sa parallèle CD. Or, OM étant perpendiculaire à la corde CD, divise l'arc CMD en deux parties égales (139), et nous avons

$$CM = MD.$$

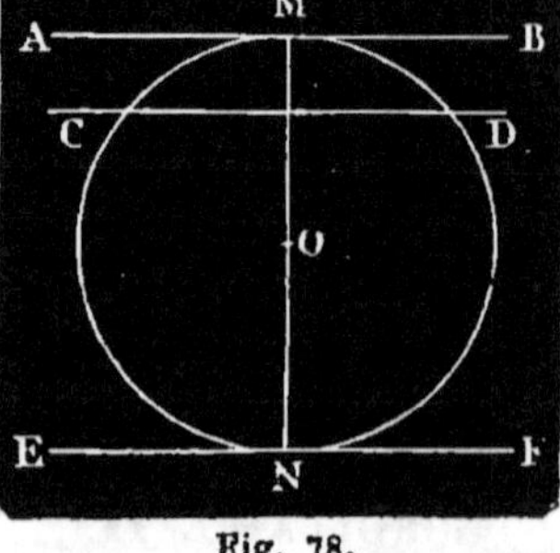

Fig. 78.

3° Les deux parallèles AB, EF sont tangentes : on aura

$$MCN = MDN.$$

Pour le démontrer, menons la sécante CD parallèle à

AB, elle le sera à EF (88). Le diamètre MN, perpendiculaire à AB, l'est aussi à EF.

Mais, d'après le second cas,

$$CM = MD$$
$$CN = DN.$$

En faisant la somme de ces égalités membre à membre, nous aurons

$$CM + CN \text{ ou arc } MCN = MD + DN \text{ ou arc } MDN,$$
$$MCN = MDN.$$

Conditions du contact et de l'intersection de deux circonférences

150. Deux circonférences peuvent avoir, l'une par rapport à l'autre, cinq positions différentes :

1° Elles peuvent être *extérieures ;*

2° Avoir *un point de commun et être tangentes extérieurement ;*

3° Avoir *deux points de communs ou se couper ;*

4° Avoir *un point de commun et être tangentes intérieurement ;*

5° Être *intérieures.*

THÉORÈME

151. *Lorsque deux circonférences ont un point* A *de commun placé hors de la ligne* CD *qui unit leurs centres* C, D, *elles ont un second point de commun* B, *situé sur la perpendiculaire* AO *à cette ligne, et à la même distance de* CD *que le premier.*

En effet, prenons sur le prolongement de AO une longueur OB = AO : les deux obliques CA, CB, s'é-cartant également du pied O de CO perpendiculaire sur

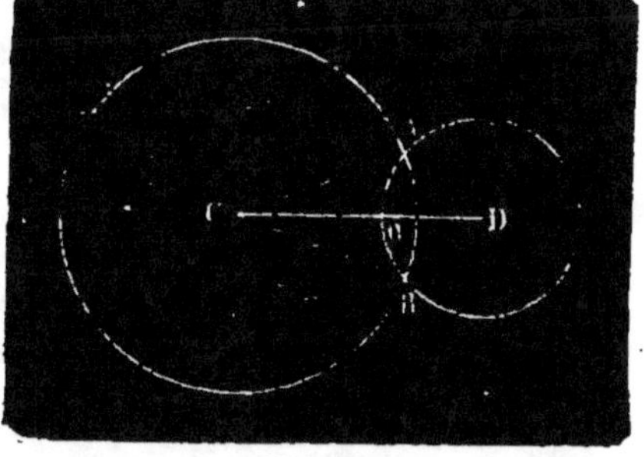

Fig. 79.

AB, sont égales : la circonférence décrite du point C comme centre, et avec CA pour rayon, passera donc par le point B. On prouverait, de même, que la circonférence décrite du point D comme centre, et avec DA pour rayon, passerait aussi par le point B.

152. REMARQUE. Les points A et B sont dits *symétriques* par rapport à CD. *Deux points symétriques, par rapport à une droite, sont deux points situés sur une même perpendiculaire à cette droite et à égale distance de cette ligne.*

THÉORÈME

153. *Si deux circonférences se coupent, la ligne CD, qui joint leurs centres, est perpendiculaire sur le milieu de la corde commune AB.*

En effet, le point D étant à égale distance des points A et B (DA = DB) se trouve sur la perpendiculaire qui passe par le milieu de AB ; pour la même raison le

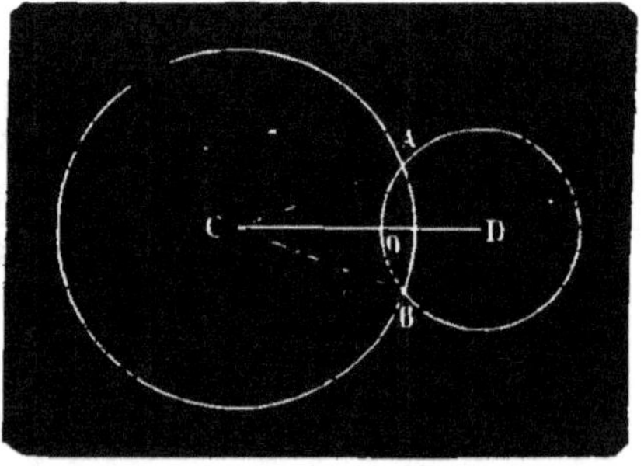

Fig. 80.

point C est sur la perpendiculaire qui passe par le milieu de AB (CA = CB). La perpendiculaire sur le milieu de AB, devant passer aux points C et D, n'est autre que CD, ou la ligne des centres.

THÉORÈME

154. *Si deux circonférences n'ont qu'un point de commun ou sont tangentes, ce point se trouve sur la ligne des centres.*

En effet, si ce point n'était pas sur la ligne des centres, il serait hors de cette ligne ; mais (151) les deux circonférences auraient encore un autre point de commun et seraient sécantes, ce qui est contre l'hypothèse.

155. REMARQUE. Nous avons dit (150) que deux circonférences peuvent avoir, l'une par rapport à l'autre, cinq positions différentes. On verra facilement comment deux circonférences peuvent occuper, l'une par rapport à l'autre, cinq positions différentes, en supposant que, à partir de celle indiquée dans la figure 81, la plus grande reste fixe, et que la plus petite s'avance vers elle jusqu'à la toucher extérieurement (fig. 82), la couper (fig. 83), la toucher intérieurement (fig. 84), être tout à fait intérieures l'une à l'autre (fig. 85). On conçoit que si la petite continuait à s'avancer vers la gauche, elle prendrait cinq positions semblables aux précédentes, mais dans un ordre inverse.

THÉORÈME

156. *Lorsque deux circonférences sont extérieures, la distance des centres est plus grande que la somme des rayons.*

En effet, la distance des centres se compose de[1] $R + AB + r$. On a évidemment

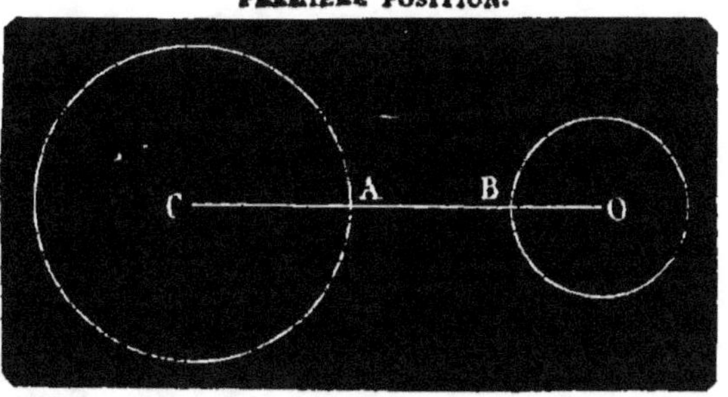

Fig. 81.

$$R + AB + r > R + r.$$

THÉORÈME

157. *Lorsque deux circonférences sont tangentes extérieurement, la distance des centres est égale à la somme des rayons.*

En effet, le point de contact A étant sur la ligne des centres (151), on a

$$CO = R + r.$$

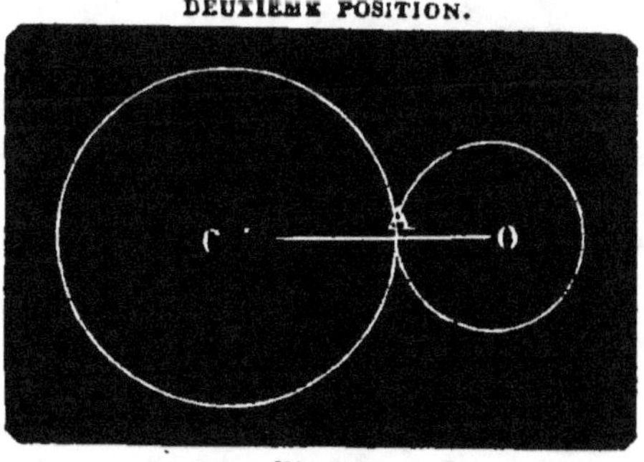

Fig. 82.

1. Nous appelons R le rayon de la grande circonférence, et r le rayon de la petite

THÉORÈME

158. *Lorsque deux circonférences se coupent, la distance des centres est plus petite que la somme des rayons.*

En effet, on a, d'après le n° 60 :

$$CO < CA + AO,$$
$$CO < R + r.$$

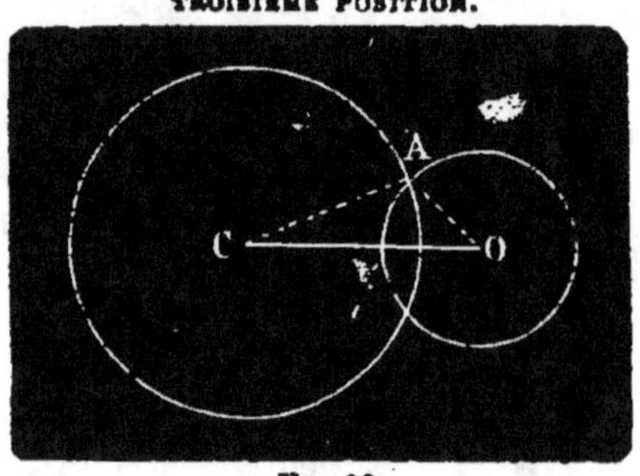

Fg. 83.

THÉORÈME

159. *Lorsque deux circonférences sont tangentes intérieurement, la distance des centres est égale à la différence des rayons.*

En effet, la distance des centres $CO = CA - OA$ ou

$$CO = R - r.$$

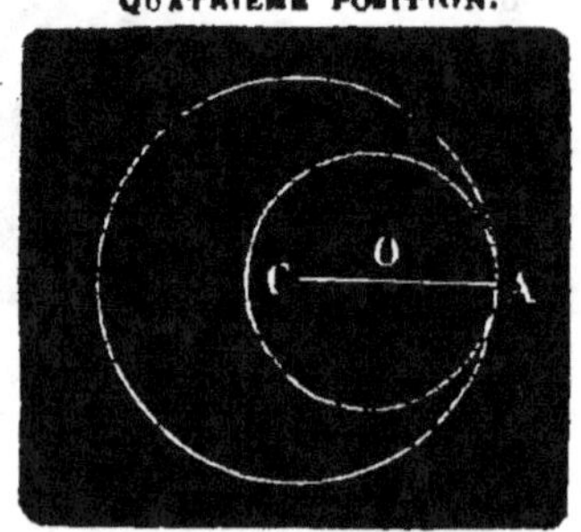

Fig. 84.

THÉORÈME

160. *Lorsque deux circonférences sont intérieures, la distance des centres est plus petite que la différence des rayons.*

En effet, la distance des centres $CO = CA - OB - BA$; on a par conséquent

$$CO < CA - OB \text{ ou } CO < R - r.$$

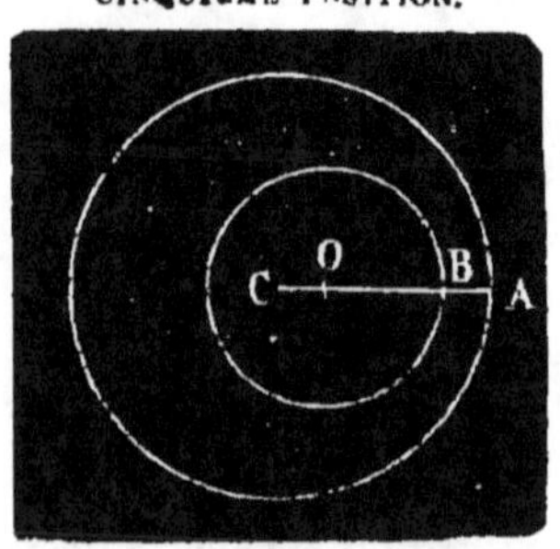

Fig. 85.

161. REMARQUE I. Les réciproques des cinq propositions précédentes sont vraies et se démontrent de la même manière. Exemple :

Lorsque la distance des centres est plus grande que la somme des rayons, les circonférences sont extérieures.

En effet, elles ne peuvent pas être tangentes extérieurement, car la distance des centres serait égale à la somme des rayons, ce qui serait contre l'hypothèse ; elles ne peuvent pas non plus se couper, car la distance des centres serait plus petite que la somme des rayons, ce qui est encore contre l'hypothèse, etc.

Les deux circonférences ne pouvant être ni tangentes extérieurement, ni sécantes, etc., seront forcément extérieures.

162. REMARQUE II. On voit, d'après ce qui précède, que :

1° *Deux circonférences auront un point de commun lorsque la distance des centres sera égale à la somme ou à la différence des rayons ;*

2° *Deux circonférences auront deux points de communs lorsque la distance des centres sera plus petite que la somme des rayons et plus grande que leur différence ;*

3° *Deux circonférences seront extérieures ou intérieures, selon que la distance des centres sera plus grande que la somme des rayons ou plus petite que leur différence.*

Mesure des Angles

THÉORÈME

163. *Dans un même cercle ou dans des cercles égaux . 1° les angles au centre égaux interceptent sur la circonférence des arcs égaux ; 2° les arcs égaux correspondent à des angles au centre égaux.*

1° Les cercles sont égaux, les angles C et O le sont aussi. On aura :

$$\text{arc AB} = \text{arc DE.}$$

Pour le démontrer, menons les cordes AB et DE, nous

obtiendrons deux triangles ACB et DOE, qui ont un an-
gle égal (C=O
par hypothèse)
compris entre
côtés égaux
comme rayons
de cercles é-
gaux : donc ces
deux triangles
sont égaux et

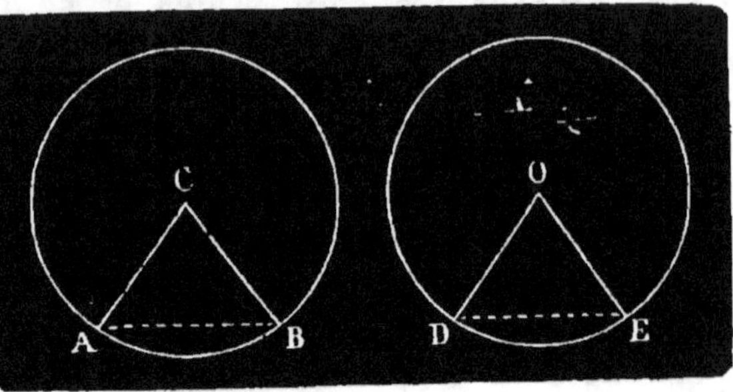

Fig. 86.

corde AB=corde DE, par suite (136) arc AB=arc DE.

2° Si arc AB=arc DE, on aura :

$$\text{angle } C = \text{angle } O.$$

En effet, tirons les cordes AB et DE ; ces cordes sous-
tendant des arcs égaux sont égales : donc les deux triangles
ACB et DOE sont égaux comme ayant les trois côtés égaux
chacun à chacun, donc angle C=angle O.

THÉORÈME

164. *Dans un même cercle ou dans des cercles égaux, le
rapport de deux angles au centre est égal à celui des arcs in-
terceptés entre leurs côtés.*

Les cercles étant égaux, on aura :

$$\frac{ACB}{DOE} = \frac{AB}{DE}.$$

En effet, soient les arcs AB, DE inégaux. Supposons
qu'ils aient
une commu-
ne mesure,
c'est-à-dire
qu'un arc tel
que DF soit
contenu un
nombre exact
de fois dans
chacun d'eux;

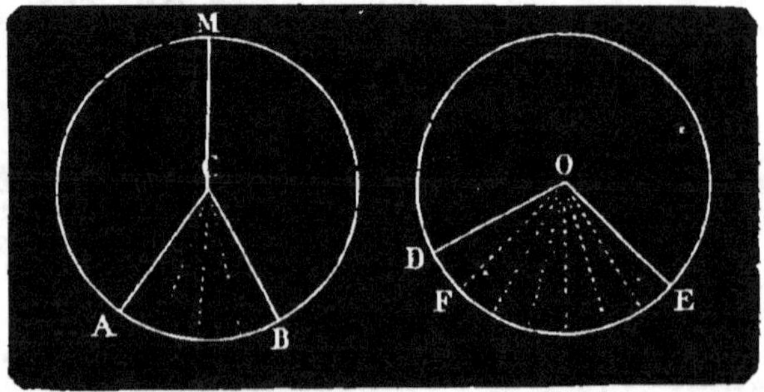

Fig. 87.

par exemple, 4 fois dans AB et 7 fois dans DE, les arcs

AB, DE seront entre eux comme les nombres 4 et 7, et nous aurons

$$\frac{AB}{DE} = \frac{4}{7}.$$

Joignons les points de division aux centres C et O. Les angles ACB, DOE sont partagés, l'un et l'autre, en petits angles tous égaux entre eux, comme interceptant des arcs égaux. Mais 4 de ces angles sont contenus dans ACB et 7 dans DOE; donc

$$\frac{ACB}{DOE} = \frac{4}{7}.$$

Les quantités $\dfrac{AB}{DE}$, $\dfrac{ACB}{DOE}$ étant l'une et l'autre égales à $\dfrac{4}{7}$ sont égales entre elles, donc

$$\frac{ACB}{DOE} = \frac{AB}{DE}.$$

Remarque I. Cette démonstration, étant indépendante de l'arc DF, serait encore rigoureuse dans le cas où cette commune mesure serait plus petite que toute quantité appréciable, et, par conséquent, dans le cas où les arcs seraient incommensurables, c'est-à-dire n'auraient pas de commune mesure.

Remarque II. D'après ce qui vient d'être dit, on a $\dfrac{ACM}{AM} = \dfrac{ACB}{AB} = \dfrac{BCM}{BM}$; mais dans une suite de rapports égaux la somme des numérateurs est à la somme des dénominateurs comme un numérateur quelconque est à son dénominateur : donc $\dfrac{ACM+ACB+BCM}{AM+AB+BM} = \dfrac{ACB}{AB}$. Si dans cette égalité on intervertit l'ordre des termes, il vient

$$\frac{ACM+ACB+BCM}{ACB} = \frac{AM+AB+BM}{AB} = \frac{AMBA}{AB}$$

Mais les trois angles ACM, ACB, BCM comprennent, entre leurs côtés et les arcs AB, BM, MA qui les limitent, la surface du cercle, de même que ACB comprend la surface du secteur : donc

$$\frac{\text{Surface du cercle}}{\text{Surface du secteur}} = \frac{\text{AMBA}}{\text{AB}}.$$

165. Mesure des Angles. En général, mesurer une grandeur, c'est la comparer à une autre *grandeur connue* qu'on appelle *unité*. Mesurer un angle, c'est donc le comparer à un autre angle pris pour unité.
Ainsi l'*angle droit* étant l'unité d'angle, on connaîtra la valeur de l'angle BOC en le comparant à l'angle droit AOB. Mais, d'après le théorème précédent, on a

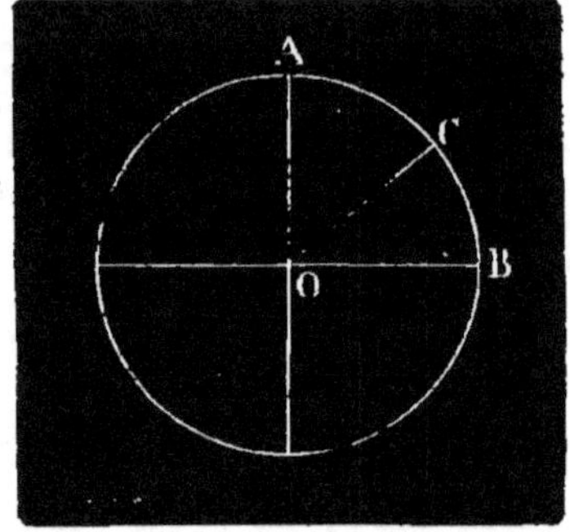

Fig. 88.

$$\frac{\text{BOC}}{\text{AOB}} = \frac{\text{CB}}{\text{AB}}.$$

Au lieu de comparer l'angle BOC à l'angle droit AOB, on pourra donc comparer l'arc CB, correspondant à l'angle BOC, à l'arc AB, correspondant à l'angle droit AOB.

166. Le quart de la circonférence, qu'on appelle *quadrant*, est considéré comme l'unité des arcs de cercles.

Ainsi, *pour mesurer un angle quelconque BOC, il suffit de décrire entre ses côtés, avec un rayon arbitraire, un arc de cercle ayant pour centre le sommet O de l'angle, et de comparer cet arc au quadrant décrit avec le même rayon.*

167. C'est pour cette raison qu'on dit, pour abréger, *qu'un angle a pour mesure l'arc compris entre ses côtés et décrit de son sommet comme centre.* Et l'on dit aussi, pour le même motif, *que l'angle au centre (qui a son sommet au centre du cercle) a pour mesure l'arc compris entre ses côtés.*

168. Afin de faciliter la comparaison des arcs et d'exprimer plus simplement en nombres les arcs et, par suite, les angles qui leur correspondent, on a divisé la circonférence en 360 parties égales appelées *degrés;* le degré en 60 *minutes*, la minute en 60 *secondes*.

Le quadrant vaut donc 90 degrés, de même que l'angle qui lui correspond.

169. La valeur d'un angle ou d'un arc s'énonce en disant combien il contient de **degrés**, **minutes** et **secondes**. Si, par exemple, l'arc intercepté par les côtés d'un angle au centre vaut 25 degrés 15 minutes 35 secondes, ce nombre, qui s'écrit 25° 15′ 35″, indique la mesure de l'arc aussi bien que celle de l'angle.

THÉORÈME

170. *Un angle inscrit a pour mesure la moitié de l'arc compris entre ses côtés.*

Il peut se présenter différents cas.

1° Le côté BC de l'angle inscrit B passe par le centre O du cercle.

L'angle B a pour mesure $\dfrac{AC}{2}$.

Pour le prouver, menons le diamètre DE parallèle à BA. Les angles B et n sont égaux comme correspondants; or, l'angle au centre n a pour mesure DC, donc B aura aussi pour mesure DC; mais cet arc égale $\dfrac{AC}{2}$, car on a, par suite

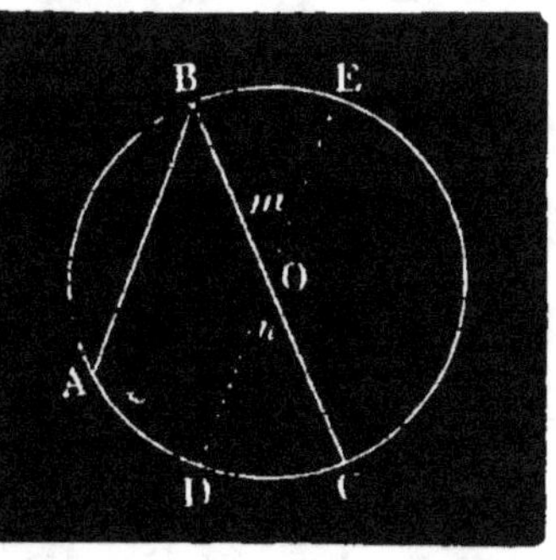

Fig. 89.

des angles égaux n et m, DC = BE : les deux quantités DC et AD, étant égales à une troisième BE, sont égales entre elles, donc DC, mesure de l'angle B, est la moitié de AC; donc l'angle B a pour mesure $\dfrac{AC}{2}$. C. Q. F. D.

2° L'angle comprend le centre.

L'angle B a pour mesure $\dfrac{AC}{2}$.

Pour le prouver, menons le diamètre BD. L'angle m a pour mesure $\dfrac{AD}{2}$ (1°); n a pour mesure $\dfrac{DC}{2}$: donc l'angle total B a pour mesure $\dfrac{AD}{2} + \dfrac{DC}{2}$ ou $\dfrac{AC}{2}$.

Fig. 90.

3° *Le centre du cercle est situé hors de l'angle.*

L'angle m a pour mesure $\dfrac{AC}{2}$.

En effet, menons le diamètre BD. L'angle total B a pour mesure (1°) $\dfrac{AD}{2}$ ou $\dfrac{AC}{2} + \dfrac{CD}{2}$; mais n a pour mesure $\dfrac{CD}{2}$, donc m a pour mesure $\dfrac{AC}{2}$.

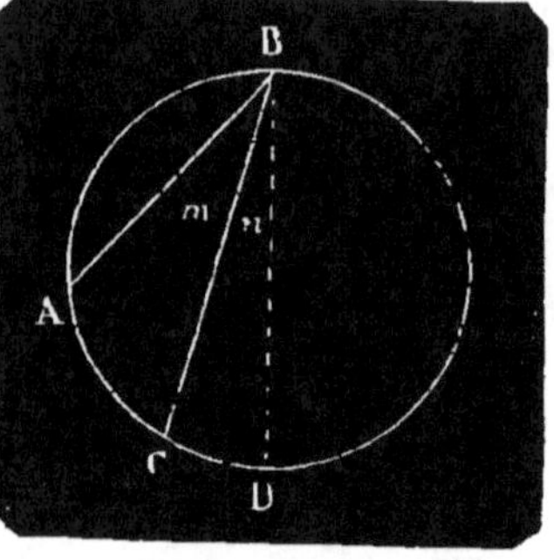

Fig. 91.

4° *L'angle est formé par une corde et une tangente.*

L'angle B a pour mesure $\dfrac{BC}{2}$.

Pour le démontrer, menons CD parallèle à AB. Les angles B et C sont égaux comme alternes-internes, mais C a pour mesure $\dfrac{BD}{2}$ ou $\dfrac{BC}{2}$ (l'arc BD = BC (149)), donc l'angle B, qui lui est égal, a aussi pour mesure $\dfrac{BC}{2}$.

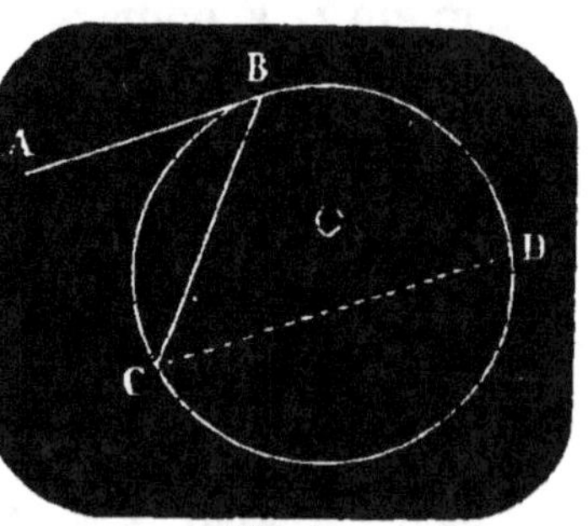

Fig. 92.

171. Corollaire I. *Tous les angles A, B, C inscrits dans un même segment sont égaux,* car ils ont tous pour mesure *la moitié de l'arc DHE.*

172. Corollaire II. *Tous les angles H, G, F, inscrits dans une demi-circonférence sont droits,* car ils ont tous pour mesure la moitié de la demi-circonférence IAE.

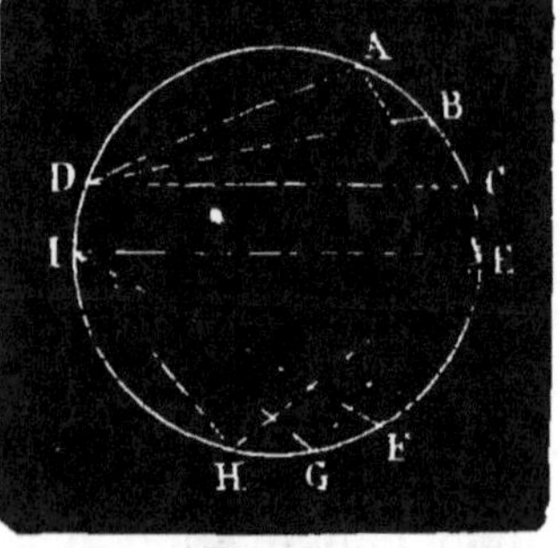

Fig. 93.

173. Corollaire III. 1° *Tout angle B fig. 94) inscrit dans un arc ABC plus petit qu'une demi-circonférence est* *obtus*, car il a pour mesure la moitié de l'arc ADC, plus grand qu'une demi-circonférence.

2° *Tout angle D inscrit dans un arc* ADC *plus grand qu'une demi-circonférence est aigu*, car il a pour mesure la moitié de l'arc ABC, plus petit qu'une demi-circonférence.

174. Corollaire IV. *Les angles opposés d'un quadrilatère inscrit sont supplémentaires :* B + D = 2 droits, car ils ont pour mesure la moitié de l'arc ADC, plus la moitié de l'arc ABC ou la moitié de la circonférence entière. Il en est de même pour les angles A et C.

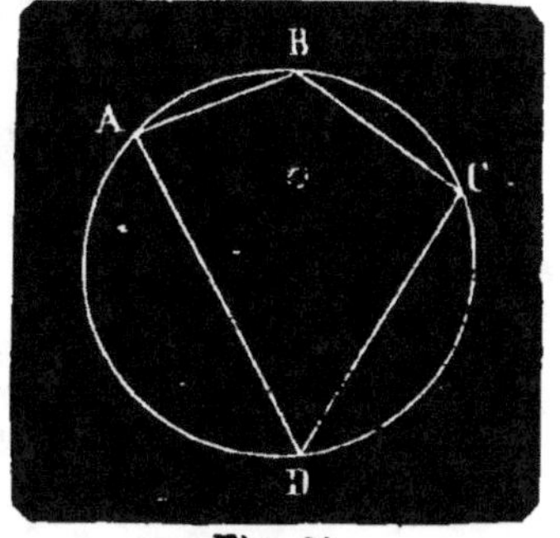

Fig. 94.

THÉORÈME

175. *L'angle* B, *dont le sommet est dans l'intérieur d'un cercle, a pour mesure la moitié de l'arc* AC *compris entre ses côtés, plus la moitié de l'arc* DE *compris entre le prolongement des mêmes côtés.*

L'angle B a pour mesure $\dfrac{AC}{2} + \dfrac{DE}{2}$ ou $\dfrac{AC + DE}{2}$.

En effet, menons EF parallèle à DC. Les angles B et E sont égaux comme correspondants. Or, l'angle E a pour mesure $\dfrac{AF}{2}$ ou $\dfrac{AC}{2} + \dfrac{CF}{2}$; mais, à cause des parallèles DC et EF, CF = DE, donc l'angle E a pour mesure $\dfrac{AC}{2} + \dfrac{DE}{2} = \dfrac{AC + DE}{2}$; l'angle B, qui lui est égal, aura aussi cette mesure.

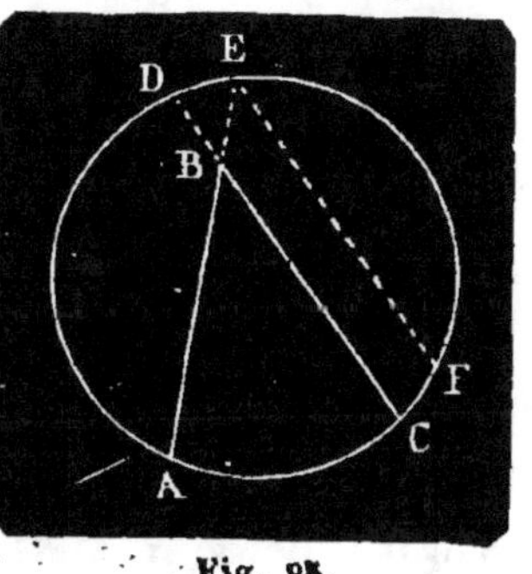

Fig. 95.

THÉORÈME

176. *L'angle* B, *formé par deux sécantes qui se coupent hors du cercle, a pour mesure la moitié de la différence des arcs* AC *et* FD *compris entre ses côtés.*

L'angle B a pour mesure $\dfrac{AC}{2} - \dfrac{FD}{2} = \dfrac{AC - FD}{2}$.

En effet, menons FE parallèle à BC. Les angles B et n sont égaux comme correspondants ; or, l'angle n a pour mesure $\dfrac{AE}{2}$ ou $\dfrac{AC - EC}{2}$, car $AE = AC - EC$; mais, à cause des parallèles BC et FE, $EC = FD$: donc l'angle n a pour mesure $\dfrac{AC - FD}{2}$; l'angle B, qui lui est égal, aura aussi cette mesure.

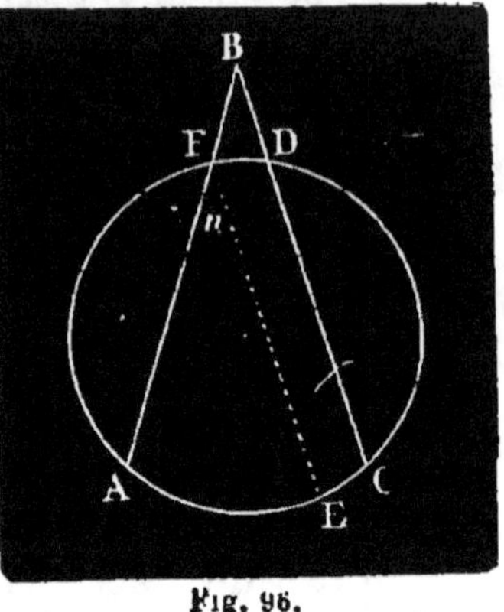

Fig. 96.

DE LA RÈGLE, DU COMPAS, DE L'ÉQUERRE ET DU RAPPORTEUR

177. On fait usage de ces quatre instruments dans les constructions graphiques, ou constructions géométriques qui ont lieu sur le papier.

178. Règle. La *règle* est une petite planche, ordinairement en bois, qui sert à tracer des lignes droites sur le papier. Pour faire usage de cet instrument, on le place de manière que l'un de ses bords coïncide avec les deux points M et N, qu'il s'agit d'unir par

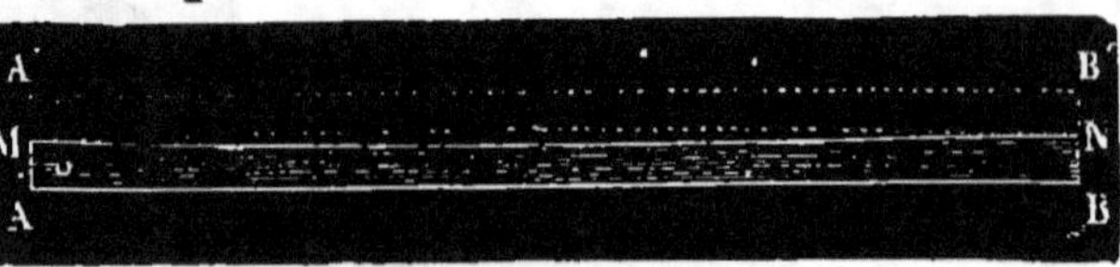

Fig. 97.

une droite ; ensuite on fait glisser contre ce bord, de M en N, une pointe à tracer, soit crayon, plume ou tire-ligne.

On vérifie une règle en traçant d'abord, comme nous venons de l'indiquer, une ligne MN (avec une pointe à tracer très-déliée), ensuite on place la règle au-dessus de la ligne MN de manière que le même bord passe encore par les points M, N, et l'on trace une nouvelle ligne qui se confond avec la première lorsque la règle est bien droite. Si la règle est défectueuse, le défaut se reproduit en sens contraire, et devient très-apparent, comme le montre la figure.

179. Compas. Le *compas* est formé de deux branches mobiles, réunies par un axe à l'une de leurs extrémités et terminées à l'autre par des pointes ordinairement d'acier.

Les circonférences et les arcs de cercle se décrivent à l'aide du compas. L'une des pointes reste immobile et marque le centre, l'autre, en tournant autour de la première, décrit la circonférence. L'ouverture du compas ou la distance des deux pointes est le rayon du cercle.

180. Équerre. L'*équerre* est un instrument de bois ou de métal ayant la forme d'un triangle rectangle (*fig.* 98) et qui sert à tracer des perpendiculaires et à mener des parallèles. Pour que l'équerre soit plus

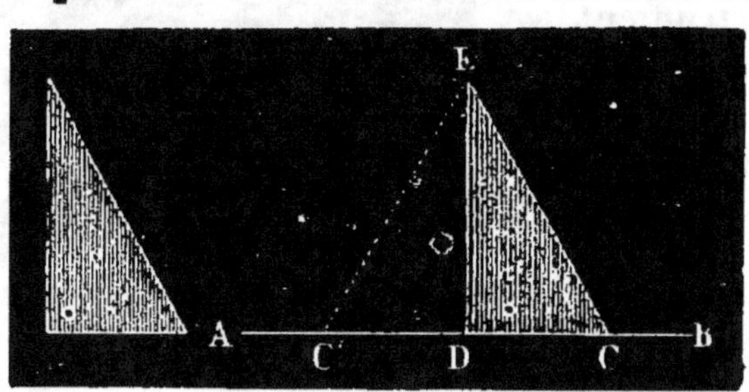

Fig. 98.   Fig. 99.

aisée à manier, on y pratique une ouverture circulaire appelé *œil* de l'équerre.

Avant de se servir d'une équerre, il est bon de la vérifier, c'est-à-dire de s'assurer si son plus grand angle est droit. Voici comment on peut vé-

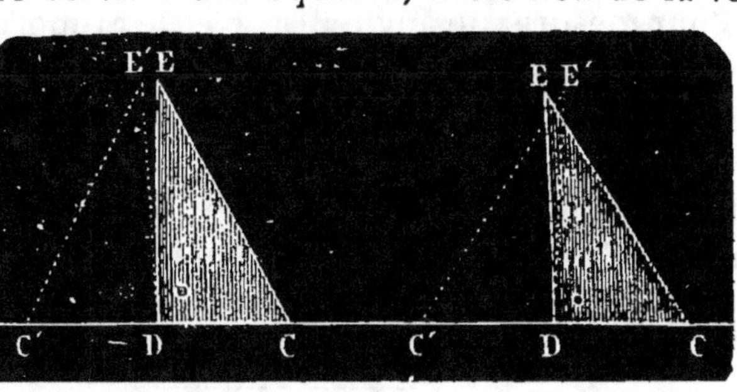

Fig. 100.   Fig. 101.

rifier une équerre : on fait coïncider un des côtés de l'angle droit CD (*fig.* 99) avec une droite AB et l'on trace une droite ED. Puis, retournant l'équerre dans la position DEC', de manière que DC' coïncide encore avec AB, on trace une nouvelle droite qui se confond avec la première si l'équerre est juste. Dans le cas où l'équerre serait fausse, les droites tracées prendraient les positions ci-dessus : la figure 100 indique que l'angle CDE est aigu et la figure 101 que l'angle CDE est obtus.

181. Rapporteur. Le *rapporteur* est un demi-cercle gradué, ordinairement de corne transparente, ou de cuivre et alors évidé. Cet instrument sert à mesurer un arc ou un angle, ou bien à construire un arc ou un angle de grandeur donnée. Le bord circulaire ou *limbe* de l'instrument est divisé en 180 degrés (quelquefois en demi-degrés). Les divisions sont indi-

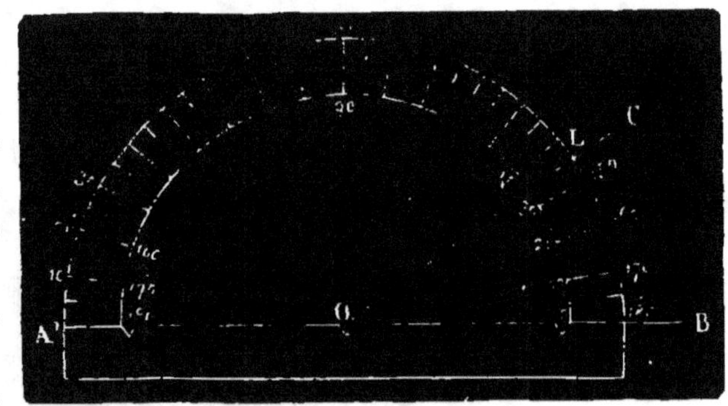

Fig. 102.

quées de 10 en 10 degrés et la graduation est double, afin que l'on puisse mesurer les arcs de droite à gauche ou de gauche à droite. La ligne AB, qui est un diamètre, se nomme *ligne de foi*. Il existe en son milieu une légère échancrure O, qui est le centre du rapporteur.

Pour mesurer un angle BOC avec le rapporteur, on place le centre de l'instrument au sommet de l'angle, en O, et on dirige la ligne de foi sur l'un des côtés OB. Le limbe coupe alors le second côté OC en un point L. La division du limbe qui correspond à ce point fait connaître la valeur de l'angle BOC. Dans la figure (102), l'angle BOC vaut 35°.

RÉSOLUTION DE PROBLÈMES

SUR LA LIGNE DROITE ET LE CERCLE

PROBLÈME

182. *Trouver la commune mesure de deux lignes.*

On appelle *commune mesure* de deux droites une troisième droite contenue un nombre exact de fois dans chacune des deux premières.

Soit à trouver la commune mesure des deux lignes AB, CD.

La commune mesure cherchée ne peut être plus grande que CD, puisqu'elle doit être contenue dans cette ligne, mais elle

Fig. 103.

peut l'égaler. Portons CD sur AB autant de fois qu'il sera possible. Si, par exemple, AB contient 4 fois CD, cette dernière sera la commune mesure et l'on aura,

$$\frac{AB}{CD} = \frac{4}{1}.$$

Mais supposons que CD ne soit point commune mesure et que AB contienne 4 fois CD avec EB pour reste. Si ce reste EB est contenu un nombre exact de fois dans CD, par exemple 3 fois, il sera la commune mesure cherchée.

En effet, $CD = 3EB$ et $AB = 4CD + EB = 4 \times 3EB + EB = 13EB$. La ligne $CD = 3EB$ et la ligne $AB = 13EB$, donc EB est la commune mesure des deux lignes AB, CD et

$$\frac{AB}{CD} = \frac{13}{3}.$$

Si EB n'avait pas été contenu un nombre exact de fois dans CD et qu'on ait obtenu un reste R, on aurait porté R sur EB et si l'on avait obtenu un nouveau reste R′, on l'aurait porté sur R et ainsi de suite. On voit que pour chercher la commune mesure de deux lignes on procédera en pratique et en théorie comme pour la recherche du plus grand commun diviseur entre deux nombres. Si dans cette opération on trouve une commune mesure aux deux lignes, on les dit *commensurables ;* dans le cas contraire, elles sont *incommensurables.*

183. REMARQUE. Dans la pratique on se contente de mesurer les lignes avec le mètre et ses subdivisions. Par exemple, si AB = 39 centimètres et CD = 13 centimètres, on aura

$$\frac{AB}{CD} = \frac{39}{13},$$

et le centimètre sera la commune mesure entre les deux lignes AB et CD.

PROBLÈME

184. *En un point* A *d'une droite donnée* MN *construire un angle égal à un angle donné* B.

Du point B comme centre et avec une ouverture de compas quelconque, décrivons l'arc de cercle CD ; puis du point A comme centre, avec la même ouverture de compas, l'arc indéfini KL. Enfin, prenons sur KL une partie KI = CD, menons AI, et nous aurons l'angle demandé : IAK = B, car ces deux angles sont opposés à des arcs KI, CD égaux et décrits avec un même rayon.

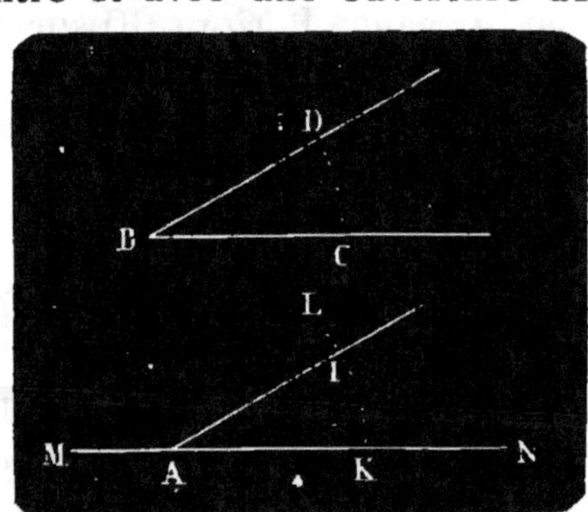

Fig. 104.

185. USAGE DU RAPPORTEUR. Pour résoudre ce problème à l'aide du rapporteur, on commence par mesurer l'angle donné B, puis on place le centre du rapporteur au point A, et la ligne de foi dans la direction MN, ensuite on marque sur le papier un point I qui correspond à la valeur de l'angle donné. Enfin on mène AI, et l'on a l'angle demandé, car l'angle IAK a la même mesure que l'angle donné B.

PROBLÈME

186. *Deux angles* B *et* C *d'un triangle étant donnés, trouver le troisième.*

En un point quelconque A d'une droite indéfinie MN, on fait des angles MAL, NAK égaux aux angles donnés B et C, l'angle LAK, supplément de ces deux angles, est l'angle demandé. On pourrait faire usage

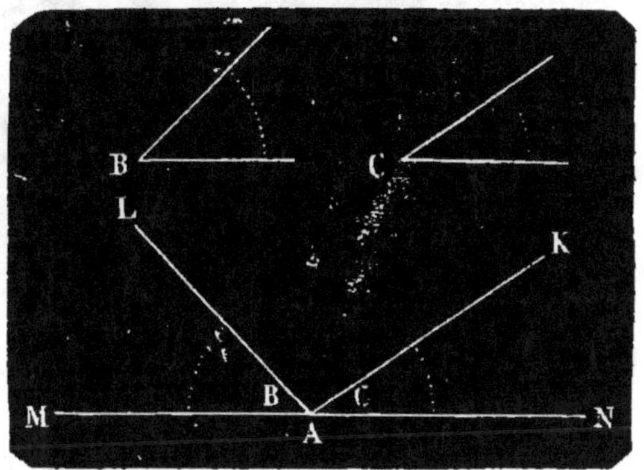

Fig. 105.

du rapporteur comme dans le numéro précédent, pour résoudre ce problème.

PROBLÈME

187. *Deux côtés* B, C *d'un triangle et l'angle* D *qu'ils comprennent étant donnés, construire le triangle.*

En un point A d'une droite indéfinie,

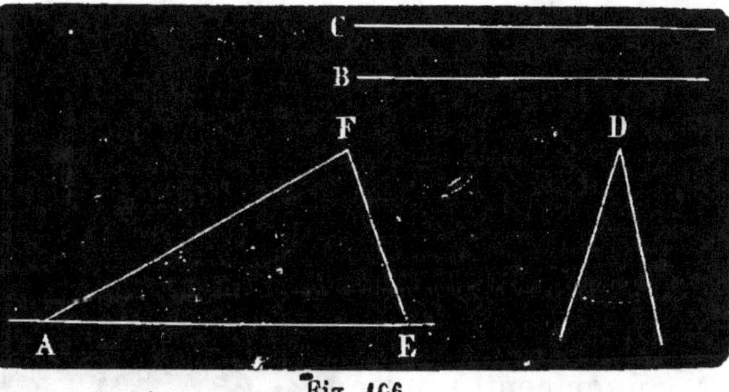

Fig. 106

faisons un angle EAF égal à l'angle D; puis prenons AF=B, AE=C et menons la droite EF. Le triangle AEF sera évidemment le triangle demandé (62).

PROBLÈME

188. *Deux angles* B, C *et un côté* D *d'un triangle étant donnés, construire le triangle.*

1° Les angles B et C sont adjacents au côté donné D.

Prenons sur une droite indéfinie une longueur AE = D

et faisons au point A un angle EAF = B, et au point E un angle AEF = C. Les lignes AE, EF dé-

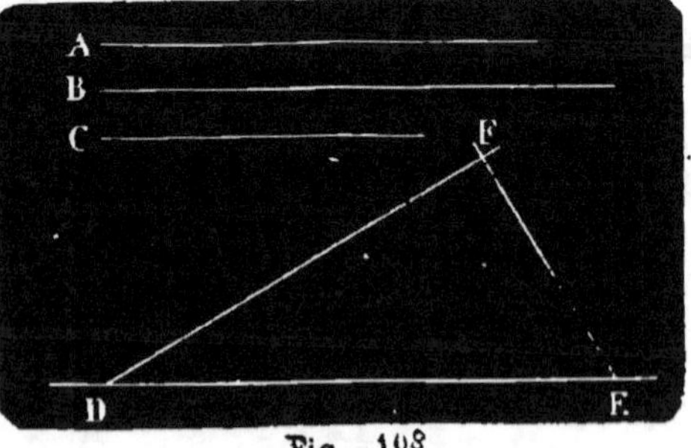

Fig. 107.

terminent en se rencontrant le triangle AEF, qui répond à la question (63).

2° L'un des angles donnés B, C n'est pas adjacent au côté D : on cherche le troisième angle du triangle comme nous l'avons fait (186), et la question revient à la précédente.

Remarque. Il est évident que le problème ne sera possible qu'autant qu'on aura $B + C < 2$ droits.

PROBLÈME

189. *Les trois côtés A, B, C d'un triangle étant donnés, construire ce triangle.*

Prenons sur une droite indéfinie une longueur DE = B et du point D comme centre, avec un rayon égal à A, décrivons un arc de cercle ; du point E comme centre, avec un rayon égal à C, dé-crivons un autre arc de cercle qui coupera le premier au point F.

Fig. 108.

Menons les droites DF, EF, et nous aurons le triangle de-mandé (66).

Remarque. Pour que la question soit possible, il faut (60) que l'un quelconque des côtés soit plus petit que la somme des deux autres et plus grand que leur différence.

PROBLÈME

190. *Par un point C pris sur une droite AB élever une perpendiculaire à cette droite.*

Du point C comme centre, avec un rayon arbitraire, décrivons une demi-circonférence AMB, nous aurons $CA = CB$; puis des points A et B, avec un même rayon plus grand que AC[1], décrivons deux arcs qui se coupent en D; enfin menons DC, qui sera la perpendiculaire demandée.

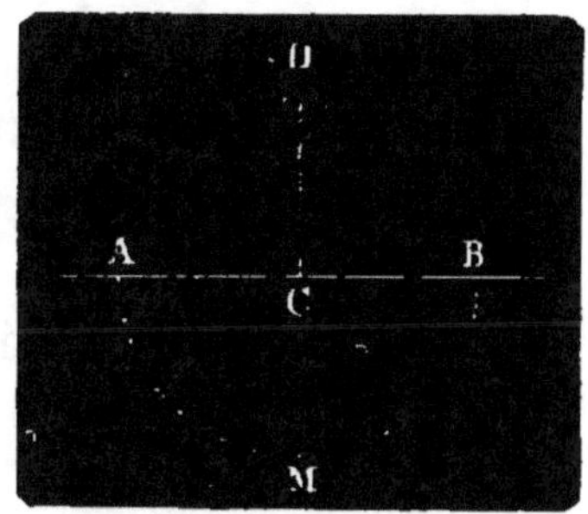

Fig. 109.

En effet, les points D et C étant équidistants des points A et B, DC est perpendiculaire sur le milieu de AB (78) : donc cette droite est la perpendiculaire demandée.

191. USAGE DE L'ÉQUERRE. Plaçons le sommet de l'angle droit de l'équerre en C et faisons coïncider l'un des côtés de cet angle avec la droite donnée ; enfin tirons CD, qui sera la perpendiculaire demandée.

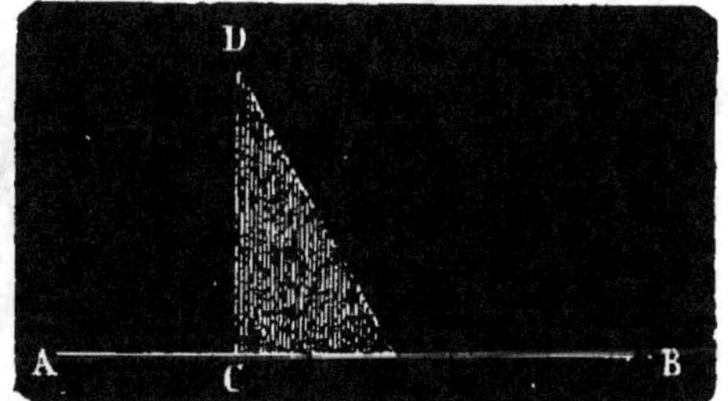

Fig. 110.

Nous disons une fois pour toutes qu'on devra toujours, dans des opérations de ce genre, se servir d'une équerre vérifiée.

PROBLÈME

192. *Élever une perpendiculaire à l'extrémité d'une droite AB qu'on ne peut prolonger.*

---

1. Pour que les arcs se coupent, le rayon doit être plus grand que AC, car s'il était égal à AC, les arcs seraient tangents au point C (157), s'il était plus petit, les arcs seraient extérieurs (156).

D'un point quelconque O pris au-dessus de AB décrivons, avec OB pour rayon, une circonférence qui coupe AB en un point C, menons le diamètre CD et enfin tirons BD, qui sera la perpendiculaire demandée.

En effet, l'angle inscrit CBD ayant pour mesure la demi-circonférence CMD est droit.

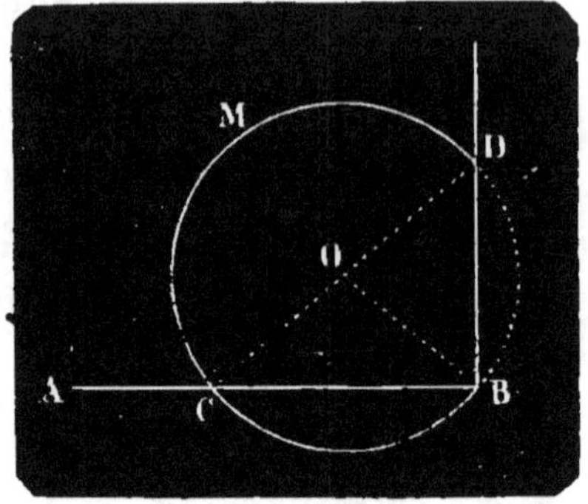

Fig. 111.

On peut employer l'équerre comme dans le cas précédent.

PROBLÈME

193. *D'un point D pris hors d'une droite AB, abaisser une perpendiculaire sur cette droite.*

Du point D avec un rayon *convenable* décrivons un arc qui coupe la droite donnée en deux points A et B. Puis de ces mêmes points, avec un rayon plus grand que la moitié de AB, décrivons deux arcs qui se coupent en C : enfin menons DC, qui sera la perpendiculaire demandée.

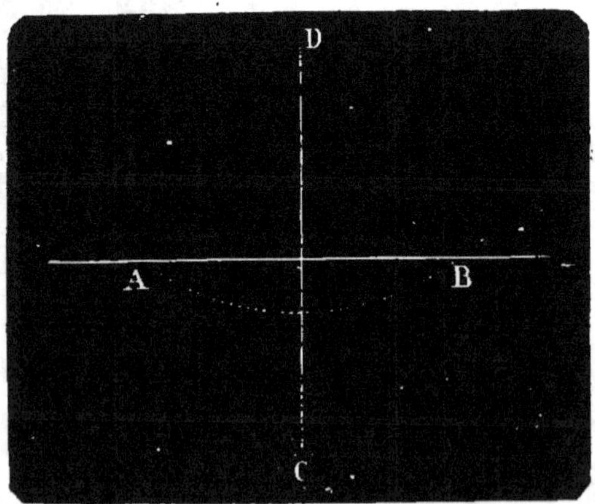

Fig. 112.

En effet, les points D et C étant équidistants des points A et B, DC est perpendiculaire sur le milieu de AB (78), donc cette droite perpendiculaire à AB et passant par le point D est la perpendiculaire demandée.

194. USAGE DE L'ÉQUERRE. Plaçons un des côtés de l'angle droit de l'équerre sur AB, puis faisons-la glisser ainsi sur cette droite jusqu'à ce que l'autre côté rencontre le point donné D; enfin tirons DC, qui sera la perpendiculaire demandée,

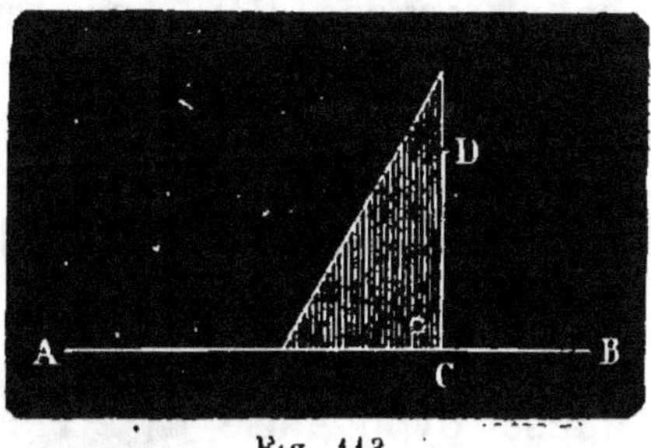

Fig. 113.

PROBLÈME

195. *Par un point donné C, mener une parallèle à une droite* AB.

Première méthode. Du point donné C, abaissons sur AB la perpendiculaire CD, et du même point C menons à CD la perpendiculaire CE qui

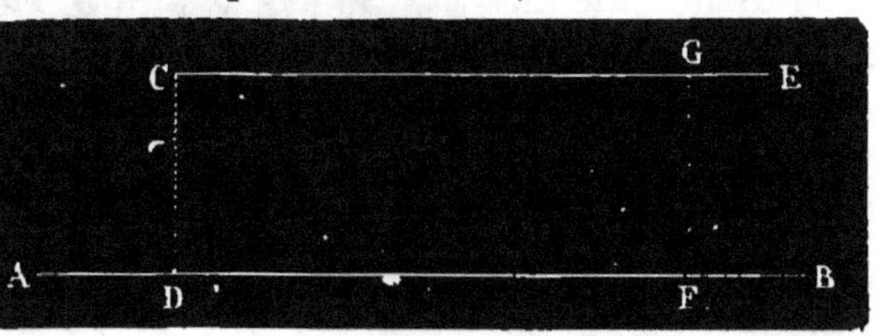

Fig. 114.

sera la parallèle demandée, car deux perpendiculaires AB, CE à une même droite CD, sont parallèles.

Deuxième méthode. Du point donné C, abaissons sur AB la perpendiculaire CD, et, en un point quelconque F, de AB élevons la perpendiculaire FG, puis faisons FG=CD; enfin menons CG, qui sera la parallèle demandée; car CD étant égal et parallèle à FG, la figure CDFG est un parallélogramme et CG est parallèle à DF.

Troisième méthode. Du point C avec un rayon convenable décrivons l'arc indéfini BD; du point B avec

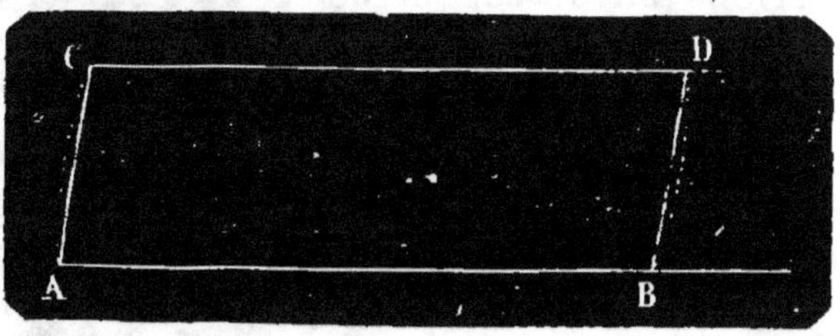

Fig. 115.

le même rayon décrivons l'arc CA, et faisons BD=AC,

enfin menons CD., qui sera la parallèle demandée.

En effet, le quadrilatère ABDC a ses côtés opposés égaux, car AB = CD comme rayons de cercles égaux, et AC = BD comme cordes égales : ce quadrilatère est donc un parallélogramme et CD est parallèle à AB.

Quatrième méthode. USAGE DE L'ÉQUERRE. Plaçons l'équerre de manière que son hypoténuse coïncide avec AB, et appuyons sur le côté DF une règle MN, puis faisons glisser l'équerre le long de la règle immobile jusqu'à ce que son hypoténuse passe par le point C; enfin, menons D'E' qui sera la parallèle demandée.

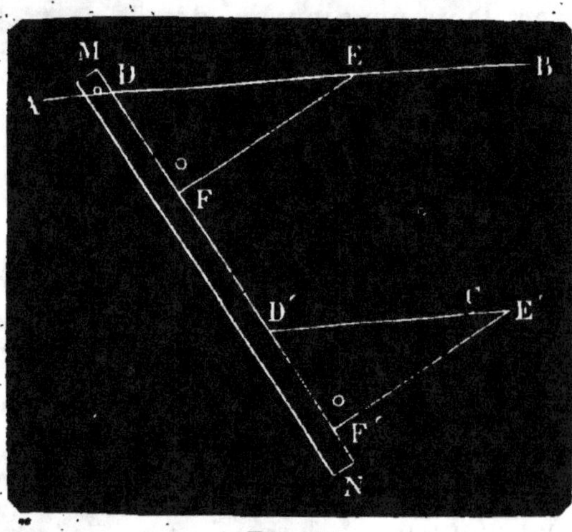

Fig. 116.

En effet, les angles correspondants EDF et E'D'F' étant égaux; les droites AB et DE sont parallèles.

PROBLÈME

196. *Diviser une droite donnée AB en deux parties égales.*

Des points A et B, avec un même rayon plus grand que la moitié de AB, décrivons au-dessus et au-dessous de cette droite des arcs de cercle qui se coupent en C et en D, joignons les points C et D, et la ligne AB sera divisée au point E en deux parties égales.

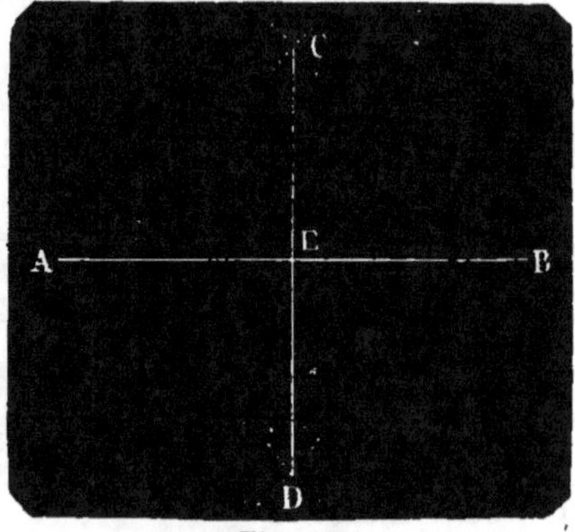

Fig. 117.

En effet, les points C et D étant équidistants des points

A et B appartiennent à la perpendiculaire élevée sur le milieu de AB : donc le point E, qui est en même temps sur cette perpendiculaire et sur AB, est le milieu de cette dernière droite.

PROBLÈME

197. *Diviser un arc ou un angle en deux parties égales.*

1° Soit l'arc ABC à diviser en deux parties égales.

Menons la corde AC et sur le milieu de cette corde élevons la perpendiculaire EF. Cette perpendiculaire passant par le centre E (140) de l'arc divise l'arc ABC en deux parties égales.

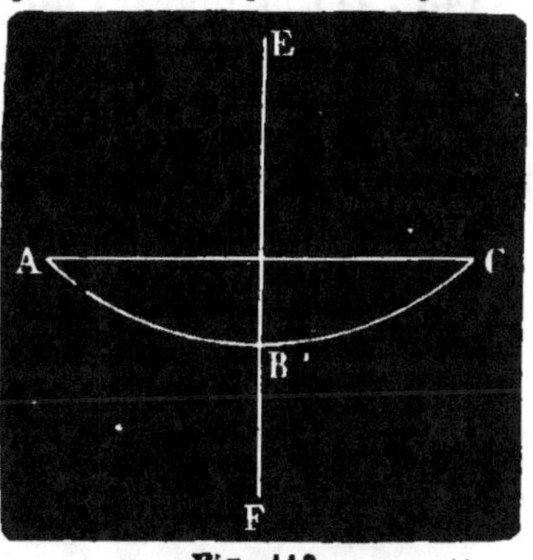

Fig. 118.

2° Soit à diviser l'angle ABC en deux parties égales.

Du point B avec un rayon quelconque, décrivons l'arc ADC, puis menons la corde AC, enfin du point B, abaissons sur cette corde la perpendiculaire BD qui divisera l'arc et par suite l'angle en deux parties égales.

REMARQUE. Les procédés employés aux numéros 196, 197 peuvent s'appliquer à la moitié, au quart, au huitième, etc., d'une droite, d'un arc et d'un angle : de là la manière de diviser en **2**, **4**, **8** parties égales une droite, un arc et un angle

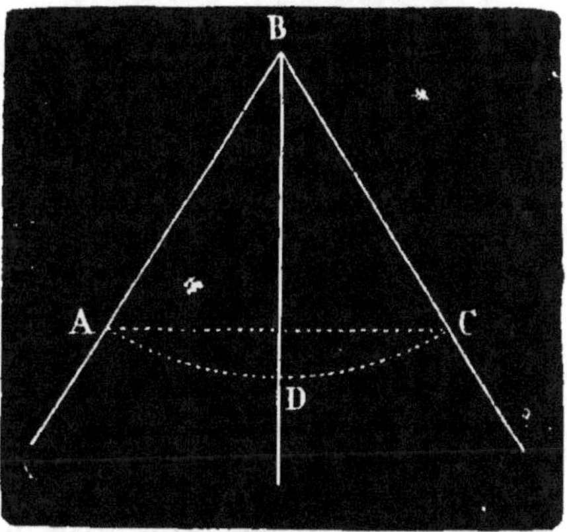

Fig. 119.

PROBLÈME

198. *Décrire une circonférence qui passe par trois points donnés A, B, C.*

Joignons les points donnés par des droites et sur les milieux de ces droites élevons des perpendiculaires

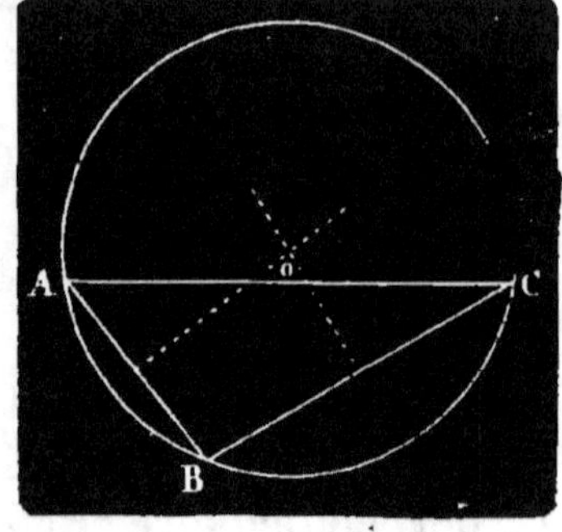

qui se rencontreront (142) en un point O qui sera le centre de la circonférence cherchée (143). On la décrira du point O comme centre avec OB pour rayon.

REMARQUE I. Si les trois points étaient en ligne droite, on ne pourrait trouver un point O qui serait à égale distance des points

Fig. 120.

A, B, C (77); par conséquent, le problème ne serait pas possible.

REMARQUE II. Il est évident que les trois points donnés peuvent être les trois sommets d'un triangle ABC : donc un triangle quelconque peut être inscrit dans un cercle.

PROBLÈME

199. *Par un point donné* A *mener une tangente à un cercle.*

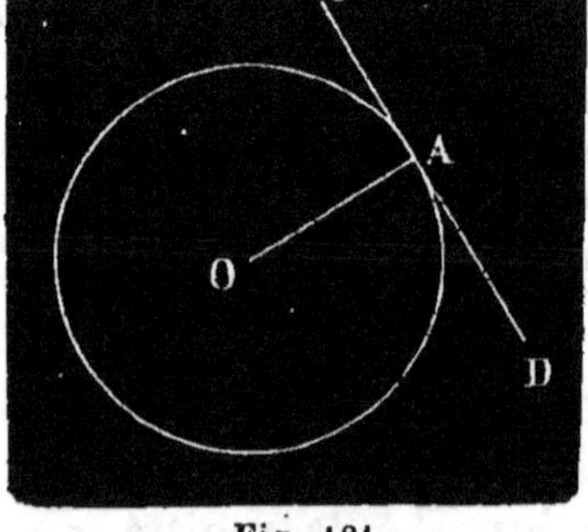

1° Le point A est sur la circonférence.

Il suffit de mener le rayon OA et d'élever au point A une perpendiculaire CD. Cette perpendiculaire sera la tangente demandée (147).

Fig. 121.

2° Le point A est hors du cercle.

Joignons le centre du cercle au point A et sur AC comme diamètre décrivons une circonférence qui rencontre la première aux points B et D : les droites AB, AD sont deux tangentes.

En effet, si nous menons les rayons CB, CD, nous aurons deux angles CBA, CDA, inscrits dans une demi-cir-

conférence : donc ces angles sont droits (172), et AB, AD
perpendiculaires
aux extrémités
des rayons CB,
CD sont des tan-
gentes à la cir-
conférence (147).

RemARQUE. Les
deux triangles
rectangles ABC,
ACD ont l'hypoté-
nuse AC de com-
mune, et CB=

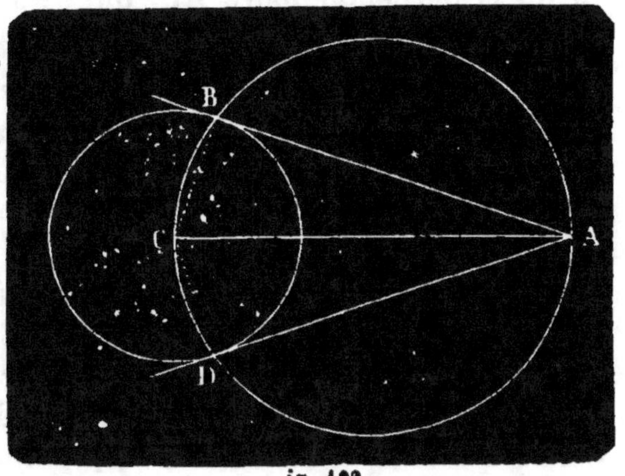

Fig. 122.

CD, donc ces deux triangles sont égaux (79); donc tan-
gente AB=tangente AD et angle BAC = angle CAD. Par
conséquent, *les tangentes à un cercle partant d'un même point
sont égales, et la ligne qui joint ce point au centre du cercle
divise l'angle formé par les tangentes en deux parties égales.*

PROBLÈME

200. *Mener une tangente commune à deux cercles.*

La tangente à deux cercles pourra ê tre : 1° *extérieure,*
2° *intérieure;* elle sera extérieure lorsqu'elle laissera les
deux cercles du même côté et elle sera intérieure lors-
qu'elle séparera les deux cercles.

1° Soient C et O les centres d es deux cercles donnés;
du point C
comme cen-
tre, avec un
rayon CD=
CA — OB,
décrivons
une circon-
férence. Du
point O, me-
nons à cette

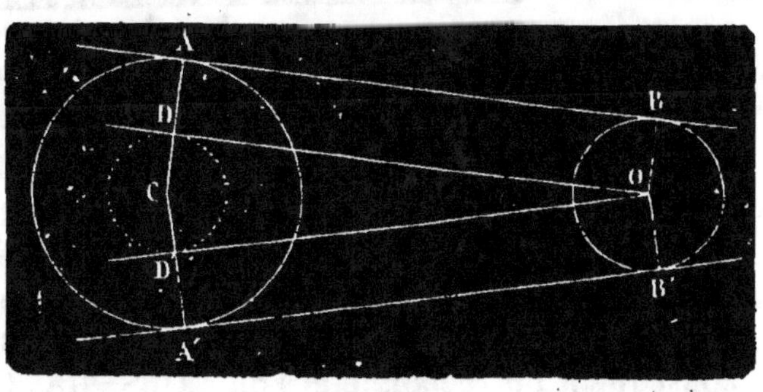

Fig. 123.

circonférence la tangente DO, puis le rayon CA passant

par le point de contact ; enfin, au point A, élevons sur ce rayon la perpendiculaire AB, qui sera une tangente aux deux cercles.

En effet, la droite AB est d'abord tangente au cercle dont le rayon est CA, elle l'est aussi au cercle O, car si du point O nous menons OB parallèle à CA, cette droite sera aussi perpendiculaire sur AB. La figure DABO est par conséquent un rectangle, et l'on a OB = DA ; or, par construction, DA est égal au rayon du cercle O, donc OB est un rayon de ce cercle : donc AB, perpendiculaire aux rayons CA, OB, est tangente aux cercles donnés C et O. Comme par le point O on peut mener deux tangentes au cercle qui a CD pour rayon, le problème admet encore une solution ; les deux cercles auront aussi A'B' pour tangente commune.

2° Du point C comme centre, avec un rayon CD = CA + OB, décrivons une circonférence. Du point O menons à cette circonférence la tangente DO ; puis joignons le centre C au point de contact D ; enfin, du point A où CD rencontre le cercle, élevons la perpendiculaire AB, qui sera une tangente aux deux cercles.

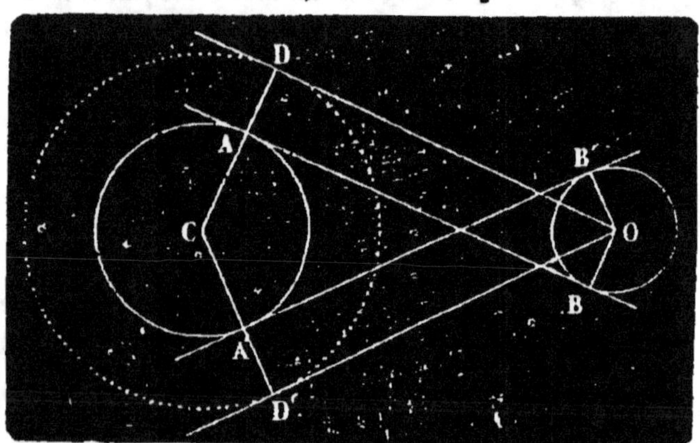

Fig. 124.

En effet, la droite AB est d'abord tangente au cercle dont le rayon est CA ; elle l'est aussi au cercle O, car si du point O nous menons OB parallèle à DA, cette droite sera aussi perpendiculaire sur AB. La figure ABOD est par conséquent un rectangle et l'on a OB = DA. Or, par construction, DA est égal au rayon du cercle O : donc OB est un rayon de ce cercle, donc AB perpendiculaire aux rayons CA, OB est une tangente aux cercles donnés C et O. Comme par le point O on peut mener deux tangentes au cercle qui a CD pour rayon, le problème admet encore une solution : les deux cercles auront aussi A′B′ pour tangente commune.

REMARQUE. Le problème proposé admet donc quatre solutions lorsque les deux circonférences sont extérieures (fig. 123) (*fig.* 124); mais lorsque les deux circonférences se touchent extérieure-ment, les tangentes intérieures se confondent en une seule perpendiculaire sur la ligne des centres, et le problème n'admet plus que trois solutions (*fig.* 125). Il n'en admet plus que deux si les circonférences sont sécantes (*fig.* 126), et une seule si elles sont tangentes intérieurement (*fig.* 127). Enfin il devient impossible lorsque les deux circonférences sont intérieures.

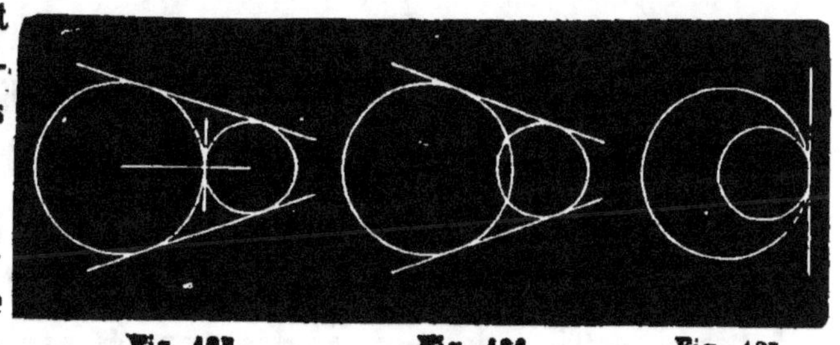

Fig. 125.　　　Fig. 126.　　　Fig. 127

PROBLÈME

201. *Sur une droite donnée* AB *décrire un segment capable d'un angle donné* C, c'est-à-dire un segment tel que tous les angles qui y seront inscrits soient égaux à l'angle donné C.

Au point B, extrémité de la ligne AB, faisons un angle ABD égal à l'angle C; du même point B élevons une perpendiculaire sur BD puis une autre sur le milieu de AB. Du point de rencon-

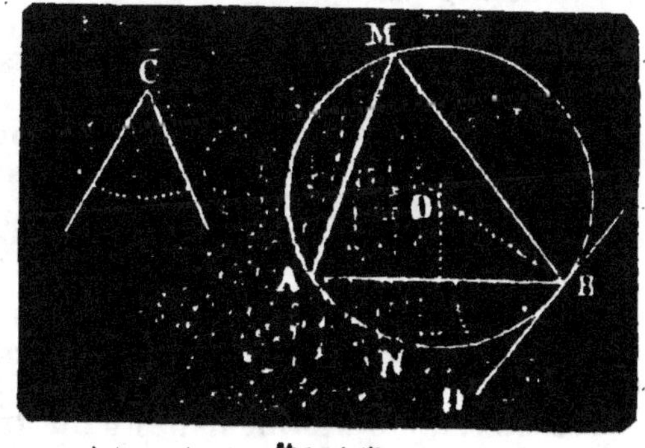

Fig. 128.

tre O décrivons une circonférence avec OB pour rayon : l'arc AMB est le segment demandé.

En effet, l'angle ABD formé par la corde AB et la tangente BD a pour mesure la moitié de l'arc ANB ; l'angle inscrit M a aussi pour mesure la moitié de l'arc ANB : donc angle M = angle ABD = angle C, et il en serait de même de tous les angles inscrits dans le segment AMB.

EXERCICES DU LIVRE I ET DU LIVRE II

1. Construire le complément d'un angle donné.
2. Construire le supplément d'un angle donné.
3. Les bissectrices de deux angles adjacents sont perpendiculaires l'une à l'autre (*On appelle bissectrice la droite qui divise un angle en deux parties égales.*)
4 Les bissectrices de deux angles opposés par le sommet sont en ligne droite.
5 Combien peut-on mener de diagonales dans un polygone convexe de n côtés?
6. La somme des diagonales d'un quadrilatère convexe est plus petite que la somme et plus grande que la demi-somme de ses côtés.
7. La somme des droites qui joignent un point intérieur d'un triangle aux trois sommets est plus petite que la somme et plus grande que la demi-somme des trois côtés du triangle.
8. Deux polygones sont égaux quand ils ont $n - 1$ côtés consécutifs égaux comprenant $n - 2$ angles égaux et semblablement disposés.
9. Deux polygones sont égaux quand ils ont $n - 2$ côtés consécutifs égaux adjacents à $n -$ un angle égaux et semblablement disposés.
10. Deux polygones sont égaux quand ils ont tous les côtés et $n - 3$ angles consécutifs égaux chacun à chacun et semblablement disposés.
11. Combien de conditions faut-il pour l'égalité de deux polygones?
12. Chaque médiane est plus petite que la demi-somme des côtés adjacents. (*La médiane est une droite qui joint le sommet d'un triangle au milieu du côté opposé.*)
13. La somme des médianes d'un triangle est plus petite que la somme et plus grande que la demi-somme des côtés.
14. Sur les côtés d'un angle on prend des longueurs OA = OB, puis OA' = OB'; on mène AB', BA'. Prouver que OM est bissectrice de l'angle considéré.

15. Par un point donné P hors d'un angle AOB, mener une droite qui détermine par son intersection avec les côtés de cet angle deux longueurs égales OA, OB.

16. Dire, sans prendre directement de mesure, si un point C situé hors d'une droite AB, est plus près de A que de B.

17. Deux villages A, B situés à une certaine distance d'une rivière, veulent construire un pont à frais communs : on demande le lieu où devra être fait le pont pour se trouver également éloigné de chaque village.

18. Les perpendiculaires élevées sur les milieux des côtés d'un triangle concourent en un même point.

19. Si, des extrémités de la base d'un triangle isocèle, on abaisse des perpendiculaires sur les côtés opposés, ces perpendiculaires sont égales.

20. Par un point donné P, mener une droite également distante de deux points donnés A et B.

21. Étant donnés deux points A et B situés d'un même côté d'une droite, trouver le plus court chemin pour aller du point A au point B en touchant cette droite.

22. On prend deux points A et B dans l'intérieur d'un angle xoy, trouver le chemin minimum du point A au point B en touchant les côtés ox et oy.

23. Les bissectrices des trois angles d'un triangle concourent au même point.

24. La parallèle à un côté d'un triangle menée par le point de concours des bissectrices est égale à la somme des segments adjacents à ce côté, qu'elle détermine sur les deux autres.

25. Déterminer la bissectrice de l'angle formé par deux droites AB, CD, qu'on ne peut prolonger jusqu'à leur rencontre.

26. Les bissectrices de deux angles qui ont les côtés parallèles sont parallèles ou perpendiculaires l'une à l'autre.

27. Les bissectrices de deux angles qui ont les côtés perpendiculaires sont ou perpendiculaires ou parallèles.

28. Dans un triangle ABC, l'angle O des bissectrices des angles B et C égale $1^{\text{er}} + \dfrac{A}{2}$.

29. Étant donnés un triangle ABC et un point O dans l'intérieur, démontrer que l'angle O est toujours plus grand que l'angle A du triangle.

30. L'angle DAE de la médiane et de la hauteur d'un triangle rectangle est égal à la différence des deux angles aigus (1).

31. Dans un triangle ABC on mène jusqu'au côté BC une droite AD faisant avec le côté AB un angle égal à l'angle C

____

(1) L'exercice 809 doit être fait avant l'exercice 30.

et une droite AE faisant avec le côté AC un angle égal à l'angle B. Démontrer que le triangle DAE est isocèle.

32. Trouver la somme des angles droits d'un polygone de 25 côtés.

33. Quel est le polygone régulier dont la somme des angles est 12^dr?

34. Quel est le polygone régulier dont l'angle vaut 4/3 d'angle droit ?

35. Deux trapèzes sont égaux lorsqu'ils ont les quatre côtés égaux et disposés de la même manière.

36. Les trois hauteurs AC, BH, CI d'un triangle concourent au même point.

37. Si l'on mène par les sommets d'un quadrilatère des parallèles à ses diagonales, on forme un parallélogramme équivalent au double du quadrilatère donné.

38. Démontrer que si l'on prend sur les côtés d'un carré ABCD, en marchant toujours dans le même sens, des longueurs égales AE, BF, CG, DH, les points E, F, G, H sont les sommets d'un second carré.

39. Quelles sont les espèces de polygones réguliers convenables pour le carrelage ?

40. On peut encore carreler : 1. avec une combinaison d'octogones réguliers et de carrés; 2. avec une combinaison de dodécagones réguliers et de triangles équilatéraux.

41. Les bissectrices des angles d'un quadrilatère forment un second quadrilatère dont les angles opposés sont supplémentaires.

42. Si, par un point quelconque D de la base d'un triangle isocèle, on mène des parallèles DE, DF aux deux autres côtés, on forme un parallélogramme dont le périmètre est constant.

43. Par le sommet A d'un parallélogramme ABCD, on mène une droite quelconque AX. Démontrer que la distance du sommet C à la droite AX est égale à la somme ou à la différence des distances des sommets B et D à la même droite suivant que AX est extérieure au parallélogramme ou le **traverse.**

44. La somme des distances d'un point quelconque de la base d'un triangle isocèle aux deux autres côtés est constante.

45. La somme des perpendiculaires abaissées d'un point intérieur quelconque d'un triangle équilatéral sur les trois côtés est égale à la hauteur du triangle.

46. Trouver le lieu des points situés à une distance donnée d'une droite AB.

47. Trouver le lieu des points également distants de deux droites parallèles CD, EF.

48. Trouver le lieu des sommets des triangles ayant même base et même hauteur.

49. Dans tout triangle, la droite qui joint les milieux de deux côtés est 1° parallèle au troisième; 2° égale à la moitié.

50. Si E et F sont les milieux des côtés opposés AB et CD d'un parallélogramme ABCD, les droites BF et ED divisent la diagonale AC en trois parties égales.

51. Si l'on joint les milieux E, F, G, H des côtés consécutifs d'un quadrilatère ABCD, la fig. EFGH est un parallélogramme.

52. Si l'on joint les milieux H, F de deux côtés opposés d'un quadrilatère aux milieux I, J des diagonales, on obtient encore un parallélogramme HIFJ.

53. Les droites HF, GE qui joignent les milieux des côtés opposés d'un quadrilatère et la droite, IJ, qui joint les milieux des diagonales, concourent en un même point O.

54. Si l'on mène les bissectrices des angles d'un parallélogramme : 1° on obtient un rectangle; 2° les sommets, K, L, M, N, de ce rectangle sont situés sur les droites qui joignent les milieux des côtés opposés du parallélogramme.

55. Soit un triangle ABC et ses trois médianes AM, BN, CP. On prolonge AM d'une quantité MD égale à AM; puis on prend BE=CF=BC. Les triangles ADE et ADF ont pour côtés le double des médianes du triangle ABC.

56. Les trois médianes d'un triangle concourent en un même point situé aux 2/3 de chacune d'elles à partir du sommet.

57. Au plus grand côté correspond la plus petite médiane.

58. Par un point A pris dans l'intérieur d'un angle DOC, mener une droite telle que le point donné soit le milieu de la portion de cette droite interceptée entre les côtés de l'angle.

59. On joint le sommet A d'un triangle au milieu N de la médiane adjacente BE; cette ligne prolongée rencontre le côté opposé en un point M tel que $BM = \dfrac{BC}{3}$.

60. Toute droite qui passe par le centre O d'un parallélogramme et se termine à ses côtés est divisée par ce centre en deux parties égales (*On nomme centre de figure un point qui divise en deux parties égales toute droite qui passe par ce point et se termine au périmètre de la figure.*)

61. Tout quadrilatère qui a pour centre le point de concours de ses diagonales est un parallélogramme.

62. Quel quadrilatère obtient-on en joignant les milieux des côtés d'un losange ?

63. On demande le lieu géométrique des milieux des droites qui vont d'un point donné à une droite donnée.

64. Dans un triangle, le point de concours des perpendiculaires élevées sur les milieux des côtés, le point de concours des trois médianes et celui des trois hauteurs sont en ligne droite, et la distance du 1er point au 2e est moitié de la distance du 2e au 3e.

65. Trouver le lieu des points tels que la somme des distances de chacun d'eux à deux droites données soit égale à une longueur donnée l.

66. Trouver le lieu des points dont la différence des distances à deux droites concourantes est égale à une longueur donnée.

67. Quel est le lieu des points situés à une distance donnée d'un point donné ?

68. Trouver la plus courte et la plus longue distance d'un point donné à une circonférence.

69. Une droite de longueur constante reste parallèle à elle-même, tandis que l'une de ces extrémités décrit une circonférence : quel est le lieu de l'autre extrémité ?

70. On donne un cercle O et un point A pris dans son plan; on demande le lieu des milieux des sécantes qui joignent le point A aux divers points de la circonférence O.

71. Par un point A extérieur à une circonférence O, on mène une sécante ACD dont la partie extérieure AC est égale au rayon, on mène par le centre la droite AOB : démontrer que l'angle COA est le tiers de l'angle DOB.

72. Lieu des centres des circonférences passant par deux points donnés A et B.

73. Trouver sur une circonférence deux points également distants d'un point donné P.

74. Par un point donné dans l'intérieur d'un cercle, mener une corde dont ce point soit le milieu.

75. On donne une circonférence O, deux points A et B, en dehors, et une droite indéfinie XY : on demande de décrire une seconde circonférence passant par les deux points et coupant la première de manière que la corde qui joindra les deux points d'intersection soit parallèle à la droite donnée.

76. Trouver le centre d'un cercle tracé.

77. Décrire avec un rayon donné une circonférence qui passe à égale distance de trois points donnés non en ligne droite.

78. Indiquer le lieu des milieux des cordes d'un cercle égales à une ligne donnée.

79. Décrire avec un rayon donné une circonférence qui intercepte sur deux droites données des longueurs données.

80. Décrire un cercle qui intercepte une même corde donnée sur trois droites données.

81. La plus longue corde et la plus petite qui passent par un point intérieur à un cercle sont deux droites perpendiculaires, dont l'une est un diamètre.

82. Lieu géométrique des centres des cercles d'un rayon donné et tangent à une droite donnée.

83. Tracer deux tangentes parallèles dont l'une passe par un point marqué sur une circonférence donnée.

84. Tracer une tangente qui soit perpendiculaire à une droite donnée.

85. Tracer une tangente à un cercle donné parallèlement à une droite donnée.

86. Quel est le lieu des centres des circonférences tangentes à deux droites concourantes ?

87. Inscrire un cercle dans un triangle donné ABC.

88. Mener une circonférence d'un rayon donné R tangente à deux droites données.

89. Décrire une circonférence tangente en un point P d'une droite donnée et passant par un autre point M également donné.

90. Mener dans un cercle une sécante passant par un point P et telle que la corde interceptée soit égale à une longueur donnée.

91. Mener à un cercle une tangente qui fasse un angle donné avec une droite donnée.

92. Décrire une circonférence d'un rayon connu, qui passe par un point donné et soit tangente à une droite tracée.

93. Deux points A et B sont à une distance d : on demande de faire passer par ces deux points deux parallèles qui soient à une distance m l'une de l'autre.

94. On prolonge le rayon AB d'un cercle d'une longueur BC égale à AB ; on mène une tangente quelconque MD, sur laquelle on élève les perpendiculaires BN, CD ; prouver que l'angle $BDC = \dfrac{ABD}{3}$.

95. Deux cordes parallèles AC, BD, menées des extrémités du même diamètre, sont égales.

96. Lieu des centres des circonférences tangentes à une circonférence donnée en un point donné.

97. Trouver le lieu des points situés à une distance donnée d'une circonférence donnée.

98. Lieu des centres des circonférences d'un rayon donné r et tangentes à une circonférence donnée R.

99. Décrire, des sommets d'un triangle, comme centres, trois circonférences telles que chacune touche les deux autres.

100. Décrire une circonférence d'un rayon donné et tangente à une droite et à une circonférence données.

101. Tracer une circonférence de rayon connu qui en coupe une autre en deux points marqués.

102. Deux points A et B étant donnés, en trouver un troisième O qui soit à une distance M de A et à une distance N de B.

5.

103. Inscrire, entre deux circonférences extérieures données, une droite de longueur donnée, parallèle à une droite donnée.

104. Par l'un des points d'intersection de deux circonférences, mener une sécante commune qui ait son milieu en ce point.

105. On donne la corde AB; sur le rayon OB, on élève la perpendiculaire OD $=$ AB, et du point D on décrit un arc avec un rayon égal à OB. Démontrer que C est le milieu de l'arc AB.

106. Un cercle étant donné, combien faut-il de cercles de même rayon pour l'entourer?

107. Si l'on divise la corde d'un arc de cercle en trois parties égales, les rayons qui passent par les points de division ne partagent pas l'arc en trois parties égales.

108. Par le point de contact de deux circonférences tangentes intérieurement ou extérieurement, on mène deux sécantes, puis on joint leurs points de rencontre avec la même circonférence, les cordes ainsi menées sont parallèles.

109. Si l'on ne mène qu'une sécante et des tangentes à ses extrémités, ces deux tangentes sont parallèles.

110. Si d'un point quelconque pris dans l'intérieur d'un angle, on abaisse des perpendiculaires sur les côtés de cet angle, le quadrilatère que déterminent les perpendiculaires sera inscriptible.

111. Le rectangle et le carré sont les seuls parallélogrammes inscriptibles.

112. Un trapèze dont les deux côtés non parallèles sont égaux (trapèze isocèle) est inscriptible dans un cercle.

113. Dans tout triangle rectangle, la droite qui joint le sommet de l'angle droit au milieu de l'hypoténuse est égale à la moitié de l'hypoténuse.

114. Sur deux droites rectangulaires OA, OB, on fait glisser une droite de longueur donnée AB; on demande le lieu des milieux des hypoténuses des triangles rectangles ainsi formés.

115. Soient un triangle rectangle ABC et une perpendiculaire quelconque OH sur l'hypoténuse BC. On prolonge HO jusqu'à sa rencontre en D avec AC et l'on tire BD, puis on prolonge CO jusqu'en E. Trouver le lieu du point E.

116. Étant donnés un cercle BO et un diamètre AB, on mène un rayon quelconque OC, puis on trace CD perpendiculairement sur AB et l'on prend OM $=$ CD. Trouver le lieu du point M.

117. Quand deux cordes égales se coupent à l'intérieur ou à l'extérieur d'une circonférence, les segments déterminés sur ces deux cordes par le point de rencontre sont respectivement égaux.

118. Si deux cercles se coupent en deux points P et Q et que par le point P on mène une droite PAB qui les rencontre en A et B, l'angle AQB est constant quelle que soit la direction de AB.

119. Les circonférences qui ont pour cordes les côtés d'un quadrilatère inscriptible ABCD, donnent lieu, par leurs secondes intersections, à un quadrilatère inscriptible EFGH.

120. Si l'on joint les pieds des hauteurs d'un triangle ABC, on obtient un second triangle dans lequel les angles ont pour bissectrices les hauteurs du premier.

121. Sur un rayon OA prolongé, on élève une perpendiculaire DE; puis par le point A on mène la sécante ABC, et les tangentes CD, BE. Démontrer que AE=AD.

122. On prend un point P quelconque sur le diamètre d'un cercle, on le joint à l'extrémité A du rayon AO perpendiculaire au diamètre OP, puis on prolonge AP jusqu'à sa rencontre avec la circonférence en B et l'on mène la tangente BC. Démontrer que CB=CP.

123. Si par le point A, milieu d'un arc BAC d'une circonférence, on mène deux cordes quelconques AD et AE qui coupent en F et en G la corde BC, le quadrilatère DFGE, ainsi obtenu, est inscriptible.

124. Les bissectrices EF, GH des angles formés par les côtés opposés d'un quadrilatère ABCD inscriptible sont perpendiculaires entre elles.

125. Si deux cordes AB et CD se coupent dans un cercle, la somme AC+BD des arcs qu'elles interceptent est égale à la somme des arcs interceptés par les deux diamètres parallèles à ces cordes.

126. Soient le cercle circonscrit à un triangle ABC et H le point de rencontre des hauteurs; si l'on prolonge la hauteur CG jusqu'en F, on aura HG=GF.

127. Les côtés opposés d'un quadrilatère circonscrit à une circonférence, ajoutés deux à deux, donnent des sommes égales.

128. Indiquer le lieu des points de départ des tangentes à une circonférence donnée égales à une droite donnée.

129. Le diamètre de la circonférence inscrite dans un triangle rectangle est égal à l'excès de la somme des côtés de l'angle droit sur l'hypoténuse.

130. 1° Les segments déterminés sur les côtés d'un triangle par les points de contact du cercle inscrit et d'un des cercles ex-inscrits sont égaux, chacun au demi-périmètre moins un côté; 2° la somme de ces segments est égale au demi-périmètre.

131. Deux circonférences O et O étant tangentes intérieurement au point A, et BC étant une corde de la grande circonférence tangente en D à la petite, la droite AD est la bissectrice de l'angle BAC.

132. Une circonférence étant tangente aux deux côtés

d'un angle ABC, si on mène une troisième tangente DF à l'arc AC, 1° le triangle DBF a un périmètre constant quel que soit le point G pris à volonté sur l'arc; 2° l'angle DOF est aussi constant.

133. Deux cercles étant donnés, mener une sécante telle que les cordes interceptées par les deux cercles aient des longueurs données.

134. Lieu des sommets des triangles ayant la même base et l'angle au sommet égal à un angle donné.

135. Lieu des centres des cercles inscrits dans ces mêmes triangles.

136. Lieu des points de concours des hauteurs de ces mêmes triangles.

137. De tous les triangles inscrits dans le même segment de cercle, le triangle isocèle a le plus grand périmètre.

138. Les positions A, B, C de trois clochers étant marquées sur une carte, indiquer sur cette carte la position M d'une maison de laquelle ont été observés les angles AMB, BMC que forment entre elles les droites horizontales menées de la maison aux trois clochers.

139. Les circonférences qui passent par deux sommets d'un triangle ABC et par le point de concours H des hauteurs sont égales à la circonférence circonscrite au triangle.

140. Trouver dans le plan d'un triangle un point d'où l'on voie les trois côtés sous des angles égaux.

Construire un triangle isocèle connaissant

141. — la base et l'angle du sommet.

142. — l'angle au sommet et la hauteur.

143. — la base et le rayon du cercle inscrit.

144. — la base et le rayon du cercle circonscrit.

145. — le périmètre et la hauteur.

Construire un triangle rectangle connaissant

146. — l'hypoténuse et un angle aigu.

147. — l'hypoténuse et un côté de l'angle droit.

148. — l'hypoténuse et la hauteur correspondante.

149. — un côté de l'angle droit A et la hauteur issue de A.

150. — la médiane et la hauteur issues de l'angle droit.

151. — un côté de l'angle droit et le rayon r du cercle inscrit.

152. — le rayon r du cercle inscrit et un angle aigu.

153. — un angle aigu et la somme des deux côtés de l'angle droit.

154. — un angle aigu et la différence des deux côtés de l'angle droit.

155. Construire sur une base donnée AB un triangle CAB rectangle en A tel que l'hypoténuse CB et le côté CA fassent ensemble une somme double du côté AB.

Construire un triangle connaissant

156. — les milieux des trois côtés.

157. — deux côtés et l'angle opposé à l'un d'eux.

158. — le périmètre et les angles.

159. — le périmètre, un angle en grandeur et un point du troisième côté.

160. — un côté, un angle adjacent et la somme des deux autres.

161. — un côté, l'angle adjacent et la différence des deux autres côtés.

162. — un côté, l'angle opposé et la somme des deux autres côtés.

163. — un côté, l'angle opposé et la différence des deux autres côtés.

164. — les angles et la somme de deux côtés.

165. — le rayon du cercle circonscrit, un côté et un angle adjacent.

166. — le rayon du cercle circonscrit et les angles.

167. — le rayon du cercle circonscrit, un côté et une hauteur (2 cas).

168. — le rayon du cercle inscrit et les angles.

169. — le rayon r du cercle inscrit, un côté et un angle (2 cas).

170. — le rayon r du cercle inscrit, un angle et la hauteur correspondante.

171. — le rayon r du cercle inscrit, le rayon r' du cercle ex-inscrit et un angle A (2 cas).

172. — les centres des trois cercles ex-inscrits.

173. — les trois angles et l'une des hauteurs.

174. — un angle, la hauteur et la bissectrice issue de l'angle donné.

175. — les pieds des trois hauteurs.

176. — un côté, un angle et une hauteur (5 cas).

177. — deux côtés et une hauteur (2 cas).

178. — un angle et deux hauteurs (2 cas).

179. — un côté et deux hauteurs (2 cas).

180. — deux côtés et une médiane (2 cas).

181. — les trois médianes.

182. — l'angle, la hauteur et la médiane issues du même sommet.

183. — les angles et une médiane.

184. Construire un carré connaissant sa diagonale.

185. Construire un carré connaissant la somme ou la différence de son côté et de la diagonale.

Construire un rectangle connaissant

186. — un de ses côtés et l'angle des diagonales.

187. — son périmètre et sa diagonale.

188. — son périmètre et l'angle des diagonales.

189. — la différence de deux côtés et l'angle des diagonales.

Construire un losange connaissant

LIVRE TROISIÈME

LIGNES PROPORTIONNELLES ET POLYGONES SEMBLABLES

Lignes proportionnelles

202. Il est évident que les propriétés établies en algèbre[1] sur les proportions sont vraies, quelles que soient les grandeurs que l'on considère. Ces grandeurs peuvent donc être des lignes.

Le rapport de deux lignes quelconques n'est que le rapport des nombres qui expriment leurs longueurs mesurées avec la même unité.

Si quatre lignes droites AB, CD, EF,

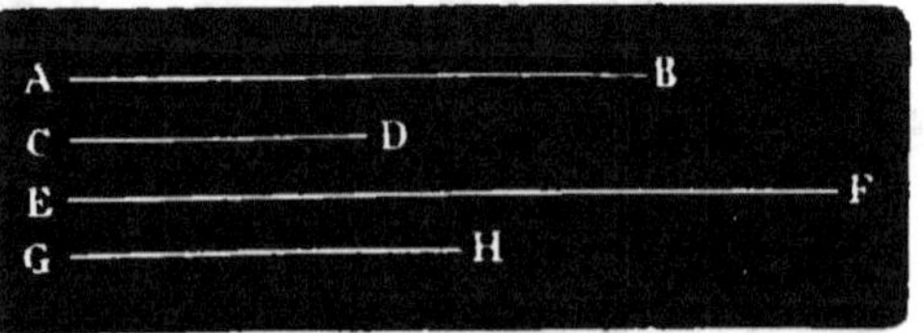

Fig. 129

GH sont telles que le rapport des deux premières est égal

----

1. Pages 95, 96... 101, de notre *Nouveau Cours d'Algèbre*.

à celui des deux dernières, ces quatre lignes forment une proportion, et l'on a

$$\frac{AB}{CD} = \frac{EF}{GH}.$$

203. Lignes proportionnelles. En général, on appelle lignes proportionnelles des lignes qui, comparées deux à deux, forment une suite de rapports égaux. Si, par exemple, les lignes A, B, C, D sont proportionnelles aux lignes A′, B′, C′, D′, on aura :

$$\frac{A}{A'} = \frac{B}{B'} = \frac{C}{C'} = \frac{D}{D'}.$$

204. Quatrième proportionnelle. On nomme quatrième proportionnelle à trois lignes une quatrième ligne qui peut former une proportion avec les trois lignes données. Ainsi, les trois lignes données étant AB, CD, EF, une quatrième proportionnelle sera GH (*fig.* 129).

205. Moyenne proportionnelle. Une moyenne proportionnelle à deux lignes est une troisième ligne dont le carré de la longueur est égal au produit des longueurs des deux autres ; si l'on a

$$\frac{AB}{CD} = \frac{CD}{EF}$$

ou, ce qui est la même chose,

$$\overline{CD}^2 = AB \times EF,$$

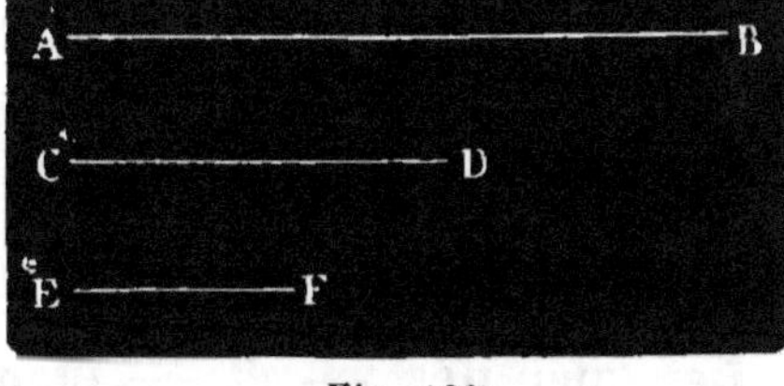

Fig. 130.

CD sera la moyenne proportionnelle entre AB et EF.

206. Troisième proportionnelle. Dans le cas d'une quatrième proportionnelle D à trois lignes données A, B, C, si B=C, D est dite troisième proportionnelle.

THÉORÈME

207. *Toute parallèle à l'un des côtés d'un triangle divise les deux autres en parties proportionnelles.*

La ligne DE étant parallèle à AC, on aura

$$\frac{BD}{AD} = \frac{BE}{CE}.$$

En effet, supposons qu'une commune mesure BF soit contenue trois fois dans BD et deux fois dans AD, ces deux lignes seront entre elles comme les nombres 3 et 2, et l'on aura

$$\frac{BD}{AD} = \frac{3}{2}.$$

Par les points de division de AB, menons des parallèles à la ligne AC, ces parallèles partage-

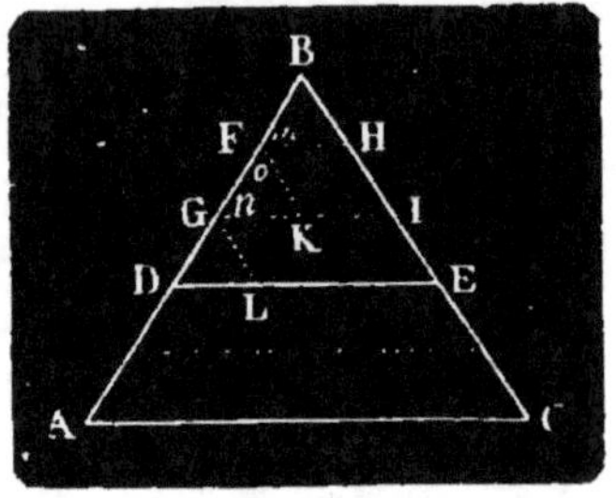

Fig. 131.

ront aussi BC en parties égales ; car si, par les points de division F, G,..., nous menons des parallèles à BC, nous formerons une série de triangles égaux BFH, FGK, GDL, comme ayant un côté égal adjacent à deux angles égaux. Considérons deux quelconques de ces triangles, par exemple, BFH et FGK : BF = FG par construction, l'angle B = l'angle o comme correspondants ; pour la même raison on a aussi angle m = angle n, donc ces deux triangles sont égaux, et FK = BH, mais FK = HI (111), donc on a FK = BH = HI = IE, donc le côté BC est partagé en 5 parties égales. 3 de ces parties étant dans BE et 2 dans CE, on a

$$\frac{BE}{CE} = \frac{3}{2}.$$

Les quantités $\frac{BD}{AD}$ et $\frac{BE}{CE}$ étant égales l'une et l'autre à $\frac{3}{2}$ sont égales entre elles, et l'on a

$$\frac{BD}{AD} = \frac{BE}{CE}.$$

REMARQUE. Cette démonstration, étant indépendante de la longueur de la commune mesure BF, serait encore rigoureuse dans le cas où cette commune mesure serait plus petite que toute quantité appréciable, et par conséquent, dans le cas où les lignes BD et DA seraient incommensurables.

208. Corollaire I. On a : 1° $\dfrac{AB}{BD}=\dfrac{5}{3}$ et $\dfrac{BC}{BE}=\dfrac{5}{3}$, donc,

$$\frac{AB}{BD}=\frac{BC}{BE}.$$

2° $\dfrac{AB}{AD}=\dfrac{5}{2}$ et $\dfrac{BC}{CE}=\dfrac{5}{2}$, donc

$$\frac{AB}{AD}=\frac{BC}{CE}.$$

209. Corollaire II. Si, dans ces rapports égaux, l'on change les moyens de place, on trouvera d'autres rapports, tels que :

$$\frac{AB}{BC}=\frac{BD}{BE}, \quad \frac{BC}{AB}=\frac{BE}{BD}, \quad \text{etc.}$$

210. Corollaire III. Dans un triangle ABC, si l'on mène plusieurs parallèles DE, FG... à l'un des côtés AC, les deux autres côtés AB, BC, seront divisés en parties proportionnelles, et l'on aura :

$$\frac{BF}{BG}=\frac{FD}{GE}=\frac{DA}{EC}.$$

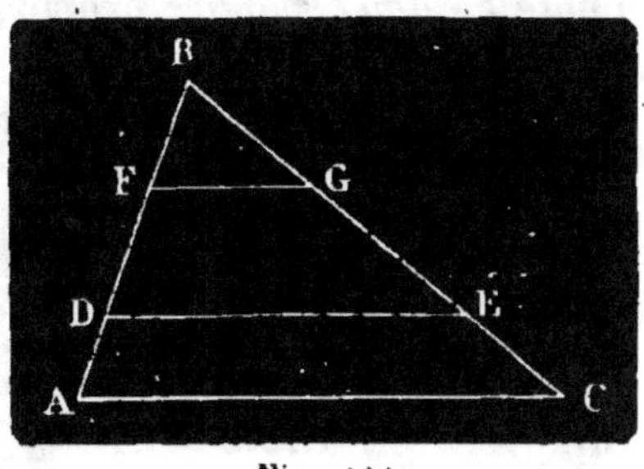

Fig. 132.

THÉORÈME RÉCIPROQUE

211. *Toute droite qui partage deux côtés d'un triangle en parties proportionnelles est parallèle au troisième côté.*

Si $\dfrac{BD}{AD}=\dfrac{BE}{CE}$, la droite DE sera parallèle à AC.

Car, si une autre droite DM pouvait être cette parallèle, on aurait (207) :

$$\frac{BD}{AD}=\frac{BM}{MC}.$$

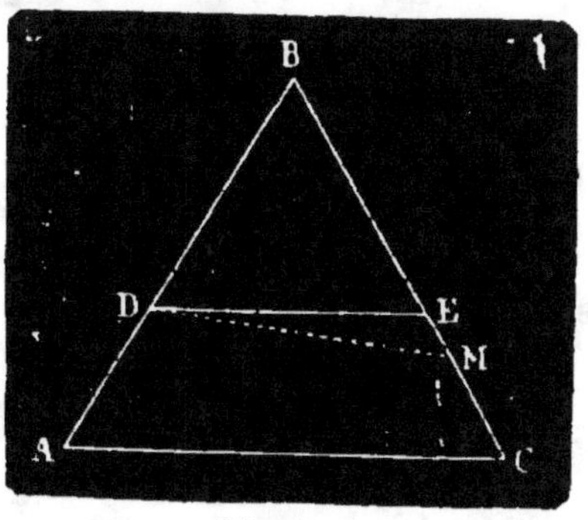

Fig. 133.

Mais on a déjà par hypothèse

$$\frac{BD}{AD} = \frac{BE}{CE},$$

donc on devrait avoir

$$\frac{BM}{MC} = \frac{BE}{CE}.$$

Or, cette égalité est impossible : BM étant $>$ BE et MC $<$ CE, le premier rapport est plus grand que le second ; donc DE est parallèle à AC.

THÉORÈME

212. *La bissectrice d'un angle d'un triangle divise le côté opposé en deux parties proportionnelles aux côtés adjacents.*

BD étant bissectrice de l'angle B, on aura

$$\frac{CD}{AD} = \frac{BC}{AB}.$$

Pour le démontrer, menons AE parallèle à BD, jusqu'à la rencontre du prolongement de BC. Dans le triangle AEC, BD étant parallèle à AE, on a

$$\frac{CD}{AD} = \frac{BC}{BE}.$$

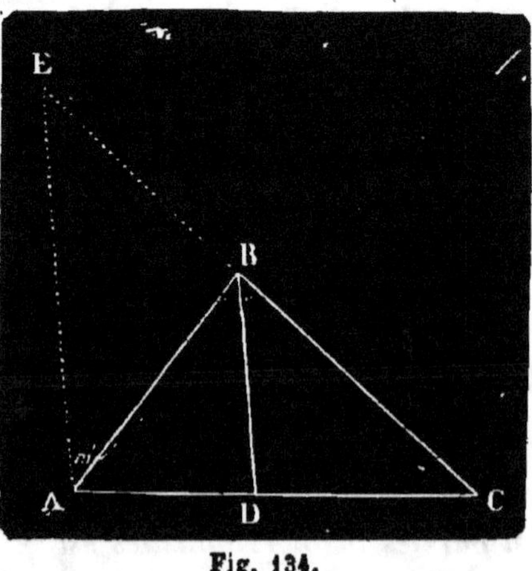

Fig. 134.

Or, les angles E et m sont égaux comme correspondants, les angles m', m'' égaux comme alternes internes ; E $= m$ $= m' = m'$; les angles E et m' étant égaux, le triangle ABE est isocèle, et AB $=$ BE. Si dans l'égalité $\frac{CD}{AD} = \frac{BC}{BE}$, on substitue à BE sa valeur, on aura

$$\frac{CD}{AD} = \frac{BC}{AB}$$

C. Q. F. D.

THÉORÈME RÉCIPROQUE

213. *Si un point* D *partage un côté* AC *d'un triangle* ABC, *de manière qu'on ait* $\dfrac{CD}{AD}=\dfrac{BC}{AB}$, *la droite* BD *est bissectrice de l'angle* B *(fig. 134).*

En effet, le parallélisme des droites AE et BD donne (207)

$$\frac{CD}{AD}=\frac{BC}{BE}.$$

Mais on a déjà par hypothèse

$$\frac{CD}{AD}=\frac{BC}{AB},$$

donc

$$\frac{BC}{BE}=\frac{BC}{AB}.$$

L'égalité des numérateurs entraîne celle des dénominateurs : BE = AB.

Le triangle ABE est donc isocèle et

$$m'=E.$$

Mais on a aussi

$$m'=m' \text{ (ces angles sont alternes internes),}$$

par conséquent

$$E=m'.$$

Or, on a encore

$$m=E \text{ (ces angles sont correspondants);}$$

donc enfin,

$$m'=m.$$

La droite BD est par conséquent bissectrice de l'angle B.

Polygones semblables.

214. On appelle *polygones semblables* des polygones qui ont les angles égaux chacun à chacun et les côtés homologues proportionnels.

Dans les polygones semblables, on nomme côtés homologues ceux qui sont placés de la même manière. Dans les triangles semblables, les côtés homologues sont opposés aux angles égaux.

THÉORÈME

215. *Toute parallèle DE à l'un des côtés d'un triangle ABC détermine un second triangle BDE semblable au premier.*

Les deux triangles BDE et BAC ont les angles égaux chacun à chacun, car l'angle B est commun, l'angle D = A, son correspondant, et l'angle E est aussi égal à son correspondant C. Il faut prouver maintenant que ces triangles ont leurs côtés homologues proportionnels. La parallèle DE donne

$$\frac{AB}{BD} = \frac{BC}{BE}.$$

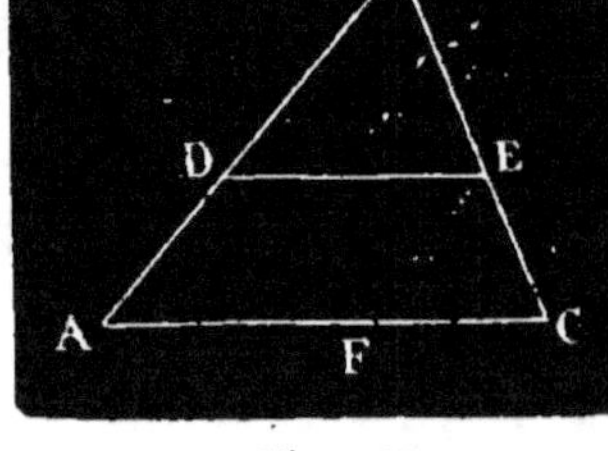

Fig. 185.

Une parallèle à AB menée par le point E donne

$$\frac{BC}{BE} = \frac{AC}{AF};$$

mais la figure ADEF étant un parallélogramme, AF = DE. Si l'on remplace AF par sa valeur DE, on aura

$$\frac{BC}{BE} = \frac{AC}{DE}.$$

Donc

$$\frac{AB}{BD} = \frac{BC}{BE} = \frac{AC}{DE}.$$

Les deux triangles BDE et ABC ayant leurs angles égaux et leurs côtés homologues proportionnels sont semblables.

Cas principaux de similitude des Triangles

216. Deux triangles sont semblables,

1° Quand ils sont équiangles ;

2° Quand ils ont les côtés homologues proportionnels ;

*3° Quand ils ont un angle égal compris entre côtés propor-
tionnels;*

*4° Quand ils ont les côtés parallèles ou perpendiculaires
chacun à chacun.*

THÉORÈME

217. *1° Deux triangles sont semblables lorsqu'ils ont leurs
trois angles égaux chacun à chacun.*

Dans les triangles ABC, DEF on a A = D, B = E, C = F.

Nous allons démontrer que ces triangles sont sem-
blables.

Prenons sur AB une longueur BG = ED et, par le point G,
menons GH parallèle à
AC, le triangle BGH est
semblable à ABC (215) ;
si nous prouvons qu'il est
égal à EDF nous aurons
démontré que EDF est
semblable à ABC. Or les
triangles BGH et DEF
ont un côté égal adjacent

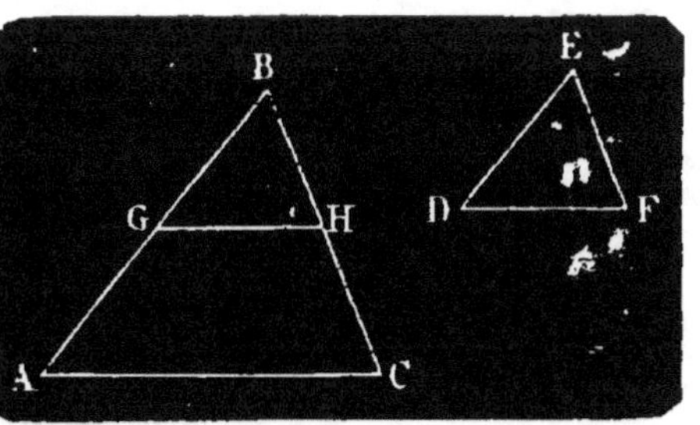

Fig. 136

à deux angles égaux : le côté BG = DE, l'angle B = l'angle
E, l'angle G = l'angle D, car G = A = D ; donc ces deux
triangles sont égaux et DEF est semblable à ABC.

218. COROLLAIRE I. *Deux triangles sont semblables
lorsqu'ils ont deux angles égaux chacun à chacun,* car le
troisième est alors égal de part et d'autre.

219. COROLLAIRE II. *Deux triangles rectangles son
semblables lorsqu'ils ont un angle aigu égal.*

THÉORÈME

220. *2° Deux triangles ABC, DEF qui ont les côtés pro-
portionnels sont semblables.*

On a

$$\frac{AB}{DE} = \frac{BC}{EF} = \frac{AC}{DF} \quad (1).$$

Nous allons démontrer que les deux triangles ABC et DEF sont semblables.

Prenons sur BA une longueur BG=DE et par le point G menons GH parallèle à AC. Le triangle BGH est semblable ABC (215) et nous avons

$$\frac{AB}{BG} = \frac{BC}{BH} = \frac{AC}{GH};$$

mais BG=DE; en remplaçant BG par sa valeur DE, il vient

$$\frac{AB}{DE} = \frac{BC}{BH} = \frac{AC}{GH} \quad (2).$$

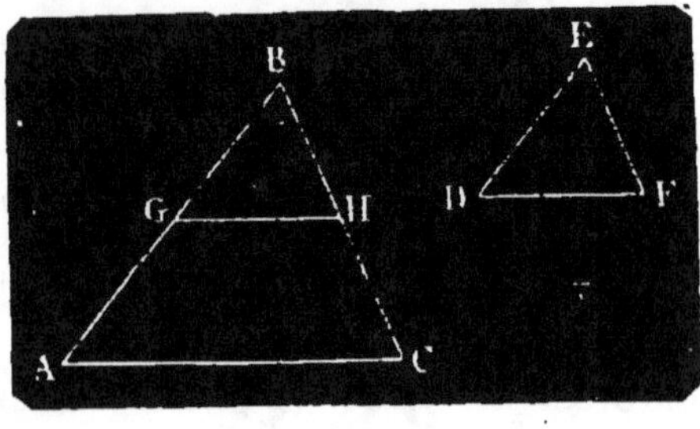

Fig. 137

Les six rapports (1) et (2) ayant le rapport $\frac{AB}{DE}$ de commun sont tous égaux. De

$$\frac{BC}{BH} = \frac{BC}{EF}$$

on déduit de l'égalité des numérateurs celle des dénominateurs :

$$BH = EF.$$

De même

$$\frac{AC}{GH} = \frac{AC}{DF}$$

donne

$$GH = DF.$$

Les deux triangles BGH et EDF ont par conséquent les trois côtés égaux chacun à chacun, donc ils sont égaux et EDF est semblable à ABC.

THÉORÈME

221. 3° *Deux triangles ABC, DEF qui ont un angle égal compris entre côtés proportionnels sont semblables (fig. 137).*

On a B=E et $\frac{AB}{DE} = \frac{BC}{EF}$.

Nous allons démontrer que les deux triangles ABC, DEF sont semblables.

Prenons sur AB une longueur $BG = DE$ et par le point G menons GH parallèle à AC. Le triangle BGH est semblable à ABC et nous avons

$$\frac{AB}{BG} = \frac{BC}{BH};$$

mais $BG = DE$; en remplaçant BG par sa valeur DE, il vient

$$\frac{AB}{DE} = \frac{BC}{BH};$$

mais on a déjà par hypothèse $\dfrac{AB}{DE} = \dfrac{BC}{EF}$, donc $\dfrac{BC}{BH} = \dfrac{BC}{EF}$;

on déduit de l'égalité des numérateurs celle des dénominateurs

$$BH = EF.$$

Les deux triangles BGH et DEF ont un angle égal compris entre côtés égaux chacun à chacun, donc ils sont égaux et DEF est semblable à ABC.

THÉORÈME

222. 4° *Deux triangles qui ont les côtés parallèles ou qui les ont perpendiculaires chacun à chacun sont semblables.*

Appelons A, B, C les trois angles de l'un des triangles, et A′, B′, C′ les trois angles de l'autre. Les angles A et A′, B et B′, C et C′ ont leurs côtés parallèles ou perpendiculaires. Or, nous savons (n°⁵ 95, 96) que deux angles qui ont les côtés parallèles ou perpendiculaires sont égaux ou supplémentaires.

On ne peut donc faire que quatre hypothèses :
1° $A + A′ = 2$ droits; $B + B′ = 2$ droits; $C + C′ = 2$ droits;
2° $A + A′ = 2$ droits; $B + B′ = 2$ droits; $C = C′$;
3° $A + A′ = 2$ droits; $B = B′$; $C = C′$;
4° $A = A′$; $B = B′$; $C = C′$.

Les deux premières hypothèses sont inadmissibles, car la somme des 6 angles vaudrait plus de 4 droits. Il est évident que la troisième hypothèse rentre dans la quatrième, car $A + A′ = 2$ droits donne $A = A′$: donc les deux triangles sont équiangles et par conséquent semblables.

THÉORÈME

223. *Deux polygones semblables ABCDE, A'B'C'D'E' sont décomposables en un même nombre de triangles semblables et semblablement placés.*

Par les diagonales issues des sommets homologues A et A' décomposons ces deux polygones en un même nombre de triangles.

Les deux triangles ABC et A'B'C' sont semblables comme ayant un angle égal, $B = B'$, compris entre côtés proportionnels, puisque ce sont des côtés homologues de polygones semblables. Les deux triangles ACD et

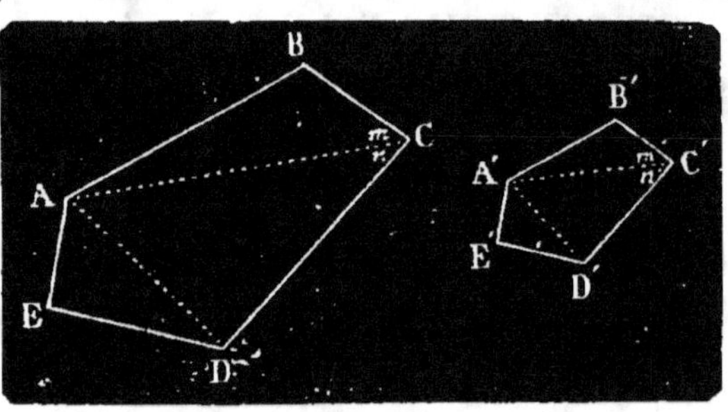

Fig. 138.

A'C'D' sont aussi semblables, car la similitude des triangles ABC et A'B'C' donne $m = m'$; si nous retranchons ces deux angles respectivement des angles égaux C et C' des polygones, les deux restes seront égaux et l'on aura $n = n'$. Or, la similitude des triangles ABC et A'B'C' donne

$$\frac{BC}{B'C'} = \frac{AC}{A'C'},$$

et celle des polygones

$$\frac{BC}{B'C'} = \frac{CD}{C'D'}.$$

Les deux quantités $\frac{AC}{A'C'}$ et $\frac{CD}{C'D'}$ étant l'une et l'autre

égales à $\frac{BC}{B'C'}$ sont égales entre elles :

$$\frac{AC}{A'C'} = \frac{CD}{C'D'}.$$

Les deux triangles ACD et A'C'D' ayant aussi un angle égal compris entre côtés proportionnels sont semblables.

On prouverait de même la similitude des triangles suivants, quel que soit le nombre des côtés du polygone.

Remarque. Dans deux polygones semblables, les diagonales homologues sont entre elles dans le même rapport que les côtés homologues, car on a

$$\frac{AC}{A'C'} = \frac{CD}{C'D'}, \text{ etc.}$$

THÉORÈME RÉCIPROQUE

224. *Deux polygones ABCDE et A'B'C'D'E' composés d'un même nombre de triangles semblables et semblablement placés sont semblables (fig. 138).*

En effet, les triangles étant placés comme le montre la figure, on voit aisément que les angles des polygones sont égaux chacun à chacun : les angles tels que B et B', E et E' sont égaux comme angles homologues des triangles semblables ; les angles tels que C et C', D et D' le sont comme étant chacun formés de deux angles égaux. D'ailleurs la similitude des triangles ABC, A'B'C' donne

$$\frac{AB}{A'B'} = \frac{BC}{B'C'} = \frac{AC}{A'C'};$$

celle des triangles ACD, A'C'D',

$$\frac{AC}{A'C'} = \frac{CD}{C'D'} = \frac{AD}{A'D'};$$

enfin celle des triangles ADE, A'D'E',

$$\frac{AD}{A'D'} = \frac{DE}{D'E'} = \frac{AE}{A'E'}.$$

Le rapport $\dfrac{AC}{A'C'}$ étant commun aux deux premières séries de rapports égaux et le rapport $\dfrac{AD}{A'D'}$ aux deux dernières, on a

$$\frac{AB}{A'B'} = \frac{BC}{B'C'} = \frac{CD}{C'D'} = \frac{DE}{D'E'} = \frac{AE}{A'E'}.$$

G

Les deux polygones ayant leurs angles égaux et leurs côtés proportionnels sont semblables.

THÉORÈME

225. *Les périmètres ou contours de deux polygones semblables sont entre eux dans le même rapport que deux côtés homologues quelconques (fig. 138).*

Les polygones ABCDE, A'B'C'D'E' étant semblables, nous avons

$$\frac{AB}{A'B'} = \frac{BC}{B'C'} = \frac{CD}{C'D'} = \frac{DE}{D'E'} = \frac{AE}{A'E'}.$$

Mais dans une suite de rapports égaux la somme des numérateurs est à la somme des dénominateurs comme un numérateur quelconque est à son dénominateur ; donc

$$\frac{AB+BC+CD+DE+AE}{A'B'+B'C'+C'D'+D'E'+A'E'} = \frac{AB}{A'B'}.$$

Le numérateur du premier rapport représentant le périmètre du premier polygone, et son dénominateur le périmètre du second, si l'on désigne par P et P' ces périmètres on a

$$\frac{P}{P'} = \frac{AB}{A'B'}.$$

THÉORÈME

226. *Si du sommet de l'angle droit d'un triangle rectangle* ABC, *on abaisse la perpendiculaire* BD *sur l'hypoténuse,*

1° Cette perpendiculaire BD *partage le triangle* ABC *en deux triangles partiels* ABD, DBC *semblables au triangle total et semblables entre eux ;*

2° La perpendiculaire BD *est moyenne proportionnelle entre les deux segments qu'elle détermine sur l'hypoténuse ;*

3° Chaque côté de l'angle droit est moyen proportionne entre l'hypoténuse entière et le segment qui lui est adjacent.

1° Les triangles ABC et ABD sont semblables, car ils ont un angle commun A et chacun un angle droit (219). Les triangles ABC et BDC sont semblables pour la même

raison. Les deux triangles partiels ABD et BDC sont sem-
blables aussi, car ils ont
chacun un angle droit,
et l'angle C complément
de l'angle A est égal à
l'angle c complément
du même angle A, donc
ces deux triangles ont

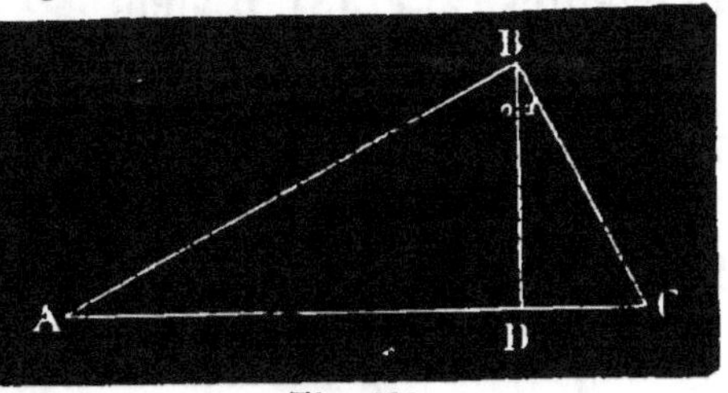

Fig. 139.

les trois angles égaux chacun à chacun, donc ils sont
semblables.

2° On doit avoir $\dfrac{AD}{BD} = \dfrac{BD}{DC}$ ou $\overline{BD}^2 = AD \times DC$.

En effet, les triangles ABD et BDC étant semblables
(le côté AD du premier triangle opposé à l'angle c est
l'homologue du côté BD dans le second triangle opposé à
l'angle $C = c$, et le même côté BD du premier triangle op-
posé à l'angle A est l'homologue du côté DC dans le se-
cond opposé à l'angle $a = A$) on a

$$\frac{AD}{BD} = \frac{BD}{DC} \text{ ou } \overline{BD}^2 = AD \times DC \ (1).$$

L'égalité $\overline{BD}^2 = AD \times DC$ fait connaître que le carré du
nombre qui exprime la longueur de la perpendiculaire BD
est égal au produit des nombres qui expriment la longueur
des segments AD et DC.

3° On doit avoir $\dfrac{AC}{AB} = \dfrac{AB}{AD}$ et $\dfrac{AC}{BC} = \dfrac{BC}{DC}$ ou $\overline{AB}^2 = AC \times AD$
et $\overline{BC}^2 = AC \times DC$.

En effet, les deux triangles rectangles ABC et ABD
étant semblables (l'hypoténuse du premier est à l'hypo-
ténuse du second dans le même rapport que le côté AB
du premier triangle opposé à l'angle C est à AD du se-
cond triangle opposé à l'angle $c = C$) on a

$$\frac{AC}{AB} = \frac{AB}{AD} \text{ ou } \overline{AB}^2 = AC \times AD \ (2).$$

La similitude des triangles ABC, BDC, donne de même

$$\frac{AC}{BC} = \frac{BC}{DC} \text{ ou } \overline{BC}^2 = AC \times DC \ (3).$$

227. Corollaire I. Si l'on ajoute membre à membre les égalités (2) et (3), il vient

$$\overline{AB}^2 + \overline{BC}^2 = AC \times AD + AC \times DC = AC\,(AD + DC)\cdot$$

mais

$$AD + DC = AC,$$

donc on a

$$\overline{AB}^2 + \overline{BC}^2 = AC \times AC = \overline{AC}^2 \text{ ou } \overline{AC}^2 = \overline{AB}^2 + \overline{BC}^2 \text{ (4).}$$

En retranchant de chaque membre de la dernière égalité la quantité $\overline{BC}^2$, il vient

$$\overline{AC}^2 - \overline{BC}^2 = \overline{AB}^2 \text{ ou } \overline{AB}^2 = \overline{AC}^2 - \overline{BC}^2 \text{ (5);}$$

on aurait de même

$$\overline{BC}^2 = \overline{AC}^2 - \overline{AB}^2 \text{ (6).}$$

L'égalité (4) prouve que dans un triangle rectangle le carré du nombre qui exprime la mesure de l'hypoténuse est égal à la somme des carrés des nombres qui expriment la mesure des côtés de l'angle droit et les égalités (5), (6) que le carré du nombre qui exprime la mesure d'un des côtés de l'angle droit est égal à la différence des carrés des nombres qui expriment la mesure des autres côtés.

228. Corollaire II. ABCD étant un carré, on a

$$AC = AD \sqrt{2} \quad \text{ou} \quad \frac{AC}{AD} = \sqrt{2}.$$

En effet, le triangle rectangle ADC donne $\overline{AC}^2 = \overline{AD}^2 + \overline{DC}^2$, mais $\overline{AD}^2 = \overline{DC}^2$, donc

$$\overline{AC}^2 = 2\overline{AD}^2,$$

d'où $\quad AC = AD \sqrt{2}.$ (1).

Divisant les deux membres par AD, il vient

$$\frac{AC}{AD} = \sqrt{2}.\ (2).$$

La racine carrée de 2 ne pouvant

Fig. 140.

s'obtenir exactement, les lignes AC et AD n'ont pas de commune mesure. La diagonale d'un carré et son côté n'ont donc pas de commune mesure.

APPLICATIONS NUMÉRIQUES

229. 1° On fait (*fig.* 139) AD$=35^m,20$, DC$=19^m,80$; trouver AC, BD, AB, BC :

$$AC=AD+DC=35,20+19,80=55 \text{ mètres.}$$

L'égalité (1) donne

$$\overline{BD}^2=AD\times DC=35,20\times19,80=696,96;$$
$$BD=\sqrt{696,96}=26^m,40.$$

L'égalité (2) donne

$$\overline{AB}^2=AC\times AD=55\times35,20=1936;$$
$$AB=\sqrt{1936}=44 \text{ mètres}.$$

Enfin l'égalité (3) donne

$$\overline{BC}^2=AC\times DC=55\times19,80=1089;$$
$$BC=\sqrt{1089}=33 \text{ mètres.}$$

230. 2° On fait AB$=12$ mètres, BC$=5$ mètres; trouver AC, AD, DC, BD à $0,001$ près.

L'égalité (4) donne

$$\overline{AC}^2=\overline{AB}^2+\overline{BC}^2=144+25=169;$$
$$AC=\sqrt{169}=13 \text{ mètres.}$$

Déterminons AD et DC; l'égalité (2) donne

$$\overline{AB}^2=AC\times AD,$$

d'où $\quad AD=\dfrac{\overline{AB}^2}{AC}=\dfrac{144}{13}=11^m,\tfrac{1}{13}=11^m,077;$

et l'égalité (3),

$$\overline{BC}^2=AC\times DC,$$

d'où $\quad DC=\dfrac{\overline{BC}^2}{AC}=\dfrac{25}{13}=1^m,\tfrac{12}{13}=1^m,923.$

Enfin l'égalité (1) donne

$$\overline{BD}^2=AD\times DC=\frac{144}{13}\times\frac{25}{13}=\frac{3600}{13\times13};$$

$$BD=\sqrt{\frac{3600}{13\times13}}=\frac{60}{13}=4^m,\tfrac{8}{13}=4^m,615.$$

6.

DÉFINITIONS

231. On appelle *projection* d'un point A sur une droit
XY le pied de la per-
pendiculaire abais-
sée du point A sur
la droite, et projec-
tion d'une ligne AB
sur XY la portion *ab*
de cette ligne qui se
trouve comprise en-
tre les projections
des points A et B.

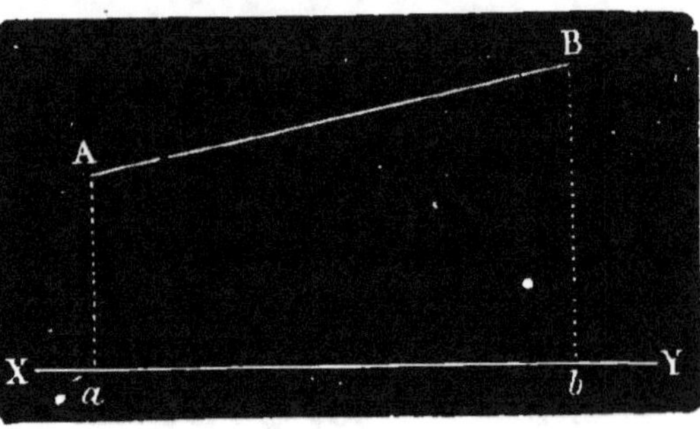

Fig. 141.

232. REMARQUE En algèbre on démontre

1° Que le carré de la somme de deux quantités est égal
au carré de la première plus le carré de la seconde, plus
2 fois le produit de la première par la seconde. Si l'on
désigne ces quantités par *a* et *b*, on a

$$(a+b)^2 = a^2 + b^2 + 2ab \quad (1);$$

2° Que le carré de la différence de deux quantités est
égal au carré de la première, plus le carré de la seconde,
moins 2 fois le produit de la première par la seconde. Si
les quantités sont *a* et *b*, on a

$$(a-b)^2 = a^2 + b^2 - 2ab \quad (2).$$

THÉORÈME

233. *Dans un triangle quelconque ABC, le carré du côté*
opposé à un
angle aigu
est égal à la
somme des
carrés des
deux au-
tres côtés,
moins deux
fois le pro-
duit de l'un de ces côtés par la projection de l'autre sur celui-là

Fig. 142.   Fig. 143.

Le côté AB (*fig.* 142) étant opposé à l'angle aigu C et CD étant la projection du côté BC, si l'on fait pour abréger AB$=c$, AC$=b$, BC$=a$, CD$=m$ et la perpendiculaire BD$=h$, on aura

$$c^2 = a^2 + b^2 - 2bm.$$

En effet

$$c^2 = h^2 + \overline{AD}^2 \;(1);$$

mais

$$h^2 = a^2 - m^2$$

et

$$AD = b - m,$$

d'où $\quad \overline{AD}^2 = (b-m)^2 = b^2 + m^2 - 2bm \;(232, 2^\circ).$

Si dans l'équation (1) l'on substitue à h^2 et à $\overline{AD}^2$ leurs valeurs, il vient

$$c^2 = a^2 - m^2 + b^2 + m^2 - 2bm,$$

$-m^2$ et $+m^2$ se détruisent, on a

$$c^2 = a^2 + b^2 - 2bm.$$

234. REMARQUE. Si comme dans la figure (143) la perpendiculaire tombe hors du triangle, on a toujours

$$c^2 = a^2 + b^2 - 2bm \;(m = DC),$$

car

$$c^2 = h^2 + \overline{AD}^2;$$

mais

$$h^2 = a^2 - m^2$$

et

$$AD = m - b,$$

d'où $\quad \overline{AD}^2 = m^2 + b^2 - 2bm :$

si l'on remplace h^2 et $\overline{AD}^2$ par leurs valeurs, on a

$$c^2 = a^2 + b^2 - 2bm,$$

$-m^2$ et $+m^2$ se détruisant.

THÉORÈME

235. *Dans un triangle quelconque ABC, le carré du côté opposé à un angle obtus est égal à la somme des carrés des deux autres côtés, plus deux fois le produit de l'un de ces côtés par la projection de l'autre sur celui-là.*

Le côté a étant opposé à l'angle obtus A, et AD, ou m étant la projection du côté c, on aura

$$a^2 = b^2 + c^2 + 2bm.$$

En effet,

$$a^2 = h^2 + (b+m)^2 = h^2 + b^2 + m^2 + 2bm;$$

mais (227)

$$h^2 = c^2 - m^2.$$

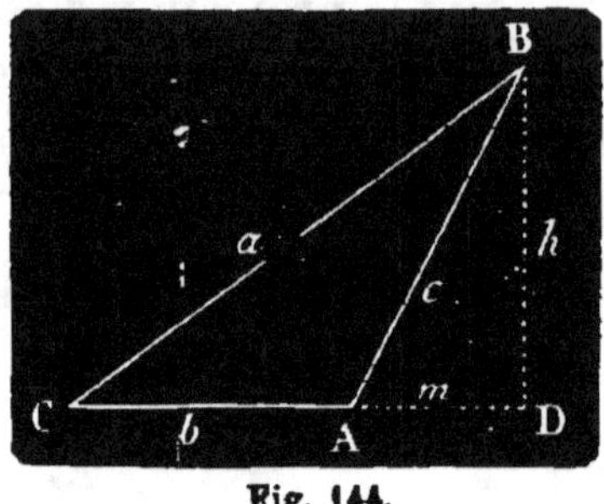

Fig. 144.

En substituant à h^2 sa valeur, il vient

$$a^2 = c^2 - m^2 + b^2 + m^2 + 2bm;$$

$-m^2$ et $+m^2$ se détruisant, on a

$$a^2 = c^2 + b^2 + 2bm.$$

THÉORÈME

236. *Si d'un point A pris dans le plan d'un cercle on mène des sécantes, le produit des distances de ce point aux deux points d'intersection de chaque sécante avec la circonférence est constant.*

1° *Le point donné est dans l'intérieur du cercle.*

On aura $AB \times AE = AC \times AD$.

En effet, si nous menons les droites BC et DE, nous formerons deux triangles BAC et DAE, dans lesquels les angles B et D sont égaux comme ayant l'un et l'autre pour mesure la moitié de l'arc EC, et les angles C et E égaux comme ayant l'un et l'au-tre pour mesure la moitié de l'arc DB; donc ces deux trian-gles sont semblables et leurs cô-tés homologues donnent

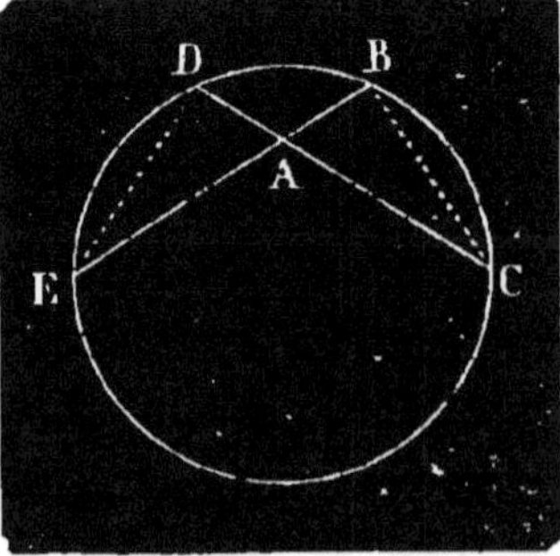

Fig. 145.

$$\frac{AB}{AD} = \frac{AC}{AE} \quad \text{ou} \quad AB \times AE = AC \times AD.$$

2° *Le point donné est hors du cercle.*

On aura $AB \times AE = AC \times AD$.

Pour le démontrer, joignons par des droites les points B et D, E et C, nous formerons ainsi deux triangles AEC et ABD, dans lesquels l'angle A est commun et $E = D$ comme ayant l'un et l'autre pour mesure la moitié de l'arc BC; donc ces deux triangles sont semblables, et leurs côtés homologues donnent

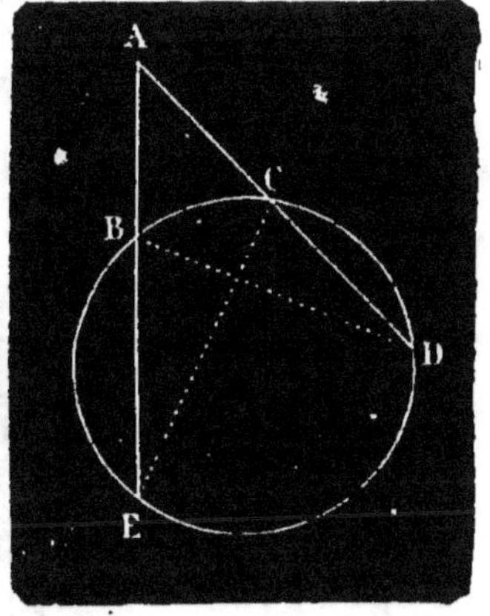

Fig. 140.

$$\frac{AB}{AC} = \frac{AD}{AE},$$

d'où
$$AB \times AE = AC \times AD.$$

THÉORÈME

237. *Une tangente AB est moyenne proportionnelle entre une sécante quelconque AC et sa partie extérieure AD.*

On aura $\dfrac{AC}{AB} = \dfrac{AB}{AD}$ ou $\overline{AB}^2 = AC \times AD$.

En effet, menons les droites BC et BD. Les deux triangles ABC et ABD ont un angle A de commun, et $C = ABD$, car ces deux angles ont l'un et l'autre pour mesure la moitié de l'arc BD, le premier comme angle inscrit, le second comme angle formé par une corde et une tangente : donc ces deux triangles sont semblables, et leurs côtés homologues donnent

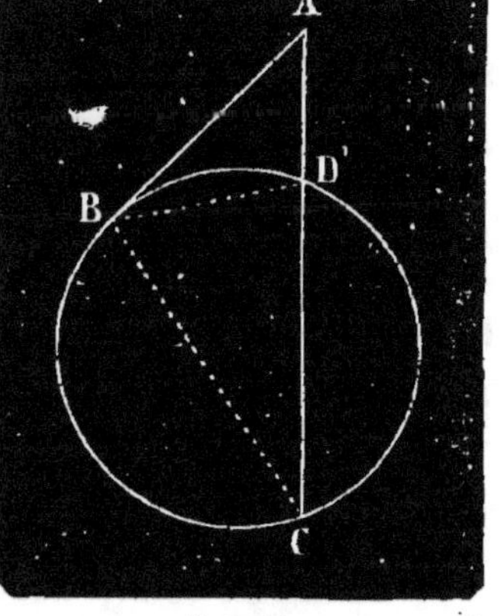

Fig. 141.

$$\frac{AC}{AB} = \frac{AB}{AD},$$

d'où
$$\overline{AB}^2 = AC \times AD.$$

PROBLÈME

238. *Diviser une droite* AB *en un certain nombre de parties égales.*

Soit à diviser AB en cinq parties égales.

Menons par le point **A** une droite AL faisant avec la ligne AB un angle quelconque. Sur la droite AL, à partir du point A, portons consécutivement cinq longueurs égales entre elles et joignons le dernier point de division **C** au point B, puis, par

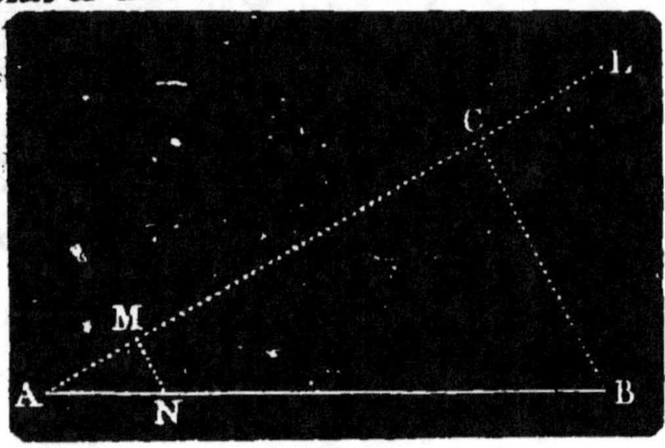

Fig. 148.

le premier point de division de la ligne AL, menons la droite MN parallèle à BC : la longueur AN sera la cinquième partie de AB; par conséquent, cette longueur portée 5 fois sur AB divisera cette ligne en 5 parties égales.

En effet, à cause du parallélisme des droites MN et BC, nous avons (208)

$$\frac{AC}{AM} = \frac{AB}{AN};$$

comme la quantité AM est la cinquième partie de la ligne AC, AN sera aussi la cinquième partie de la ligne AB.

PROBLÈME

239. *Diviser une droite* AB *en parties proportionnelles à des longueurs données* M, N, P.

Par le point A menons une droite AL faisant avec AB un angle quelconque.

Sur la droite AL, à partir de A, portons les longueurs AC$=$M, CD$=$N, DE$=$P : joignons E et B, puis par les points D et C menons les parallèles DF, CG à BE : les parties AG, GF, FB de AB seront proportionnelles aux droites données M, N, P.

En effet, le triangle ABE donne (209)

$$\frac{AG}{AC} = \frac{GF}{CD} = \frac{FB}{DE}$$

ou

$$\frac{AG}{M} = \frac{GF}{N} = \frac{FB}{P}.$$

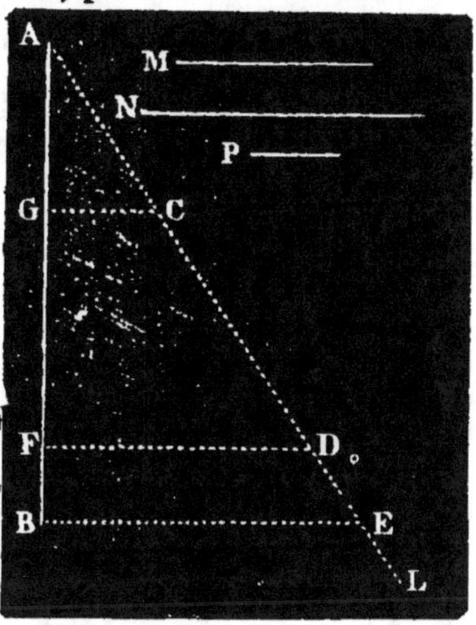

Fig. 149.

PROBLÈME

240. *Trouver une quatrième proportionnelle aux trois lignes données M, N, P.*

La quatrième ligne étant représentée par x, on doit avoir

$$\frac{M}{N} = \frac{P}{x}.$$

Menons les droites indéfinies AB, AC faisant entre elles un angle quelconque. A partir de A prenons sur AB des longueurs AD$=$M, AE$=$N, et sur AC une longueur AF$=$P; joignons par une droite les points D et F, puis menons EG parallèle à DF : AG$=x$, ou est la quatrième proportionnelle demandée.

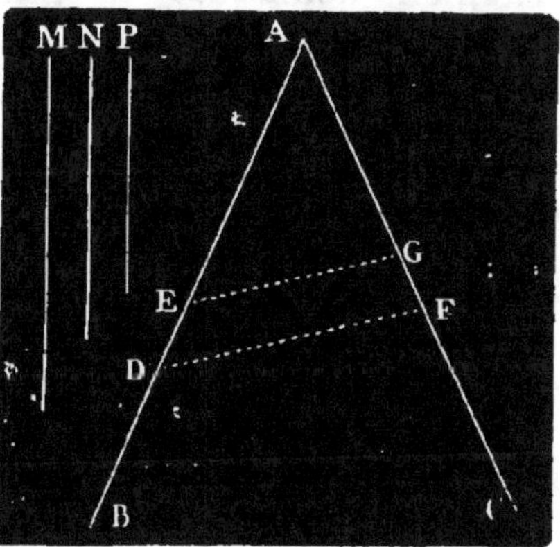

Fig. 150.

En effet, la similitude des triangles DAF et EAG donne

$$\frac{AD}{AE} = \frac{AF}{AG};$$

mais $AD = M$, $AE = N$, $AF = P$, donc on a

$$\frac{M}{N} = \frac{P}{AG} \quad \text{ou} \quad \frac{M}{N} = \frac{P}{x}.$$

PROBLÈME

241. *Trouver une moyenne proportionnelle à deux lignes données* M *et* N.

Cette ligne étant représentée par x, on doit avoir

$$\frac{M}{x} = \frac{x}{N}; \quad \text{ou } x^2 = M \times N.$$

Sur une droite indéfinie AB prenons les longueurs AC $=M$, CD $=N$. Sur AD comme diamètre décrivons une demi-circonférence, et au point C élevons la perpendiculaire CE. Cette droite est la moyenne proportionnelle demandée.

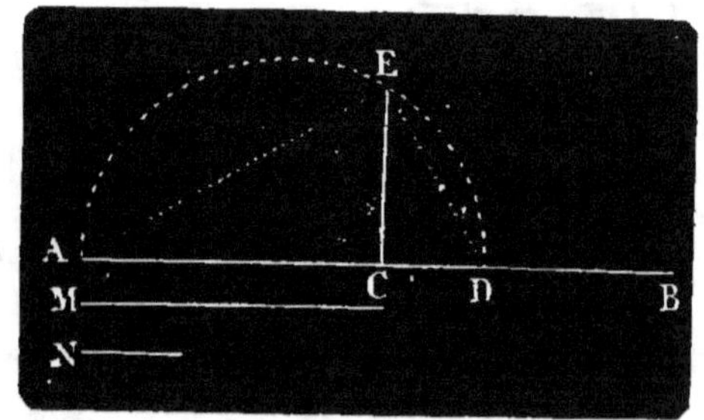

Fig. 151.

En effet, si l'on mène les cordes AE et ED, on obtiendra un triangle AED rectangle en E. Or, la perpendiculaire EC abaissée du sommet de l'angle droit sur l'hypoténuse est moyenne proportionnelle (226, 2º) entre les segments AC et CD, donc

$$\frac{AC}{EC} = \frac{EC}{CD}; \quad \text{mais AC} = M, \text{ et CD} = N, \text{ on a par conséquent}$$

$$\frac{M}{EC} = \frac{EC}{N}, \quad \text{ou} \quad \frac{M}{x} = \frac{x}{N}$$

Remarque. A cause du triangle rectangle AED, on aura toujours (nº 226, 3º) $ED^2 = AD \times CD$; donc toute corde est moyenne proportionnelle entre le diamètre et la projection de cette corde sur le diamètre : de là une autre méthode pour trouver une moyenne proportionnelle à deux lignes.

PROBLÈME

242. *Partager une droite donnée* AB *en moyenne et extrême raison.*

(Partager une ligne en moyenne et extrême raison, c'est

la partager en deux parties telles que la plus grande soit
moyenne proportionnelle entre la ligne entière et la plus
petite.)

La ligne AB étant partagée au point C en moyenne et
extrême raison, on
doit avoir

$$\frac{AB}{AC} = \frac{AC}{CB}.$$

Au point B éle-
vons la perpendicu
laire $BD = \dfrac{AB}{2}$, et du
point D comme cen-

Fig. 152.

tre, avec DB pour rayon, décrivons une circonférence ;
menons la sécante ADE, puis portons la longueur AF de
A en C, et la ligne sera divisée comme il est demandé.

En effet, la sécante AE et la tangente AB donnent (237)

$$\frac{AE}{AB} = \frac{AB}{AF} \ (1);$$

mais dans toute égalité [1] la différence des deux pre-
miers termes est au second terme comme la différence
des deux derniers est au quatrième, donc

$$\frac{AE - AB}{AB} = \frac{AB - AF}{AF} \ (2).$$

Or $\qquad AE - AB = AE - FE = AF = AC$
et $\qquad AB - AF = AB - AC = BC.$

A l'égalité (2) on peut donc substituer la suivante :

$$\frac{AC}{AB} = \frac{BC}{AF},$$

$$\frac{AC}{AB} = \frac{BC}{AC}, \text{ car } AF = AC,$$

ou enfin [2]

$$\frac{AB}{AC} = \frac{AC}{BC}.$$

1. *Nouveau Cours d'Algèbre*, pages 99 et 100.

2. Voyez, dans notre *Nouveau Cours de Problèmes d'Algèbre,* la solution
algébrique de cette question.

7

PROBLÈME

243. *Mener une tangente commune à deux cercles.*

La tangente à deux cercles peut être 1° *extérieure;* 2° *intérieure.* Elle sera extérieure lorsqu'elle laissera les deux cercles du même côté, et intérieure lorsqu'elle passera entre les deux cercles.

1° Supposons le problème résolu. Soit AA' une tangente commune extérieure et O le point de rencontre de la tangente et de la ligne des centres prolongées.

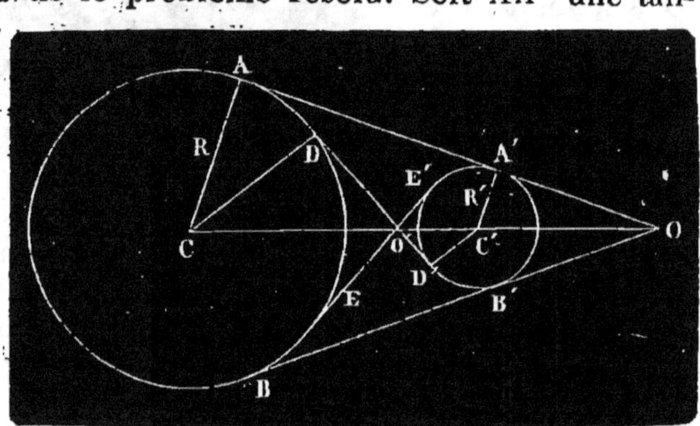

Fig. 153.

Menons aux points de contact les rayons CA ou R, C'A' ou R'. Les triangles semblables CAO, C'A'O donnent

$$\frac{R}{R'} = \frac{OC}{OC'};$$

d'où [1]

$$\frac{R-R'}{R'} = \frac{OC-OC'}{OC'} = \frac{CC'}{OC'},$$

$$\frac{R-R'}{R'} = \frac{CC'}{OC'}.$$

La ligne OC' est une quatrième proportionnelle aux trois lignes connues R—R', R', CC' : on peut facilement la trouver (240).

Donc, pour mener une tangente commune extérieure à un cercle CA et à un cercle C'A', il faut chercher une quatrième proportionnelle aux trois longueurs R—R', R', CC', et porter la longueur trouvée sur le prolongement de

1. *Nouveau Cours d'Algèbre,* n° 178.

CC' de C' en O. Enfin mener du point O une tangente à cercle C'A' qui sera aussi tangente à cercle CA.

On peut, du reste, facilement le prouver.

Menons CA parallèle à C'A' jusqu'à la rencontre de OA' prolongée. Nous allons montrer que CA = R. Les triangles semblables CAO, C'A'O donnent

$$\frac{CA}{C'A'} = \frac{OC}{OC'} \quad (1).$$

Or, on a par construction $\dfrac{R - R'}{R'} = \dfrac{CC'}{OC'}$; d'où l'on tire

$$\frac{R - R' + R'}{R'} = \frac{CC' + OC'}{OC'}$$

ou

$$\frac{R}{R'} = \frac{OC}{OC'} \quad (2).$$

Les égalités (1) et (2) donnent

$$\frac{CA}{C'A'} = \frac{R}{R'};$$

mais C'A' = R', donc CA = R. Le point A est par conséquent sur la circonférence, de plus angle A = A' = 1^d·, donc OA tangente à cercle C'A' l'est aussi à cercle CA.

Il est évident que B'B est encore une tangente; le problème admet donc deux solutions lorsque le point O est extérieur.

2° Supposons encore le problème résolu. Soit DD' une tangente commune intérieure,

Menons les rayons CD ou R, C'D' ou R'.

Les triangles semblables CDO', C'D'O' donnent

$$\frac{R}{R'} = \frac{CO'}{C'O'};$$

d'où

$$\frac{R + R'}{R'} = \frac{CO' + C'O'}{C'O'},$$

$$\frac{R + R'}{R'} = \frac{CC'}{C'O'}$$

La ligne C'O' est une quatrième proportionnelle aux trois longueurs connues R + R', R', CC' : on peut facilement la trouver (240).

Donc, pour mener une tangente intérieure commune à

cercle CA et à cercle C′A′, il faut chercher une quatrième proportionnelle aux trois longueurs R + R′, R′, CC′, et porter la longueur trouvée de C′ vers C jusqu'en O′. Enfin mener du point O′ une tangente à cercle C′D′, qui sera aussi tangente à cercle CD. On le prouverait comme pour la tangente extérieure.

Dans ce cas, il y a encore deux solutions, car EE′ est encore une tangente intérieure.

REMARQUE. Le problème proposé admet donc quatre solutions lorsque les deux circonférences sont extérieures (voir les détails donnés au n° 200, REMARQUE).

PROBLÈME

244. *Sur une droite donnée A′B′ construire un polygone semblable à un polygone donné ABCDE.*

Menons, dans le polygone donné, les diagonales AC, AD et faisons au point B′ un angle B′ = B, et au point A′ un angle m′ = m; les deux lignes A′C′, B′C′ se couperont en C′ et les triangles ABC, A′B′C′ ayant par construc

Fig. 154.

tion leurs angles égaux chacun à chacun seront semblables. Sur A′C′ homologue de AC formons de même les angles o′, n′ respectivement égaux aux angles o et n; le triangle A′C′D′ ainsi obtenu sera semblable au triangle ACD. Sur A′D′, homologue de AD, on construira de même un triangle A′D′E′ semblable au triangle ADE.

Les deux polygones ABCDE, A′B′C′D′E′ étant l'un et l'autre composés d'un même nombre de triangles semblables et semblablement disposés sont semblables.

Des Polygones réguliers

DÉFINITIONS

245. *On appelle polygone régulier un polygone qui a ses côtés égaux et ses angles égaux.* Le triangle équilatéral et le carré sont des polygones réguliers.

246. Un polygone est dit inscrit dans un cercle lorsque tous ses sommets sont sur la circonférence de ce cercle. Réciproquement le cercle est dit circonscrit au polygone.

247. Un polygone est dit circonscrit à un cercle lorsque tous ses côtés sont tangents à la circonférence de ce cercle. Réciproquement le cercle est dit inscrit dans le polygone.

THÉORÈME

248. *Tout polygone régulier* ABCDE *peut être inscrit dans un cercle et lui être circonscrit.*

1° *Tout polygone régulier* ABCDE *peut être inscrit dans un cercle.*

Soit O le centre d'une circonférence passant par les trois sommets consécutifs (198) A, B, C. Démontrons qu'elle passera aussi par le sommet D. Menons OF perpendiculaire sur le milieu de BC, et autour de OF faisons tourner le quadrilatère OFBA pour le rabattre sur le quadrilatère OFCD ; les angles en F étant égaux ainsi que les côtés BF et FC, BF prendra la direction de FC

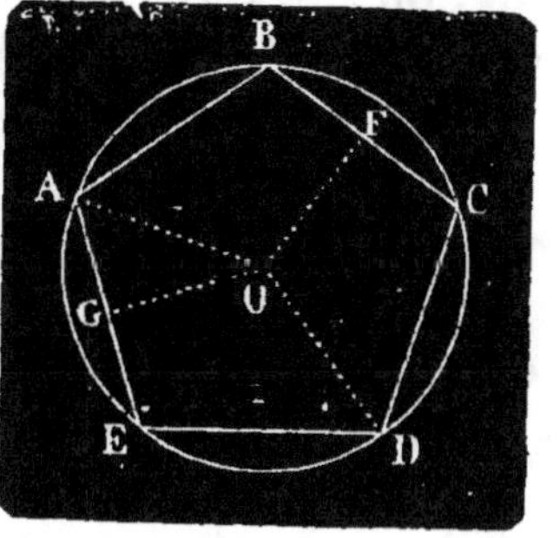

Fig. 155.

et le point B tombera au point C ; mais les angles B et C étant égaux ainsi que les côtés BA et CD, BA prendra la direction de CD et le point A tombera au point D ; par conséquent, OA et OD se confondront, et la circonférence décrite avec OA pour rayon passera aussi au point D. On prouverait de même qu'elle passerait par les autres sommets, quel qu'en soit le nombre.

2° *Tout polygone régulier* ABCDE *peut être circonscrit à un cercle.*

Dans la circonférence circonscrite, les côtés AB, BC, CD... du polygone régulier sont des cordes égales et par conséquent également éloignées du centre; si donc on décrit une circonférence avec l'une des perpendiculaires OF, OG... pour rayon, cette circonférence sera tangente aux côtés du polygone et passera par leur milieu.

249. Corollaire I. *Le cercle inscrit et le cercle circonscrit à un polygone régulier ont le même centre.*

250. Corollaire II. *Les côtés* AB, BC, CD... *du polygone régulier inscrit sont des cordes égales, les arcs qu'ils sous-tendent sont aussi égaux, et par conséquent les angles au centre* AOB, BOC. *La valeur de l'un deux s'obtiendra en divisant 4 droits par le nombre des côtés du polygone*

THÉORÈME

251. *Deux polygones réguliers d'un même nombre de côtés sont semblables.*

Considérons deux hexagones réguliers ABCDEF, A'B'C'D'E'F' (*fig.* 156), on aura

1° $A = A'$, $B = B'$, $C = C'$, $D = D'$, $E = E'$, $F = F'$;

2° $\dfrac{AB}{A'B'} = \dfrac{BC}{B'C'} = \dfrac{CD}{C'D'} = \dfrac{DE}{D'E'} = \dfrac{EF}{E'F'} = \dfrac{AF}{A'F'};$

car dans l'un et dans l'autre la somme des angles est égale à huit droits (103). L'angle A est la sixième partie de cette somme, aussi bien que l'angle A'; ces angles sont par conséquent égaux. On prouverait de même l'égalité des autres angles : donc

1° $A = A'$, $B = B'$, $C = C'$, $D = D'$, $E = E'$, $F = F'$.

2° On a aussi $\dfrac{AB}{A'B'} = \dfrac{BC}{B'C'} = \dfrac{CD}{C'D'} = \dfrac{DE}{D'E'} = \dfrac{EF}{E'F'} = \dfrac{AF}{A'F'};$

car les deux polygones étant réguliers, tous les numérateurs de ces rapports sont égaux, ainsi que leurs dénominateurs.

THÉORÈME

252. *Le rapport des périmètres de deux polygones régu-*
liers d'un même nombre de côtés est le même que celui des
rayons des cercles circonscrits et des cercles inscrits.

Considérons les deux hexagones ABCDEF, A'B'C'D'E'F',
et menons les rayons OA, O'A' des cercles circonscrits et
les rayons ON, O'N' des cercles inscrits. Si l'on appelle P
le périmètre du premier polygone et P' celui du second,
on aura

$$\frac{P}{P'} = \frac{OA}{O'A'} = \frac{ON}{O'N'}.$$

En effet, les deux triangles AOB, A'O'B' sont isocèles
(OA = OB, O'A'
= O'B') et de plus
l'angle O = O', car
l'un et l'autre sont
le sixième de 4
droits (250); les
perpendiculaires
ON, O'N' sont donc
bissectrices des

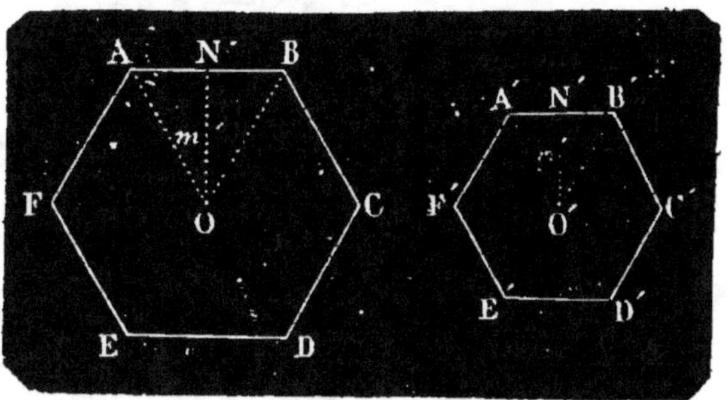

Fig. 156.

angles O et O', par conséquent l'angle $m = m'$ et les deux
triangles AON, A'O'N' sont semblables; leur similitude
donne

$$\frac{OA}{O'A'} = \frac{ON}{O'N'} = \frac{AN}{A'N'} = \frac{2AN}{2A'N'} = \frac{AB}{A'B'} = \frac{6AB}{6A'B'} = \frac{P}{P'}$$

ou

$$\frac{P}{P'} = \frac{OA}{O'A'} = \frac{ON}{O'N'}.$$

PROBLÈME

253. *Inscrire un carré dans un cercle.*

Joignons les extrémités des diamètres perpendiculaires
AB, CD : le quadrilatère ACBD est un carré.

En effet, les angles au centre en O étant égaux intercceptent des arcs égaux (163), lesquels sont sous-tendus par des cordes égales, donc AC = CB = BD = DA. D'ailleurs chacun des angles est droit comme inscrit dans une demi-circonférence. Par exemple, l'angle CAD a pour mesure la moitié de la demi-circonférence CBD.

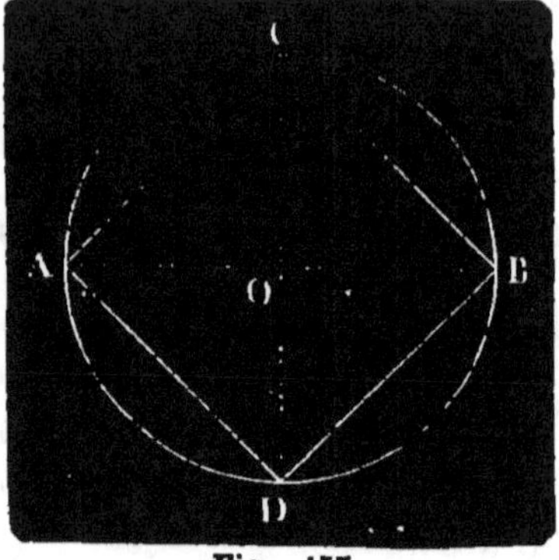
Fig. 157.

254. Corollaire. Le triangle rectangle ACO donne

$$\overline{AC}^2 = \overline{AO}^2 + \overline{CO}^2 = R^2 + R^2 = 2R^2,$$

$$AC = \sqrt{2R^2},$$

$$AC = R\sqrt{2}.$$

Ainsi, *le côté AC du carré inscrit est égal au rayon du cercle multiplié par la racine carrée de 2.*

PROBLÈME

255. *Inscrire un hexagone régulier dans un cercle d'un rayon donné.*

Supposons le problème résolu, et que AB est le côté de l'hexagone. Menons les rayons OA et OB. AOB vaut le sixième de 360 degrés ou 60 degrés, les deux autres angles du triangle AOB valent donc ensemble $180° - 60° = 120°$; mais ces deux angles sont égaux, car OA = OB, chacun d'eux vaut par conséquent 60°, et le triangle AOB est équiangle et équilatéral, donc AB = AO = R.

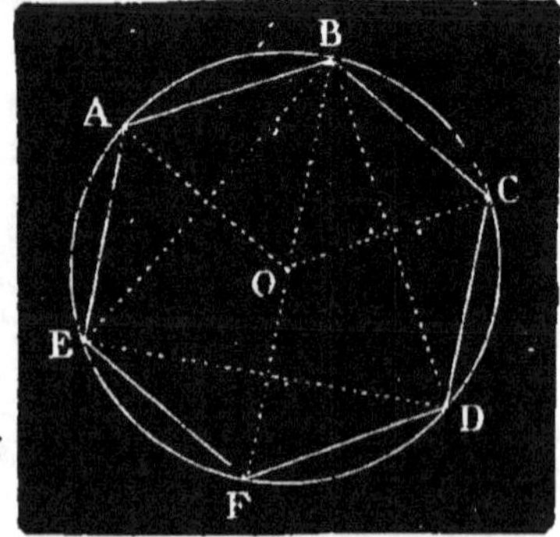
Fig. 158.

Le côté de l'hexagone régulier inscrit étant égal au rayon, il suffira, pour inscrire ce polygone, de porter six fois consécutivement le rayon comme corde sur la circonférence.

256. Corollaire. En joignant deux à deux les côtés de l'hexagone régulier inscrit, on a le triangle équilatéral inscrit BDE ; et si l'on mène le diamètre BF on obtient le triangle rectangle BEF qui donne

$$\overline{BE}^2 + \overline{FE}^2 = \overline{BF}^2 ;$$

mais FE$=$R et BF$=$2R,

donc on a
$$\overline{BE}^2 + R^2 = 2R \times 2R,$$
$$\overline{BE}^2 + R^2 = 4R^2,$$
$$\overline{BE}^2 = 4R^2 - R^2 = 3R^2,$$

d'où
$$BE = \sqrt{3R^2},$$
$$BE = R\sqrt{3}.$$

Ainsi, *le côté* BE *du triangle équilatéral inscrit est égal au rayon multiplié par la racine carrée de* 3.

PROBLÈME

257. *Inscrire un décagone régulier dans un cercle.*

Soit AB le côté du décagone inscrit. L'angle au centre ou O$=\dfrac{360°}{10}=36°$. Les angles A et B du triangle isocèle AOB valent ensemble $180 - 36 = 144°$, et comme ces angles sont égaux, chacun d'eux vaut $\dfrac{144}{2}=72°$, ou le double de l'angle au centre. Si nous divisons l'angle B en deux parties égales par la droite BC, nous aurons l'angle

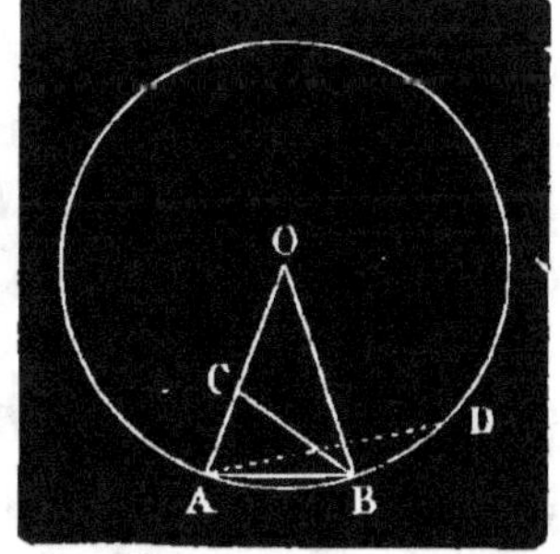

Fig. 159.

CBO$=$O, le triangle OBC est isocèle : donc OC$=$CB. Mais dans le triangle ABC l'angle A$=$72° et l'angle CBA$=$36° : donc l'angle ACB$=$72° et le triangle ABC est encore isocèle ; donc AB$=$CB, et par conséquent OC$=$AB

Dans le triangle AOB, BC étant bissectrice de l'angle B, on a (212)

$$\frac{AC}{OC}=\frac{AB}{OB}, \text{ ou bien } \frac{OB}{AB}=\frac{OC}{AC},$$

ou enfin $\quad \dfrac{OA}{OC}=\dfrac{OC}{AC}$, car $OB=OA$, $AB=OC$.

Comme on le voit, la ligne $OC=AB$, côté du décagone régulier inscrit, est le plus grand segment du rayon OA divisé en moyenne et extrême raison.

Pour inscrire un décagone régulier dans un cercle, il faut donc diviser le rayon en moyenne et extrême raison et porter consécutivement dix fois le plus grand segment sur la circonférence.

258. Remarque I. Ayant inscrit le décagone régulier, on obtiendra le pentagone régulier inscrit en joignant deux à deux les sommets du décagone.

259. Remarque II. Si l'on porte le rayon du cercle égal au côté de l'hexagone de A en D, on aura $BD=AD$ $-AB=60°-36°=24°=\dfrac{360}{15}$. La corde BD, qui sous-tend cet arc, est donc le côté du pentédécagone.

PROBLÈME

260. *Un polygone régulier étant inscrit, inscrire un polygone régulier d'un nombre double de côtés.*

Pour résoudre ce problème, il suffit de diviser en deux parties égales les arcs sous-tendus par les côtés du polygone donné et de joindre chaque point de division aux sommets voisins.

Ainsi, à l'aide d'un hexagone inscrit, on obtient successivement les polygones de 12, de 24, de 48... côtés.

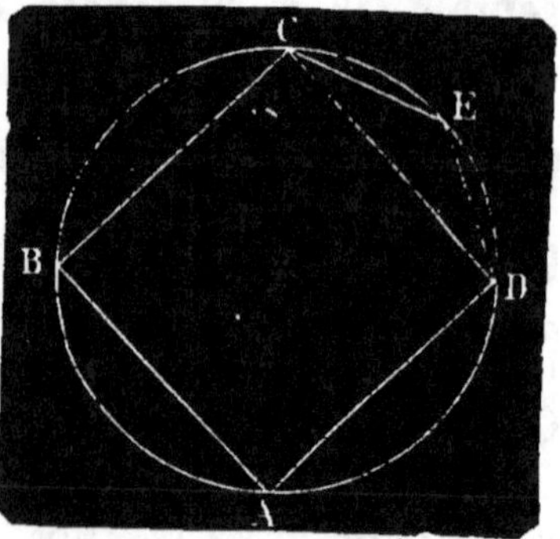

Fig. 160.

A l'aide du carré inscrit ABCD on obtient l'octogone inscrit, puis les polygones de 16, de 32... côtés.

DÉFINITIONS

261. Une quantité est *variable* lorsqu'elle peut passer successivement par différents états de grandeur.

On nomme *limite* d'une quantité variable une grandeur fixe dont cette quantité variable peut approcher autant qu'on le veut sans jamais pouvoir l'atteindre.

Dans la *fig.* 160, on a $CE + ED > CD$; par conséquent, si l'on double les côtés d'un polygone inscrit, le périmètre du nouveau polygone augmente : donc, si l'on double les côtés d'un polygone inscrit, puis celui du nouveau polygone obtenu, et ainsi de suite, on forme une série de polygones inscrits dont le périmètre se rapproche de plus en plus de la circonférence et pourra en différer aussi peu qu'on voudra.

Une circonférence peut donc être considérée comme la limite vers laquelle tend un polygone régulier inscrit dont le nombre des côtés augmente indéfiniment.

Il suit de là que la circonférence n'est qu'un polygone régulier composé d'une infinité de côtés, et que, par conséquent, elle jouit des propriétés de tous les polygones réguliers.

THÉORÈME

262. *Le rapport de la circonférence au diamètre est un nombre constant.*

Considérons deux circonférences quelconques (*fig.* 161), C, C'; et soient R, R' leurs rayons respectifs, nous aurons

$$\frac{C}{2R} = \frac{C'}{2R'}.$$

En effet, en inscrivant dans ces deux circonférences

deux polygones réguliers d'un même nombre de côtés, si l'on désigne par P et P' les périmètres de ces polygones, on a (252)

$$\frac{P}{P'} = \frac{R}{R'}.$$

Or, cette égalité a lieu, quelque grand que soit le nombre des côtés des polygones inscrits, elle existera donc encore dans le cas où le nombre des côtés devenant infiniment grand, les périmètres P et P' se confondent avec les circonférences C et C'; donc on a

$$\frac{C}{C'} = \frac{R}{R'} \quad (1)$$

ou

$$\frac{C}{C'} = \frac{2R}{2R'} \quad (2),$$

et enfin

$$\frac{C}{2R} = \frac{C'}{2R'} \quad (3),$$

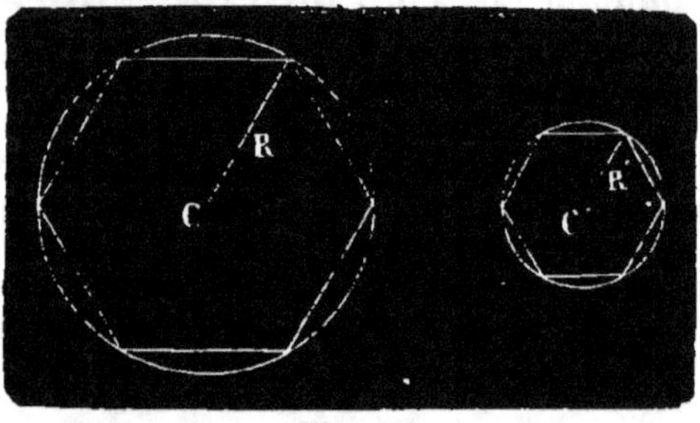

Fig. 161.

Les égalités (1) *et* (2) *font connaître que le rapport de deux circonférences est le même que le rapport de leurs rayons ou de leurs diamètres, et l'égalité* (3), *que le rapport d'une circonférence* C *à son diamètre* 2R *est le même que celui d'une circonférence quelconque* C' *à son diamètre* 2R'. CE RAPPORT EST DONC UN NOMBRE CONSTANT, on le désigne ordinairement par la lettre grecque π, de sorte qu'on a

$$\pi = \frac{C}{2R},$$

$$C = 2\pi R.$$

La lettre π est la première du mot grec *periphereia*, qui signifie circonférence. π est une valeur incommensurable, on ne peut donc l'obtenir que par approximation.

Détermination de π, ou du rapport de la circonférence au diamètre

DÉFINITION

263. Des figures sont dites *isopérimètres* [1], lorsqu'elles ont le même périmètre.

PROBLÈME

264. *Étant donnés le côté* AB, *le rayon* OA *et l'apothème* OC *d'un polygone régulier, trouver l'apothème et le rayon d'un autre polygone régulier* ISOPÉRIMÈTRE *et d'un nombre double de côtés.*

Désignons par R et r le rayon et l'apothème connus, et par R′ et r' le rayon et l'apothème inconnus. Le polygone cherché devant avoir le même périmètre que le premier et un nombre double de côtés, il est évident qu'un quelconque de ses côtés sera la moitié du côté AB et son angle au centre la moitié de l'angle au centre AOB. Cela étant posé, prolongeons OC jusqu'au point D de la circonférence OA, puis joignons le point D aux points A

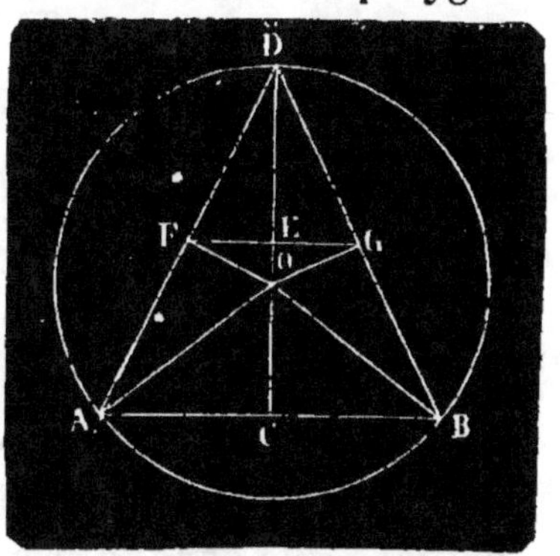

Fig. 162.

et B, enfin menons à la corde AD la perpendiculaire OF et tirons FG parallèle à AB. L'angle ADB ayant pour mesure $\dfrac{AB}{2}$ est la moitié de l'angle AOB : c'est donc l'angle au centre du polygone cherché. On voit aussi que FG est son côté, car les deux triangles semblables (215) ADB et FDG donnent

$$\frac{DF}{DA} = \frac{FG}{AB}.$$

<hr>

1. Du grec *isos*, égal ; *perimetron*, contour.

Mais $DF=\dfrac{DA}{2}$, donc $FG=\dfrac{AB}{2}$; les droites DF, DE sont par conséquent le rayon R′ et l'apothème r′ cherchés.

Déterminons maintenant leurs valeurs en fonction de R et de r.

Le triangle rectangle DFO donne

$$\overline{DF}^2=DO\times DE \text{ ou } R'^2=R\times r', \text{ d'où } R'=\sqrt{Rr'}.$$

Nous avons d'un autre côté

$$r'=DE=\frac{DE+EC}{2}\ (215),$$

$$r'=\frac{DO+OC}{2}=\frac{R+r}{2},$$

$$r'=\frac{R+r}{2}\ (1),$$

$$R'=\sqrt{Rr'}\ (2).$$

Telles sont les valeurs de r′ et de R′ en fonction de r et de R. r′ qui figure dans l'équation (2) n'est plus une inconnue, puisque sa valeur est donnée par l'équation (1).

265. Corollaire. Soit que l'on considère la figure, ou ces deux formules, on voit que r′ est $> r$ et qu'au contraire R′ est $< R$; par conséquent, dans le nouveau polygone, la différence entre le rayon et l'apothème est moindre que dans le premier, d'où l'on a $R'-r'<R-r$; donc, si l'on continue à calculer par ces formules, les apothèmes et les rayons des polygones isopérimètres dont le nombre des côtés devient de plus en plus grand, les apothèmes se rapprocheront toujours des rayons et en différeront aussi peu qu'on voudra, puisque la multiplication des côtés des polygones isopérimètres peut être poussée à l'infini. Or, lorsque les apothèmes et les rayons ne diffèrent plus, par exemple, qu'à la dixième ou douzième décimale, il est évident que le polygone pourra être considéré comme un véritable cercle. Et comme on connaîtra sa circonférence et son rayon, ou son diamètre, il sera facile d'en déterminer le rapport.

PROBLÈME

266. *Trouver π ou le rapport de la circonférence au diamètre.*

Si nous appelons r, R l'apothème et le rayon du carré dont le côté est 1 et le périmètre 4; r', R'; r', R'; r''', R'''; r^{iv}, R^{iv}... les apothèmes et les rayons des polygones réguliers isopérimètres de 8, 16, 32... côtés, nous aurons

$$r' = \frac{R+r}{2}; \quad R' = \sqrt{Rr'}; \quad r' = \frac{R'+r'}{2}; \quad R' = \sqrt{R'r''}\ldots$$

mais
$$r' = \tfrac{1}{2} = 0,5,$$

et (254)
$$R = \frac{1}{\sqrt{2}} = \frac{1 \times \sqrt{2}}{\sqrt{2} \times \sqrt{2}} = \tfrac{1}{2}\sqrt{2} = 0,7071068\ldots$$

Les valeurs de r et de R donneront r'; cette dernière fera connaître R'; R' et r' donneront r'... et nous aurons le tableau ci-dessous.

	Périmètre = 4.	
NOMBRE des côtés DES POLYGONES.	**VALEURS** de $r, r', r'', \ldots$	**VALEURS** de $R, R', R'', \ldots$
4	$r\ \ = 0,50000$	$R\ \ = 0,70710$
8	$r'\ = 0,60355$	$R'\ = 0,65328$
16	$r''\ = 0,62841$	$R''\ = 0,64072$
32	$r'''\ = 0,63457$	$R'''\ = 0,63764$
64	$r^{iv}\ = 0,63610$	$R^{iv}\ = 0,63687$
128	$r^{v}\ = 0,63649$	$R^{v}\ = 0,63668$
256	$r^{vi}\ = 0,63658$	$R^{vi}\ = 0,63663$
512	$r^{vii}\ = 0,63661$	$R^{vii}\ = 0,63662$
1024	$r^{viii}\ = 0,63662$	$R^{viii}\ = 0,63662$

Si nous prenons 0,63662 pour le rayon du cercle circonscrit, le diamètre sera 1,27324; mais nous avons supposé le périmètre égal à **4**; donc le rapport *approché* de cette circonférence et en général d'une circonférence quelconque (262) à son diamètre est

$$\frac{4}{1,27324} = 3,141591\ldots$$

267. Remarque I. Cette valeur approchée de π n'est exacte que jusqu'à la cinquième décimale. Comme les valeurs de r', R', r', R'... dépendent toutes de R, si l'on veut un plus grand degré d'approximation, il suffira de calculer R avec un plus grand nombre de décimales.

268. Remarque II. Pour déterminer π nous avons pris pour point de départ le polygone régulier de **4** côtés; mais il est évident que nous aurions pu prendre un tout autre polygone régulier, par exemple l'hexagone.

269. Remarque III. π étant une grandeur incommensurable, on ne peut obtenir sa valeur exactement, mais on peut, comme nous venons de le voir, en approcher autant qu'on le veut : le Hollandais Van Ceulen a poussé le calcul jusqu'à 35 décimales, l'Anglais Machin à 72, le Français Lagny à 127, l'Autrichien Véga à 139, et l'Anglais Rutherford à 208. Voici les 21 premières décimales :

$$\pi = 3,141.592.653.589.793.238.462\ldots$$

$$\frac{22}{7} = 3,1428.\ \ldots\ \text{est le rapport d'Archimède;}$$

$$\frac{333}{106} = 3,14150\ldots\ \text{est celui de Rivard;}$$

$$\frac{355}{113} = 3,1415920\ \ldots\ \text{est celui d'Adrien Métius.}$$

Le rapport d'Archimède diffère de la vraie valeur de π à la 3e décimale, celui de Rivard à la 5e et celui de Métius seulement à la 7e. Dans la pratique, on fait généralement $\pi = 3,1416$.

Nota. Voir dans notre *Nouveau cours de Géométrie* différentes méthodes pour calculer π.

APPLICATIONS

PROBLÈME

270. *Calculer à moins d'un millimètre près la longueur d'une circonférence décrite avec un rayon de $3^m,75$.*

Si, dans la formule

$$C = 2\pi R$$

on remplace les lettres par leurs valeurs, il vient

$$C = 2 \times 3,1416 \times 3,75 = 23,562.$$

PROBLÈME

271. *On demande la longueur d'un arc de 120° 14′ décrit avec un rayon de $2^m,50$.*

Cherchons d'abord la longueur de la circonférence

$$C = 2 \times 2,50 \times 3,1416 = 15,708.$$

Si 360° correspondent à une longueur de $15^m,708$, 1° correspondra à une longueur égale à $\dfrac{15,708}{360}$, et 120° 14′ correspondront à une longueur égale à $\dfrac{15,708 \times 120° \; 14′}{360}$.

Avant d'effectuer, on réduit 14′ en décimales :

$$14′ = \tfrac{14}{60} \text{ de } 1° = 0,233 ;$$

de sorte que

$$\frac{15,708 \times 120° \; 14′}{360} = \frac{15,708 \times 120,233}{360} = 5^m,246$$

On pourrait encore réduire tout en minutes et l'on aurait

$$\frac{15,708 \times 120° \; 14′}{360} = \frac{15,708 \times 120 \times 60 + 14}{360 \times 60} = 5^m,246$$

PROBLÈME

272. *Une circonférence a* $6^m,80$ *de long; quelle est, à* $0,001$ *près, la longueur du rayon qui a servi à la décrire ?*

De la formule

$$C = 2\pi R$$

on tire

$$R = \frac{C}{2\pi}.$$

Si l'on substitue aux lettres leurs valeurs, on a

$$R = \frac{6,80}{2 \times 3,1416} = 1,098.$$

PROBLÈME

273. *Quelle est, à* $0,001$ *près, la longueur d'un degré dans une circonférence décrite avec un rayon de* $5^m,60$?

Déterminons d'abord la longueur de la circonférence. On a

$$C = 2\pi R = 2 \times 3,1416 \times 5,60 = 35^m,18592.$$

La longueur d'un degré sera

$$\frac{35^m,18592}{360} = 0^m,097.$$

EXERCICES DU LIVRE III

207. Trouver une 4ᵉ proportionnelle à trois lignes qui ont 25^m, 32^m, 48^m.

208. Trouver une moyenne proportionnelle à deux lignes qui ont 28^m et 45^m.

209. On demande une 3ᵉ proportionnelle à deux lignes qui ont 36^m et 24^m.

240. Dans un triangle ABC, on a AB$=20^m$, AC$=22$ BC$=30^m$: quels sont les deux segments déterminés sur BC par la bissectrice AD ?

211. Toute transversale DEF détermine sur les côtés d'un triangle ABC six segments tels que le produit de trois segments non consécutifs est égal au produit des trois autres.

212. Trois points D, E, F, sont en ligne droite lorsqu'ils déterminent sur les côtés d'un triangle ABC six segments tels que le produit de trois segments non consécutifs soit égal au produit des trois autres.

213. On joint les trois sommets A, B, C d'un triangle à un point quelconque O, et on prolonge AO, BO, CO jusqu'à la rencontre des côtés opposés. Le produit de trois segments non consécutifs est égal au produit des trois autres.

214. Les trois côtés d'un triangle sont 120^m, 80^m, 75^m : quels seront les trois côtés d'un triangle semblable dont le côté homologue à 120^m doit avoir 90^m ?

215. Deux obliques partant d'un même point B rencontrent deux parallèles, la 1re coupe les parallèles en D et en A, et la 2e en E et en C, de manière que $DA = 4^m$, $DE = 12^m$, $AC = 18^m$, $BC = 16^m$: on demande la valeur de BD, BE, CE.

216. On donne les bases B et b d'un trapèze et sa hauteur h : on demande de déterminer la hauteur du triangle formé par les prolongements des côtés non parallèles du trapèze.

217. Dans le problème précédent, calculer x pour le cas où l'on a $B = 25^m$, $b = 18^m$ et $h = 12^m,20$.

218. Des extrémités d'une droite AB partent en sens opposés deux droites parallèles AM, BN ; si l'on joint par une autre droite les points M et N, la droite AB se trouvera partagée en deux segments proportionnels aux lignes AM, BN.

219. Partager une droite AB en parties réciproquement proportionnelles à deux droites M, N, parallèles, placées aux points A, B, et dirigées dans le même sens.

220. Des droites issues du même point A déterminent sur deux droites parallèles des segments proportionnels.

221. Inscrire dans une circonférence un triangle semblable à un triangle donné.

222. Lorsque deux droites AB, CD, prolongées s'il est nécessaire, se coupent en un point E de manière à avoir $EA \times EB = ED \times EC$, les quatre points A, B, C, D sont situés sur la même circonférence.

223. Dans un triangle quelconque, le produit de deux côtés est égal au produit du diamètre du cercle circonscrit par la hauteur abaissée sur le troisième.

224. La droite qui joint les milieux des diagonales d'un trapèze est égale à la demi-différence des bases.

225. Inscrire un carré dans un triangle donné.

226. Le périmètre d'un triangle ABC multiplié par le

rayon de la circonférence inscrite est égal au produit d'un côté quelconque par la hauteur correspondante.

227. Dans tout quadrilatère inscrit, le produit des diagonales est égal à la somme des produits des côtés opposés.

228. Si l'on joint un point O à tous les sommets d'un polygone ABCDE et que l'on prenne sur les droites OA, OB, OC,... des grandeurs OA′, OB′, OC′... de telle sorte que

$$\frac{OA'}{OA}=\frac{OB'}{OB}=\frac{OC'}{OC}=\frac{OD'}{OD}=\frac{OE'}{OE},$$

le polygone A′B′C′D′E′ est semblable au polygone ABCDE.

229. Un polygone a un périmètre de 280^m et un côté qui a 15^m; un polygone semblable a un périmètre de 160^m: on demande la longueur du côté homologue au côté de 15^m.

230. Connaissant a et b trouver une droite x telle qu'on ait $x^2 = a^2 + b^2$.

231. Les droites a et b étant données, trouver une autre droite x telle que $x^2 = a^2 - b^2$.

232. Des perpendiculaires à une droite donnée AB sont telles que le carré de la longueur de chacune est égal au produit des segments qu'elle détermine sur la droite donnée: trouver le lieu des extrémités de ces perpendiculaires.

233. On donne une ligne droite de 8^m, sur le milieu de cette ligne on élève une perpendiculaire de $2^m,20$: on demande de calculer la longueur de la circonférence passant par les trois extrémités.

234. Les carrés de deux cordes AM, AN, issues du même point A de la circonférence sont entre eux dans le même rapport que les projections de ces cordes sur le diamètre AB.

235. Dans un cercle ayant $1^m,20$ de rayon, on mène une corde ayant 1^m: on demande sa distance du centre.

236. On donne un cercle dont le rayon a 8^m, on y inscrit une corde ayant 3^m. On demande de calculer les deux segments déterminés par cette corde sur le diamètre qui lui est perpendiculaire.

237. Connaissant les rayons AO, ao de deux cercles et la distance Oo de leurs centres, savoir AO $= 8^m$, $ao = 3^m$, O$o = 15^m$, trouver la longueur Aa de la tangente commune menée extérieurement à ces cercles.

238. Les rayons de deux cercles concentriques sont R et r; dans le cercle R on mène une corde tangente au cercle r: calculer la longueur de cette corde.

239. Dans un triangle rectangle ABC un côté AB de l'angle droit a 15^m, l'hypoténuse BC a 25^m: on demande la longueur de la perpendiculaire AD abaissée du sommet de l'angle droit sur l'hypoténuse.

240. Dans un triangle rectangle, un côté de l'angle droit a 3^m, le segment adjacent à ce côté, déterminé sur l'hypoténuse par la perpendiculaire qui part du sommet de l'angle droit, a 1^m,80 : on demande les deux côtés inconnus.

241. Trouver un triangle rectangle dont les trois côtés soient trois nombres entiers consécutifs.

242. Dans un triangle rectangle les deux côtés de l'angle droit diffèrent de 7^m, l'hypoténuse a 13^m : on demande les deux côtés de l'angle droit.

243. Dans un triangle rectangle, l'hypoténuse surpasse les côtés de l'angle droit de 1 et de 8 : quels sont les trois côtés du triangle ?

244. L'hypoténuse d'un triangle rectangle est égale à 55^m, la somme des deux côtés de l'angle droit est 77^m : on demande les deux côtés.

245. La somme des trois côtés d'un triangle rectangle est égale à 60^m, la différence entre les deux côtés de l'angle droit est 5^m : on demande les trois côtés du triangle rectangle.

246. Trouver les trois côtés d'un triangle rectangle dont la somme des côtés égale 30^m, et la somme de leurs carrés 338^m.

247. Dans un triangle ABC, on a AB$=$10^m, AC$=$14^m, BC$=$20^m : calculer la longueur des segments du côté BC déterminés par la perpendiculaire partant du point A.

248. Trouver les hauteurs h, h', h'' d'un triangle dont on connaît les trois côtés.

249. Trouver le rayon du cercle circonscrit à un triangle dont on connaît les trois côtés.

250. Trouver le rayon r du cercle inscrit en fonction des côtés a, b, c du triangle.

251. Dans les problèmes précédents calculer h, h', h'', R et r pour le cas où l'on a : $a=$8^m, $b=$9^m, et $c=$12^m.

252. La somme des carrés des segments formés par deux cordes qui se coupent rectangulairement est égale au carré du diamètre.

253. Les trois côtés d'un triangle sont 8^m, 9^m, 15^m : de quelle espèce est le plus grand angle de ce triangle ?

254. Les rayons de deux cercles sont 7^m et 8^m, la distance de leurs centres est de 12^m : on demande la longueur de la corde commune.

255. Lorsqu'on mène la médiane AM dans un triangle ABC, on a $\overline{AC}^2 + \overline{AB}^2 = 2\overline{AM}^2 + \dfrac{\overline{BC}^2}{2}$.

256. Un triangle ABC dont les côtés sont a, b, c, et les médianes m, m', m'' (m est issue du sommet A, m' du sommet B et m'' du sommet C) donne :

$$m = \sqrt{\frac{b^2}{2} + \frac{c^2}{2} - \frac{a^2}{4}}, \quad m' = \sqrt{\frac{a^2}{2} + \frac{c^2}{2} - \frac{b^2}{4}},$$

$$m'' = \sqrt{\frac{a^2}{2} + \frac{b^2}{2} - \frac{c^2}{4}}.$$

257. Les côtés a, b, c, d'un triangle sont 10^m, 8^m, et 9^m; calculer les trois médianes.

258. La somme des carrés des côtés d'un parallélogramme est égale à la somme des carrés des diagonales.

259. La somme des carrés des côtés d'un quadrilatère quelconque est égale à la somme des carrés des diagonales augmentée de quatre fois le carré de la droite qui joint les milieux des diagonales.

260. La somme des carrés des diagonales d'un trapèze est égale à la somme des carrés des côtés non parallèles plus deux fois le produit des côtés parallèles.

261. La somme des carrés des côtés d'un triangle est triple de la somme des carrés des lignes qui joignent ses sommets au point de concours des médianes.

262. La somme des carrés des diagonales d'un quadrilatère est double de la somme des carrés des lignes qui joignent les milieux des côtés opposés.

263. Deux sécantes a un cercle partent d'un même point, l'une a une longueur de 3^m, et son segment extérieur a 2^m ; l'autre a 5^m de longueur : on demande de déterminer son segment extérieur.

264. Trouver deux droites qui se coupent de manière que le produit des deux segments de l'une soit égal au produit des deux segments de l'autre.

265. Le produit de deux côtés AB, BC d'un triangle ABC est égal au carré de la bissectrice BD de l'angle B plus le produit des deux segments déterminés sur AC par la bissectrice.

266. Dans un triangle ABC, on a $AB = 20^m$, $AC = 22^m$, $BC = 30^m$: quelle est la longueur de la bissectrice AD ?

267. Dans un cercle qui a 2^m de rayon, une sécante passe par le centre, la partie extérieure de cette sécante a 5^m : on demande la longueur de la tangente qui se terminerait à l'extrémité de cette sécante.

268. On donne un cercle de $2^m,20$ de rayon, on demande de déterminer sur la tangente au point A un point D, tel que si par ce point on mène une sécante passant par le centre, la partie extérieure de la sécante soit égale au diamètre du cercle.

269. On donne une circonférence de rayon R, on mène un diamètre que l'on prolonge d'une quantité égale à $\frac{11}{5}$R; par l'extrémité de cette droite on mène une tangente : on demande sa valeur en fonction de R dans le cas où $R = 2^m$.

270. Étant donné un cercle, on mène un diamètre AB et la tangente au cercle au point B. Du point A, avec un rayon égal au double de AB, on décrit un arc qui coupe la tangente en C, on tire AC, cette ligne coupe le cercle en D : on demande la longueur du segment AD.

271. On sait que la tangente est moyenne proportionnelle entre la sécante et sa partie extérieure : démontrer, d'après ce théorème, que d'un même point extérieur à un cercle on peut mener deux tangentes à ce cercle, et que les tangentes partant d'un même point sont égales.

272. Construire une droite x telle qu'on ait $x = a \pm b$.

273. Construire une droite dont on connaît les $\frac{4}{5}$.

274. Construire une droite qui soit à une droite donnée dans le rapport de $\frac{2}{3}$ à $\frac{3}{4}$.

275. Construire deux droites x, y dont on connaît la somme et la différence.

276. Construire une droite x telle qu'on ait $x = \dfrac{l^2}{m}$ (l, m : lignes données).

277. Construire deux droites x, y connaissant leur rapport et leur somme.

278. Construire deux droites x, y connaissant leur rapport et leur différence.

279. Par un point P intérieur à un angle A, mener une droite inscrite MPN de manière que PN $= \frac{2}{3}$ PM, où $\dfrac{\text{PN}}{\text{PM}} = \dfrac{2}{3}$.

280. Par un point P extérieur à un angle, mener une droite PNM qui rencontre les côtés en N et en M de manière à avoir $\dfrac{\text{PN}}{\text{PM}} = \dfrac{2}{5}$.

281. Par un point P mener une droite qui passe par le point de concours de deux droites concourantes qu'on ne peut prolonger.

282. Décrire une circonférence passant par deux points donnés A et B, et telle qu'une tangente menée par un troisième point donné C ait une longueur l.

283. Un polygone étant donné, son périmètre P, ainsi que a un de ses côtés, construire un second polygone, semblable au 1ᵉʳ, connaissant P' son périmètre.

284. Par l'un des points d'intersection de deux circonférences, mener une sécante telle que les deux cordes résultantes soient entre elles dans un rapport donné.

285. Construire un triangle connaissant deux côtés et la bissectrice de leur angle.

286. Construire un triangle connaissant un côté, la bissectrice de l'angle opposé et le rapport des deux autres côtés.

287. Construire une droite x telle qu'on ait $x^2 = m\,(m + n)$ (m et n sont des lignes données).

288. Une droite m étant donnée, trouver une autre droite x telle que $x^2 = \frac{3}{5}\,m^2$.

289. Construire une droite x telle qu'on ait $\frac{3}{4}\,x^2 = l^2$ (l est une ligne donnée).

290. On donne l, m, n : trouver une autre droite x telle qu'on ait $\dfrac{x^2}{l^2} = \dfrac{m}{n}$.

291. Construire une droite x telle qu'on ait $x^2 = \dfrac{l^2\,m}{m+n}$ (l, m, n : lignes données).

292. Mener par un point P, intérieur à un cercle, une corde qui soit divisée à ce point dans un rapport donné $\frac{5}{8}$.

293. Mener par un point A extérieur à un cercle, une sécante de manière que la partie extérieure soit $\frac{4}{9}$ de la sécante totale.

294. Décrire une circonférence passant par deux points donnés et tangente à une droite donnée.

295. Décrire une circonférence passant par un point donné et tangente à deux droites données.

296. Construire un losange dont le côté ait une longueur donnée et soit moyenne proportionnelle entre les deux diagonales.

297. Diviser une droite a en moyenne et extrême raison, et trouver les rapports de la droite aux deux segments.

298. Diviser une ligne de 60^m en moyenne et extrême raison.

299. Les segments de deux droites divisées en moyenne et extrême raison sont proportionnels.

300. Connaissant AB, grand segment d'une droite divisée en moyenne et extrême raison, retrouver la droite.

301. Inscrire dans un angle A une droite MPN telle qu'elle soit divisée au point P en moyenne et extrême raison.

302. Par un point P extérieur à un angle, mener une droite PNM qui rencontre les côtés en N et en M, de manière que la ligne PNM soit divisée en moyenne et extrême raison au point N.

303. Par un point P intérieur à un cercle, mener une corde qui soit divisée à ce point en moyenne et extrême raison.

304. Par un point A extérieur à un cercle, mener une sécante qui soit divisée par la circonférence en moyenne et extrême raison.

505. Les diagonales d'un pentagone régulier se coupent mutuellement en moyenne et extrême raison.

506. Une diagonale d'un pentagone régulier inscrit a 4^m ; calculer le côté du pentagone.

507. Les tangentes extérieures communes à deux cercles rencontrent la ligne des centres en un même point O, et les tangentes intérieures la rencontrent aussi en un même point o.

508. Dans deux cercles, les sécantes qui joignent les extrémités des rayons parallèles concourent en un même point O situé sur la ligne des centres.

509. Prouver que dans un triangle équilatéral inscrit, le rayon est double de l'apothème.

510. Un polygone régulier étant inscrit dans une circonférence, circonscrire un polygone régulier semblable.

511. Le périmètre d'un triangle équilatéral circonscrit est double de celui du triangle équilatéral inscrit.

512. Une circonférence est comprise entre les périmètres du carré circonscrit et de l'hexagone inscrit : démontrer d'après cette considération que le rapport de la circonférence au diamètre est compris entre 4 et 3.

513. Calculer le côté et l'apothème du décagone régulier inscrit dans un cercle de rayon donné.

514. Trouver le périmètre du décagone inscrit dans un cercle de 4^m de rayon.

515. Le carré du côté d'un pentagone régulier inscrit est égal à la somme des carrés du rayon et du côté du décagone.

516. Quel est le périmètre d'un pentagone régulier inscrit dans un cercle de 2^m de rayon ?

517. Les circonférences C et C′ étant données, construire une circonférence égale à C+C′.

518. Les circonférences C et C′, étant données, trouver une circonférence égale à C − C′.

519. Les circonférences C, C′ et C″ étant données, construire une circonférence égale à $\frac{1}{3}$C + $\frac{1}{4}$C′ − $\frac{1}{6}$C″.

520. On a une circonférence O, sur le rayon OA comme diamètre on décrit une autre circonférence et on mène un rayon quelconque OB qui coupe la petite circonférence en C. On demande de démontrer que les arcs AB et AC sont égaux.

521. Calculer le côté et l'apothème de l'octogone régulier inscrit dans un cercle de rayon donné.

522. Dans une circonférence, 5° répondent à une longueur de $0^m,20$: quelle est la longueur du rayon qui a servi à construire cette circonférence ?

525. Combien vaut en mètres une seconde du méridien ?

524. Quelle est en kilomètres la distance moyenne d'un point d'un méridien au centre de la terre ?

525. Deux arcs ont même longueur, l'un qui a 20°30' a été décrit avec un rayon de $0^m,60$, l'autre a 12° 40': on demande a longueur du rayon qui a servi à le décrire.

LIVRE QUATRIÈME

MESURE DES AIRES

DÉFINITIONS

274. On appelle *aire* ou *surface* d'une figure plane la partie du plan limitée par le périmètre de cette figure.

275. Mesurer une surface, c'est chercher combien elle contient une surface connue prise pour unité.

276. Le *mètre carré*, ou carré d'un mètre de côté, est l'unité de surface.

277. Mesurer une surface, c'est donc chercher combien elle contient de mètres carrés et de parties du mètre carré.

278. On appelle figures équivalentes celles qui ont la même étendue sans avoir la même forme. Ainsi, dans le cas où la surface d'un triangle est égale à celle d'un carré, on dit que ces deux figures sont équivalentes.

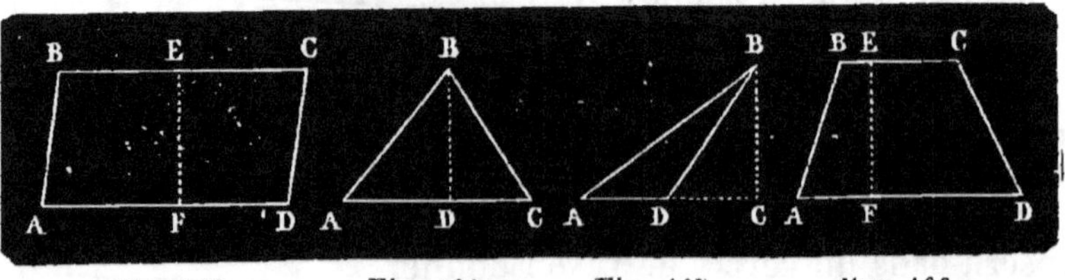

Fig. 163.   Fig. 164.   Fig. 165.   Fig. 166.

279. La *hauteur* d'un parallélogramme ABCD (*fig.* 163) est la perpendiculaire EF, qui mesure la distance des deux côtés BC, AD, pris pour *bases*.

280. La *hauteur* d'un triangle ABC (*fig.* 164 et *fig.* 165) est la perpendiculaire BD abaissée de l'un de ses sommets sur le côté opposé AC, qui prend le nom de *base*.

281. La *hauteur* d'un trapèze ABCD (*fig.* 166) est la perpendiculaire EF, qui mesure la distance des deux *bases* ou côtés parallèles BC, AD.

282. Remarque. La ligne appelée *hauteur* ne tombe pas toujours dans l'intérieur des figures; ainsi, dans le triangle ABC (*fig.* 165) elle tombe sur le prolongement de la base AC.

THÉORÈME

283. *L'aire d'un rectangle est égale au produit de sa base par sa hauteur.*

1° Supposons que la base AD$=7$ mètres et la hauteur AB$=4$ mètres : nous aurons pour la surface du rectangle $7\times4=28$ mètres carrés.

En effet, on peut former un mètre carré sur chacun des 7 mètres de la base, ce qui donne une tranche contenant 7 mè-

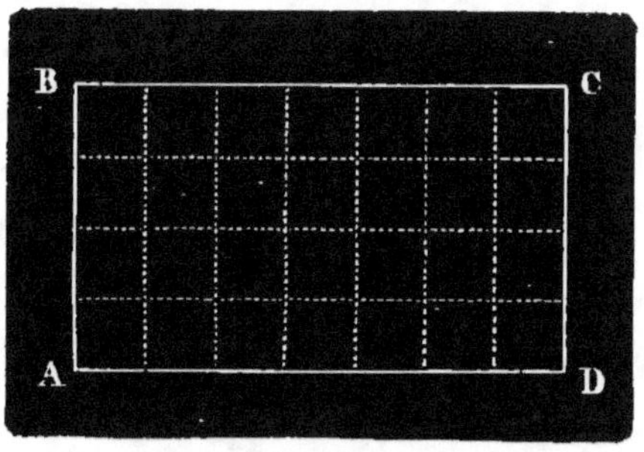

Fig. 167.

tres carrés et ayant 1 mètre de hauteur. Or les 4 mètres de la hauteur AB permettront de former 4 tranches contenant chacune 7 mètres carrés. Le rectangle contiendra en tout 4 fois 7 mètres carrés$=28$ mètres carrés, ou le produit de 7, base du rectangle, par 4, hauteur du rectangle. Donc, pour obtenir l'aire d'un rectangle, il suffit de multiplier le nombre de mètres de la base par le nombre de mètres de la hauteur.

2° Supposons que AD$=7{,}30=730$ centimètres et AB $=3{,}75=375$ centimètres.

Le nombre de centimètres carrés contenus dans ce

rectangle est $720 \times 375 = 273750$ centimètres carrés $= 27^{m.q.},3750$, car le centimètre carré est la dix-millième partie du mètre carré.

Or, 27, 3750 est le produit des deux nombres décimaux 7,30 et 3,75, qui mesurent la base et la hauteur du rectangle.

Donc, dans tous les cas, l'aire d'un rectangle est égale au produit de sa base par sa hauteur.

En désignant par R l'aire d'un rectangle quelconque, et par B et H sa base et sa hauteur, on a la formule

$$R = B \times H.$$

284. Corollaire. *Le rapport de deux rectangles est égal au rapport des produits de leurs bases par leurs hauteurs,* car si l'on désigne un premier rectangle par R, et ses dimensions par B et H, on a

$$R = B \times H ;$$

un second rectangle R′ et dont les dimensions sont B′ et H′ donne

$$R' = B' \times H'.$$

Si l'on divise ces égalités membre à membre, il vient

$$(1)\ \frac{R}{R'} = \frac{B \times H}{B' \times H'}.$$

De là il résulte que :

1° *Deux rectangles de même base sont entre eux comme leurs hauteurs*, car si l'on fait dans l'égalité (1) B = B′, on a

$$\frac{R}{R'} = \frac{B \times H}{B \times H'} = \frac{H}{H'} ;$$

2° *Deux rectangles de même hauteur sont entre eux comme leurs bases,* car si l'on fait dans l'égalité (1) H = H′, on a

$$\frac{R}{R'} = \frac{B \times H}{B' \times H} = \frac{B}{B'}.$$

285. Remarque. Un carré est un rectangle dont les côtés sont égaux : donc *l'aire d'un carré est égale au pro-*

duit d'un côté par lui-même ou au carré de son côté. Ainsi, la surface d'un carré dont le côté est *a* sera égale à $a \times a = a^2$.

THÉORÈME

286. *L'aire d'un parallélogramme* ABCD *est égale au produit de sa base* AD *par sa hauteur* DF.

Formons le rectangle AEFD ayant même base AD que le parallélogramme et même hauteur DF.

Dans les deux triangles rectangles AEB et DFC l'hypoténuse AB = l'hypoténuse DC comme côtés opposés d'un parallélogramme ; pour la même raison AE = DF : donc (79) ils sont égaux. Mais si de la figure AECD on retran-

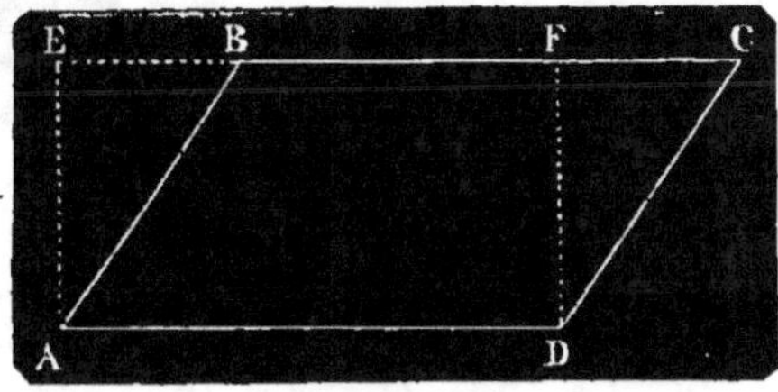

Fg. 168.

che *successivement* chacun de ces triangles égaux, les restes seront équivalents ; dans un cas, l'un de ces restes est le parallélogramme ABCD, et dans l'autre le rectangle AEFD ; donc ces deux figures sont équivalentes. L'aire du rectangle AEFD étant égale à $AD \times DF$, celle du parallélogramme sera aussi $AD \times DF$, ou le produit de sa base par sa hauteur.

En désignant par P *l'aire d'un parallélogramme quelconque, et par* B *et* H *sa base et sa hauteur, on a la formule*

$$P = B \times H.$$

287. COROLLAIRE. *Le rapport de deux parallélogrammes est égal au rapport des produits de leurs bases par leurs hauteurs.* D'où il résulte que :

1° *Deux parallélogrammes de même base sont entre eux comme leurs hauteurs ;*

2° *Deux parallélogrammes de même hauteur sont entre eux comme leurs bases.* (Même démonstration que pour le rectangle.)

8.

THÉORÈME

288. *L'aire d'un triangle* ABC *est égale à la moitié du produit de sa base* AC *par sa hauteur* BD *ou* $\dfrac{AC \times BD}{2}$.

En effet, si par le point B nous menons BE parallèle à AC, et par le point C, CE parallèle à AB, nous obtiendrons un parallélogramme ABEC double du triangle ABC (110), mais l'aire du parallélogramme ABEC est égale à $AC \times BD$

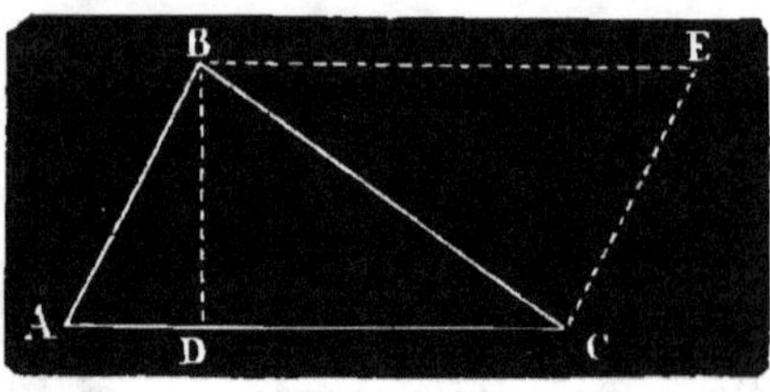

Fig. 169.

le triangle ABC étant égal à la moitié de ce parallélogramme aura pour mesure $\dfrac{AC \times BD}{2}$.

En désignant par T *l'aire d'un triangle quelconque, par* B *et* H *sa base et sa hauteur, on a la formule*

$$T = \frac{B \times H}{2}.$$

289. Corollaire. *Le rapport de deux triangles est égal au rapport des produits de leurs bases par leurs hauteurs,* car si l'on désigne un premier triangle par T et ses dimensions par B et H, on a

$$T = \frac{B \times H}{2};$$

un second triangle T′ et dont les dimensions sont B′ et H′ donne

$$T' = \frac{B' \times H'}{2}.$$

Si l'on divise ces deux égalités membre à membre, il vient

$$(1)\ \frac{T}{T'} = \frac{B \times H}{2} \times \frac{2}{B' \times H'} = \frac{B \times H}{B' \times H'}.$$

De là il résulte que :

1° *Deux triangles de même base sont entre eux comme*

leurs hauteurs, car si l'on fait dans l'égalité (1) B=B', on a

$$\frac{T}{T'}=\frac{B\times H}{B\times H'}=\frac{H}{H'};$$

2° *Deux triangles de même hauteur sont entre eux comme leurs bases*, car si l'on fait dans l'égalité (1) H=H', on a

$$\frac{T}{T'}=\frac{B\times H}{B'\times H}=\frac{B}{B'}.$$

THÉORÈME

290. *L'aire d'un losange est égale à la moitié du produit de ses deux diagonales.*

En effet, losange ABCD = ABC + ACD;

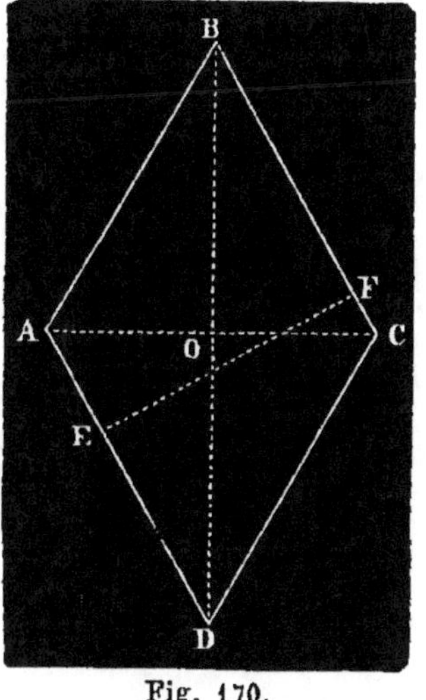

or $\qquad ABC=AC\times\dfrac{BO}{2}$,

et $\qquad ACD=AC\times\dfrac{OD}{2}$;

donc

losange $ABCD=AC\times\dfrac{BO}{2}+AC$

$\times\dfrac{OD}{2}=AC\left(\dfrac{BO}{2}+\dfrac{OD}{2}\right)$,

losange $ABCD=AC\times\dfrac{BD}{2}=\dfrac{AC\times BD}{2}$.

Fig. 170.

En désignant l'aire d'un losange par L *et par* D *et* d *ses diagonales, on a la formule*

$$L=\frac{D\times d}{2}.$$

291. **REMARQUE.** Un losange a aussi pour mesure le produit d'un de ses côtés AD par la hauteur correspondante EF, car un losange est en même temps un parallélogramme.

THÉORÈME

292. *L'aire d'un trapèze ABCD est égale au produit de sa hauteur CF par la demi-somme de ses bases AD et BC.*

On aura donc : surface $ABCD=CF\left(\dfrac{AD+BC}{2}\right)$.

En effet, si nous menons la diagonale AC, nous aurons
le triangle ACD

$= \dfrac{AD}{2} \times CF$ et

le triangle ABC

$= \dfrac{BC}{2} \times CF$:

donc ACD +
ABC ou tra-

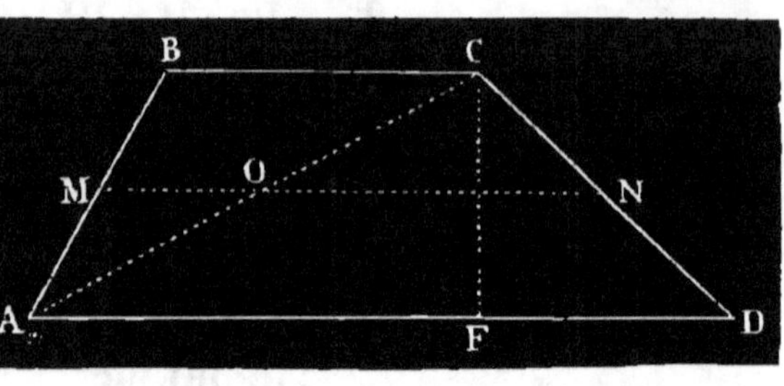

Fig. 171.

pèze $ABCD = \dfrac{AD}{2} \times CF + \dfrac{BC}{2} \times CF = CF \left(\dfrac{AD + BC}{2} \right)$.

293. Corollaire. Par le point M, milieu de AB, me-
nons MN parallèle à AD, nous aurons (215) le triangle
AMO, semblable au triangle ABC : d'où $\dfrac{AM}{AB} = \dfrac{MO}{BC} = \dfrac{AO}{AC}$.

Mais $AM = \dfrac{AB}{2}$, donc $MO = \dfrac{BC}{2}$ et $AO = \dfrac{AC}{2}$. Le point O
étant le milieu de AC, et ON étant parallèle à AD, le point
N sera aussi le milieu de CD, et pour la même raison que

$MO = \dfrac{BC}{2}$ on aura $ON = \dfrac{AD}{2}$; par conséquent, MO + ON ou

$MN = \dfrac{BC}{2} + \dfrac{AD}{2} = \dfrac{AD + BC}{2}$.

Si dans l'expression $CF \left(\dfrac{AD + BC}{2} \right)$ on remplace $\dfrac{AD + BC}{2}$

par sa valeur MN, la surface du trapèze ABCD sera égale
à CF×MN : donc on peut encore dire que *la surface d'un
trapèze est égale au produit de sa hauteur par la droite qui
joint les milieux des deux côtés non parallèles.*

*Si l'on désigne par B et b les bases d'un trapèze quelconque,
par H sa hauteur et par T sa surface, on aura*

$$T = H \left(\dfrac{B + b}{2} \right).$$

PROBLÈME

294. *Trouver l'aire d'un polygone quelconque ABCDEF
fig. 172).*

On décompose le polygone en triangles en joignant l'un de ses sommets à tous les autres, on cherche l'aire

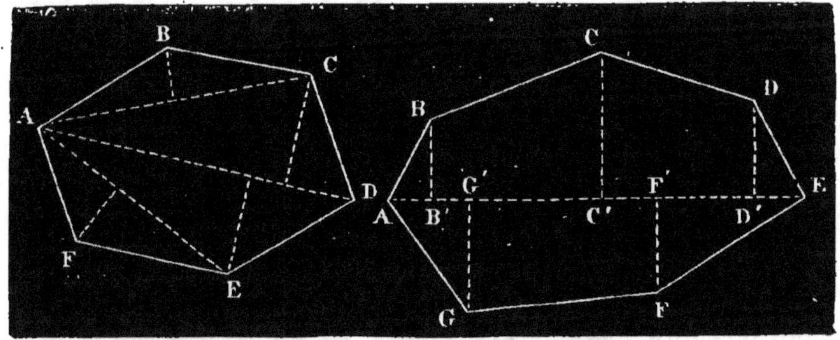

Fig. 172   Fig. 173

de chaque triangle ainsi obtenu : la somme des aires trouvées est évidemment l'aire du polygone.

Plus généralement on mène la plus grande diagonale AE du polygone (*fig.* 173) et l'on abaisse de tous les autres sommets des perpendiculaires sur cette diagonale. Le polygone se trouve ainsi décomposé en triangles rectangles et trapèzes ; on aura par conséquent

$$\text{Surface ABCDEFG}$$

$$= \frac{BB' \times AB' + (BB' + CC')\, B'C' + (CC' + DD')\, C'D' + DD' \times D'E}{2}$$

$$+ \frac{GG' \times AG' + (GG' + FF')\, G'F' + FF' \times F'E.}{2}$$

Au lieu de cette formule on aura, en effectuant les multiplications indiquées :

$$\text{Surface ABCDEFG}$$

$$= \frac{BB' \times AB' + BB' \times B'C' + CC' \times B'C' + CC' \times C'D' + DD' \times C'D' + DD' \times D'E}{2}$$

$$+ \frac{GG' \times AG' + GG' \times G'F' + FF' \times G'F' + FF' \times F'E}{2}$$

$$= \frac{BB'\,(AB' + B'C') + CC'\,(B'C' + C'D') + DD'\,(C'D' + D'E)}{2}$$

$$+ \frac{GG'\,(AG' + G'F') + FF'\,(G'F' + F'E)}{2} = \tfrac{1}{2}\,(BB' \times AC'$$

$$+ CC' \times B'D' + DD' \times C'E + GG' \times AF + FF' \times G'E).$$

PROBLÈME

295. *Trouver l'aire approchée d'une figure plane limitée par une courbe quelconque.*

Dans le cas où le terrain est limité par une ligne courbe on prend sur cette ligne des points assez rapprochés pour que la courbe comprise entre deux points consécutifs s'éloigne peu de la droite qui les joint; puis on abaisse de ces différents points des perpendicu- laires sur la

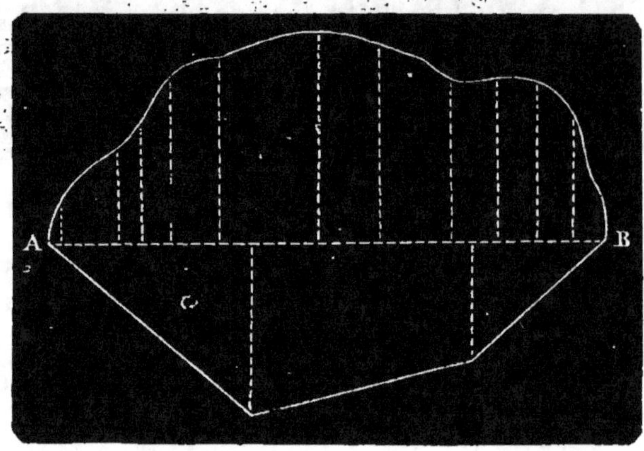

Fig. 174.

transversale AB prise pour base. On procède pour le reste comme il a été indiqué dans l'exemple précédent.

Carrés et Rectangle construits sur la somme et la différence de deux lignes

296. Les démonstrations précédentes (283 *et suivants*) font connaître que

1° $a \times a = a^2$ *est la surface d'un carré dont le côté est* a;

2° $a \times b = ab$ *est la surface d'un rectangle dont l'une des dimensions est* a *et l'autre* b.

3° $(a+b)^2 = a^2 + b^2 + 2ab$ *est la surface d'un carré construit sur la somme de deux lignes* a *et* b. Cette surface est égale à la somme des carrés construits sur ces lignes, plus deux fois le rectangle construit sur ces mêmes lignes.

4° $(a-b)^2 = a^2 + b^2 - 2ab$ *est la surface d'un carré construit sur la différence de deux lignes* a *et* b. Cette surface est égale à la somme des carrés construits sur ces lignes, moins deux fois le rectangle construit sur ces mêmes lignes.

5° $(a+b)(a-b)=a^2-b^2$ *est la surface d'un rectangle construit sur la somme et la différence de deux lignes* a *et* b. Cette surface est égale à la différence des carrés construits sur ces lignes [1].

Théoreme du carré construit sur l'hypoténuse

THÉORÈME

297. *Le carré construit sur l'hypoténuse d'un triangle rectangle est équivalent à la somme des carrés construits sur les deux côtés de l'angle droit.*

Le triangle ABC étant rectangle en B, nous aurons $\overline{AC}^2 = \overline{AB}^2 + \overline{BC}^2$.

Du sommet B de l'angle droit, abaissons la perpendiculaire BK, qui divisera le carré ACDE en deux rectangles R et R', nous allons démontrer que le rectangle R est équivalent au carré M, et que le rectangle R' est équivalent au carré M'. Pour cela menons les diagonales BE, FC : le triangle ABE a même base AE que le rectangle R et même hauteur AL (AL égale la hauteur du triangle abaissée

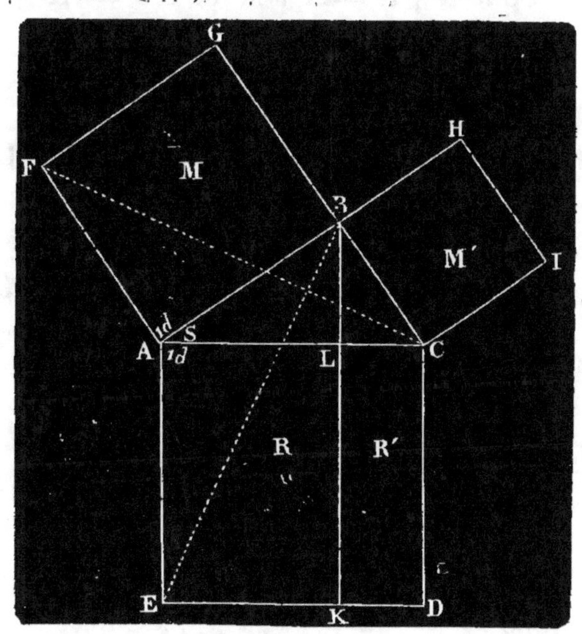

Fig. 175.

1. Voir, dans notre *Nouveau Cours de Géométrie*, la démonstration des égalités 3°, 4°, 5°

du *sommet* B sur le *prolongement* de la base) : le triangle est donc équivalent à la moitié du rectangle ; le triangle ACF a même base AF que le carré M et même hauteur AB (AB égale la hauteur du triangle abaissée du *sommet* C sur le *prolongement* de la base) : le triangle est donc équivalent à la moitié du carré. Mais les deux triangles ABE, ACF sont égaux comme ayant un angle égal compris entre côtés égaux chacun à chacun, savoir :

Angle BAE = FAC, car l'un et l'autre valent 1 droit + S ;

Côté AE = côté AC, ce sont des côtés d'un même carré ;

Côté AB = côté AF, ce sont des côtés d'un même carré.

Donc, la moitié du rectangle équivaut à la moitié du carré, et par conséquent R = M.

On prouverait de même que R′ = M′.

Donc R + R′ = M + M′ ou $\overline{AC}^2 = \overline{AB}^2 + \overline{BC}^2$.

298. **Corollaire I.** On a

$$M = R = AE \times AL,$$

$$M′ = R′ = CD \times CL = AE \times CL ;$$

donc
$$\frac{M}{M′} = \frac{AE \times AL}{AE \times CL} = \frac{AL}{CL}.$$

Par conséquent, *les carrés construits sur les côtés de l'angle droit sont entre eux dans le même rapport que les segments adjacents de l'hypoténuse.*

299. **Corollaire II.** On a

$$M = \overline{AB}^2 = R = AE \times AL = AC \times AL,$$

$$\overline{AC}^2 = AC \times AC ;$$

donc
$$\frac{\overline{AB}^2}{\overline{AC}^2} = \frac{AC \times AL}{AC \times AC} = \frac{AL}{AC}.$$

Par conséquent, *les carrés construits sur l'un des côtés de l'angle droit et sur l'hypoténuse sont dans le même rapport que le segment adjacent à ce côté et l'hypoténuse entière.*

Aire d'un polygone régulier. — Du cercle et du secteur circulaire

DÉFINITION

300. Apothème. On appelle *apothème* la perpendiculaire abaissée du centre d'un polygone régulier sur l'un des côtés de ce polygone. L'apothème est donc égal au rayon du cercle inscrit

THÉORÈME

301. *L'aire d'un polygone régulier est égale au produit de son périmètre par la moitié de son apothème.*

Menons l'apothème OM et joignons le centre O aux différents sommets du polygone, nous le décomposerons ainsi en autant de triangles égaux qu'il a de côtés. Or, l'un d'eux a pour mesure $AB \times \dfrac{OM}{2}$, tous auront même surface.

Le polygone étant un hexagone, sa surface sera égale à $6AB \times \dfrac{OM}{2}$,

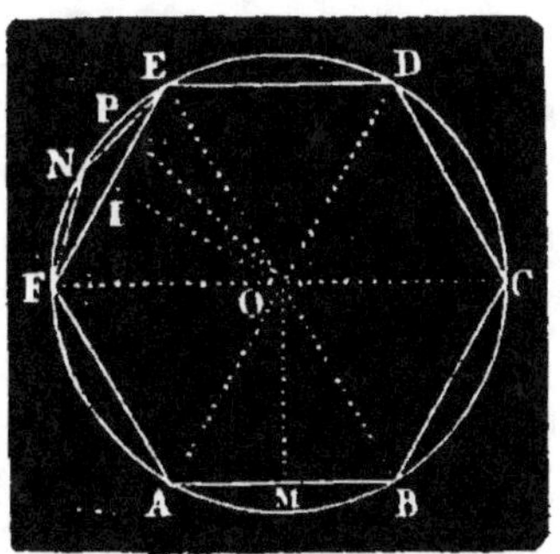

Fig. 176.

ou le périmètre de l'hexagone, 6AB, multiplié par la moitié de l'apothème, $\dfrac{OM}{2}$.

Si en général on désigne par P *le périmètre d'un polygone régulier, par* a *son apothème et par* S *sa surface, on aura*

$$S = P \times \frac{a}{2}.$$

302. REMARQUE. Si l'on double successivement le nombre des côtés d'un polygone régulier inscrit, ces côtés deviennent de plus en plus petits : on a en effet (*fig.* 176) $FN < FE$; car dans le triangle FEN le côté FE est opposé au plus grand angle N ; or, les côtés des polygones inscrits sont des cordes, et nous avons démontré que les plus petites cordes sont les plus éloignées du centre ; on a par conséquent apothème $OP >$ apothème OI. L'apothème se rapprochant de plus en plus du rayon à mesure que le nombre des côtés du polygone augmente, pourra en différer aussi peu qu'on voudra. Le rayon est donc la limite vers laquelle tend l'apothème d'un polygone régulier inscrit dont le nombre des côtés augmente indéfiniment.

A la limite on a rayon $R =$ apothème a.

THÉORÈME

303. *L'aire d'un cercle est égale au produit de sa circonférence par la moitié de son rayon.*

En effet, la circonférence étant la limite vers laquelle tend le périmètre d'un polygone régulier dont on double indéfiniment le nombre des côtés (264), et le rayon la limite de l'apothème (remarque précédente), l'aire du cercle sera la limite de l'aire de ce même polygone.

Or, l'égalité (301)

$$\text{Polygone régulier} = P \times \frac{a}{2} \quad (1)$$

est vraie, quel que soit le nombre des côtés du polygone ; elle existera donc encore à la limite, mais alors Polygone régulier = Cercle, P = C et $a = R$; ces valeurs substituées dans l'égalité (1) donnent :

$$\text{Cercle} = C \times \frac{R}{2}.$$

304. Corollaire. En appelant R le rayon d'une circonférence C, on a (262)

$$C = 2\pi R.$$

Si l'on substitue la valeur de C dans l'égalité précédente, il viendra

$$\text{Cercle} = C \times \frac{R}{2} = 2\pi R \times \frac{R}{2} = \pi R^2.$$

Ainsi, *l'aire d'un cercle est égale au produit du nombre constant π par le carré du rayon.*

THÉORÈME

305. *L'aire d'un secteur* ACB *a pour mesure la longueur de son arc* AB *par la moitié du rayon.*

Divisons l'arc AB en un certain nombre de parties égales, par exemple en trois parties ; joignons les points de division deux à deux et menons CM, CN, nous obtiendrons ainsi trois triangles isocèles égaux ; or, l'un d'eux a pour mesure $AM \times \dfrac{CP}{2}$, le secteur polygonal AMNBC a donc pour mesure $3AM \times \dfrac{CP}{2}$ $= $ périmètre $AMNB \times \dfrac{CP}{2}$.

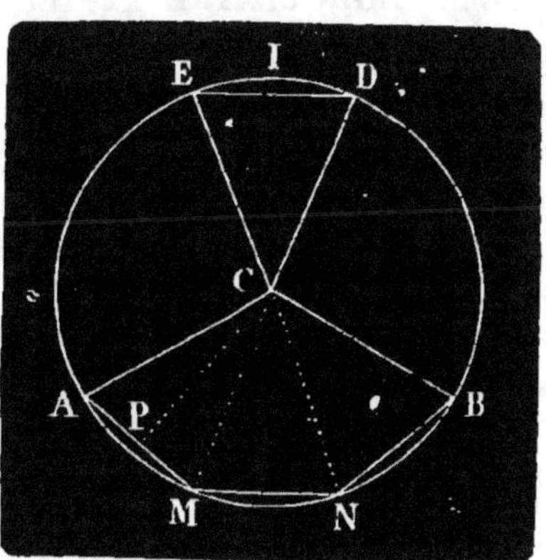

Fig. 177.

Cette égalité existera quel que soit le nombre des côtés de la ligne brisée ; elle sera donc encore vraie à la limite, c'est-à-dire lorsque le nombre des côtés de la ligne polygonale sera devenu assez considérable pour qu'elle se confonde avec l'arc AB, l'apothème CP avec le rayon R, et la surface du secteur polygonal avec la surface du secteur ACB : donc on a à la limite

$$\text{Secteur ACB} = \text{arc AB} \times \frac{R}{2}.$$

306. COROLLAIRE I. Si l'on représente par C la circonférence du cercle dont le rayon est R et par n le nombre de degrés que comprend l'arc AB, on aura une autre expression de l'aire du secteur, car

$$\text{Secteur ACB} = \text{AB} \times \frac{R}{2},$$

et

$$\pi R^2 = C \times \frac{R}{2}.$$

En divisant ces égalités membre à membre, il vient

$$\frac{\text{Secteur ACB}}{\pi R^2} = \frac{AB \times \frac{R}{2}}{C \times \frac{R}{2}} = \frac{AB}{C} = \frac{n}{360°}$$

ou
$$\text{Secteur ACB} = \pi R^2 \times \frac{n}{360°}.$$

307. Corollaire II. La surface du segment EID est égale à celle du secteur CEID, moins celle du triangle CED.

Rapport des aires de deux figures semblables

THÉORÈME

308. *Le rapport des aires de deux triangles semblables est égal à celui des carrés des côtés homologues.*

On aura $\dfrac{ABC}{A'B'C'} = \dfrac{\overline{AB}^2}{\overline{A'B'}^2}.$

En effet, les deux triangles ABC et A'B'C' étant semblables, on a

$$\frac{AC}{A'C'} = \frac{AB}{A'B'} \quad (1).$$

Si des sommets B et B' on abaisse les perpendiculaires BD et B'D', on obtiendra deux triangles rectangles ABD,

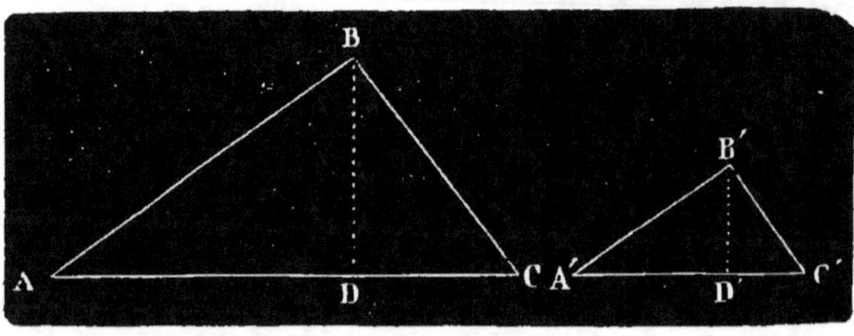

Fig. 178.

A'B'D' semblables aussi, car (219) l'angle A = A'. Ces triangles donnent

$$\frac{BD}{B'D'} = \frac{AB}{A'B'} \quad (2).$$

Multipliant les égalités (1) et (2) membre à membre, il vient

$$\frac{AC \times BD}{A'C' \times B'D'} = \frac{\overline{AB}^2}{\overline{A'B'}^2}$$

ou

$$\frac{\dfrac{AC \times BD}{2}}{\dfrac{A'C' \times B'D'}{2}} = \frac{\overline{AB}^2}{\overline{A'B'}^2} \, ;$$

mais $\dfrac{AC \times BD}{2}$ et $\dfrac{A'C' \times B'D'}{2}$ représentent les aires des triangles, donc enfin

$$\frac{ABC}{A'B'C'} = \frac{\overline{AB}^2}{\overline{A'B'}^2}.$$

THÉORÈME

309. *Le rapport des aires de deux polygones semblables est égal à celui des carrés des côtés homologues.*

Nous aurons $\dfrac{ABCDE}{A'B'C'D'E'} = \dfrac{\overline{BC}^2}{\overline{B'C'}^2}.$

En effet, par deux sommets homologues A et A', me-

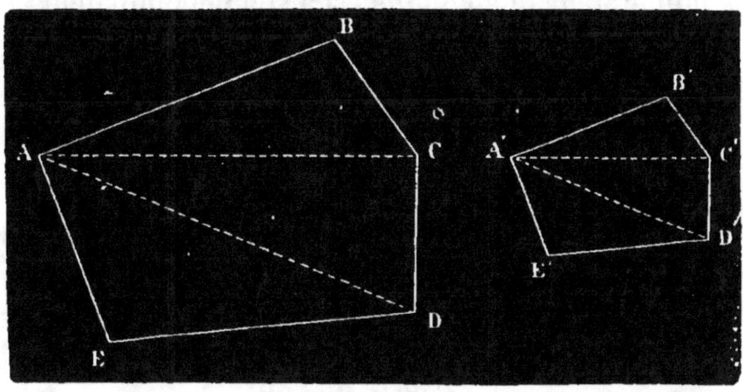

Fig. 179.

nons les diagonales qui décomposent les polygones en

autant de triangles semblables (223) qui donnent, d'après le théorème précédent

$$\frac{ABC}{A'B'C'} = \frac{\overline{BC}^2}{\overline{B'C'}^2},$$

$$(1) \quad \frac{ACD}{A'C'D'} = \frac{\overline{CD}^2}{\overline{C'D'}^2},$$

$$\frac{ADE}{A'D'E'} = \frac{\overline{ED}^2}{\overline{E'D'}^2}.$$

Mais, par suite de la similitude des polygones, on a

$$\frac{BC}{B'C'} = \frac{CD}{C'D'} = \frac{ED}{E'D'}.$$

Si l'on élève au carré les deux termes de chaque rapport[1], il viendra

$$\frac{\overline{BC}^2}{\overline{B'C'}^2} = \frac{\overline{CD}^2}{\overline{C'D'}^2} = \frac{\overline{ED}^2}{\overline{E'D'}^2},$$

ce qui montre que dans les égalités (1), les seconds membres sont tous égaux; par suite, les premiers le sont aussi, et l'on a

$$\frac{ABC}{A'B'C'} = \frac{ACD}{A'C'D'} = \frac{ADE}{A'D'E'}.$$

Or, dans une suite de rapports égaux, la somme des numérateurs est à la somme des dénominateurs comme un numérateur quelconque est à son dénominateur; donc

$$\frac{ABC + ACD + ADE}{A'B'C' + A'C'D' + A'D'E'} = \frac{ABC}{A'B'C'} = \frac{\overline{BC}^2}{\overline{B'C'}^2}$$

ou

$$\frac{ABCDE}{A'B'C'D'E'} = \frac{\overline{BC}^2}{\overline{B'C'}^2},$$

C. Q. F. D.

THÉORÈME

510. *Le rapport des aires de deux cercles est égal à celui des carrés de leurs rayons.*

$$\text{Cercle } R = \pi R^2$$

et

$$\text{Cercle } R' = \pi R'^2.$$

---

1. Voyez notre *Nouveau Cours d'Algèbre*, page 101.

Divisant membre à membre, il vient

$$\frac{\text{Cercle R}}{\text{Cercle R}'} = \frac{\pi R^2}{\pi R'^2} = \frac{R^2}{R'^2}.$$

PROBLÈME

311. *Calculer l'aire d'un cercle dont le rayon a $4^{\mathrm{m}},20$.*

On a surface du cercle $= \pi R^2$.

Si l'on substitue aux lettres leurs valeurs, il vient

Surface du cercle $= 3,1416 \times (4^{\mathrm{m}},20)^2 = 55^{\mathrm{m.\,q.}},417824$.

PROBLÈME

312. *Trouver le rayon d'un cercle dont l'aire est égale à 24 mètres carrés.*

On a

$$\pi R^2 = 24.$$

$$R^2 = \frac{24}{\pi}.$$

$$R = \sqrt{\frac{24}{\pi}} = 2^{\mathrm{m}},76.$$

PROBLÈME

313. *Un arc de 3° 36′ a une longueur de $4^{\mathrm{m}},28$: quelle est la surface du secteur limité par cet arc?*

$$3°\ 36' = 4^{\mathrm{m}},28,$$

$$1° = \frac{4,28}{3°\ 36'},$$

$$\text{Circonférence ou } 360° = \frac{4,28 \times 360}{3°\ 36'}.$$

En réduisant en minutes

$$\text{Circonférence ou } 360° = \frac{4,28 \times 360 \times 60}{3 \times 60 + 36} = 428 \text{ mètres.}$$

La circonférence étant 428 mètres, on a

$$2\pi R = 428,$$

d'où
$$R = \frac{428}{2\pi} = 68^m,11.$$

La surface du secteur égale $\pi R^2 \times \dfrac{n}{360}.$

Si l'on substitue aux lettres leurs valeurs, il vient

$$\text{Surf. du secteur} = 3,1416 \times (68,11)^2 \times \frac{3°\,36'}{360} = 145^{m\cdot q\cdot},7747.$$

PROBLÈME

314. *Un secteur a* $26^{m\cdot q\cdot},96$ *de surface, et l'arc qui lui sert de base a* $32°\,8'$: *on demande la longueur de cet arc.*

$$26^{m\cdot q\cdot},96 = \pi R^2 \times \frac{32°\,8'}{360},$$

$$26,96 \times 360 = \pi R^2 \times 32°\,8',$$

$$\pi R^2 \times 32°\,8' = 26,96 \times 360,$$

$$R^2 = \frac{26,96 \times 360}{\pi \times 32°\,8'}.$$

Réduisant en minutes et extrayant la racine carrée, on a

$$R = \sqrt{\frac{26,96 \times 360 \times 60}{\pi\,(32 \times 60 + 8')}} = 8,80.$$

Si $R = 8,80$, la valeur de la circonférence ou $2\pi R$ sera égale à $2\pi \times 8,80 = 55^m,29.$

La circonférence ou $360° = 55^m,29,$

$$1° = \frac{55,29}{360},$$

et la longueur de l'arc ou $32°\,8' = \dfrac{55,29 \times 32°\,8'}{360} = 4^{m},92.$

PROBLÈME

315. *Deux villes sont sur le même méridien, un arc de* $12°\,28'$ *les sépare : on demande leur distance en lieues de* **4** *kilomètres.*

Soit x la distance cherchée :

Le méridien $= 40000000$ de mètres $= 10000$ lieues,

donc
$$\frac{x}{12° \ 28'} = \frac{10000}{360°},$$

d'où
$$x = \frac{10000 \times 12° \ 28'}{360°} = 346^{\text{lieues}},29.$$

Pour tenir compte des sinuosités des routes, on ajoute à ce nombre le quart de sa valeur
$$346,29 + 86,57 = 432^{\text{lieues}},86.$$

PROBLÈME

516. *Trouver 1° la surface d'un triangle équilatéral dont le côté est* a *; 2° celle de l'hexagone dont le côté est également* a*, et enfin 3° celle des six segments que détermine le cercle circonscrit à l'hexagone.*

1° ABCDEF étant un hexagone régulier, AO $=$ AB et le triangle AOB est équilatéral. Faisons, pour abréger, AB $= a$ et OP $= h$.

Triangle AOB $= h \times \dfrac{a}{2}$; mais le triangle rectangle OPB donne

$$h^2 = a^2 - \overline{PB}^2, \quad PB = \frac{a}{2}, \quad \overline{PB}^2 = \frac{a^2}{4},$$

$$h^2 = a^2 - \frac{a^2}{4},$$

$$h^2 = \frac{4a^2}{4} - \frac{a^2}{4},$$

$$h^2 = \frac{3a^2}{4},$$

$$h = \sqrt{\frac{3a^2}{4}} = \frac{a\sqrt{3}}{2} \ ;$$

donc triangle AOB $= \dfrac{a\sqrt{3}}{2} \times \dfrac{a}{2} = \dfrac{a}{2} \times \dfrac{a\sqrt{3}}{2} = \dfrac{a^2\sqrt{3}}{4}.$

$\dfrac{a^2\sqrt{3}}{4}$, telle est la surface d'un triangle équilatéral en fonction de son côté *a*.

9.

2° L'hexagone ABCDEF étant égal à 6 triangles égaux à AOB, sa surface sera

$$\frac{6a^2\sqrt{3}}{4}=\frac{3a^2\sqrt{3}}{2}.$$

$\dfrac{3a^2\sqrt{3}}{2}$, voilà la surface d'un hexagone en fonction de son côté ou du rayon du cercle circonscrit.

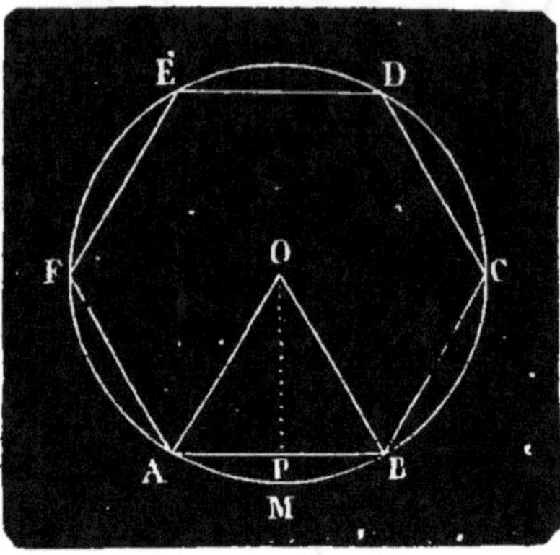

Fig. 180.

Il est évident que la surface des six segments est égale à la surface du cercle, moins celle de l'hexagone : or, le rayon du cercle est égal au côté de l'hexagone, l'aire des six segments sera donc

$$\pi a^2-\frac{3a^2\sqrt{3}}{2}=\frac{2\pi a^2-3a^2\sqrt{3}}{2}=\frac{a^2(2\pi-3\sqrt{3})}{2}.$$

PROBLÈME

517. *Trouver la superficie d'un triangle* ABC, *connaissant les trois côtés.*

Posons, pour abréger, BC$=a$, AC$=b$, AB$=c$.
Ainsi nous connaissons $a,\ b,\ c.$

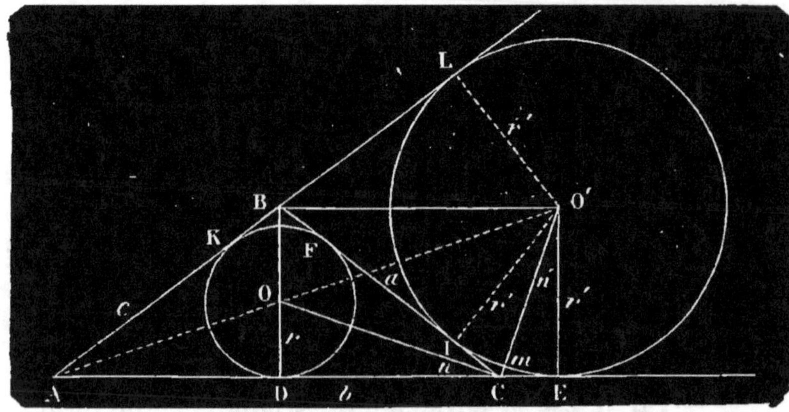

Fig. 181.

Décrivons les cercles inscrits et *ex-inscrits* (on appelle

ainsi les cercles tangents à l'un des côtés d'un triangle et aux prolongements des deux autres).

Les centres de ces cercles sont sur la bissectrice de l'angle A (81).

La bissectrice de l'angle ACB détermine le centre O du cercle inscrit, car le point O appartenant en même temps aux bissectrices AO et OC est à égale distance des trois côtés du triangle ABC. On prouverait de même que la bissectrice de l'angle BCE détermine le centre O′ du cercle ex-inscrit. Cela étant posé, cherchons la surface du triangle ABC ou T en fonction des trois côtés, de r et de r'. Nous avons

1° $$T = AOC + BOC + AOB,$$

et 2° $$T = ACO' + ABO' - BCO'.$$

Calculons la première valeur de T :

$$AOC = \frac{r}{2} \times b,$$

$$BOC = \frac{r}{2} \times a,$$

$$AOB = \frac{r}{2} \times c;$$

donc $$T = \frac{r}{2} \times b + \frac{r}{2} \times a + \frac{r}{2} \times c,$$

$$T = \frac{r}{2}(a + b + c).$$

Calculons la seconde valeur de T :

$$ACO' = \frac{r'}{2} \times b,$$

$$ABO' = \frac{r'}{2} \times c,$$

$$BCO' = \frac{r'}{2} \times a;$$

donc $$T = \frac{r'}{2} \times b + \frac{r'}{2} \times c - \frac{r'}{2} \times a,$$

$$T = \frac{r'}{2}(b + c - a).$$

Faisons $a+b+c=2p$, d'où : $b+c-a=2p-2a=2(p-a$

Alors on peut écrire :

$$1° \; T=pr \; (1) \quad \text{et} \quad 2° \; T=(p-a) \; r' \; (2).$$

car $b+c-a+2a=2p$: d'où $b+c-a=2p-2a=2(p-a)$.

Il reste maintenant à éliminer r et r' entre les deux relations précédentes. A cet effet, cherchons une nouvelle relation entre r et r'. Or les angles en C valent deux droits, donc la moitié de ces angles ou l'angle OCO' vaut un droit ; par conséquent l'angle n, complément de l'angle m, égale n', complémentaire du même angle m ; donc les deux triangles rectangles DOC, CO'E sont semblables et

$$\frac{r}{\text{CD}}=\frac{\text{CE}}{r'}$$

ou $$rr'=\text{CD}\times\text{CE}.$$

Or $$2p=\text{AD}+\text{AK}+\text{BK}+\text{BF}+\text{FC}+\text{CD} ;$$
mais (199, REMARQUE) AD$=$AK, BK$=$BF, FC$=$CD :
donc
$$2p=2\text{AK}+2\text{BK}+2\text{CD},$$
$$p=\text{AK}+\text{BK}+\text{CD}=c+\text{CD},$$
$$\text{CD}=p-c.$$

De même
$$2p=\text{AC}+\text{CI}+\text{AB}+\text{BI}=\text{AE}+\text{AL} ;$$
mais (199, REMARQUE) AE$=$AL :
donc
$$2p=2\text{AE}=2(b+\text{CE}),$$
$$p=b+\text{CE},$$
$$\text{CE}=p-b ;$$
par conséquent
$$rr'=\text{CD}\times\text{CE}=(p-c)(p-b) \; (3).$$

Si nous multiplions les équations (1) et (2) l'une par l'autre, nous aurons

$$T^2=pr\times(p-a) \; r'=prr'(p-a).$$

Remplaçant rr' par la valeur trouvée, équation (3), il viendra

$$T^2=p(p-c)(p-b)(p-a)$$

ou $$T=\sqrt{p(p-a)(p-b)(p-c)}.$$

Cette formule fait connaître que pour avoir l'aire d'un

triangle lorsqu'on connaît les trois côtés, *il faut de leur demi-somme retrancher chacun d'eux, faire le produit d·s trois restes et·de la même demi-somme, et enfin extraire la racine carrée de ce résultat.*

Si, pour exemple, nous faisons, dans le triangle donné

$$a = 391$$
$$b = 620$$
$$c = 381$$

nous aurons

$$2p = 391 + 620 + 381,$$

$$p = \frac{391 + 620 + 381}{2} = 696,$$

$$p - a = 696 - 391 = 305,$$
$$p - b = 696 - 620 = 76,$$
$$p - c = 696 - 381 = 315,$$

$$T = \sqrt{696 \times 305 \times 76 \times 315} = 71288 \text{ mètres carrés,}$$

$$T = 71288 \text{ mètres carrés.}$$

PROBLÈME

318. *Transformer un polygone quelconque en un triangle équivalent.*

Soit le polygone ABCDE

Menons la diagonale AD et du point E sa parallèle EF jusqu'à la rencontre du prolongement de BA ; enfin, tirons DF qui détermine le

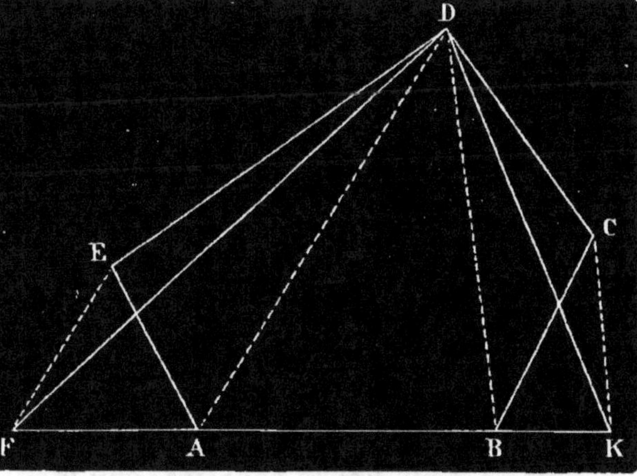

Fig. 182.

triangle ADF équivalent au triangle ADE comme ayant

même base AD et des hauteurs égales, car leurs sommets F et E se trouvent sur une même parallèle EF à la base. Nous pouvons donc remplacer le triangle ADE par le triangle ADF, et nous n'aurons plus que le quadrilatère FDCB. En appliquant cette construction à ce dernier, nous le transformerons en un triangle FDK équivalent, lequel est par conséquent équivalent au pentagone donné.

519. REMARQUE. Dans le cas où le polygone ABCDE serait concave, on suivrait la même méthode.

Ce procédé est indépendant du nombre des côtés du

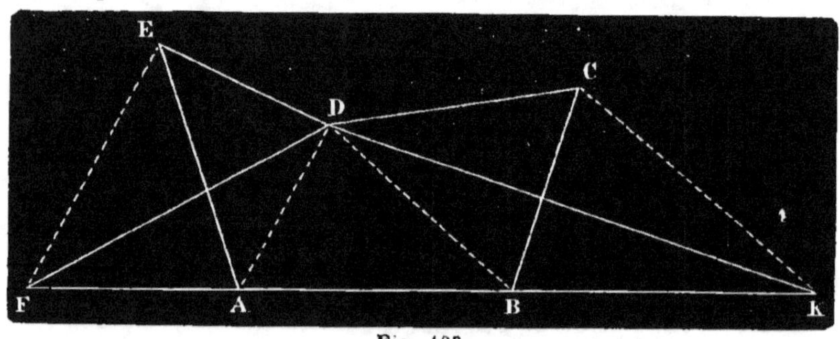

Fig. 183.

polygone, donc on peut transformer un polygone quelconque en un triangle.

PROBLÈME

320. *Construire un carré équivalent à un polygone donné.*

1° Si le polygone donné est un triangle, en désignant par B sa base, par H sa hauteur et par X le côté du carré, l'aire du triangle étant $B \times \frac{1}{2}H$ et celle du carré X^2, nous aurons

$$X^2 = B \times \tfrac{1}{2}H,$$

ou
$$\frac{B}{X} = \frac{X}{\frac{1}{2}H}.$$

Le côté X du carré demandé est donc une moyenne proportionnelle entre la base B et la moitié de la hauteur H.

2° Si la surface du polygone donné a pour mesure le produit de deux lignes connues, comme il arrive pour le rectangle, le parallélogramme, etc., on démontre par un raisonnement analogue au précédent que le côté du carré demandé est une moyenne proportionnelle entre les deux lignes dont le produit exprime l'aire du polygone donné.

3° Si l'aire du polygone donné ne s'exprime pas immédiatement par le produit de deux lignes droites, on transforme ce polygone en un triangle équivalent, puis on construit le carré équivalent à ce triangle.

321. REMARQUE. D'après ce qui précède, la construction d'un carré équivalent à une figure plane terminée par des lignes droites, ou la *quadrature* d'une telle figure, est toujours possible. La quadrature d'un cercle donné ne peut se faire qu'approximativement, en construisant une moyenne proportionnelle entre la longueur approchée de sa circonférence et la moitié de son rayon.

PROBLÈME

322. *Construire un carré équivalent à la somme ou à la différence de deux carrés donnés.*

1° Pour construire un carré équivalent à la somme de deux carrés dont les côtés sont A et B, faisons un angle droit C, et sur les côtés de cet angle prenons les longueurs CD = A et CE = B, puis tirons DE, qui sera le côté du carré demandé, car le triangle rectangle CDE donne

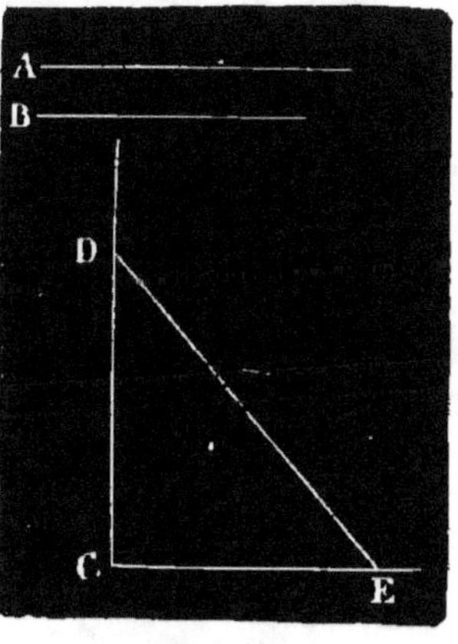
Fig. 184.

$$\overline{DE}^2 = \overline{CD}^2 + \overline{CE}^2 = A^2 + B^2.$$

2° Pour construire un carré équivalent à la différence des carrés dont les côtés sont A et B, faisons encore un angle droit C, puis prenons CE = B et du point E comme centre, avec A pour rayon, décrivons un arc de cercle qui coupe l'autre côté de l'angle droit au point D ; la droite CD sera le côté du carré demandé, car le triangle rectangle CDE donne

$$\overline{CD}^2 = \overline{DE}^2 - \overline{CE}^2 = A^2 - B^2.$$

PROBLÈME

323. *Construire un carré qui soit à un carré donné dans le rapport de deux droites données.*

Si nous désignons par A le côté du carré donné, par X celui du carré demandé et par B et C les deux lignes données, on devra avoir

$$\frac{X^2}{A^2} = \frac{B}{C}.$$

Sur une droite indéfinie, prenons DE $=$ B, et à la suite portons une longueur EF $=$ C. Sur DF comme diamètre, décrivons une demi-circonférence, au point E élevons la perpendiculaire EG, tirons ensuite les cordes GD, GF et prolongeons - les indéfiniment, sur

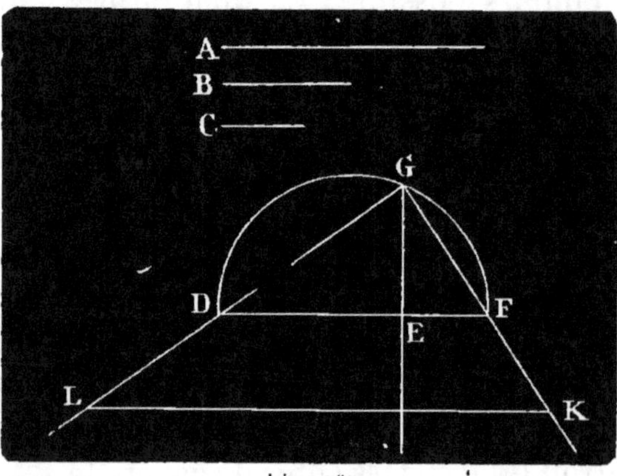

Fig. 185.

GF portons une longueur GK $=$ A et par le point K menons enfin KL parallèle à DF : GL sera le côté du carré demandé.

En effet, les triangles semblables GLK, GDF donnent

$$\frac{GL}{GK} = \frac{GD}{GF}$$

ou

$$\frac{\overline{GL}^2}{\overline{GK}^2} = \frac{\overline{GD}^2}{\overline{GF}^2}.$$

Mais le triangle rectangle GDF donne (303)

$$\frac{\overline{GD}^2}{\overline{GF}^2} = \frac{DE}{EF},$$

donc

$$\frac{\overline{GL}^2}{\overline{GK}^2} = \frac{DE}{EF}$$

ou

$$\frac{\overline{GL}^2}{A^2} = \frac{B}{C}, \text{ car } GK = A.$$

La droite GL est par conséquent le côté X du carré demandé.

PROBLÈME

324. *Construire un polygone X semblable à un polygone donné* A *et tel que le premier soit au second dans le rapport de deux droites données* b *et* c.

Soient x et a deux côtés homologues des polygones X et A.

On a par hypothèse

$$\frac{X}{A} = \frac{b}{c}.$$

D'ailleurs les polygones, étant semblables, sont entre eux dans le rapport des carrés de leurs côtés homologues (309), par conséquent

$$\frac{X}{A} = \frac{x^2}{a^2},$$

donc

$$\frac{x^2}{a^2} = \frac{b}{c}.$$

La question est ramenée au problème précédent.

Lorsque x sera déterminé, il suffira de construire sur cette ligne un polygone semblable au polygone donné A (244). On ne devra pas oublier, toutefois, que la droite x est homologue du côté a.

325. REMARQUE. Dans le cas où le rapport de deux polygones doit égaler celui de deux nombres, on détermine deux lignes b et c qui soient dans le même rapport que les nombres, et on opère ensuite comme il vient d'être indiqué.

PROBLÈME

326. *Un polygone quelconque étant donné, construire une figure semblable, mais dont la surface soit* 1° *double, triple, quadruple, etc., ou* 2° *la moitié, le tiers, le quart, etc.*

1° Soit A le polygone donné, a un de ses côtés et x le côté homologue de a dans le polygone demandé.

Si l'on veut, par exemple, un polygone équivalent à

trois fois le polygone donné, on posera, à cause de la similitude des figures (309),

$$\frac{3\mathrm{A}}{\mathrm{A}} = \frac{x^2}{a^2},$$

$$3 = \frac{x^2}{a^2},$$

$$x^2 = 3a^2 = 3a \times a.$$

Le côté x est donc moyen proportionnel entre $3a$ et a. Sur la droite x, homologue de a, on construira un polygone semblable au polygone donné A.

2° Si l'on veut, par exemple, un polygone qui soit le cinquième du polygone donné, en conservant les mêmes annotations, on posera, à cause de la similitude des polygones,

$$\frac{\frac{1}{5}\mathrm{A}}{\mathrm{A}} = \frac{x^2}{a^2},$$

$$\frac{1}{5} = \frac{x^2}{a^2},$$

$$x^2 = \frac{1}{5}a^2 = \frac{1}{5}a \times a.$$

Le côté x est donc moyen proportionnel entre $\frac{1}{5}a$ et a. Sur la droite x, homologue de a, on construira un polygone semblable au polygone A.

PROBLÈME

327. *Étant donnés deux polygones semblables A et B, en construire un troisième X semblable aux deux premiers et qui soit équivalent à leur somme ou à leur différence.*

Soient a, b et x trois côtés homologues des polygones A, B et X.

On a par hypothèse

$$\mathrm{X} = \mathrm{A} \pm \mathrm{B}.$$

La similitude des polygones donne

$$\frac{\mathrm{X}}{x^2} = \frac{\mathrm{A}}{a^2} = \frac{\mathrm{B}}{b^2},$$

d'où on tire

$$\frac{\mathrm{X}}{x^2} = \frac{\mathrm{A} \pm \mathrm{B}}{a^2 \pm b^2},$$

et par suite (les numérateurs sont égaux par hypothèse, les dénominateurs sont par conséquent égaux aussi),

$$x^2 = a^2 \pm b^2.$$

Pour résoudre ce problème, il suffit donc de chercher le **côté x d'un carré équivalent à la somme ou à la différence de deux carrés donnés** (322).

Sur la droite x, homologue de a, on construit un polygone semblable au polygone A.

PROBLÈME

528. *Construire un rectangle équivalent à un carré donné et dont les côtés adjacents fassent une somme ou aient entre eux une différence donnée.*

1° Construire un rectangle équivalent à un carré donné b^2 et dont les côtés adjacents fassent une somme donnée a.

Sur AB$=a$ comme diamètre décrivons une demi-circonférence, au point A élevons une perpendiculaire AD $=b$, côté du carré donné ; par le point D menons DE parallèle à AB, et du point E abaissons sur AB la perpendiculaire EF : les deux segments AF, FB seront les dimensions du rectangle, car (241)

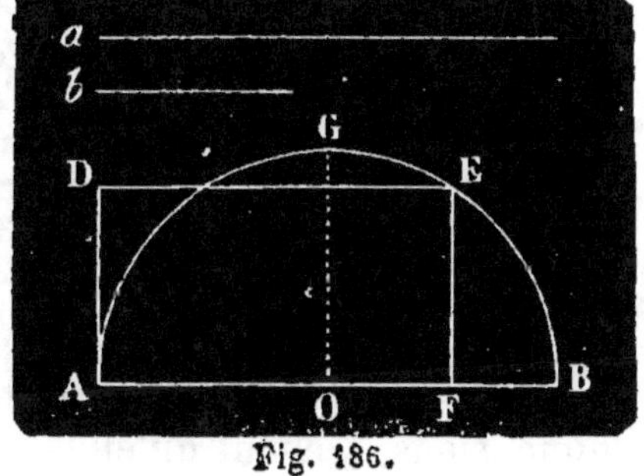

$$\overline{EF}^2 = b^2 = AF \times FB.$$

Fig. 186.

Pour que le problème soit possible, il est évident que le côté b du carré ne doit pas excéder le rayon OG.

Lorsque b est égal au rayon, les dimensions du rectangle sont égales : par conséquent le rectangle n'est autre chose que le carré lui-même.

Remarque. *Ce problème revient évidemment à construire deux lignes dont la somme a et le produit b^2 sont donnés.*

2° Construire un rectangle équivalent à un carré donné b^2 et dont les côtés adjacents fassent une différence donnée a.

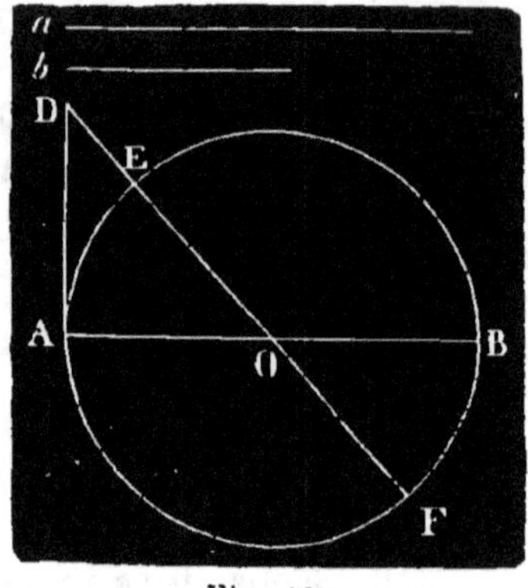

Fig. 187.

Sur AB $= a$ comme diamètre, décrivons une circonférence; au point A élevons la perpendiculaire AD $= b$, côté du carré. Du point D tirons la sécante DF passant par le centre O du cercle. Les lignes FD, DE seront les dimensions du rectangle, car leur différence EF $= a$, et (237)

$$\mathrm{DF} \times \mathrm{DE} = \overline{\mathrm{AD}}^2 = b^2.$$

REMARQUE. *Il est évident que ce problème revient à construire deux lignes dont la différence* a *et le produit* b² *sont donnés.*

EXERCICES DU LIVRE IV

326. Calculer l'aire d'un rectangle dont les dimensions sont 58$^\mathrm{m}$,45 et 24$^\mathrm{m}$,60.

327. Un embranchement de chemin de fer doit avoir 40 $^\mathrm{km}$ de long sur 12$^\mathrm{m}$ de large : on demande combien coûtera le terrain à acquérir si l'on paye, prix moyen, 4500 fr. l'hectare.

328. Combien vaut un pré rectangulaire dont les dimensions sont : 75$^\mathrm{m}$,30 et 35$^\mathrm{m}$,20? Les 2/3 de ce pré sont estimés à raison de 70 fr. l'are et l'autre 1/3, 60 fr. l'are.

329. Quelle est la hauteur d'un rectangle dont la base a 65$^\mathrm{m}$ et la surface 1430$^\mathrm{mq}$?

330. Un rectangle a une surface de 756$^\mathrm{mq}$: on demande ses dimensions, sachant qu'elles sont entre elles dans le rapport de 7 à 3.

331. Un propriétaire qui a anticipé sur son voisin doit rendre sur une longueur de 60$^\mathrm{m}$ une parcelle rectangulaire ayant 38$^\mathrm{ca}$ de surface : quelle largeur doit-on prendre ?

332. Un terrain de forme rectangulaire est estimé 60 fr. l'are : on demande sa surface et ses dimensions, sachant qu'il a été vendu 3725 fr. et que la hauteur est le 1/5 de la base.

333. La surface d'un rectangle est 108$^\mathrm{mq}$,60 ; son périmètre est 48$^\mathrm{m}$,20 : quelle sont ses deux dimensions?

334. La surface d'un rectangle est 284$^\mathrm{mq}$, et la différence des deux côtés adjacents 16^m,40 : on demande sa base et sa hauteur.

555. Quelle est la surface d'un rectangle dont la diagonale a 75^m, sachant que les côtés sont dans le rapport de 3 à 4 ?

556. Combien faut-il de carreaux pour paver une cuisine qui a 3^m,40 de long sur 3^m de large ? On sait qu'un carreau a 0^m,16 de côté.

557. Trouver la surface S du carré inscrit dans un cercle de rayon R.

558. Trouver la surface S du carré circonscrit au même cercle.

559. On a deux carrés, la diagonale de l'un est égale au côté de l'autre ; quel est le rapport des surfaces de ces deux carrés ?

540. Trouver la surface d'un carré sachant que la différence entre le côté du carré et sa diagonale est égale à 6 mètres.

541. Construire un carré dans lequel la différence entre la diagonale et le côté soit égale à 6^m ; quel sera le rayon du cercle circonscrit à ce carré ?

542. On joint le 1/3 du côté d'un carré au 1/4 du côté adjacent. On demande de trouver en fonction du côté a du carré 1° la surface du triangle ainsi déterminé ; 2° la surface de la partie restante du carré.

543. Sur chaque côté d'un carré renfermant 36^{mq} de superficie, on prend alternativement deux longueurs égales à 4^m,25 et 1^m,75. On joint les points 2 à 2. On obtient un carré dont on demande la surface et le rapport avec le 1er.

544. Calculer la surface d'un triangle dont la base a 54^m,65 et la hauteur 19^m,25.

545. Un triangle à 378^{mq} de surface et 42^m de base : on demande sa hauteur.

546. Un triangle ABC a 875^{mq} de surface : on demande ses dimensions, sachant que le rapport de la base AC à la hauteur $BD = \dfrac{14}{5}$.

547. Dans le même triangle ABC on détache un triangle de 60^{mq} et qui a même sommet B : quelle est la longueur de sa base que l'on prend à partir de A ?

548. Déterminer le côté A du carré équivalent à la surface d'un triangle T de 62^m de base et de 24^m de hauteur.

549. Trouver la surface du dodécagone régulier inscrit en fonction du rayon.

550. On donne un trapèze dont la grande base a 36^m, la petite 22 et la hauteur 16 ; on demande de calculer la surface du triangle limité par le prolongement des côtés non parallèles du trapèze et la petite base.

551. Calculer la surface d'un triangle rectangle dont un côté de l'angle droit a 15^m et la perpendiculaire abaissée du sommet sur l'hypoténuse 9^m

552. Calculer à 0ᵐ,01 près la hauteur d'un triangle dont la base à 60ᵐ, et dont la surface doit être moyenne proportionnelle entre celles de deux rectangles ayant 4ᵐ de hauteur, et pour bases 46ᵐ,80 et 54ᵐ,60.

553. La surface d'un triangle rectangle est de 726ᵐᑫ, l'hypoténuse à 55ᵐ : on demande les deux côtés de l'angle droit.

554. L'aire d'un triangle équilatéral étant 4ᵐᑫ,50, on demande l'aire du carré inscrit dans le cercle circonscrit au triangle.

555. Trouver le côté d'un carré équivalent à un triangle donné, en supposant que la base du triangle ait 4ᵐ,80 et la hauteur 5ᵐ,40.

556. On joint un point quelconque O pris dans l'intérieur d'un parallélogramme aux quatre sommets. Démontrer qu'il existe un rapport constant entre la surface du parallélogramme et la somme des surfaces de deux triangles opposés.

557. Trouver dans l'intérieur d'un triangle un point tel qu'en le joignant aux trois sommets, le triangle donné soit décomposé en trois triangles équivalents.

558. Partager un quadrilatère quelconque en deux parties équivalentes.

559. Les aires de deux triangles ABC, DEF qui ont un angle égal sont dans le même rapport que les produits des côtés de ces angles.

560. Trouver l'aire d'un losange dont les diagonales sont 3ᵐ et 2ᵐ.

561. Diviser un carré, un rectangle, un parallélogramme, un losange en parties égales par des parallèles aux côtés.

562. Quelle est la surface d'un trapèze dont la hauteur a 12ᵐ et les bases 48ᵐ,50 et 25?

563. Diviser un trapèze en deux parties équivalentes par une droite partant d'un point donné sur une base.

564. Un trapèze a un côté AD=80ᵐ,68 perpendiculaire sur les deux bases, la base supérieure a 90ᵐ,75, le côté BC fait avec la base supérieure un angle de 135° : on demande la surface de ce trapèze.

565. Un triangle ABC a 52ᵐ,7 de base et 28ᵐ,4 de hauteur ; à 17ᵐ du sommet on mène une parallèle DE à la base; calculer la surface du trapèze ADEC ainsi obtenu.

566. Un trapèze a 42ᵐ de grande base, 28ᵐ de petite et 12ᵐ de hauteur; calculer la longueur de la droite menée dans l'intérieur du trapèze parallèlement aux bases et à 3ᵐ,60 de la grande.

567. L'une des bases d'un trapèze égale 10ᵐ, la hauteur est de 4ᵐ, la surface de 32ᵐᑫ. A une distance de 1ᵐ de la base donnée on lui mène une parallèle; on demande la longueur de la partie de cette droite comprise dans l'intérieur du trapèze.

568. Les deux côtés parallèles d'un trapèze ont pour valeurs 3ᵐ,121 et 5ᵐ,17, les deux autres côtés sont également inclinés sur les bases et ont pour valeur $2^m,2$; trouver la surface du trapèze.

569. Un terrain a la forme d'un trapèze isocèle; les bases sont 100^m et 40^m; les deux autres côtés sont égaux à 50^m. On demande : 1° la surface de ce terrain en ares; 2° la surface du terrain triangulaire qu'on obtiendrait en ajoutant au trapèze le triangle partiel formé par les prolongements des côtés non parallèles.

570. Démontrer que dans tout trapèze le triangle qui a pour base un des côtés non parallèles et pour sommet le milieu du côté opposé, a une surface égale à la moitié de celle du trapèze.

571. La surface d'un trapèze est égale au produit d'un côté non parallèle par la distance de ce côté au milieu du côté opposé.

572. Calculer l'aire d'un trapèze sachant que sa hauteur est égale à la demi-somme de ses bases; que la différence entre les deux bases est 1^m; et que la plus grande base est égale à l'hypoténuse d'un triangle rectangle dont les deux côtés de l'angle droit seraient la petite base et la hauteur du trapèze.

573. La hauteur d'un trapèze a 10^m, et sa surface est égale au rectangle fait sur ses deux bases parallèles. De plus le double de la base supérieure, plus le triple de la base inférieure égale 6 fois la hauteur. Quelles sont les deux bases?

574. Connaissant, dans un trapèze, B, b et h, trouver la formule $T = \dfrac{(B + b)}{2}\, h$, en considérant le trapèze comme étant la différence entre deux triangles dont le sommet commun serait au point de rencontre des côtés non parallèles du trapèze, et dont l'un des triangles aurait pour base B et l'autre b,

575. Étant donné un trapèze ABCD, dont les deux bases parallèles AB, CD sont respectivement égales à 5^m et à 3^m: on demande par quel point I de la diagonale AC passe la droite EF parallèle au côté AD qui divise le trapèze en deux parties AEFD et EBCF qui sont dans le rapport de 2 à 3.

576. Les deux bases d'un trapèze ont respectivement pour longueur 12^m et 7^m : on demande de calculer la position de la droite parallèle aux bases qui diviserait le trapèze en deux parties équivalentes.

577. Un trapèze est donné dans lequel les deux bases parallèles et la hauteur sont représentées par a, b, h; on divise les côtés en 3 parties égales par des parallèles aux bases, ce qui partage le trapèze donné en trois trapèzes partiels. On propose de trouver la surface de chacun de ces trapèzes exprimée au moyen des données a, b, h.

578. Calculer la longueur de la corde commune à deux cercles dont les rayons ont 12^m et 15^m de longueur, sachant que la distance de leurs centres est 18^m.

579. On demande l'aire d'un losange dont la grande diagonale a 5^m et le côté 3^m.

580. Le carré construit sur la diagonale d'un carré est le double du carré donné. Démonstration graphique.

581. Trouver la superficie d'un triangle rectangle isocèle dont la base a 25^m.

582. La somme des perpendiculaires abaissées d'un point intérieur I sur les côtés d'un polygone régulier est égale à l'apothème OK multiplié par le nombre des côtés.

583. Un polygone irrégulier a un périmètre de 320^m : on demande le côté du carré équivalent à ce polygone, sachant que les côtés du polygone sont tous tangents à un cercle de 40^m de rayon.

584. Trouver l'aire S d'un pentagone régulier inscrit dans un cercle de 2^m de rayon.

585. Si l'on désigne par c le côté d'un polygone régulier de n côtés, inscrit dans un cercle de rayon R, on aura pour l'aire S d'un polygone de 2 n côtés : $S = \dfrac{2\,n \times c \times R}{4}$.

586. Trouver dans un cercle de rayon R l'aire de l'octogone régulier inscrit.

587. Quelle est l'aire d'un ctogone régulier inscrit dans un cercle de 3^m,20 de rayon ?

588. Trouver la surface d'un octogone régulier en fonction de son côté c.

589. On a deux octogones réguliers, qui ont respectivement 54^{mq} et 62^{mq} : trouver le côté d'un troisième octogone régulier dont la surface soit égale à la somme des surfaces des deux premiers.

590. L'aire d'un octogone régulier est de 20^{mq}; calculer le rayon du cercle circonscrit et du cercle inscrit.

591. Trouver l'aire d'un décagone régulier en fonction du rayon R du cercle circonscrit.

592. Trouver l'aire du polygone régulier de 20 côtés inscrit dans un cercle de rayon R.

593. Trouver à 0^{mq},01 près l'aire du décagone régulier et l'aire du polygone régulier de 20 côtés, inscrits dans un cercle de 1^m,80 de rayon.

594. Les aires a, A, de deux polygones réguliers semblables, l'un inscrit et l'autre circonscrit, étant données, calculer les aires, a', A', des polygones réguliers inscrits et circonscrits d'un nombre double de côtés.

595. Déterminer π d'après ces formules.

596. Etant donnés le rayon r et l'apothème a d'un polygone régulier, calculer le rayon r' et l'apothème a' d'un polygone régulier équivalent au 1er et d'un nombre double de côtés.

597. Déterminer π d'après les formules précédentes.

598. Quelle est la surface d'un cercle dont la circonférence a 25^m,13 ?

599. Trouver le rayon d'un cercle équivalent à un trapèze dont les bases ont : 80^m,50, 70^m,80 et la hauteur 18^m,40.

400. Trouver le rayon d'un cercle dont la surface est de $28^{mq},62$.

401. Deux cercles concentriques ont l'un, 3^m de rayon, et l'autre 5^m : on demande la surface de la couronne.

402. Deux circonférences concentriques laissent entre elles une couronne circulaire de $25^{mq},1328$; l'épaisseur de cette couronne est de 2^m : on demande le rayon de chaque circonférence.

403. La surface d'une couronne est $37^{mq},68$; le grand rayon est 10^m : quelle est l'épaisseur de la couronne ?

404. Calculer à $0^m,01$ près le rayon d'un cercle, sachant que si ce rayon augmentait d'un centimètre, l'aire du cercle augmenterait de 1^{mq}.

405. Lorsque deux circonférences sont concentriques, la corde tangente à la petite est le diamètre d'un cercle dont la surface est égale à celle de la couronne.

406. Calculer la surface d'une couronne, sachant qu'une corde du grand cercle tangente au petit a 8^m.

407. Si l'on divise le diamètre AB d'un cercle O en deux segments AC, CB, et que sur chacun de ces segments de part et d'autre de AB, on décrive deux demi-circonférences, la ligne formée par l'ensemble de ces demi-conférences partage le cercle en deux parties proportionnelles aux segments du diamètre.

408. Si l'on divise le diamètre AB en 4 parties égales AC, CO, OD, DB et qu'on décrive des demi-circonférences en procédant comme dans l'exercice précédent, le cercle sera divisé en 4 parties équivalentes.

409. Dans l'exercice précédent, si l'on fait $AB = 42^m$, calculer les surfaces k, l, m, n sachant qu'elles sont proportionnelles aux nombres 2, 3, 4 et 5.

410. Trouver la surface d'un secteur dont l'arc a $25°33'$ dans un cercle de 3^m de rayon.

411. La surface d'un secteur vaut $20^{mq},6250$, et l'arc qui lui sert de base $65°15'$: quelle est la longueur de cet arc ?

412. La surface d'un secteur vaut 48^{mq}, dans un cercle de 25^m de rayon : on demande, à moins d'une seconde, la graduation de l'arc qui sert de base au secteur.

413. Les aires de deux secteurs terminés par des arcs ayant le même nombre de degrés sont proportionnelles aux carrés de leurs rayons.

414. On a deux cercles concentriques dont les rayons sont $5^m,30$ et $3^m,20$; on mène par le centre O de ces deux cercles deux rayons OA, OB faisant entre eux un angle de $42°$: on demande de calculer la surface de la plus petite partie du plan comprise entre les rayons et les circonférences des deux cercles.

415. Trouver la surface du segment de cercle dont l'arc a $45°$.

416. Si l'on double, triple, etc., les dimensions d'un triangle, que deviendra la surface ?

417. La superficie d'un terrain triangulaire dont la base a 40^m est de 12 ares 20^{ca}. On demande la superficie d'un second terrain triangulaire semblable au 1er, dont la base a 28^m. On demande aussi sa valeur à raison de 25 fr. l'are.

418. Diviser un triangle ABC par une parallèle à l'un des côtés en 2 parties qui soient dans le rapport de m à n.

419. On mène par le milieu M de la hauteur d'un triangle ABC une parallèle DE à la base AC : quel est le rapport du triangle DBE au trapèze ADEC ?

420. On a deux triangles équilatéraux dont les côtés sont 43^m,57 et 68^m,35. On demande de calculer le côté d'un troisième triangle équilatéral, dont la surface serait égale à la somme des surfaces des deux premiers ?

421. On partage le triangle ABC en deux parties équivalentes par une droite DF parallèle à la base AC : trouver la hauteur GK du trapèze ADFC en fonction de la hauteur H du triangle.

422. Déterminer les longueurs Ba, Ba', Ba'' à prendre sur le côté BA d'un triangle BAC pour que ce triangle soit divisé :

1° En 4 parties équivalentes par les droites ac, $a'c'$, $a''c''$ parallèles à AC ; 2° en 4 parties proportionnelles aux grandeurs m, n, p, q.

423. Dans l'exercice précédent on fait AB=90^m; calculer les longueurs Ba, Ba', Ba'' pour que le triangle soit divisé par les parallèles ac, $a'c'$, $a''c''$ à la base AC en 4 parties proportionnelles aux nombres 2, 3, 5, 8.

424. Diviser un trapèze, par une parallèle à la base, en 2 parties équivalentes ou qui soient dans le rapport de deux lignes m et n.

425. Les deux bases d'un trapèze sont 36^m et 48^m : on demande la longueur d'une droite parallèle aux bases et qui divise le trapèze en 2 parties proportionnelles aux nombres 3 et 5.

426. Diviser un trapèze en 4 parties équivalentes par des parallèles aux bases.

427. ..... En 4 parties proportionnelles aux nombres 3,4,5,6.

428. Les côtés de trois octogones réguliers sont respectivement 3^m, 4^m, 12^m. On demande quel devra être le côté d'un octogone pour qu'il soit équivalent à la somme des trois octogones donnés.

429. Un cercle a 3 mètres de rayon ; quel sera le rayon d'un cercle quadruple en surface ?

430. Trouver le rayon d'un cercle équivalent en surface a trois cercles donnés.

431. Trouver le rayon d'un cercle dont la surface soit égale à la différence des surfaces de deux cercles donnés.

432. Diviser un cercle par une circonférence concentrique en deux parties équivalentes.

433. Diviser par des circonférences concentriques un cercle en 4 parties équivalentes.

434. Diviser par des circonférences concentriques un cercle en trois parties proportionnelles à 3, 5.

435. Diviser un cercle par des circonférences concentriques en 4 parties proportionnelles aux longueurs k, l, m, n.

436. Quelle est la surface de l'hexagone régulier inscrit dans un cercle qui a $18^{mq},28$?

437. Trouver combien il faudra de carreaux de forme hexagonale de 0^m12 de côté pour carreler une chambre ayant 4^m sur 5.

438. On donne un côté AB d'un carré égal à n; sur le côté AB, on construit un triangle équilatéral AFB, on joint FD; on demande : 1° la surface du triangle AFD ; 2° le rapport des lignes AG et AB.

439. Trouver l'aire du segment compris entre l'arc de 60° et sa corde dans un cercle dont le rayon a 2^m.

440. On a un hexagone régulier dont le côté est égal à un 1^m; sur chacun des côtés on construit un carré extérieur à l'hexagone. Cela posé, on demande: 1° de démontrer que les sommets extérieurs à l'hexagone des six carrés dont il vient d'être question forment un polygone régulier de 12 côtés ; 2° de calculer la surface de ce polygone régulier.

441. La surface S d'un terrain dont la forme est celle d'un hexagone régulier est égale à $34^a,19$. Quelle est la longueur de son côté?

442. Calculer à moins de 0,01 la surface d'un cercle, sachant que cette surface surpasse de $62^{mq},25$ celle de l'hexagone régulier qui lui est inscrit.

443. On donne un triangle équilatéral dont la surface est 1024^{mq}; on demande son côté.

444. On a un polygone ABCDE composé d'un triangle équilatéral BCE et d'un carré ABED. La surface de ce polygone est égale à $5^h 36^a$: on demande de trouver le côté AB.

445. 1° Trouver en fonction de a, côté d'un triangle équilatéral, la surface du carré inscrit dans ce triangle ; 2° inscrire un carré dans un triangle quelconque, et dire sur quel côté s'appuie le plus grand carré.

446. Calculer à 0,01 près le rapport des surfaces des deux segments du cercle CBD et CED, sachant que la corde CD passe par le milieu du rayon AB qui lui est perpendiculaire.

447. Trouver le rapport de l'hexagone régulier inscrit à l'hexagone régulier circonscrit.

448. Le côté d'un triangle équilatéral est a : quelle est en fonction de a la surface du cercle circonscrit à ce triangle?

449. Trouver le rapport de la surface du cercle à celle du triangle équilatéral inscrit.

450. La surface d'un cercle et celle d'un triangle équilatéral inscrit valent ensemble 3^{mq} : on demande de calculer la surface du cercle et celle du triangle.

451. Trouver la surface du triangle équilatéral inscrit en fonction de R.

452. Calculer la surface d'un triangle équilatéral en fonction du rayon R du cercle inscrit.

453. Trouver le rapport de l'aire du triangle équilatéral inscrit au du triangle équilatéral circonscrit.

454. Trouver le rapport de l'aire de l'hexagone régulier inscrit dans un cercle à l'aire du triangle équilatéral circonscrit au même cercle.

455. Trouver le rapport de la surface du triangle équilatéral à celle de l'hexagone inscrit dans le même cercle.

456. Dans le cas où l'on fait $R=1$, quelle est la surface du cercle, celle du triangle équilatéral et celle de l'hexagone régulier inscrits ?

457. Calculer à $0^m,01$ près le rayon d'un cercle, sachant que la surface de l'octogone régulier inscrit surpasse de 1^{mq} la surface de l'hexagone régulier inscrit.

458. Trouver la surface d'un triangle dont le périmètre a 14^m et le rayon du cercle inscrit $1^m,07$.

459. Trouver une ligne dont la longueur soit égale à $\sqrt{3}$: on sait d'ailleurs que $\sqrt{2}$ est égale à la longueur de la diagonale du carré qui a 1^m de côté.

460. Sur une droite donnée construire un triangle équivalent à un carré donné.

461. Construire un carré qui soit les 3/4 d'un carré donné.

462. Construire sur une base donnée B un triangle isocèle double d'un carré donné.

463. Construire un carré équivalent à un trapèze donné.

464. Sur une droite donnée, construire un rectangle équivalent à un rectangle donné.

465. Sur une droite donnée, construire un rectangle équivalent à un triangle donné.

466. Construire un carré équivalent à la somme d'un triangle et d'un rectangle.

467. Construire un carré équivalent à la différence d'un triangle et d'un trapèze dont les dimensions sont données.

468. Construire, sur une base donnée a, un rectangle équivalent à la somme d'un triangle et d'un trapèze dont les dimensions sont données.

469. Sur une base donnée a, construire un triangle équivalent à la différence d'un rectangle et d'un trapèze dont les dimensions sont données.

470. Construire sur une base donnée a un triangle dont l'aire soit moyenne proportionnelle entre celle d'un rectangle et d'un trapèze.

471. Construire la racine de l'équation $x = \dfrac{abc - def}{gh}$.

472. Construire la racine de l'équation $x = \dfrac{abc - def}{gh - kl}$.

473. Construire les racines de l'équation $x = \sqrt{a^2 \pm b^2}$.

474. Construire les racines de l'équation $x = \sqrt{a^2 + b^2 + c^2 - d^2}$.

475. Construire l'équation $x = \dfrac{ab + c^2}{\sqrt{a^2 + b^2 \quad c^2}}$.

476. Construire l'équation $x^2 = \dfrac{a^3 b}{c^2 d} \sqrt{a(d + c^2)}$.

SECONDE PARTIE

GÉOMÉTRIE DANS L'ESPACE

LIVRE CINQUIÈME

DU PLAN ET DE LA LIGNE DROITE

DÉFINITIONS

329. Plan. Le *plan* (21) est une surface telle, qu'elle contient tout entière la *droite* qui joint deux de ses points *pris à volonté.*

330. Une droite et un plan sont parallèles lorsqu'ils ne peuvent se rencontrer, à quelque distance qu'on les prolonge.

331. Deux plans sont dits parallèles dans le même cas.

332. Le plan a une étendue illimitée, mais pour faciliter les démonstrations et fixer les idées, on le représente par des figures limitées, ordinairement par un parallélogramme.

THÉORÈME

333. *Par deux droites* AB, AC *qui se coupent,* 1° *on peut faire passer un plan;* 2° *on n'en peut faire passer qu'un.*

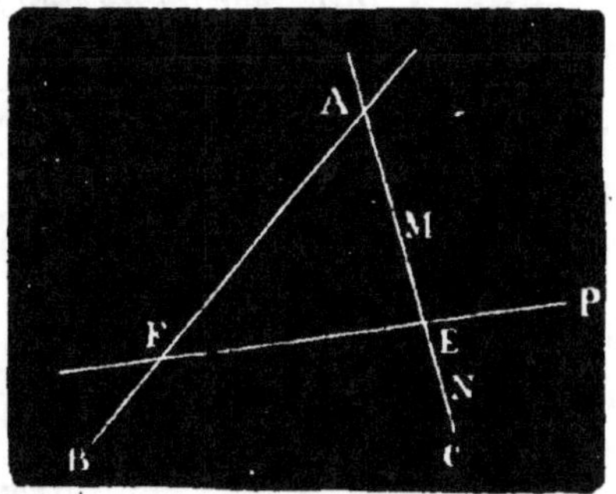

Fig. 188.

1° Concevons un plan contenant la droite AB; si nous le faisons tourner autour de cette droite, il rencontrera dans son mouvement le point C; alors sa position sera complétement déterminée, et la ligne AC, qui aura deux points, A et C, dans ce plan, s'y trouvera tout entière.

10.

2° Si deux plans M, N contiennent les deux lignes AB, AC, ils se confondront, et tout point P pris dans le plan M appartiendra aussi au plan N. En effet, menons dans le plan M qui contient le point P une droite PEF qui rencontre AB, AC en deux points E et F; puisque le plan N contient les droites AB, AC, il contient aussi les points E et F et par suite la droite FEP et le point P.

334. Corollaire I. *Trois points* A, B, C *non en ligne droite déterminent la position d'un plan,* car si l'on joint le point A aux points B et C, on aura deux droites AB, AC qui se couperont et qui, par conséquent, détermineront la position d'un plan.

335. Corollaire II. *Deux parallèles* AB CD *détermi-nent la position d'un plan.* Ces parallèles sont dans un même plan (84), et l'on ne peut en concevoir un autre qui les

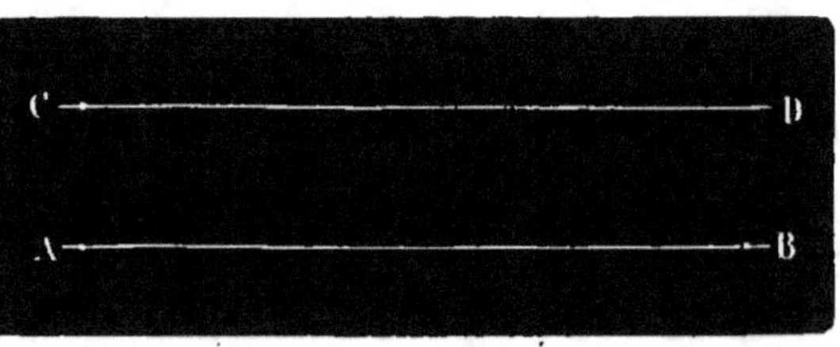

Fig. 189.

contienne toutes les deux, car, par les trois points A, B, C, non en ligne droite et situés sur ces deux lignes, on ne peut faire passer qu'un seul plan.

THÉORÈME

336. *L'intersection de deux plans est une ligne droite.*

En effet, si trois points seulement de cette intersection pouvaient ne pas être en ligne droite, les deux plans qui auraient ces trois points de commun se confondraient, ce qui serait contre l'hypothèse.

Condition pour qu'une droite soit perpendiculaire à un plan

DÉFINITIONS

337. Une droite AB (*fig.* 190) est *perpendiculaire* à un plan MN lorsqu'elle est perpendiculaire à toutes les droites

BD, BE, BF... que l'on peut mener par son pied B dans ce plan. Le plan MN est dit aussi dans ce cas perpendiculaire à AB.

Le *pied* d'une perpendiculaire à un plan est le point où cette droite rencontre le plan.

Une droite non perpendiculaire à un plan est *oblique* à ce plan.

THÉORÈME

338. *Par un point* B *pris sur une droite* AC *situé dans l'espace, on peut mener une infinité de perpendiculaires à cette droite.*

En effet, par la droite AC on peut faire passer une infinité de plans ACD, ACE, ACF..., et mener dans chacun d'eux une perpendiculaire à AC au point B. Par exemple, BD sera perpendiculaire dans le plan ACD, BE, dans le plan ACE, etc.

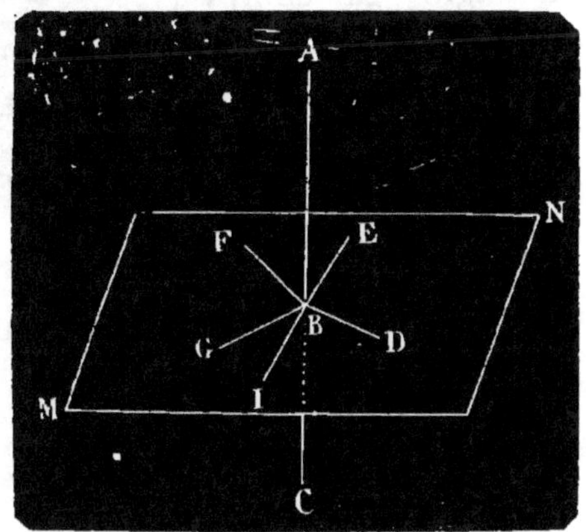

Fig. 190.

THÉORÈME

339. *Toute droite* AB *perpendiculaire à deux autres* BC, D *passant par son pied dans un plan* MN *est perpendiculaire à une autre droite quelconque* BE *menée par son pied dans le même plan et par suite perpendiculaire à ce plan.*

Pour le prouver, prolongeons AB d'une quantité BF =AB, menons dans le plan MN une droite CD qui rencontre les lignes BC, BE, BD, et joignons les points d'intersection C, E, D aux points A et F.

Les deux triangles CDA, CDF sont égaux, car ils ont les trois côtés égaux chacun à chacun, savoir CD commun, AC=CF, puisque ce sont deux obliques qui s'écar-

tent également **du pied B de la perpendiculaire CB à AF,**
AD = DF, **puisque ce sont** deux obliques qui s'écartent
également du pied **B de**
la perpendiculaire **DB**
à AF. Mais de l'égalité
des triangles CDA, CDF,
on conclut celle des an-
gles ACE, FCE et par
suite celle des triangles
CEA, CEF, car ils ont
un angle égal compris
entre côtés égaux cha-
cun à chacun : l'angle
ACE = FCE, le côté CE
est commun et AC = CF.
Les deux triangles ACE

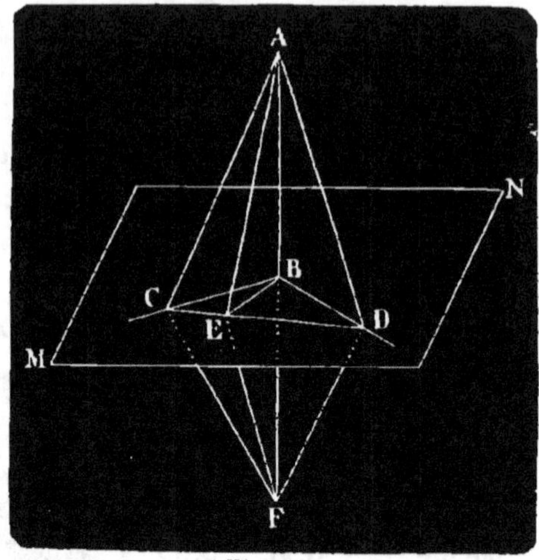

Fig. 191.

et CEF étant égaux, on a AE = EF. Donc le triangle AEF
est isocèle, et la ligne EB qui joint le sommet E au mi-
lieu B de la base AF est perpendiculaire sur cette base.

THÉORÈME

340. *Toutes les perpendiculaires menées à la même droite*
AB, *perpendiculaire au plan* MN, *par le même point* B *de*
cette droite sont contenues
dans le plan MN.

En effet, si BD, l'une
d'elles, n'était pas dans
le plan MN, le plan mené
par ABD rencontrerait
MN (puisqu'on suppose
les plans illimités) sui-
vant une droite BC qui
serait perpendiculaire à
AB (339), mais alors,

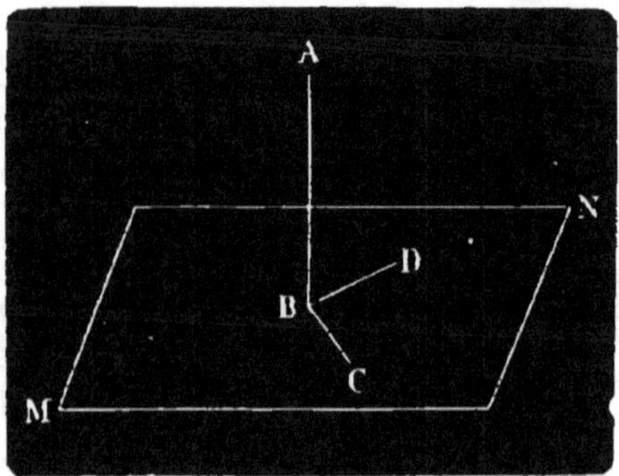

Fig. 192.

dans le même plan ABC, on aurait à la même droite
AB deux perpendiculaires BD et BC, ce qui est impos-
sible.

THÉORÈME

341. *D'un point* A *on ne peut mener qu'une seule perpendiculaire à un plan* MN.

1° Le point A est donné sur le plan MN.

AB et AC ne peuvent être l'une et l'autre perpendiculaires au plan MN; car si l'on mène le plan de ces droites (le plan qui les contient), il rencontrera MN suivant une certaine ligne EF, et alors dans le même plan BAC on aurait deux perpendiculaires B, CA élevées en un même point A d'une droite EF, ce qui ne peut avoir lieu (39).

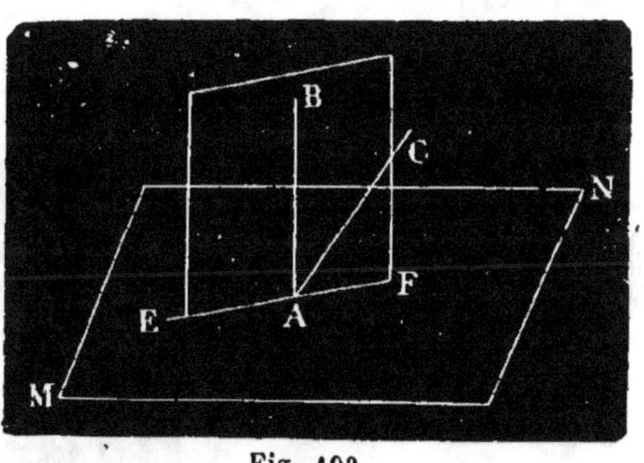

Fig. 193.

2° Le point A est donné hors du plan MN.

AB et AC ne peuvent être perpendiculaires l'une et l'autre au plan MN; car si nous joignions leurs pieds B et C, nous aurions, dans un même plan, ABC du point A, deux perpendiculaires à la même droite BC, ce qui ne peut également avoir lieu.

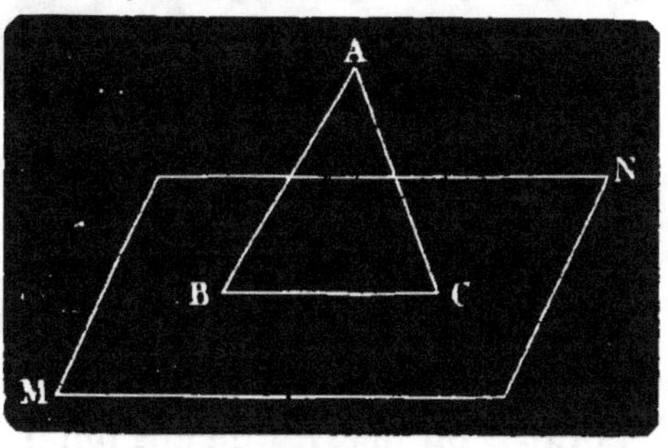

Fig. 194.

Propriétés de la perpendiculaire et des obliques menées d'un même point à un plan

THÉORÈME

342. *Si, du même point* A *pris hors d'un plan* MN, *on mène à ce plan une perpendiculaire et différentes obliques,*

1° *La perpendiculaire* AB *est plus courte que toute oblique* AC;

2° *Deux obliques* AC, AD *qui s'écartent également du pied de la perpendiculaire sont égales ;*

3° *De deux obliques* AD, AE *qui s'écartent inégalement du pied de la perpendiculaire, celle* AE *qui s'écarte le plus est la plus longue.*

1° On a $AB < AC$.

En effet, dans le plan ABC, la perpendiculaire AB à BC est plus courte (74) que AC oblique à la même droite BC.

2° Si $BC = BD$, les deux triangles rectangles ABC, ABD sont égaux, et $AC = AD$.

3° $BE > BD$ donnera $AE > AD$.

En effet, prenons sur BE une longueur $BF = BD$, on aura (2°) $AF = AD$, mais dans le

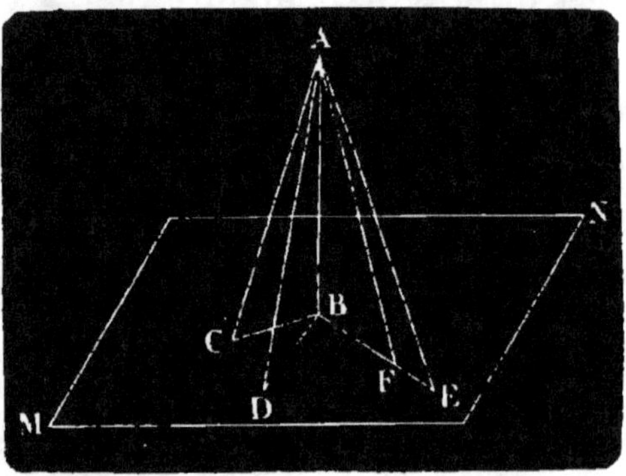

Fig. 195.

plan ABE des deux obliques AE et AF, AE est la plus longue, donc on a $AE > AD$.

343. Corollaire I. *La perpendiculaire abaissée d'un point sur un plan mesure la distance de ce point à ce plan.*

344. Corollaire II. $BC = BD = BF...$, donc, si du point B on décrit une circonférence avec BC pour rayon, cette circonférence passera par tous les pieds des obliques égales AC, AD, AF... qui partent du même point A ; cette circonférence sera par conséquent le lieu géométrique des obliques égales qui partent du point A.

Il résulte de là que, pour abaisser d'un point A une perpendiculaire AB sur un plan MN, il suffira de prendre sur le plan MN trois points C, D, F également éloignés du point A : le centre du cercle passant par ces trois points sera le pied B de la perpendiculaire AB.

THÉORÈME

345. *Si du pied* B, *d'une perpendiculaire* AB *à un plan*

MN, *on mène une perpendiculaire* BC *à une droite* DE *située dans le plan* MN, *puis qu'on joigne un point quelconque* A *de* AB *au point* C, AC *sera aussi perpendiculaire sur* DE.

Pour le démontrer, faisons CD = CE et joignons les points D et E aux points B et A : les obliques BD, BE s'écartant également du pied C de la perpendiculaire BC sont égales (BD = BE), par suite (342, 2°) AD = AE : le triangle ADE est donc

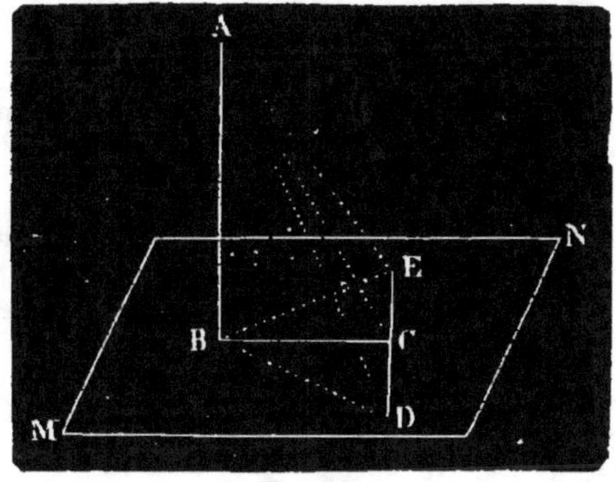

Fig. 196.

isocèle, et la droite AC qui joint le sommet au milieu de la base est une perpendiculaire.

346. Remarque I. La ligne DC, étant perpendiculaire aux lignes BC et AC, est, par suite, perpendiculaire au plan BAC (339).

347. Remarque II. Ce théorème est désigné sous le nom de théorème des *trois perpendiculaires* AB, BC, AC.

THÉORÈME

348. *Si deux droites* AB, CD *sont parallèles, et que l'une d'elles*, AB, *soit perpendiculaire au plan* M *l'autre*, CD, *sera perpendiculaire au même plan.*

En effet, soit BD l'intersection du plan des parallèles AB, CD avec le plan M; élevons, dans ce même

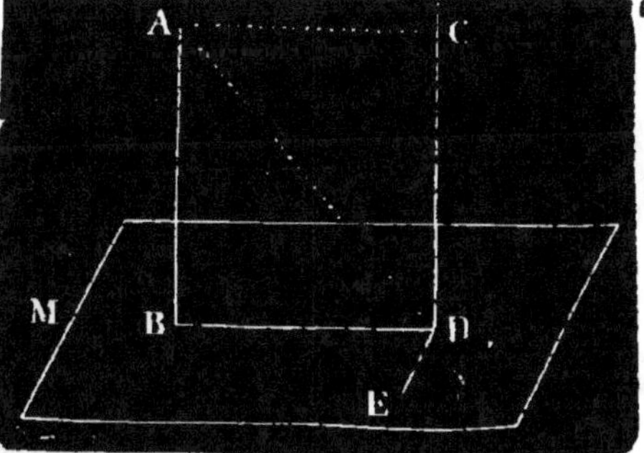

Fig. 197.

plan M, ED perpendiculaire à BD, enfin tirons AD.

D'après la remarque I du théorème précédent, ED

est perpendiculaire au plan ABDC; donc l'angle CDE est droit; mais l'angle CDB est droit aussi, puisque AB est perpendiculaire à BD et que CD est parallèle à AB; donc la ligne CD est perpendiculaire aux deux droites ED, BD, donc elle est perpendiculaire au plan M qui les contient.

THÉORÈME RÉCIPROQUE

349. *Deux droites* AB, CD *perpendiculaires à un même plan* M *sont parallèles* (fig. 197).

En effet, si ces droites n'étaient point parallèles, on pourrait par le point D mener une parallèle à AB qui serait, d'après le théorème précédent, perpendiculaire au plan M; par un même point D, on pourrait donc élever deux perpendiculaires à un même plan, ce qui est impossible.

350. **COROLLAIRE**. *Deux droites* A *et* B *parallèles à une troisième* C *sont parallèles entre elles.*

En effet, si la droite C est perpendiculaire à un plan quelconque M, ses parallèles A et B seront perpendiculaires au même plan (348) et seront par conséquent parallèles (349).

Parallélisme des droites et des plans

THÉORÈME

351. *Toute droite* AB *parallèle à une droite* CD *située dans un plan* MN *est parallèle à ce plan.*

En effet, AB étant dans le plan ABCD des parallèles AB, CD, ne pourra rencontrer MN sans rencontrer CD, mais AB ne peut rencontrer sa parallèle CD : donc AB parallèle à CD est aussi parallèle au plan MN.

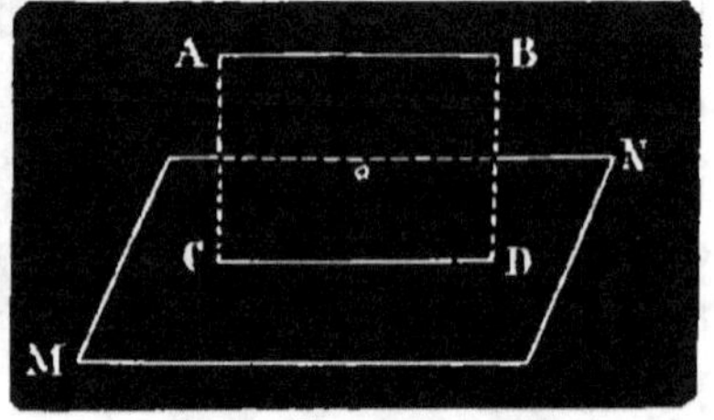

Fig. 198.

THÉORÈME

352. *Lorsqu'une droite* AB *est parallèle à un plan* MN *(fig. 198), tout plan mené par cette droite coupe le plan* MN *suivant une ligne* CD *parallèle à* AB.

La ligne CD étant dans le plan MN, AB ne peut la rencontrer sans rencontrer aussi ce plan, ce qui est impossible, puisque, par hypothèse, AB est parallèle au plan MN : donc AB est parallèle à CD.

THÉORÈME

353. *Lorsqu'une droite* AB *est parallèle à un plan* MN *(fig. 198), une droite* CD *menée parallèlement à* AB *par un point* C *du plan est tout entière dans ce plan.*

En effet, d'après le théorème précédent, le plan des parallèles AB, CD coupe le plan MN suivant une droite parallèle à AB passant par le point C ; donc cette droite ne peut être que CD, sans quoi on aurait du même point C, et dans le même plan ABCD, deux parallèles à AB, ce qui est impossible.

THÉORÈME

354. *Deux plans* M, N *perpendiculaires à une même droite* AB *sont parallèles entre eux.*

Car s'ils pouvaient se rencontrer suivant une ligne CO, en joignant un point P de leur intersection aux points A et B, on aurait (339) dans le plan M, PA perpendiculaire à AB, dans le plan N, PB aussi

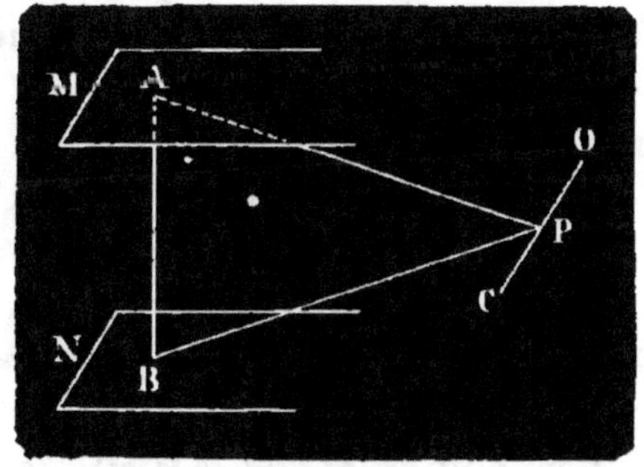

Fig. 199.

perpendiculaire à AB ; du même point P on aurait donc deux perpendiculaires à AB, ce qui est impossible : donc les plans M et N sont parallèles entre eux.

THÉORÈME

355. *Les intersections* AB, CD *de deux plans parallèles* M *et* N *par un troisième* AD *sont parallèles.*

En effet, les plans M, N ne peuvent se rencontrer : donc AB et CD qui sont dans ces plans ne se rencontreront pas non plus ; d'ailleurs, ces deux lignes se trouvent dans le même plan AD, donc elles sont parallèles.

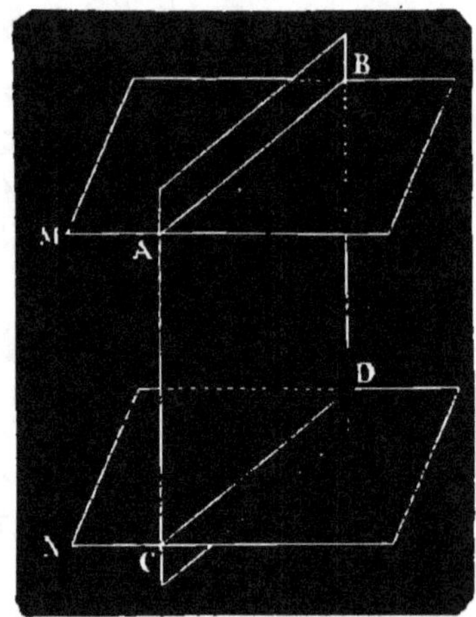

Fig. 200.

THÉORÈME

356. *Lorsque deux plans* M *et* N *sont parallèles, toute droite* AB *perpendiculaire sur l'un* M *est aussi perpendiculaire sur l'autre.*

Pour le démontrer, menons dans le plan N par le point B une droite quelconque BC qui sera parallèle au plan M. Le plan des droites AB, BC coupera le plan M suivant la trace AD qui sera parallèle à BC (352). Or AB étant perpendiculaire au plan M est

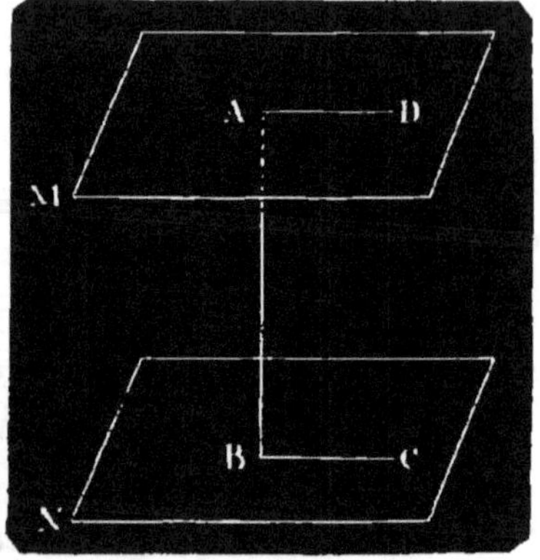

Fig. 201.

perpendiculaire à AD située dans ce plan : donc AB est aussi perpendiculaire à sa parallèle BC. Mais comme cette ligne a été menée quelconque dans le plan N, AB est perpendiculaire à ce plan.

357. Corollaire. *Deux plans* M *et* N *parallèles à un* *troisième* P *sont parallèles entre eux*, car si l'on mène une perpendiculaire au plan P, elle le sera aussi aux plans M et N, qui sont par conséquent parallèles, comme perpendiculaires à une même droite (354).

THÉORÈME

358. *Les parallèles* AB, CD *comprises entre deux plans parallèles sont égales.*

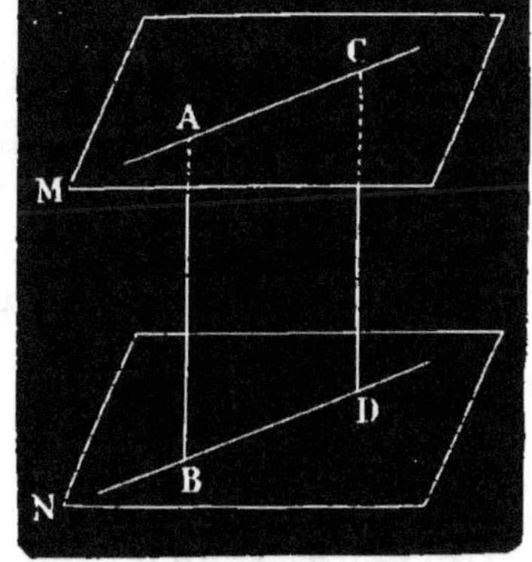

En effet, le plan des parallèles AB, CD coupe les plans M, N suivant les droites AC, BD qui sont parallèles (355); donc la figure ABDC est un parallélogramme et AB=CD.

359. Corollaire. *Deux plans parallèles sont partout également distants*, car nous pouvons supposer que les parallèles AB, CD sont deux perpendiculaires.

Fig. 202.

THÉORÈME

360. *Si deux angles* BAC, EDF *non situés dans un même plan ont leurs côtés parallèles,* 1° *ces angles sont égaux ou supplémentaires;* 2° *leurs plans sont parallèles.*

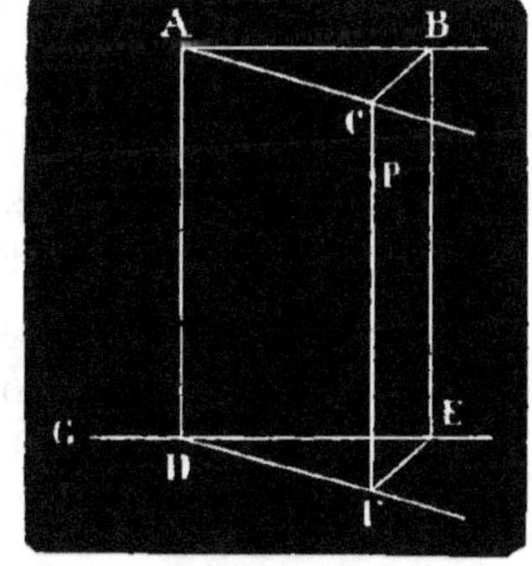

1° Les angles BAC, EDF sont égaux.

Pour le prouver, faisons AB =DE, AC=DF, et menons AD, BE, CF, BC, EF. Les lignes AB, DE étant parallèles par hypothèse et égales par construction, la figure ABED est un parallélogramme et AD=BE. On prouverait de même

Fig. 203.

que AD=CF, les lignes BE, CF étant égales et parallèles à une troisième AD sont égales et parallèles entre elles (363); par conséquent, la figure CBEF est un parallélogramme : donc BC = EF. Les deux triangles ABC, DEF ayant leurs trois côtés égaux chacun à chacun sont égaux, et l'angle BAC = EDF.

Les angles BAC et GDF qui ont aussi les côtés parallèles sont supplémentaires, car GDF est le supplément de EDF et par conséquent de BAC.

2° Les plans des angles sont parallèles.

En effet, si le plan ABC n'était pas parallèle à DEF, on pourrait toujours, par le point A, mener à DEF un plan qui lui serait parallèle. Ce plan rencontrerait CF ou son prolongement en un certain point P, on aurait alors (358) PF = AD; mais on a déjà CF = AD : donc PF serait égale à CF, ce qui est absurde; donc les plans ABC, DEF sont parallèles.

THÉORÈME

361. *Deux lignes quelconques* AB, CD *qui rencontrent trois plans parallèles* M, N, P *sont divisées en parties proportionnelles.*

On aura $\dfrac{AE}{BE} = \dfrac{CF}{DF}$.

Pour le démontrer, menons par le point A, AG parallèle à CD. Le plan des lignes AB, AG rencontre les plans parallèles N et P suivant les droites EH, BG, qui sont parallèles (355); or le triangle BAG dans lequel EH est parallèle à BG, donne $\dfrac{AE}{BE} = \dfrac{AH}{HG}$;

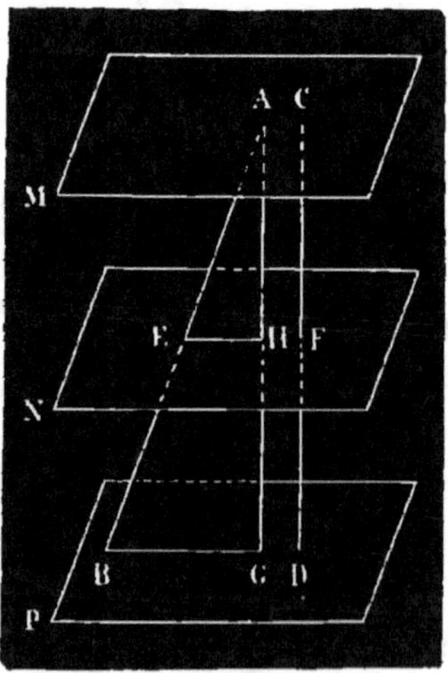

Fig. 204.

mais (358) AH = CF et HG = DF; donc enfin on a

$$\frac{AE}{BE} = \frac{CF}{DF}.$$

Angle dièdre. — Génération des angles dièdres par la rotation d'un plan autour d'une droite. — Dièdre droit.

DÉFINITIONS

362. Angle dièdre. On appelle *angle dièdre*, ou simplement *dièdre*, la figure formée par deux plans qui se coupent et se terminent à leur commune intersection.

Les deux plans CB, DB sont les *faces* du dièdre et leur intersection AB en est *l'arête*. Un livre entr'ouvert présente l'image d'un dièdre.

En général, on désigne un dièdre par quatre lettres en mettant les deux de l'arête au milieu. Par exemple, on dit le dièdre CABD. Lorsque le dièdre est isolé, qu'il n'y a par conséquent pas lieu à confusion, on le désigne par les deux lettres de l'arête. Par exemple, on dit le dièdre AB.

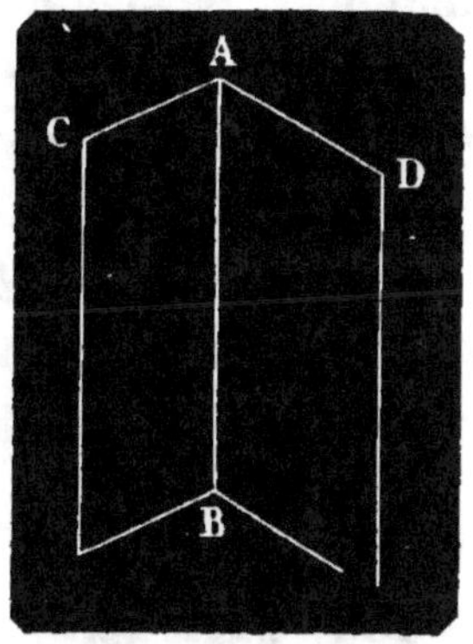

Fig. 205.

363. Génération des angles dièdres. On peut considérer les angles dièdres comme se formant à la manière des angles rectilignes.

Si l'on suppose que le plan C, d'abord appliqué sur MN, se relève en tournant autour de AB de droite à gauche, il formera deux dièdres NABC, MABC; dans ce mouvement, le

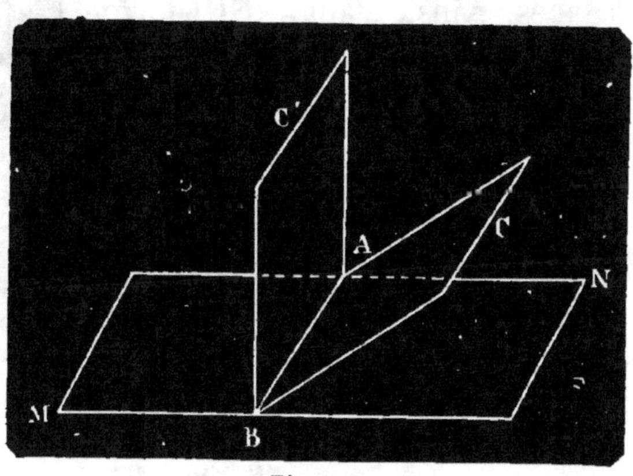

Fig. 206.

premier augmentera et le second diminuera d'une manière continue, le plan C arrivera donc à prendre une position telle que C′, qui rendra les deux dièdres C′ABN et C′ABM égaux. On dit alors que le plan C′ est perpendiculaire sur le plan MN. Chacun des angles dièdres adjacents et égaux C'ABN et C'ABM est appelé *angle dièdre droit* ou simplement *dièdre droit*.

Les propriétés dont jouissent les angles dièdres sont analogues à celles des angles rectilignes et donnent lieu à des propositions qui correspondent à celles que nous avons vues dans le premier livre, et qui se démontrent de la même manière. Le lecteur peut donc s'exercer à prouver que :

1° *Par une droite AB située dans un plan MN on ne peut mener qu'un seul plan C' perpendiculaire au plan MN;*

2° *Tous les dièdres droits sont égaux entre eux;*

3° *La somme de deux dièdres adjacents est égale à deux dièdres droits,* etc.

Angle plan. — Mesure des angles dièdres

DÉFINITIONS

364. Angle plan. On appelle *angle plan* (ou *rectiligne*) correspondant à un dièdre donné, l'angle formé par deux perpendiculaires menées en un même point de l'arête du dièdre et dans chacune de ses faces. Ainsi, l'angle GHI formé par les perpendiculaires GH dans le plan AF, et IH dans le plan AE, est l'angle correspondant au dièdre AB.

Cet angle est le même, quel que soit le point de l'arête que l'on choisisse; car deux angles tels que GHI, MON formés de cette manière ont leurs côtés parallèles et sont égaux (360).

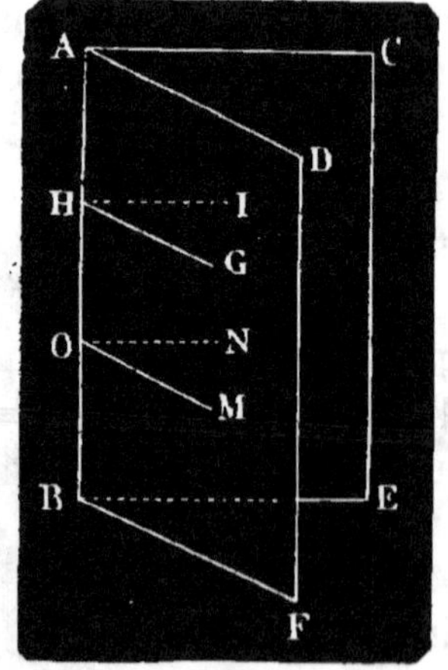

Fig. 207.

THÉORÈME

365. *Si deux dièdres AB, EF sont égaux, les angles plans CBD, GFH sont aussi égaux.*

Portons le dièdre EF sur le dièdre AB, la face EFG sur la face ABC, de manière que l'arête EF soit sur l'arête AB et le point F au point B. La face EFH coïncidera avec la face ABD; car s'il en était autrement, le dièdre EF serait ou plus petit ou plus grand que le dièdre AB, ce qui n'est pas. Les faces des dièdres coïncidant et l'arête EF étant sur l'arête AB, la perpendiculaire GF à EF se confondra avec la perpendiculaire CB à AB, il en sera de même de HF et DB; par conséquent,

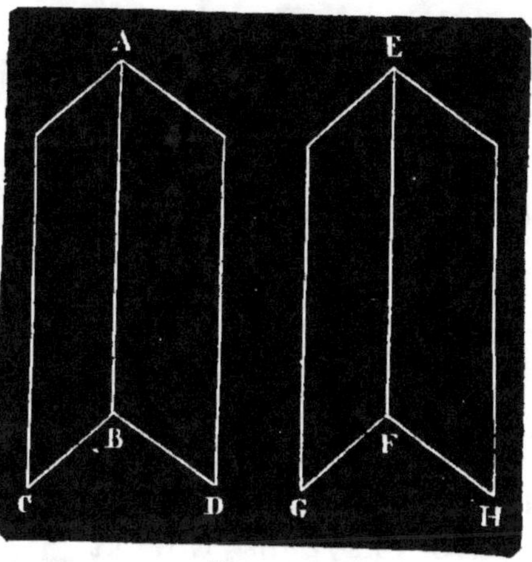

Fig. 208.

les angles plans CBD, GFH coïncideront et seront égaux.

THÉORÈME RÉCIPROQUE

366. *Si deux angles plans* CBD, GFH *(fig. 208) sont égaux, les dièdres correspondants* AB, EF *sont égaux aussi.*

En effet, portons la face EFG sur la face ABC de manière que l'arête EF soit sur l'arête AB, le point F au point B et le côté FG sur le côté BC; dans cette position la face EFG se confondra avec la face ABC (333, 2°). Mais à cause de l'égalité des angles plans CBD, GFH, le côté FH s'appliquera sur le côté BD, et les deux faces EFH, ABD se confondront aussi (333, 2°), et par suite les deux dièdres : donc ils seront égaux.

367. COROLLAIRE. *A un angle plan droit correspond un angle dièdre droit,* parce que si les deux angles plans adjacents CDE, CDF sont égaux, les dièdres adjacents CABN, CABM le seront aussi, et par conséquent seront droits.

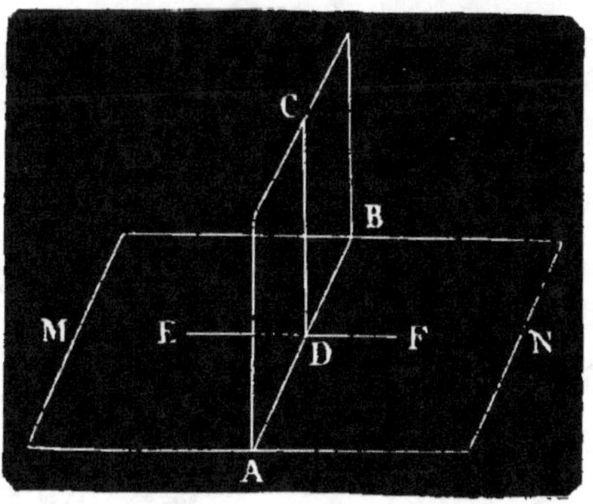

Fig. 209.

THÉORÈME

368. *Le rapport de deux angles dièdres* AB, CD *est égal à celui de leurs angles plans* EBI, KDN *correspondants.*

Ainsi, on aura

$$\frac{AB}{CD} = \frac{EBI}{KDN}.$$

En effet, supposons que les angles plans EBI, KDN aient une commune mesure EBF et qu'elle soit contenue quatre fois dans EBI et trois fois dans KDN. Ces deux angles seront entre eux comme les nombres 4 et 3, et nous aurons

$$\frac{EBI}{KDN} = \frac{4}{3}.$$

Si nous menons les plans ABF, ABG, ABH et les plans CDL, CDM, les dièdres AB, CD seront partagés l'un et l'autre en petits

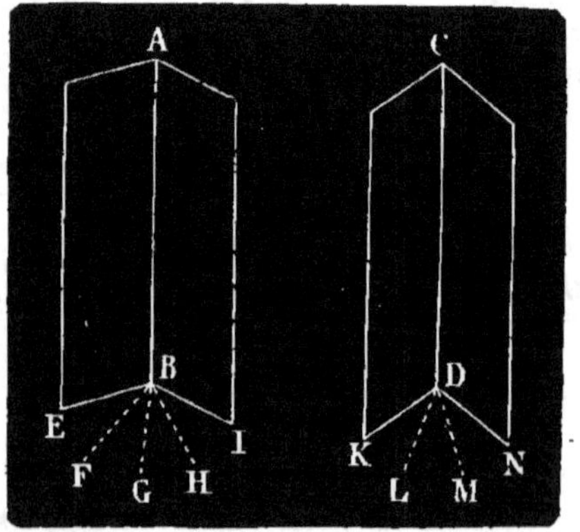

Fig. 210.

dièdres tous égaux entre eux comme correspondant à des angles plans égaux. Mais quatre de ces dièdres sont contenus dans AB et trois dans CD : donc ces dièdres sont entre eux comme les nombres 4 et 3, d'où

$$\frac{AB}{CD} = \frac{4}{3}.$$

Les quantités $\dfrac{AB}{CD}$, $\dfrac{EBI}{KDN}$ étant l'une et l'autre égales à $\dfrac{4}{3}$, sont égales entre elles, donc enfin

$$\frac{AB}{CD} = \frac{EBI}{KDN}.$$

369. REMARQUE. Cette démonstration étant indépendante de la commune mesure EBF serait encore rigoureuse dans le cas où cette commune mesure serait plus petite que toute quantité appréciable, et, par conséquent, dans le cas où les arcs seraient incommensurables.

370. Mesure des Angles dièdres. Les dièdres étant dans le même rapport que les angles plans qui leur correspondent, ceux-ci pourront servir de mesure aux premiers. Voilà pourquoi l'on dit qu'*un angle dièdre a pour mesure l'angle plan correspondant*. Un dièdre s'évaluera par conséquent en degrés, minutes et secondes comme l'angle plan qui le mesure.

L'unité des angles dièdres est le *dièdre droit*, qui vaut 90°, puisqu'il correspond à l'angle plan droit.

Propriétés des Plans perpendiculaires entre eux

THÉORÈME

371. *Lorsqu'une droite AB est perpendiculaire à un plan MN, tout plan ACD conduit suivant cette droite est perpendiculaire au premier.*

En effet, dans le plan MN menons BE perpendiculaire à l'intersection CD des deux plans. AB étant perpendiculaire au plan MN est perpendiculaire aux droites CD, BE; par conséquent l'angle ABE est l'angle plan correspondant au dièdre ACDN; or cet

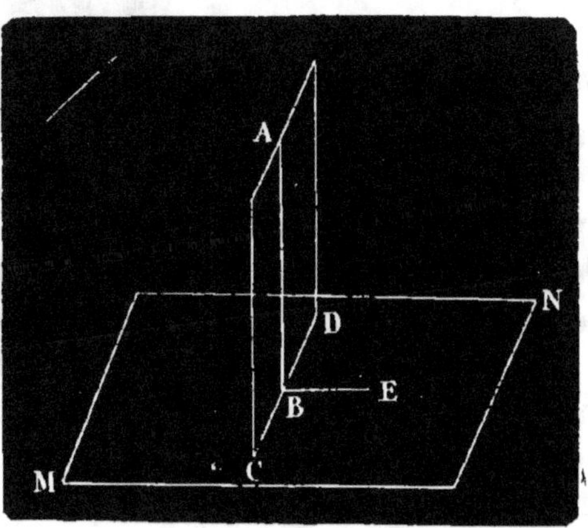

Fig. 411.

angle est droit, donc le plan ACD est perpendiculaire sur MN.

THÉORÈME

372. *Lorsque deux plans* AC, MN *(fig. 211) sont perpendiculaires l'un à l'autre, toute droite* AB *menée dans l'un d'eux* AC *perpendiculairement à leur intersection* CD *est perpendiculaire sur l'autre plan* MN.

En effet, du point B menons dans le plan MN la droite BE perpendiculaire à CD, l'angle plan ABE correspondra au dièdre ACDN, mais ce dièdre formé par les plans perpendiculaires AC, MN, est droit ; par conséquent, l'angle plan ABE l'est aussi : donc AB perpendiculaire à CD et à BE est perpendiculaire au plan MN.

THÉORÈME

373. *Si deux plans* M, N *sont perpendiculaires l'un à l'autre et que d'un point quelconque* A *pris dans l'un d'eux* N *on mène à l'autre* M *une perpendiculaire, elle est tout entière dans le premier plan* N.

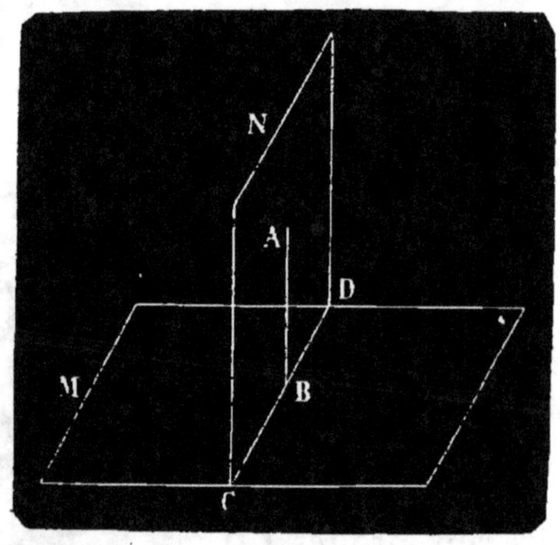

Fig. 212.

En effet, si du point A nous menons à l'intersection CD la perpendiculaire AB, elle sera tout entière dans le plan N et de plus perpendiculaire au plan M (372), mais c'est l'unique perpendiculaire qu'on puisse mener du point A au plan M (341, 2°) : donc la perpendiculaire abaissée du point A sur le plan M est tout entière dans le plan N.

THÉORÈME

374. *Lorsque deux plans* N, P *sont perpendiculaires à un* *troisième* **M,** *leur intersection* AB *est perpendiculaire à ce troisième plan.*

En effet, le point A étant un point de l'intersection appartient aux deux plans; si donc nous abaissons de ce point une perpendiculaire au plan M, elle devra, d'après le théorème précédent, se trouver dans le plan N et dans le plan P, donc elle ne pourra être que l'intersection de ces deux plans.

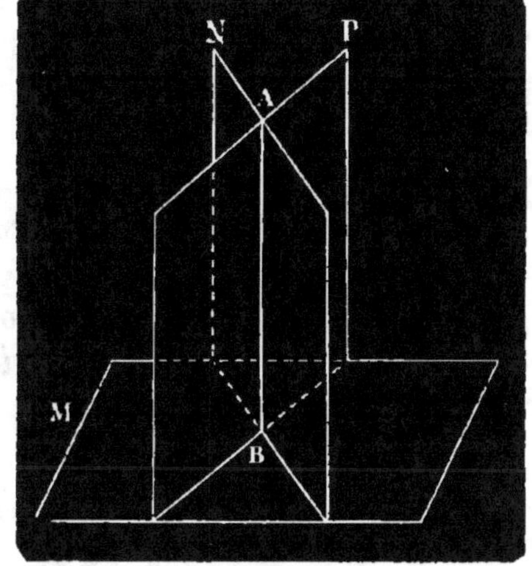

Fig. 213.

Angle trièdre. — Cas d'égalité et de symétrie

375. On appelle angle *polyèdre* ou angle *solide* la figure formée par plusieurs plans qui se coupent au même point S, et limités à leurs intersections consécutives SA, SB... Le point commun S est le *sommet* de l'angle solide, les intersections SA, SB, SC... en sont les *arêtes* ; enfin les angles ASB, BSC, CSD... que forment les arêtes sont les *faces* ou les *angles plans* de l'angle solide.

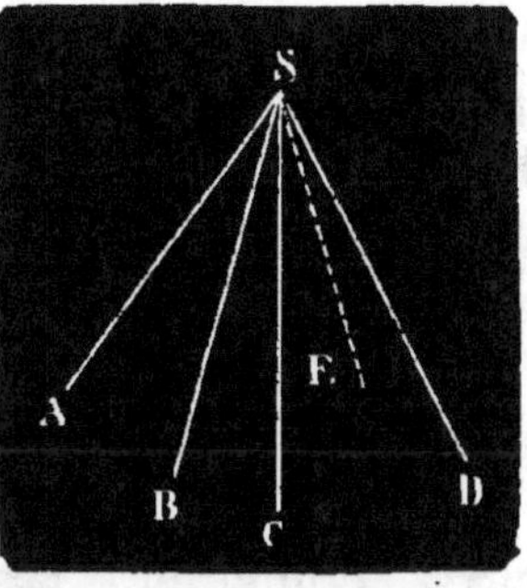

Fig. 214.

376. On appelle *trièdre* l'angle solide qui n'a que trois faces.

L'angle trièdre se compose de six parties ou éléments déterminés : les trois faces ASB, ASC, BSC et les trois dièdres SA, SB, SC formés par les faces.

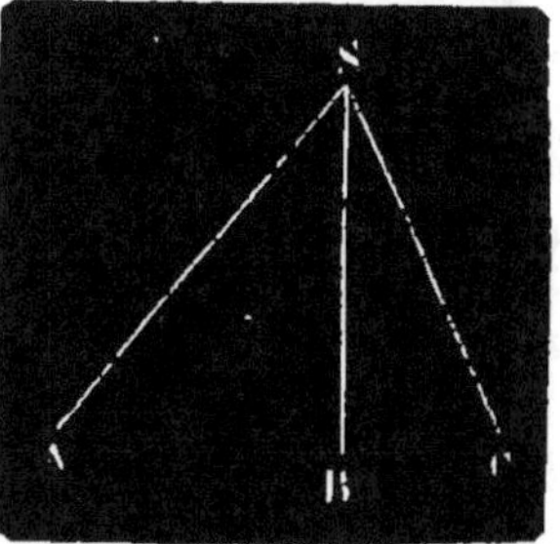

Fig. 215.

377. On nomme angles polyèdres *convexes* ceux dans lesquels une face quelconque prolongée laisse toutes les autres du même côté. Nous considérerons seulement cette sorte d'angles solides.

THÉORÈME

378. *Deux angles trièdres sont égaux lorsqu'ils ont un angle dièdre égal compris entre deux faces égales chacune à chacune et disposées dans le même ordre.*

On a

$$\text{Dièdre } SA = S'A',$$
$$\text{Face } ASB = A'S'B',$$
$$\text{Face } ASC = A'S'C'.$$

Je dis que trièdre S = trièdre S'.

En effet, plaçons le trièdre S' sur le trièdre S de manière que la face A'S'B' soit sur son égale ASB. Les dièdres SA et S'A' étant égaux et les faces ASC, A'S'C' étant placées du même côté du plan ASB, la face A'S'C' coïncidera avec son égale ASC et par consé-quent S'C' avec l'arête SC : les deux trièdres coïncident donc dans toutes leurs parties, donc ils sont égaux.

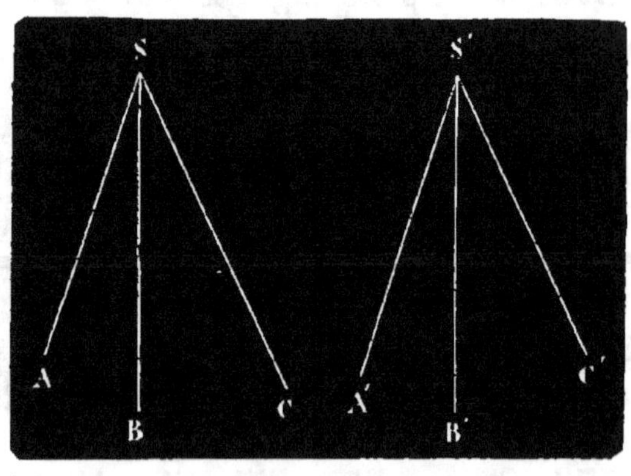

Fig. 216.

THÉORÈME

379. *Deux trièdres sont égaux lorsqu'ils ont une face égale adjacente à deux angles dièdres égaux chacun à chacun et semblablement disposés (fig. 216).*

On a

$$\text{Face ASB} = \text{face A}'\text{S}'\text{B}',$$
$$\text{Dièdre SA} = \text{dièdre S}'\text{A}',$$
$$\text{Dièdre SB} = \text{dièdre S}'\text{B}'.$$

Je dis que trièdre S = trièdre S'.

En effet, plaçons la face A'S'B' sur son égale ASB, de manière que les arêtes SA, S'A', SB, S'B' coïncident. Comme les dièdres SA, S'A' sont égaux, la face A'S'C' se posera sur la face ASC; à cause de l'égalité des dièdres SB, S'B', la face B'S'C' se posera aussi sur la face BSC : donc l'arête S'C' se trouvera dans les deux faces ASC, BSC, et se confondra par conséquent avec SC, et les deux trièdres seront égaux.

THÉORÈME

580. *Deux trièdres SABC, SA'B'C' dont les arêtes de l'un sont les prolongements des arêtes de l'autre, sont égaux, mais non superposables.*

En effet, tous les éléments du second sont égaux à ceux du premier, les faces sont égales comme opposées par le sommet et deux dièdres quelconques SA', SA, égaux comme formés des mêmes plans (il faut considérer les plans comme illimités), donc ces deux trièdres sont égaux.

Ils ne sont d'ailleurs pas superposables, car si l'on place les trièdres de manière que l'arête SA' soit sur l'arête SA et l'arête SC' sur l'arête SC, l'arête SB se trouvera d'un côté du plan ASC (en avant), tandis que l'arête SB' se trouvera de l'autre côté du même plan (derrière).

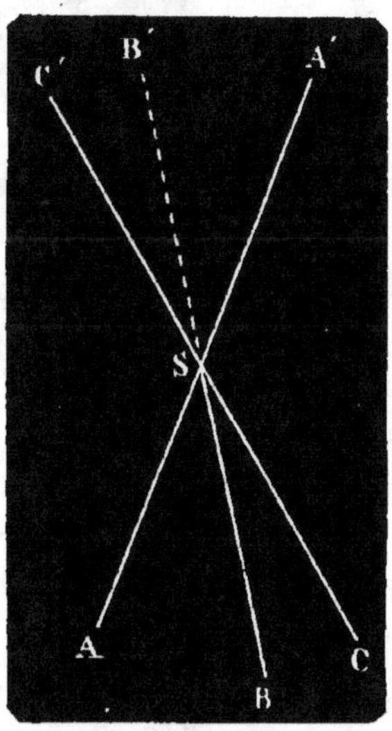

Fig. 217.

Deux trièdres tels que SABC, SA'B'C', dont tous les

éléments de l'un sont égaux à tous les éléments de l'autre, sans que ces trièdres soient cependant superposables, sont appelés trièdres *symétriques*.

THÉORÈME

381. *Deux trièdres SABC, S'A'B'C' qui ont leurs faces égales chacune à chacune ont leurs angles dièdres égaux chacun à chacun et sont égaux ou symétriques.*

Faisons SA=S'A', et par les points A et A' menons les plans ABC, A'B'C' respectivement perpendiculaires aux arêtes SA, S'A'. Les triangles SAB, S'A'B' sont rectangles en A et en A'; de plus, l'angle ASB = A'S'B' par hypothèse, et par construction SA = S'A'; donc ces triangles sont égaux,

Fig. 218.

et SB=S'B'. On prouverait de même que les triangles rectangles ASC, A'S'C' sont égaux : donc SC=S'C'. Les deux triangles SBC, S'B'C' ayant l'angle BSC=B'S'C', le côté SB=S'B' et le côté SC=S'C' sont égaux; donc les triangles ABC, A'B'C' sont égaux aussi comme ayant les trois côtés égaux chacun à chacun, par suite l'angle plan BAC est égal à l'angle plan B'A'C'. Mais à des angles plans égaux correspondent des dièdres égaux (366), donc dièdre SA=dièdre S'A'.

Par une construction analogue on prouverait que dièdre SB=dièdre S'B' et dièdre SC=dièdre S'C'. Les trièdres SABC, S'A'B'C' ayant leurs éléments égaux chacun à chacun sont égaux; ils seront superposables si leurs faces sont semblablement disposées et symétriques s'il en est autrement.

382. REMARQUE. Les dièdres égaux sont compris entre des faces égales chacune à chacune et opposées aux faces égales ; par exemple, les dièdres égaux SA, S'A' sont, le premier compris entre les faces SAB, SAC égales chacune à chacune aux faces S'A'B', S'A'C' qui comprennent le second ; d'ailleurs, le premier est opposé à la face BSC et le second à la face égale B'S'C'.

Propriétés de l'Angle trièdre supplémentaire

THÉORÈME

383. *Les perpendiculaires* CD, CE *abaissées d'un point* C *pris dans l'ouverture d'un angle dièdre* AB *sur les faces* MA, NA *de ce dernier font un angle* DCE *qui est le supplément de l'angle dièdre.*

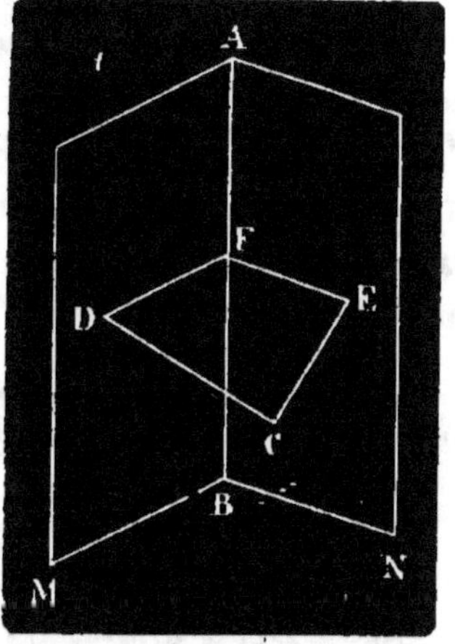

Fig. 219.

Si du point C pris dans l'ouverture du dièdre AB on abaisse sur les plans MA, NA les perpendiculaires CD, CE, le plan CDE sera perpendiculaire aux faces du dièdre et par conséquent à son arête AB (374). Donc, si F est le point où CDE rencontre AB, le dièdre aura pour mesure l'angle rectiligne DFE. Or, les quatre angles d'un quadrilatère valent quatre droits, et comme les angles en D et en E sont droits, on a

$$DFE + DCE = 2 \text{ droits.}$$

THÉORÈME

384. *Les perpendiculaires* S'A', S'B', S'C', *menées d'un point* S' *pris dans l'intérieur d'un trièdre* S *sur les faces de ce trièdre forment un second trièdre* S' *dont les angles plans sont les suppléments des angles dièdres du premier, et* RÉCI-

PROQUEMENT *les angles plans du premier sont les suppléments des angles dièdres du second.*

En effet, d'après le théorème précédent, on a d'abord

Angle A′S′B′ + dièdre SC = 2 droits,

Angle A′S′C′ + dièdre SB = 2 droits,

Angle B′S′C′ + dièdre SA = 2 droits.

Pour démontrer la seconde partie de l'énoncé, il suffit de faire voir que le premier trièdre se trouve dans les mêmes conditions que le second, c'est-à-dire que ses arêtes sont perpendiculaires aux faces du second. Or, le plan S′B′C′, conduit selon les perpendiculaires S′B′, S′C′, est perpendiculaire aux faces SAC, SAB, et par suite à l'arête SA, donc réciproquement SA est perpendiculaire au plan S′B′C′ ; on prouverait de même que les arêtes SC, SB sont respectivement perpendiculaires aux plans S′A′B′, S′A′C′.

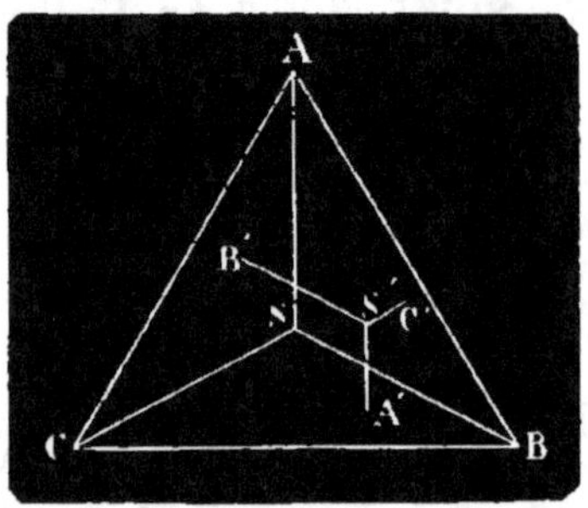
Fig. 220.

385. REMARQUE. Les angles trièdres S et S′ sont dits *supplémentaires.*

THÉORÈME

386. *Deux angles trièdres sont égaux lorsqu'ils ont leurs dièdres égaux chacun à chacun.*

En effet, si deux trièdres T et T′ ont leurs dièdres égaux chacun à chacun, leurs supplémentaires S et S′ ont leurs angles plans (ou leurs faces) égaux chacun à chacun (384), donc ils sont égaux entre eux (381) et par conséquent leurs dièdres le sont aussi ; mais de l'égalité de ces dièdres résulte (365) l'égalité des angles plans des trièdres T et T′ ; ceux-ci ayant leurs angles plans (ou leurs faces) égaux, sont égaux.

Limite de la somme des Faces d'un Angle polyèdre convexe

THÉORÈME

387. *Dans tout angle trièdre SABC, une face*[1] *quelconque est plus petite que la somme des deux autres.*

Démontrons que la plus grande face ASB est plus petite que la somme des deux autres ASC, CSB.

Pour cela, formons dans l'angle ASB un angle ASD $=$ ASC, puis menons une droite quelconque AB qui rencontre SD au point D; enfin prenons SC $=$ SD et joignons les points A et B au point C; les triangles ASD, ASC ont un angle égal compris entre côtés égaux, savoir : l'angle ASD $=$ l'angle ASC par construction, le côté AS est commun et l'on a fait SD $=$ SC : donc ces deux triangles sont égaux et AD $=$ AC. Mais le triangle ABC donne

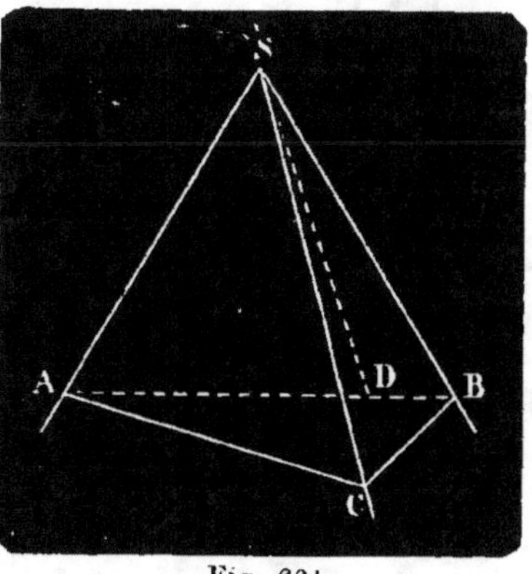

Fig. 221.

$$AD + DB < AC + CB ;$$

retranchant de part et d'autre les quantités égales AD, AC, il vient

$$DB < CB.$$

Or, les deux triangles BSD, BSC ont SB commun; SD $=$ SC et DB $<$ BC, par conséquent (65) on a angle BSD $<$ BSC : donc

$$ASD + DSB < ASC + BSC$$

ou
$$ASB < ASC + BSC.$$

---

1. Il ne faut pas oublier que les mots *face* et *angle plan* désignent la même chose; le premier de ces mots est celui du programme.

et par a, b, c les angles plans correspondants du trièdre supplémentaire, on a

$$A = 2 \text{ droits} - a \text{; car (397) } A + a = 2 \text{ droits,}$$
$$B = 2 \text{ droits} - b,$$
$$C = 2 \text{ droits} - c.$$

Si l'on additionne, il vient

$$A + B + C = 6 \text{ droits} - (+ a + b + c).$$

Or, les trois angles plans a, b, c donnent (389)

$$a + b + c < 4 \text{ droits et} > \text{zéro,}$$

donc on a $\quad A + B + C > 6 - 4$ ou 2 droits

et $\quad\quad\quad\quad A + B + C < 6$ droits.

Analogie et Différence entre les Angles trièdres et les Triangles rectilignes

Triangles rectilignes	**Trièdres**

391. Deux triangles sont égaux :

Deux trièdres sont égaux :

1° Lorsqu'ils ont un angle égal compris entre côtés égaux chacun à chacun;

1° Lorsqu'ils ont un angle dièdre égal compris entre deux faces égales chacune à chacune et disposées dans le même ordre;

2° Lorsqu'ils ont un côté égal adjacent à deux angles égaux chacun à chacun;

2° Lorsqu'ils ont une face égale adjacente à deux angles dièdres égaux chacun à chacun et semblablement disposés;

3° Lorsqu'ils ont les trois côtés égaux chacun à chacun.

3° Lorsqu'ils ont les trois faces égales chacune à chacune et semblablement disposées.

4° Un côté quelconque d'un triangle est moindre que la somme des deux autres.

4° Une face quelconque d'un trièdre est moindre que la somme des deux autres.

5° Un côté quelconque

5° Une face quelconque

388. Corollaire. *Dans tout trièdre une face quelconque est plus grande que la différence des deux autres,* car si de l'inégalité

$$\mathrm{ASC} + \mathrm{BSC} > \mathrm{ASB},$$

on retranche ASC de part et d'autre, on obtient

$$\mathrm{BSC} > \mathrm{ASB} - \mathrm{ASC}.$$

THÉORÈME

389. *La somme des faces d'un angle polyèdre convexe quelconque vaut moins de quatre angles droits, et est plus grande que zéro.*

Si l'on suppose tous les plans (ou faces) a, b, c, d, e, f, g sur un même plan, leur somme en s vaut 4 droits (46) ; or il est visible qu'on ne pourra former un angle polyèdre (un *creux*) en s qu'autant qu'on retranchera quelque chose à l'une des faces, par exemple une petite portion telle que n, mais alors la somme des faces restantes ne vaudra plus 4 droits : donc la somme des faces d'un angle polyèdre quelconque vaut moins de 4 droits, et elle est d'ailleurs plus grande que zéro[1].

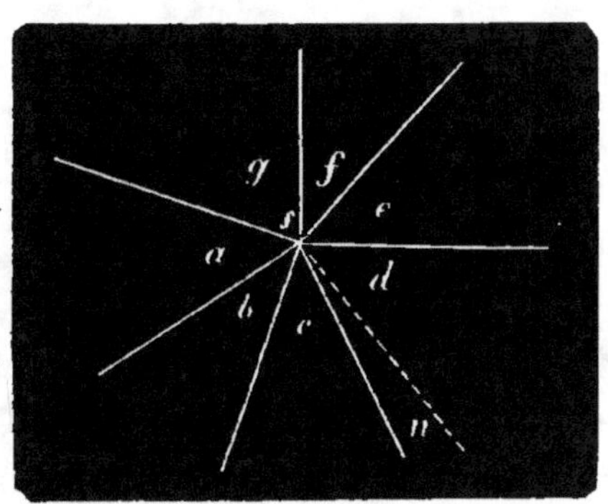

Fig. 222.

Limites de la somme des Angles dièdres d'un Angle trièdre

THÉORÈME

390. *La somme des dièdres d'un trièdre quelconque est plus grande que deux droits et moindre que six.*

En désignant par A, B, C les dièdres du trièdre proposé

---

1. Voir une autre démonstration dans notre *Nouveau Cours*.

d'un triangle est plus grand que la différence des deux autres.

d'un trièdre est plus grande que la différence des deux autres.

6° Si deux triangles ont les trois côtés égaux chacun à chacun, les angles opposés aux côtés égaux sont égaux.

6° Si deux angles trièdres ont les trois faces égales chacune à chacune, les angles dièdres opposés aux faces égales sont égaux.

7° Pas d'analogie.

7° Deux trièdres sont égaux lorsque leurs trois angles dièdres sont égaux chacun à chacun.

8° Pas d'analogie.

8° La somme des faces d'un trièdre est moindre que quatre droits, et plus grande que zéro.

9° Pas d'analogie.

9° La somme des dièdres d'un trièdre quelconque est plus grande que deux droits et plus petite que six droits.

392. REMARQUE. Nous faisons voir, dans notre *Nouveau Cours*, l'analogie parfaite qui existe entre les trièdres et les triangles sphériques ; mais le lecteur peut faire lui-même beaucoup d'autres rapprochements, par exemple entre les *perpendiculaires* et les *obliques* à une *droite* et à un *plan*, entre l'*égalité* et la *similitude*, etc. De telles comparaisons ont l'avantage de soulager la mémoire en diminuant le nombre des principes, et d'étendre nos connaissances en nous faisant passer sans difficulté des propriétés connues d'une figure aux propriétés de la figure correspondante.

EXERCICES DU LIVRE V

477. Une portion de courbe plane détermine-t-elle la position d'un plan ?

478. Par un point donné sur une droite, mener un plan perpendiculaire à cette droite.

479. Par un point donné hors d'une droite, faire passer un plan qui soit perpendiculaire à la droite.

480. Trouver le lieu des perpendiculaires menées dans l'espace en un point donné d'une droite.

481. Une oblique AB ayant 4^m de long, rencontre un plan MN au point B, la perpendiculaire Aa abaissée du point A sur MN a 3^m, on demande la valeur de aB.

482. A 6^m d'un plan MN, on décrit une circonférence sur ce plan avec un rayon de 8^m; on demande la surface du cercle tracé sur MN.

483. Trouver une série d'obliques égales partant d'un même point A et telles que le carré de chacune d'elles soit égal à la somme des carrés de deux lignes données AD, EF.

484. Un point A est à 7^m au-dessus du centre d'un cercle qui a 20^{mq} de surface : on demande la distance du point A à la circonférence du cercle.

485. Trouver le lieu des points de l'espace également distants de deux points donnés A et B.

486. Trouver dans l'espace le lieu de tous les points également distants de trois points non en ligne droite.

487. Trouver sur un plan le lieu de tous les points également distants d'un point donné A hors de ce plan.

488. Une droite également inclinée sur trois droites qui passent par son pied dans le plan est perpendiculaire à ce plan.

489. Du point A hors d'un plan MN on décrit une circonférence sur ce plan, puis on mène une tangente BC à la circonférence et enfin on joint le point A au point C. Calculer AC à $0^m,01$ près, sachant que la distance du point A au plan MN ou AO égale 12^m, le rayon OB$=7^m$ et la tangente BC$=15^m$.

490. Trouver le lieu des parallèles menées à une droite AB par les points d'une autre droite CD située dans un autre plan.

491. Trouver la plus courte distance de deux droites AB, CD données dans l'espace et non situées dans un même plan.

492. Par une droite donnée AB, mener un plan parallèle à une autre droite donnée CD.

493. Par un point donné, mener une parallèle à un plan.

494. Par un point donné P, faire passer un plan parallèle à deux droites AB, CD, qui ne sont pas situées dans le même plan.

495. Par un point donné, mener un plan parallèle à un plan donné.

496. Mener 3 plans parallèles, M, N, P, passant par 3 points, A, B, C, non en ligne droite.

497. Lorsqu'une ligne droite et un plan sont perpendiculaires à la même droite ils sont parallèles.

498. Trouver le lieu des points également distants de deux plans parallèles.

499. Trouver le lieu des parallèles menées à un plan MN par un point quelconque P.

500. Trois plans parallèles, M, N, P, sont rencontrés par deux droites, AB, CD; la droite AB rencontre les plans en A, E, B, et la droite CD en C, F, D, on a $AE = 6^m$, $BE = 8^m$, $CD = 12^m$. Calculer CF et FD.

501. Lorsque deux plans passent par deux droites parallèles, leur intersection est parallèle à ces droites.

502. Lorsque deux plans qui se coupent sont parallèles à une même droite, leur intersection est parallèle à cette droite.

503. Comment mesurer l'angle formé par deux murs qui se rencontrent?

504. Peut-on s'assurer par le calcul si deux murs sont ou non perpendiculaires?

505. Démontrer que l'angle d'une droite et d'un plan est le plus petit des angles que fait cette ligne avec les droites qui passent par son pied dans le plan.

(*Une droite AB rencontre un plan MN au point B; la projection du point A sur le plan MN est le pied a de la perpendiculaire abaissée du point A sur le plan MN, et la droite qui joint le point B au point a du plan est la projection de la droite BA sur le même plan MN. L'angle ABa est l'angle d'une droite AB et d'un plan MN.*)

506. De toutes les droites issues d'un même point d'un plan, trouver celle qui fait le plus grand angle avec un 2ᵉ plan qui rencontre le 1ᵉʳ.

507. Par deux points donnés ou par une droite donnée sur un plan, faire passer un second plan perpendiculaire au premier.

508. Par deux points donnés ou par une droite donnée hors d'un plan, faire passer un second plan perpendiculaire au premier.

509. La projection d'une droite sur un plan est un point ou une droite.

510. Les perpendiculaires abaissées du même point A sur des plans qui passent par la même droite KL sont toutes dans un même plan.

511. Une droite et un plan qui lui est parallèle sont perpendiculaires au même plan.

512. Un méridien coupe un mur vertical selon une verticale.

513. Démontrer : 1° que tout point du plan bissecteur d'un angle dièdre est également distant de ses faces ; 2° que tout point pris dans l'intérieur du dièdre hors du bissecteur est inégalement distant des faces du dièdre.

514. Trouver le lieu des points de l'espace tels que chacun d'eux soit également distant des trois arêtes d'un trièdre.

515. Si un angle trièdre a deux faces égales, les dièdres opposés à ces faces sont égaux.

516. Si deux dièdres d'un trièdre sont égaux, les faces opposées sont aussi égales.

517. Dans un angle trièdre, au plus grand dièdre est opposée la plus grande face et réciproquement.

LIVRE SIXIÈME

DES POLYÈDRES

DÉFINITIONS

593. Un *polyèdre*[1] est un corps terminé de toutes parts par des plans.

594. On appelle *faces* d'un polyèdre les plans qui le terminent. ABGF, BCHG... sont des faces.

595. Les *sommets* sont les sommets des *angles* solides formés par les faces. Ex. : les sommets A, B, C...

596. On nomme *arêtes* les lignes suivant lesquelles les faces se coupent. AF, BG, CH sont des arêtes.

597. Les *diagonales* sont les droites qui unissent deux sommets non situés dans la même face. FD est une diagonale.

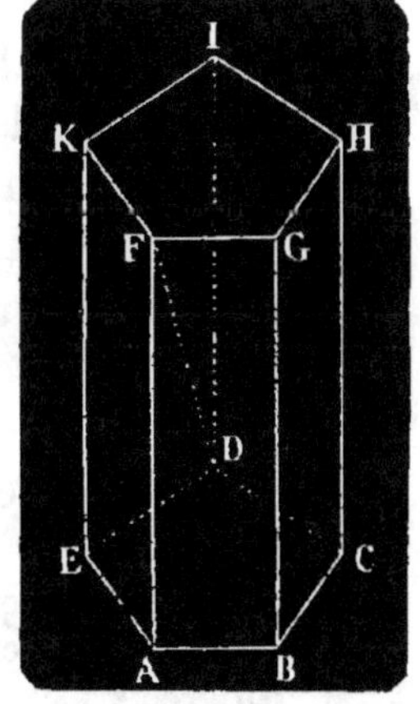

Fig. 223.

598. Un polyèdre est *régulier* lorsque ses angles sont

1. Du grec *polus*, plusieurs ; *edra*, base.

égaux et que ses faces sont des polygones réguliers égaux. Nous verrons plus loin qu'il n'existe que cinq polyèdres réguliers.

399. Quelques polyèdres ont des noms particuliers; on appelle :

Tétraèdre[1], le polyèdre qui a	4	faces,
Pentaèdre[2] —	5	—
Hexaèdre[3] —	6	—
Octaèdre[4] —	8	—
Dodécaèdre[5] —	12	—
Icosaèdre[6] —	20	—

Les autres polyèdres se désignent par le nombre de leurs côtés.

400. On nomme *prisme*[7] un polyèdre qui a deux faces égales et parallèles et dont toutes les autres sont des parallélogrammes.

Voici comment on peut construire un prisme : on prend un polygone quelconque ABCDE (*fig.* 223), et dans un plan parallèle, on forme un second polygone FGHIK dont les côtés soient deux à deux égaux à ceux du premier, parallèles et dirigés dans le même sens; on joint ensuite les sommets homologues par les droites AF, BG, CH... Le volume AH ainsi formé est un prisme, car deux de ses faces sont égales et parallèles et toutes les autres sont des parallélogrammes.

401. Les deux faces ABCDE, FGHIK égales et parallèles sont les *bases* du prisme; toutes les autres faces constituent la *surface latérale* ou *convexe* du prisme.

402. La *hauteur* d'un prisme est la perpendiculaire abaissée d'un point de la base supérieure sur le plan de la base inférieure.

1. Du grec *tetra*, quatre; *edra*, base.
2. Du grec *pente*, cinq; *edra*, base.
3. Du grec *ex*, six; *edra*, base.
4. Du grec *okto*, huit; *edra*, base.
5. Du grec *dodeka*, douze; *edra*, base.
6. Du grec *eikosi*, vingt; *edra*, base.
7. Du grec *prisma*, formé de *prió*, scier.

403. Un prisme est *droit* lorsque ses arêtes sont perpendiculaires aux plans des bases ; il est *oblique* dans le cas contraire.

404. Un prisme tire son nom de ses bases : ainsi un prisme est dit *triangulaire, quadrangulaire, pentagonal*, etc., selon que ses bases sont des triangles, des quadrilatères, des pentagones, etc.

405. Le prisme quadrangulaire, qui a pour bases des parallélogrammes et dont, par conséquent, les six faces sont des parallélogrammes, prend le nom particulier de *parallélipipède* [1].

406. Le parallélipipède dont toutes les faces sont des rectangles, s'appelle *parallélipipède rectangle;* et il porte le nom de *cube* [2] si elles sont des carrés égaux.

THÉORÈME

407. *Il n'y a que 5 polyèdres réguliers*, savoir : le tétraèdre, dont la surface est composée de 4 triangles équilatéraux assemblés 3 à 3 autour de chaque sommet, l'hexaèdre, de 6 carrés réunis 3 à 3, l'octaèdre, de 8 triangles équilatéraux groupés 4 à 4, le dodécaèdre, de 12 pentagones assemblés 3 à 3, et l'icosaèdre, de 20 triangles équilatéraux réunis 5 à 5.

En effet, un angle solide exigeant au moins trois faces et la somme de ces faces ne pouvant jamais égaler 360° (389), il suffit d'examiner quels sont les polygones réguliers dont les angles assemblés 3 à 3, 4 à 4, 5 à 5... fassent une somme moindre que 4 droits. Or, chacun des angles d'un triangle équilatéral valant 60°, pour construire un angle solide, on ne peut réunir ces angles que 3 à 3, 4 à 4 ou 5 à 5, ce qui donne le tétraèdre, l'octaèdre et l'icosaèdre. Il est évident que ces angles ne peuvent être réunis 6 à 6, car un angle solide a moins de 360°, et 6 fois 60° = 360°. Les angles d'un carré valant 90°, on ne peut

---

1. Du grec *parallélos*, parallèle ; *epi*, sur ; *pedion*, surface plane.
2. Du grec *kubos*, dé à jouer.

assembler ces angles que 3 à 3, ce qui donne l'hexaèdre. Pour le pentagone, chacun des angles valant 108°, on ne pourra non plus réunir les angles que 3 à 3, ce qui donnera le dodécaèdre. Chaque angle d'un hexagone valant 120°, il est impossible de construire un angle solide en réunissant 3 de ces angles ; l'impossibilité de construire un angle solide, en réunissant trois angles d'un polygone régulier, existe *à fortiori* si ce polygone a plus de six côtés : donc, enfin, il n'y a que cinq polyèdres réguliers.

THÉORÈME

408. *Dans tout parallélipipède, les faces opposées sont égales et parallèles.*

Soit le parallélipipède AH. Par définition, les deux bases AC et EH sont égales et parallèles; il reste à démontrer que la même chose a lieu pour deux faces opposées quelconques, par exemple, pour les faces AG et BH. Toutes les faces de ce solide étant des parallélogrammes, les arêtes AE et BF (ce sont les côtés opposés du parallélogramme AF) sont égales et parallèles; il en est de même de AD et de BC. Par conséquent, les angles EAD, FBC sont égaux et leurs plans sont parallèles; de plus, les parallélogrammes AG et BH sont égaux comme ayant un angle égal compris entre côtés égaux chacun à chacun.

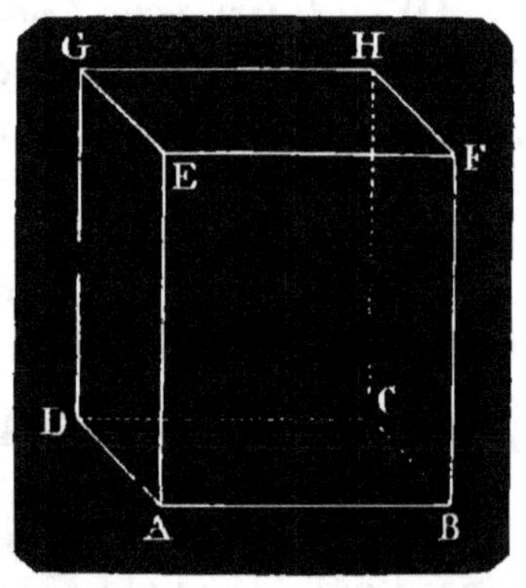

Fig. 224.

409. REMARQUE. Puisque dans un parallélipipède quelconque, deux faces opposées sont égales et parallèles, il est évident qu'on peut prendre pour bases une face et son opposée.

THÉORÈME

410. *La surface latérale d'un prisme droit quelconque est égale au produit du périmètre de sa base par sa hauteur.*

En effet, la surface latérale du prisme se compose de rectangles ayant pour hauteur commune AA′, qui est la hauteur du prisme, et pour base les côtés AB, BC..., dont la somme constitue le périmètre de la base du prisme. Donc surface latérale du prisme = (AB+BC +CD+DE+EF+FA) AA′, ou .e produit du périmètre de la base du prisme par sa hauteur.

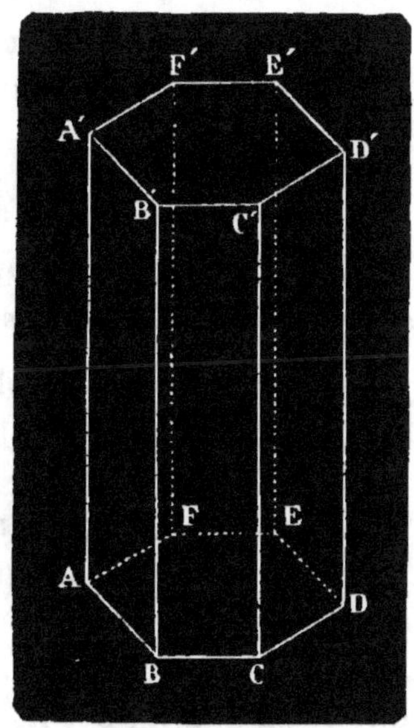

Fig. 225.

THÉORÈME

411. *Deux prismes droits qui ont des bases égales et des hauteurs égales sont égaux.*

En effet, plaçons la base A′B′C′D′E′ sur son égale ABCDE, de manière que ces deux bases coïncident parfaitement ; les arêtes A′F′, B′G′..., perpendiculaires sur le plan A′B′C′D′E′, prendront les directions de leurs homologues AF, BG...,

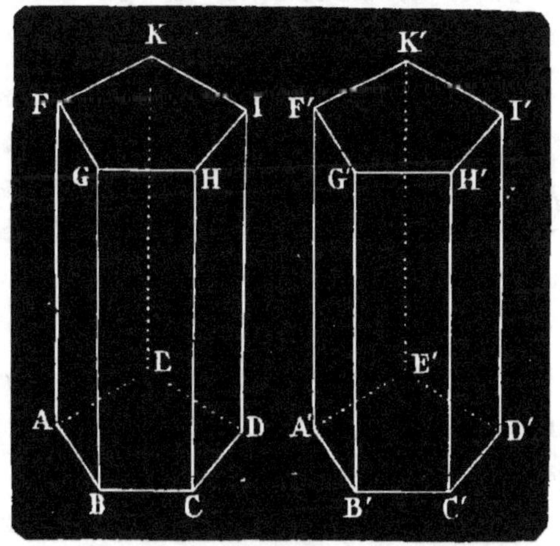

Fig. 226.

perpendiculaires sur le plan ABCDE, et puisqu'elles sont

égales, leurs extrémités se confondront, et il en sera de même des deux prismes.

DÉFINITION

412. On appelle *section plane* ou simplement *section* d'un polyèdre tout plan sécant qui rencontre les arêtes du polyèdre.

THÉORÈME

413. *Des sections parallèles LMNOP, QRSTU faites dans un prisme AI sont des polygones égaux.*

Car deux côtés homologues quelconques LM, QR sont parallèles comme étant les intersections de deux plans parallèles, LN, QS, par un troisième AG, et de plus égaux, puisque ce sont des parallèles comprises entre parallèles. Deux angles quelconques LMN, QRS, sont aussi égaux, car ils ont leurs côtés parallèles et dirigés dans le même sens. Ces deux polygones, ayant leurs côtés et leurs angles égaux, sont égaux.

414. Corollaire I. *Toute section parallèle à la base est égale à cette base.*

415. Corollaire II. *Toute section faite dans un parallélipipède par un plan qui rencontre deux faces opposées est un parallélogramme,* car cette section est un quadrilatère dont les côtés opposés sont parallèles comme intersections de deux plans parallèles coupés par un troisième.

Fig. 227.

416. Remarque. On appelle *section droite* d'un prisme toute section faite par un plan perpendiculaire aux arêtes latérales.

THÉORÈME

417. *Tout prisme oblique AG est équivalent au prisme*

droit qui a pour base la section droite du premier, et pour hauteur une de ses arêtes latérales.

Par un point quelconque I de l'arête AE, menons un plan IL perpendiculaire aux arêtes latérales du prisme oblique; prolongeons ensuite EA de manière à avoir AN==IE, puis par le point N conduisons un plan parallèle à IL; ce plan rencontrera les arêtes, FB, GC, HD, prolongées, et nous obtiendrons ainsi un prisme droit NL équivalent au prisme oblique AG. Prouvons d'abord que les solides NC et IG sont égaux.

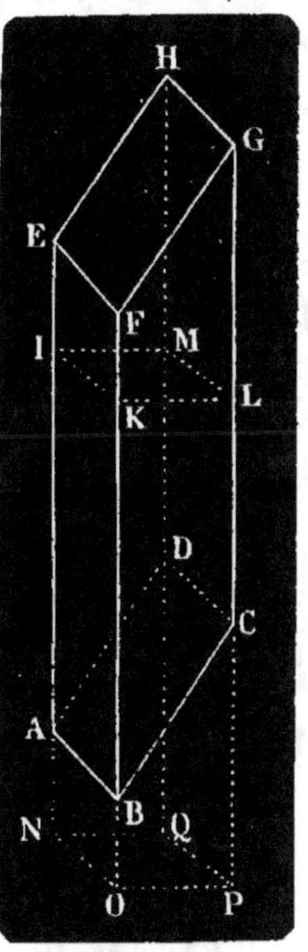

Fig 228

Pour cela portons la section NP sur son égale (443) IL, de manière qu'elles coïncident dans toute leur étendue : les arêtes NA, OB, PC, QD, perpendiculaires au plan NP, prendront respectivement les directions des arêtes IE, KF, IG, MH, perpendiculaires au plan IL ; mais, le plan NP étant parallèle à IN, et AN étant égal à IE, on a BO==KF, PC==LG, QD==MH : donc, les points A, B, C, D, tomberont aux points E, F, G, H : les deux solides NC, IG, coïncideront dans toute leur étendue et seront par conséquent égaux.

Or, si de la figure totale NG nous retranchons successivement les solides égaux, NC, IG, les deux restes qu'on obtient, ou les prismes AG, NL sont équivalents.

418. Corollaire. Il résulte de ce théorème que *deux prismes qui ont des sections droites égales et les arêtes perpendiculaires à la section droite égales sont équivalents.*

419. Remarque. Il est évident que les sections NP, IL auraient pu être perpendiculaires à l'arête BF aux points B et F, la démonstration aurait été la même : donc, **si,** par les deux extrémités d'une arête d'un prisme oblique on mène des sections droites, on obtient un prisme droit équivalent au prisme oblique.

12.

THÉORÈME

420. *Si l'on mène un plan BDHF par deux arêtes opposées d'un parallélipipède AG, on obtient deux prismes triangulaires BH, AF équivalents.*

En effet, par un point quelconque I de AE, menons une section droite IL, qui sera un parallélogramme (415); or, ce parallélogramme se trouve partagé par le plan DBFH en deux triangles IKM, KLM égaux et qui sont les sections droites des prismes triangulaires BH, AF. Ces deux prismes ayant des sections droites égales et des arêtes latérales égales (418) sont équivalents.

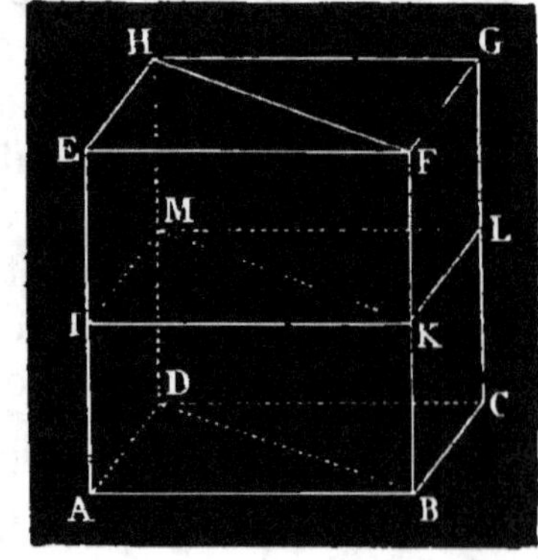

Fig. 229.

Mesure des Volumes

421. Mesurer un volume quelconque c'est chercher son rapport avec l'unité de volume, ou déterminer combien il contient cette unité ou de parties de cette unité.

En général, on prend pour unité de volume le *mètre cube*, c'est-à-dire un cube dont chaque arête a un mètre de longueur.

Mesure des Parallélipipèdes

THÉORÈME

422. *Le volume d'un parallélipipède rectangle (dont les faces sont des rectangles) a pour mesure le produit de sa base par sa hauteur, ou le produit de ses trois dimensions.*

Ainsi nous aurons parallélipipède AG $= $ AB $\times$ AD $\times$ AE.

En effet, supposons d'abord que les dimensions du parallélipipède AG soient exprimées en nombres entiers et que AB=7 mètres, AD=3 mètres, AE=5 mètres.

La surface de la base du parallélipipède, ou rectangle ABCD, sera égale à $7 \times 3 = 21$ mètres carrés. Sur chaque mètre carré de la base on peut placer un mètre cube, ce qui fera une tranche de 21 mètres cubes ayant 1 mètre de hauteur. Or, chaque mètre de hauteur peut donner lieu à une tranche de 21 mètres cubes. Ce parallélipipède contiendra donc 5 fois 21 ou 105 mètres cubes : 105 est précisément

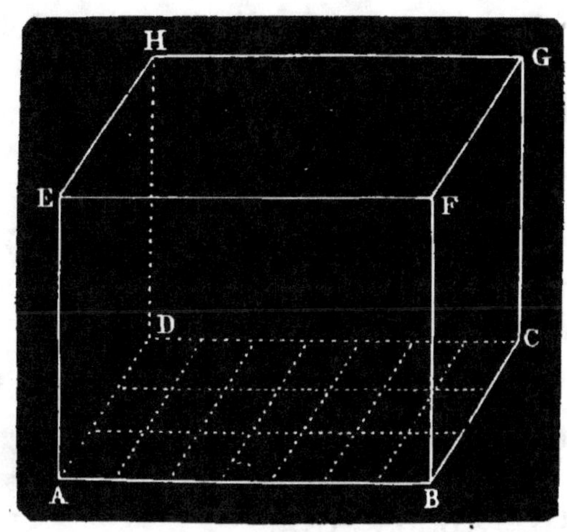

Fig. 230.

le produit de la base 21 par la hauteur 5, ou le produit des trois dimensions 7 mètres, 3 mètres, 5 mètres.

2° Supposons maintenant que les dimensions du parallélipipède ne soient pas exprimées en nombres entiers, et qu'on ait AB=$6^m,50$, AD=$3^m,25$ et AE=$4^m,75$. Si nous réduisons ces dimensions en centimètres, nous aurons AB=650, AD=325 et AE=475.

En raisonnant comme nous venons de le faire, nous trouverons que le parallélipipède contiendra un nombre de centimètres cubes égal à

$$650 \times 325 \times 475 = 100343750 ;$$

mais le centimètre cube est la millionième partie du mètre cube; donc le volume en mètres cubes sera 100,343750. Or, ce nombre représente le produit des trois dimensions 6,50, 3,25, 4,75.

Donc, en général, parallélipipède AG=$AB \times AD \times AE$.

423. REMARQUE. Dans ce second cas, nous avons admis pour commune mesure le centimètre, mais il est évident que la commune mesure aurait pu être quelconque, aussi petite que possible, le théorème est donc vrai dans tous les cas.

424. Corollaire. *Le volume du cube est égal au cube de son arête, car dans un cube les trois dimensions sont égales.* En désignant par *a* l'arête d'un cube et par C son volume, on a donc $C = a \times a \times a = a^3$.

THÉORÈME

425. *Le volume d'un parallélipipède droit* (dont les bases sont des parallélogrammes) *a pour mesure le produit de sa base par sa hauteur.*

Soit le parallélipipède AG dont la base est ABCD et la hauteur AE.

Nous aurons parallélipipède AG = ABCD × AE.

En effet, si nous remplaçons les parallélogrammes de ses bases par les rectangles équivalents ABIK, EFLM, nous formerons ainsi un parallélipipède rectangle AL ayant même hauteur AE que AG et des bases équivalentes; mais nous aurons en outre deux prismes triangulaires droits ADKEHM, BCIFGL, égaux comme ayant des bases et des hauteurs égales (411).

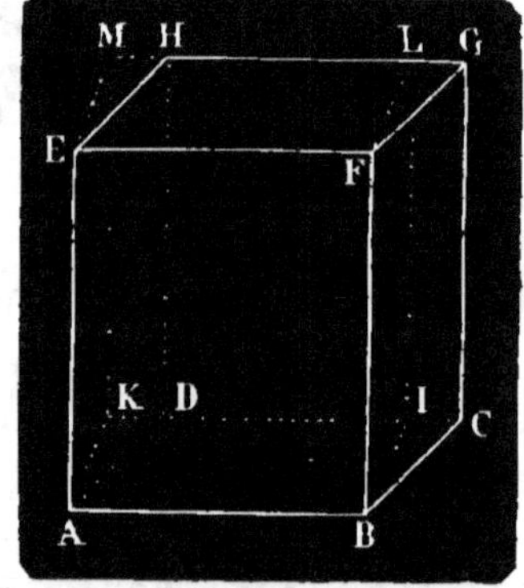

Fig. 231.

Or, si de la figure totale on retranche successivement les prismes égaux AH, BG, les restes qu'on obtient, ou les parallélipipèdes AG, AL, sont équivalents.

Mais le parallélipipède AL a pour mesure (422) ABIK × AE, donc le parallélipipède AG, qui lui est équivalent, aura aussi cette mesure, ou ABCD × AE, car le rectangle ABIK peut se remplacer par le parallélogramme ABCD. Donc enfin le volume d'un parallélipipède droit a pour mesure le produit de sa base par sa hauteur.

THÉORÈME

426. *Le volume d'un parallélipipède quelconque a pour mesure le produit de sa base par sa hauteur.*

Car tout parallélipipède oblique AG peut être transformé en parallélipipède droit équivalent (419) IP, qui a pour mesure (425) IKLM $\times$ IE, mais le rectangle IKLM

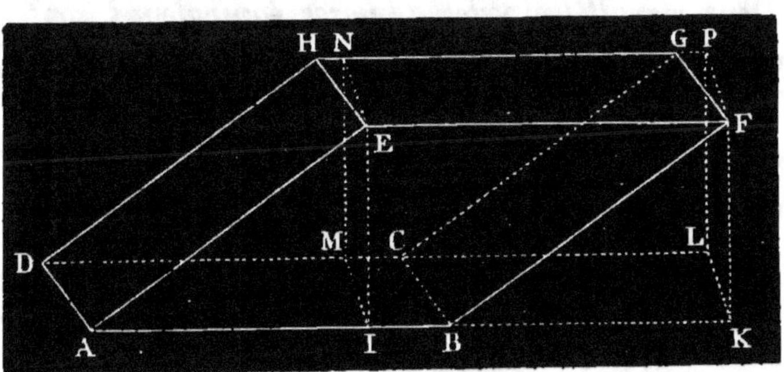

Fig. 232.

équivaut au parallélogramme ABCD (ils ont des bases et des hauteurs égales); donc on peut donner pour mesure au parallélipipède IP :

$$ABCD \times IE.$$

Le parallélipipède AG, qui lui est équivalent, aura aussi cette mesure ou enfin le produit de sa base par sa hauteur.

En désignant par P *le volume d'un parallélipipède quelconque, par* B *et* H, *sa base et sa hauteur, on a la formule :*

$$P = B \times H.$$

427. COROLLAIRE. *Deux parallélipipèdes quelconques sont entre eux dans le même rapport que les produits de leurs bases par leurs hauteurs, ou que les produits de leurs trois dimensions.*

Un parallélipipède dont la base est B et la hauteur H donne

$$P = B \times H \ (1)$$

et un parallélipipède P' dont les dimensions sont H' et B' donne

$$P' = B' \times H' \; (2).$$

D'où, en divisant membre à membre ces égalités :

$$\frac{P}{P'} = \frac{B \times H}{B' \times H'} \; (3).$$

De là, il résulte que :

1° *Deux parallélipipèdes de bases équivalentes sont entre eux dans le même rapport que leurs hauteurs*, car si, dans l'égalité (3) on fait B = B', on a

$$\frac{P}{P'} = \frac{B \times H}{B \times H'} = \frac{H}{H'} ;$$

2° *Deux parallélipipèdes de hauteurs égales sont dans le même rapport que leurs bases*, car si l'on fait dans la même égalité H = H', on a

$$\frac{P}{P'} = \frac{B \times H}{B' \times H} = \frac{B}{B'}.$$

Volume du Prisme

THÉORÈME

428. *Le volume d'un prisme a pour mesure le produit de sa base par sa hauteur.*

1° Soit le prisme triangulaire ABCDEF. Ce prisme est la moitié du parallélipipède CH (420).

Or, CH a pour mesure AGBC × FK ou 2ABC × FK (FK est la perpendiculaire abaissée du sommet sur le plan de la base); donc le prisme triangulaire ABCDEF, qui est la moitié de ce parallélipipède,

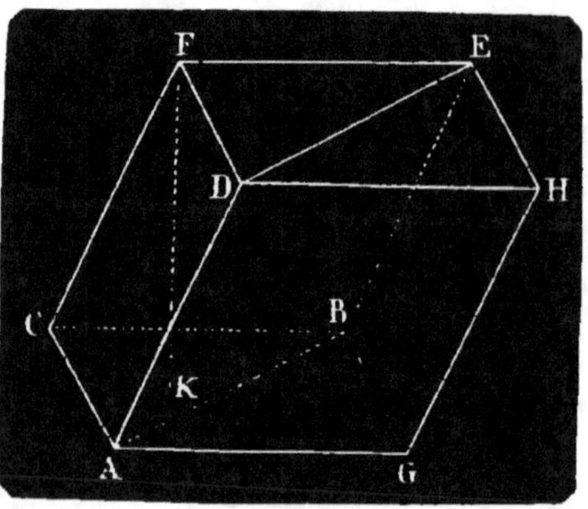

Fig. 233.

aura pour mesure $\dfrac{2ABC \times FK}{2} = ABC \times FK$, ou le produit de sa base par sa hauteur.

2° Soit un prisme polygonal quelconque ABCDEFGHIK.

Décomposons-le en prismes triangulaires par des plans menés selon l'arête AF et les arêtes CH, DI, ces prismes ont même hauteur que le prisme total. Si nous appelons H la hauteur commune, nous aurons :

Prisme ABCFGH $=$ ABC $\times$ H,
Prisme ACDFHI $=$ ACD $\times$ H,
Prisme ADEFIK $=$ ADE $\times$ H.

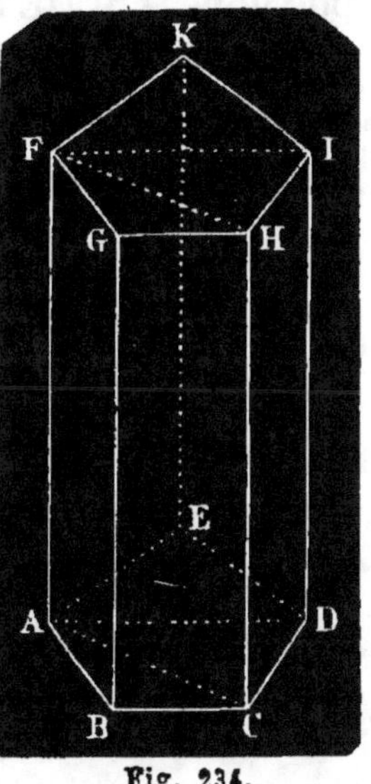

Fig. 234.

Donc le prisme polygonal, qui est la somme de ces prismes triangulaires, aura pour mesure ABC $\times$ H $+$ ACD $\times$ H $+$ ADE $\times$ H $=$ (ABC $+$ ACD $+$ ADE) $\times$ H $=$ ABCDE $\times$ H, ou la surface de sa base par sa hauteur.

429. Corollaire I. Un prisme peut avoir pour base un polygone *quelconque*, son volume n'en sera pas moins égal au produit de sa base par sa hauteur, puisque ce prisme pourra toujours être décomposé en prismes triangulaires ABEFSK, BEDSKI...

430. Corollaire II. *Deux prismes qui ont des bases équivalentes et des hauteurs égales sont équivalents.*

En désignant par Pr. le volume d'un prisme quelconque, par B et H sa base et sa hauteur, on a la formule

$$Pr. = B \times H.$$

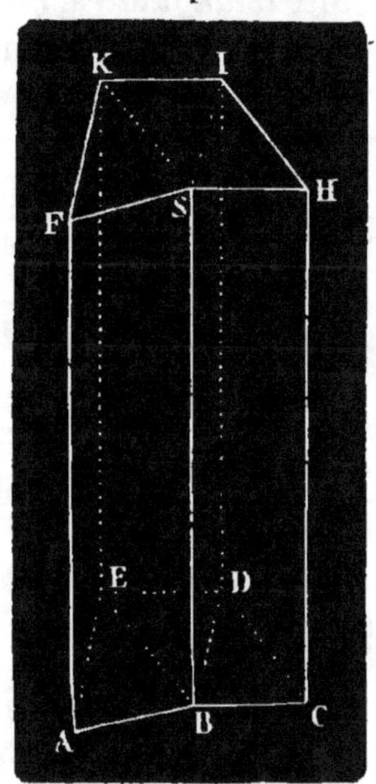

Fig. 235.

De la Pyramide

431. On appelle *pyramide* le solide formé par un polygone ABCDE et des triangles ayant un sommet commun S et pour bases respectives les côtés du polygone.

432. Le point S est le *sommet* de la pyramide; le polygone ABCDE en est la *base;* les triangles ASB, BSC... en forment la *surface latérale* ou *convexe.* Son *apothème* est la perpendiculaire SK menée du sommet S sur un côté quelconque CD de la base, et enfin sa *hauteur* est la perpendiculaire SO abaissée du sommet sur le *plan* de la base. La perpendiculaire peut tomber hors de la base.

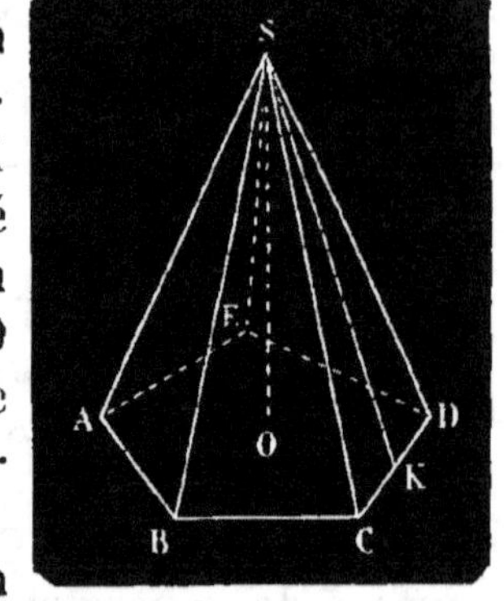

Fig. 236.

433. Une pyramide tire son nom de sa base : ainsi une pyramide est dite *triangulaire, quadrangulaire, pentagonale...*, etc., selon que sa base est un triangle, un quadrilatère, un pentagone, etc.

434. Une pyramide est *régulière* lorsque sa base est un polygone régulier et que sa hauteur tombe au *centre* de ce polygone; dans ce cas la hauteur est l'*axe* de la pyramide.

435. Quand on coupe une pyramide par un plan quelconque rencontrant toutes les arêtes, la portion de ce solide, comprise entre la base et le plan sécant, est appelée *pyramide tronquée*, ou encore *tronc de pyramide.*

THÉORÈME

436. *La surface latérale d'une pyramide quelconque régulière SABCDE a pour mesure le périmètre de sa base ABCDE multiplié par moitié de son apothème SK.*

En effet, la surface latérale de la pyramide se compose de triangles isocèles égaux, car tous ont même base et même hauteur; or l'un d'eux ASB a pour surface $AB \times \dfrac{SK}{2}$. La surface latérale entière, composée, dans ce cas, de cinq triangles égaux à ASB, sera donc $5AB \times \dfrac{SK}{2}$, ou le périmètre de la base multiplié par la moitié de l'apothème.

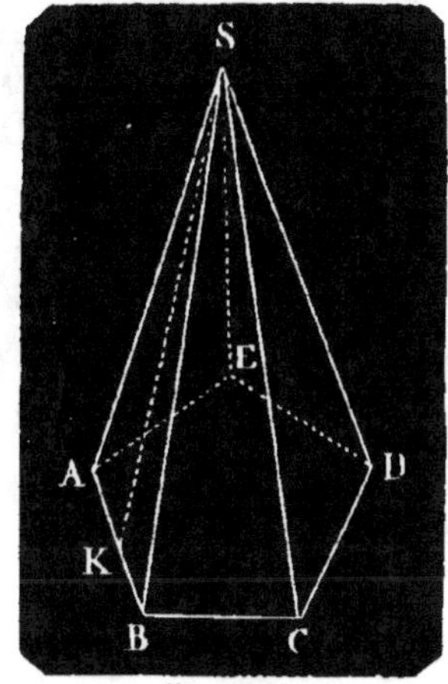

Fig. 237.

THÉORÈME

437. *Quand on coupe une pyramide par un plan parallèle à la base, 1° la section obtenue est un polygone semblable à la base ; 2° ces polygones sont entre eux dans le même rapport que les carrés de leurs distances au sommet.*

1° Les plans ABCD et *abcd* étant parallèles, le polygone *abcd* sera semblable à la base ABCD.

En effet, deux côtés homologues quelconques AB et *ab* sont parallèles comme étant les intersections de deux plans parallèles coupés par un troisième SAB (355). Les polygones *abcd* et ABCD ayant leurs côtés parallèles deux à deux et dirigés dans le même sens, ont leurs angles égaux. Ils ont aussi

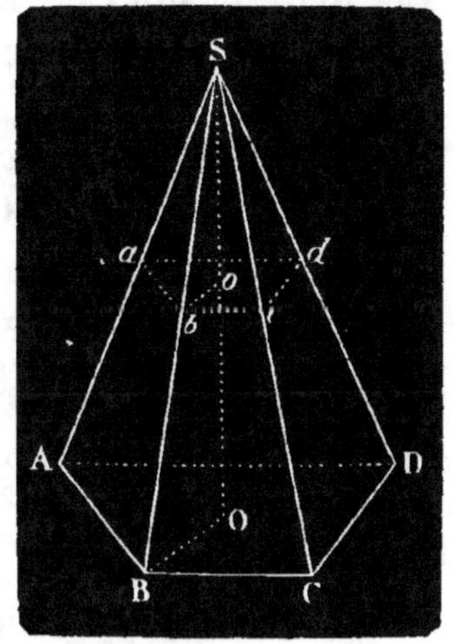

Fig. 238.

leurs côtés homologues proportionnels, car les triangles semblables S*ab*, SAB, S*bc*, SBC... donnent

$$\frac{Sb}{SB} = \frac{ab}{AB} = \frac{bc}{BC} = \frac{Sc}{SC} = \frac{cd}{CD} = \cdots$$

Ces polygones ayant leurs angles égaux et leurs côtés homologues proportionnels sont semblables.

2° On aura aussi $\dfrac{abcd}{\mathrm{ABCD}} = \dfrac{\overline{So}^2}{\overline{SO}^2}$, car la similitude des polygones $abcd$, ABCD donne

$$\frac{abcd}{\mathrm{ABCD}} = \frac{\overline{ab}^2}{\overline{AB}^2}\ (1),$$

et si l'on conduit un plan par l'arête SB et par la hauteur SO, on a, à cause des triangles semblables Sbo, SBO,

$$\frac{Sb}{\mathrm{SB}} = \frac{So}{\mathrm{SO}};$$

mais on a aussi

$$\frac{Sb}{\mathrm{SB}} = \frac{ab}{\mathrm{AB}},$$

d'où

$$\frac{ab}{\mathrm{AB}} = \frac{So}{\mathrm{SO}};$$

par conséquent

$$\frac{\overline{ab}^2}{\overline{AB}^2} = \frac{\overline{So}^2}{\overline{SO}^2}\ (2).$$

Les deux égalités (1) et (2) ayant un rapport de commun, les deux autres rapports forment une égalité, et l'on a enfin

$$\frac{abcd}{\mathrm{ABCD}} = \frac{\overline{So}^2}{\overline{SO}^2}.$$

THÉORÈME

438. *Lorsque deux pyramides ont des hauteurs égales, les sections faites par des plans parallèles aux bases, et à des distances égales des sommets, sont dans le même rapport que les bases.*

Soient les deux pyramides S et S', et les sections abc, $defg$ faites à égale distance des sommets par des plans parallèles aux bases, on aura

$$\frac{abc}{defg} = \frac{\mathrm{ABC}}{\mathrm{DEFG}}.$$

En effet, d'après le théorème précédent, on a

$$\frac{abc}{\text{ABC}} = \frac{\overline{So}^2}{\overline{SO}^2}$$

et $\dfrac{defg}{\text{DEFG}} = \dfrac{\overline{So'}^2}{\overline{SO'}^2}.$

Mais, par hypothèse, $So = S'o'$ et $SO = S'O'$, donc

$$\frac{abc}{\text{ABC}} = \frac{defg}{\text{DEFG}},$$

ou bien

$$\frac{abc}{defg} = \frac{\text{ABC}}{\text{DEFG}}.$$

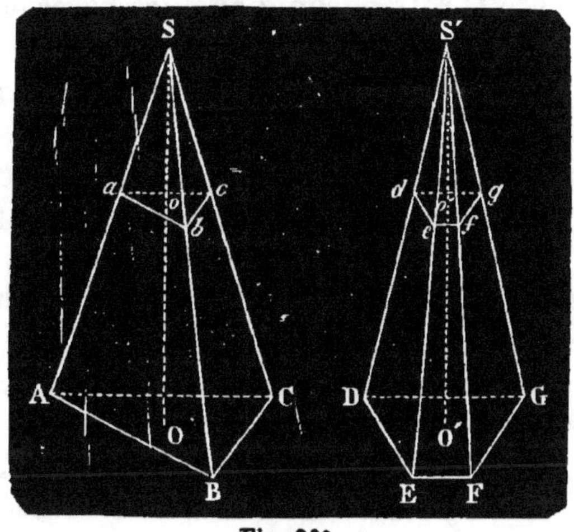

Fig. 239.

439. Remarque. Si les bases ABC, DEFG étaient équivalentes, les sections abc, $defg$ le seraient aussi.

THÉORÈME

440. *Deux pyramides triangulaires S, S′ de bases équivalentes et de hauteurs égales sont équivalentes.*

Supposons les bases ABC, A′B′C′ sur le même plan; divisons la hauteur commune H en un certain nombre de parties égales, et par les points de division menons des plans parallèles aux bases. Ces plans partageront les deux pyramides en un même nombre de tranches ayant même épaisseur. Puisque les bases sont équivalentes dans les pyramides, deux sections correspondantes, telles que DEF, D′E′F′ sont aussi équiva-

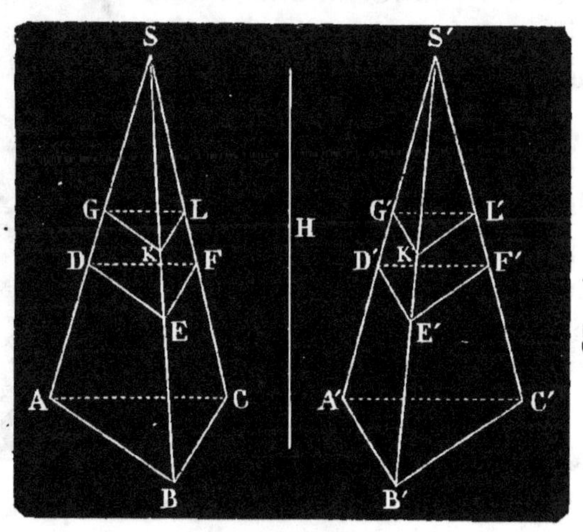

Fig. 240.

lentes (439). Or, deux tranches correspondantes DEFGKL, D′E′F′G′K′L′ auront donc des bases équivalentes et même épaisseur; si l'on suppose cette épaisseur infiniment petite (ou H divisé en un nombre infini de parties égales), on pourra considérer, sans erreur sensible, ces deux tranches comme des prismes triangulaires de bases équivalentes et de même hauteur: donc elles seront équivalentes (430). On prouverait de même que deux tranches quelconques correspondantes sont équivalentes : lès deux pyramides, étant composées d'un même nombre de tranches équivalentes chacune à chacune, sont équivalentes aussi [1].

Volume de la Pyramide, du Tronc de Pyramide à bases parallèles, du Tronc de Prisme triangulaire

THÉORÈME

441. *Le volume d'une pyramide quelconque a pour mesure le tiers du produit de sa base par sa hauteur.*

1° Soit d'abord la pyramide triangulaire SABC. Menons les droites AD, CE égales et parallèles à l'arête SB; puis achevons le prisme triangulaire ABCDES, qui a même base et même hauteur que la pyramide donnée : nous disons que cette dernière est le tiers du prisme.

En effet, le prisme se compose de la pyramide SABC et de la pyramide quadrangulaire SACED. Or, si nous conduisons le plan SDC, nous diviserons cette pyramide en deux pyramides triangulaires SACD, SCDE, qui ont des bases ACD, CDE égales et même hauteur, la distance du sommet S au plan ADEC; donc ces deux pyramides sont équi-

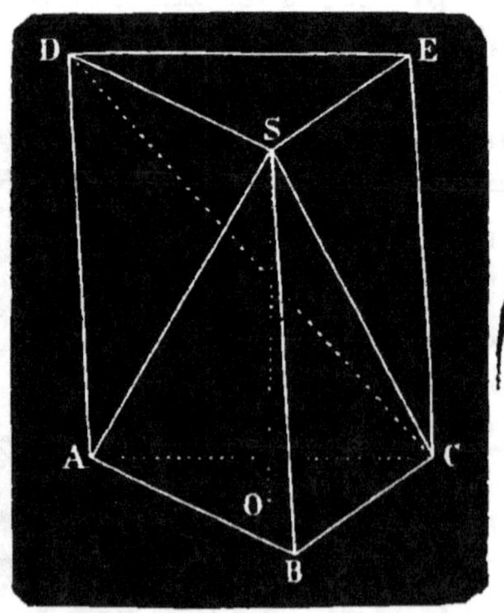

Fig. 241.

1. Voir une autre démonstration dans notre *Nouveau Cours*.

valentes (440). Mais la pyramide SCDE, au lieu d'avoir son sommet en S, peut l'avoir en C, et alors elle aura DSE pour base, et sera par conséquent équivalente à la pyramide SABC; car elles auront des bases égales ABC=DSE, et pour hauteur commune SO, la hauteur même du prisme. La pyramide SDCE étant équivalente aux pyramides SACD, SABC, les trois pyramides sont donc équivalentes entre elles, et l'une quelconque, SABC, est le $\frac{1}{3}$ du prisme. Or, le prisme ABCDES a pour mesure ABC$\times$SO; donc la pyramide SABC a pour mesure $ABC\times\dfrac{SO}{3}$.

2° Soit en second lieu la pyramide polygonale SABCDE.

Décomposons-la en pyramides triangulaires SABC, SACD, SADE ayant même hauteur SO que la pyramide donnée, nous aurons

$$\text{Pyramide } SABC = ABC\times\dfrac{SO}{3},$$

$$\text{Pyramide } SACD = ACD\times\dfrac{SO}{3},$$

$$\text{Pyramide } SADE = ADE\times\dfrac{SO}{3}:$$

donc

Fig. 242.

$$\text{Pyramide } SABCDE = (ABC+ACD+ADE)\,\dfrac{SO}{3} = ABCDE\times\dfrac{SO}{3}.$$

En désignant par **P** *le volume d'une pyramide quelconque, par* **B** *sa base, et par* **H** *sa hauteur, on a*

$$P = B\times\dfrac{H}{3}.$$

442. Corollaire I. *Deux pyramides qui ont des bases équivalentes et des hauteurs égales sont équivalentes.*

443. Corollaire II. *Mesure d'un polyèdre quelconque.* On obtiendra le volume d'un polyèdre quelconque en le décomposant en pyramides : la somme des volumes de ces pyramides donnera le volume du polyèdre.

THÉORÈME

444. *Le volume d'un tronc de pyramide à bases parallèles est égal à la somme des volumes de trois pyramides ayant pour hauteur commune la hauteur même du tronc, et pour bases respectives la base inférieure du tronc, sa base supérieure et une moyenne proportionnelle entre ces deux bases.*

Soit d'abord le tronc de pyramide triangulaire ABCDEF, à bases, ABC, DEF, parallèles.

Si nous menons les plans AEC, DEC, nous partagerons le tronc en trois pyramides triangulaires EABC, EDFC, EDAC. La première EABC a pour base ABC, ou la base inférieure du tronc, et pour hauteur la hauteur même du tronc, car son sommet E se trouve sur le plan DEF. La seconde EDFC, au lieu d'avoir son sommet en E, peut l'avoir en C, et alors elle aura DEF pour base, ou la base supérieure du tronc ; d'ailleurs elle aura même hauteur que lui, puisque son sommet C est sur le plan ABC. Les deux pyramides EABC, EDFC répondent déjà à l'énoncé du théorème.

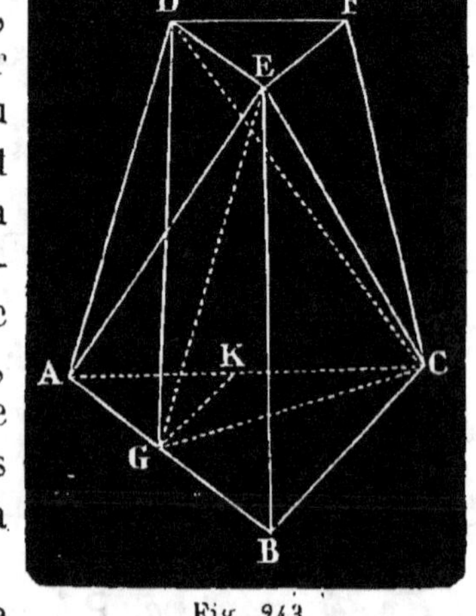

Fig. 243.

Démontrons que la pyramide restante EDAC est bien équivalente à la troisième annoncée.

Pour cela, menons par le point E une droite EG parallèle à AD, et joignons le point G aux points D et C, nous formerons ainsi une nouvelle pyramide GADC équivalente à la pyramide EADC, car elles ont ADC pour base commune, et leurs sommets étant en G et en E, sur une parallèle EG au plan de la base, elles ont même hauteur ; mais la pyramide GADC peut être considérée comme ayant son sommet en D, sa hauteur sera celle du tronc ; nous n'avons plus qu'à prouver que sa base est moyenne proportionnelle entre les deux bases du tronc.

Menons GK parallèle à BC : le triangle AGK sera égal au triangle DEF, car AG＝DE et les triangles sont de plus équiangles. Or, si l'on donne aux triangles AGK et AGC le point G pour sommet, ils ont même hauteur et sont entre eux comme leurs bases AK, AC ; donc

$$\frac{AGK}{AGC} = \frac{AK}{AC}.$$

De même, si l'on donne aux triangles AGC et ABC le point C pour sommet, ils ont même hauteur et sont entre eux comme leurs bases AG, AB ; donc

$$\frac{AGC}{ABC} = \frac{AG}{AB}.$$

Mais GK étant parallèle à BC, les rapports $\dfrac{AK}{AC}$ et $\dfrac{AG}{AB}$ sont égaux, et par conséquent

$$\frac{AGK}{AGC} = \frac{AGC}{ABC}$$

ou $\quad \dfrac{DEF}{AGC} = \dfrac{AGC}{ABC}$, car DEF＝AGK.

Soit, en second lieu, le tronc de pyramide polygonale ABCDEFGH, qui a été obtenu en coupant la pyramide SABCD par un plan parallèle à sa base. A côté de cette pyramide, concevons-en une triangulaire, S'IKL, ayant même hauteur et une base IKL équivalente à la base ABCD. Ces deux pyramides, ayant des bases équi-

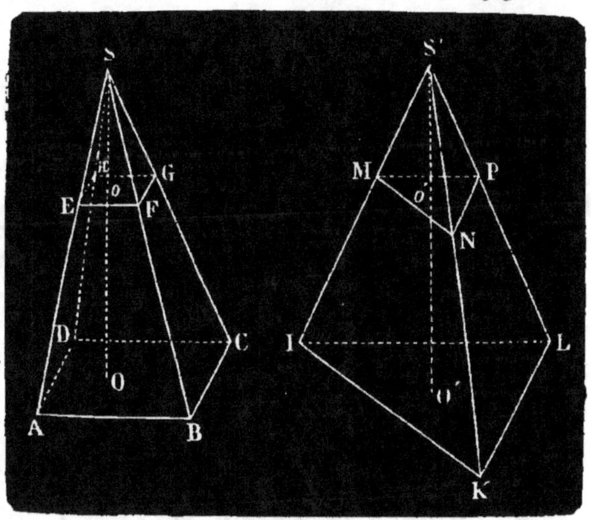

Fig. 244.

valentes et même hauteur, sont équivalentes. Si nous les supposons sur un même plan, tout plan sécant parallèle aux bases déterminera deux sections EFGH, MNP équivalentes (439). Les deux pyramides SEFGH, S'MNP, qui ont des bases équivalentes et des hauteurs égales, sont équivalentes.

Mais si des deux grandes pyramides équivalentes on retranche les deux petites, également équivalentes, les deux restes ou les troncs le seront aussi. Le théorème vrai pour une pyramide triangulaire l'est donc de même pour le tronc de pyramide polygonale.

En désignant par V *le volume d'un tronc de pyramide, par* B *et* b *ses bases, et par* h *sa hauteur, on a*

$$V = \tfrac{1}{3}h \times B + \tfrac{1}{3}h \times b + \tfrac{1}{3}h \times \sqrt{Bb}$$

$$V = \tfrac{1}{3}h \,(B + b + \sqrt{Bb}).$$

445. Remarque. Les deux bases B et b du tronc sont des polygones semblables (437); si l'on désigne par A et a deux côtés homologues de ces bases, on a

$$\frac{b}{B} = \frac{a^2}{A^2};$$

d'où

$$b = B \times \frac{a^2}{A^2}.$$

En substituant la valeur de b dans l'égalité

$$V = \tfrac{1}{3}h \,(B + b + \sqrt{Bb}),$$

il vient

$$V = \tfrac{1}{3}h \left(B + B \times \frac{a^2}{A^2} + \sqrt{B \times B \times \frac{a^2}{A^2}}\right),$$

$$V = \tfrac{1}{3}h \left(B + B \times \frac{a^2}{A^2} + B\frac{a}{A}\right),$$

$$V = \tfrac{1}{3}hB \left(1 + \frac{a}{A} + \frac{a^2}{A^2}\right).$$

Cette formule, n'exigeant pas d'extraction de racine, est plus commode dans la pratique que la précédente.

DÉFINITION

446. On appelle *tronc de prisme*, ou *prisme tronqué*, le solide obtenu en coupant toutes les arêtes d'un prisme par un plan non parallèle à ses bases.

THÉORÈME

447. *Un tronc de prisme triangulaire ABCDEF est équivalent à la somme de trois pyramides triangulaires ayant pour base commune la base ABC du prisme, et pour sommets respectifs les sommets D, E, F de l'autre base.*

1° Si nous menons le plan AEC, nous obtiendrons la pyramide EABC, qui est une des pyramides annoncées, car elle a pour base ABC et son sommet est au point E.

2° Cette pyramide détachée, il reste la pyramide quadrangulaire EACFD. Partageons-la par le plan ECD en deux pyramides EDAC, EDCF. A la première de ces pyramides nous pouvons substituer BACD, car elles ont la même base ADC et des hauteurs égales, puisque leurs sommets sont en E et en B sur une même parallèle BE au plan de cette base. Mais la

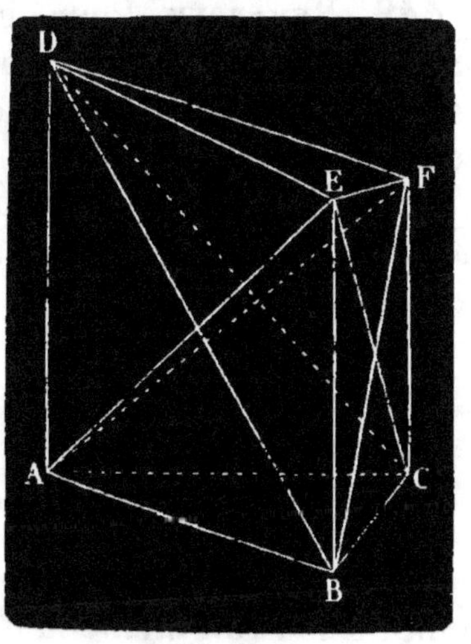

Fig. 245.

pyramide BACD peut avoir son sommet en D et sa base en ABC : cette pyramide est par conséquent la seconde annoncée.

3° Enfin, à la pyramide EDCF, nous pouvons substituer la pyramide BACF, car les triangles DCF et ACF, qui sont les bases de ces pyramides, sont équivalents (puisqu'ils ont même base CF et des hauteurs égales, comme ayant leurs sommets respectifs en D et en A, sur une parallèle

AD à la base CF), de plus, les deux pyramides ont des hauteurs égales, car leurs sommets respectifs sont en E et en B, sur une parallèle EB au plan de leurs bases : donc ces deux pyramides, ayant des bases équivalentes et des hauteurs égales sont équivalentes. Mais la pyramide BACF peut avoir son sommet en F, et sa base sera ABC. Cette pyramide est par conséquent la troisième annoncée.

Donc enfin le théorème est démontré.

448. Corollaire. Si le tronc de prisme AE est droit, c'est-à-dire si ses arêtes sont perpendiculaires au plan de base inférieure, *en désignant son volume par* V, *on a*

$$V = ABC \left(\frac{AD + BE + CF}{3} \right).$$

449. Remarque. Pour obtenir le volume d'un tronc de prisme oblique, on mène une section droite (416) qui le décompose en deux troncs de prismes droits ; la somme des volumes de ceux-ci donne évidemment le volume du tronc de prisme oblique, ou, ce qui revient au même, le *volume d'un tronc de prisme triangulaire oblique est égal à l'aire de sa section droite multipliée par le $\frac{1}{3}$ de la somme de ses trois arêtes latérales* [1].

Polyèdres semblables. — Cas de similitude de deux pyramides triangulaires

450. On appelle *polyèdres semblables* ceux qui sont compris sous un même nombre de faces semblables chacune à chacune et dont les angles *polyèdres homologues* sont égaux.

Les angles polyèdres homologues sont ceux qui sont formés par des faces semblables.

THÉORÈME

451. *Si l'on coupe une pyramide* SABC *par un plan pa-*

[1]. Voir dans notre *Nouveau Cours* d'intéressantes questions sur la symétrie.

*rallèle à sa base, on détermine une pyramide partielle Sabc
semblable à la première.*

En effet, deux faces homologues SAB, S*ab* sont sem-
blables, puisque les lignes AB, *ab*, intersections de deux
plans parallèles par un troi-
sième SAB, sont parallèles.
La section *abc* est semblable
à ABC, puisqu'elle lui est
parallèle (437); enfin deux
angles trièdres homologues
quelconques A et *a* ont, par
suite de la similitude des fa-
ces, leurs angles plans égaux
chacun à chacun (BAC=*bac*,
SAB=S*ab*, SAC = S*ac*) et
semblablement placés, donc
ils sont égaux (381) et les
deux pyramides, ayant leurs
faces semblables chacune à

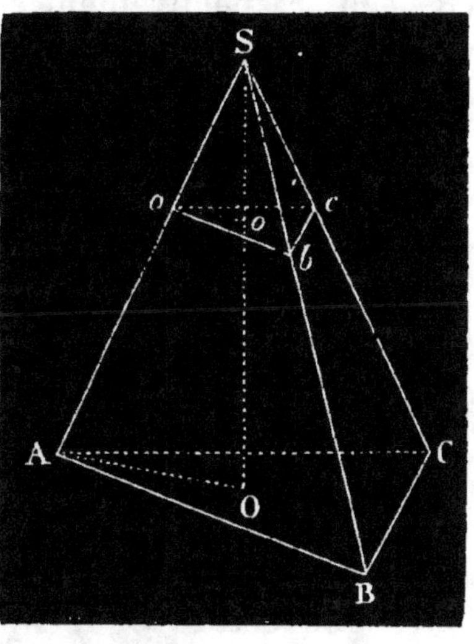
Fig. 246.

chacune et leurs angles polyèdres égaux, sont sem-
blables.

452. CorollaiRE. *Dans deux pyramides semblables le
rapport de deux arêtes homologues quelconques est égal à
celui des hauteurs,* car les deux triangles semblables SAO,
S*ao* donnent

$$\frac{SO}{So} = \frac{SA}{Sa};$$

mais (437)

$$\frac{SA}{Sa} = \frac{AB}{ab} = \frac{BC}{bc} = \ldots$$

d'où

$$\frac{SO}{So} = \frac{SA}{Sa} = \frac{AB}{ab} = \ldots$$

THÉORÈME

453. *Deux pyramides triangulaires qui ont un angle*

dièdre égal, compris entre deux faces semblables et semblablement placées, sont semblables.

Soient les deux pyramides SABC, S'A'B'C'. Si l'on admet que le dièdre AB est égal au dièdre A'B', et les faces SAB, ABC respectivement semblables aux faces S'A'B', A'B'C', ces deux pyramides sont semblables.

En effet, à partir du point B prenons une longueur BM = A'B' et par le point M, menons le plan MNO parallèle au plan ASC. Ce plan détermine une pyramide BMNO semblable à la pyramide SABC (451). Si nous prouvons qu'elle est égale à la pyramide S'A'B'C', nous aurons démontré que cette dernière est semblable à SABC.

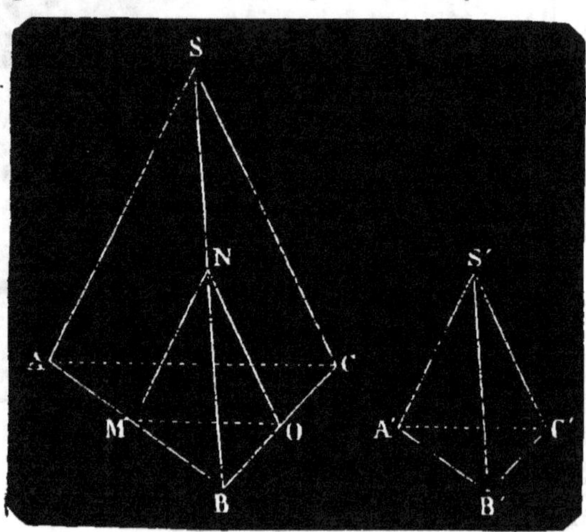

Fig. 247.

Or, les dièdres BM, A'B' sont égaux par hypothèse, et les triangles BMN, A'B'S', étant l'un et l'autre semblables au même troisième BAS et ayant en outre leurs côtés homologues BM, A'B' égaux par construction, sont égaux entre eux ; il en est de même des triangles BMO, A'B'C'. Si donc nous plaçons la pyramide S'A'B'C' sur la pyramide NMBO, de manière que les dièdres égaux BM, A'B' coïncident dans toute leur étendue, les faces égales BMN, B'A'S', BMO, B'A'C' coïncideront aussi, et par suite les faces MNO, A'S'C' : donc ces pyramides sont égales, donc enfin S'A'B'C' est semblable à SABC.

THÉORÈME

454. *Deux pyramides triangulaires* SABC, S'A'B'C'

— 229 —

comprises sous des faces semblables chacune à chacune sont semblables.

En effet, la similitude des faces entraîne l'égalité des angles plans et par suite l'égalité des trièdres homologues (381) : les deux pyramides triangulaires, ayant leurs faces semblables et leurs trièdres homologues égaux, sont semblables.

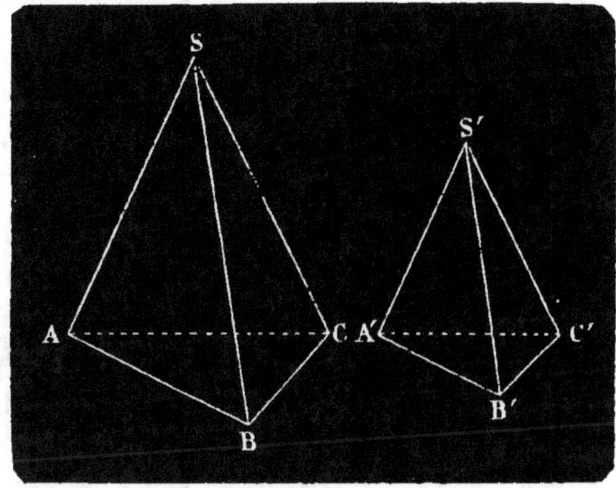

Fig. 248.

THÉORÈME

455. *Deux pyramides triangulaires dont les arêtes sont proportionnelles et disposées dans le même ordre sont semblables.*

Car la proportionnalité des arêtes entraîne la similitude des faces.

THÉORÈME

456. *Deux pyramides triangulaires sont semblables lorsque leurs angles plans sont égaux chacun à chacun.*

Car de l'égalité des angles plans résulte la similitude des faces.

THÉORÈME

457. *Deux pyramides triangulaires dont les trièdres sont égaux chacun à chacun sont semblables.*

Car l'égalité des trièdres entraîne évidemment la similitude des faces.

THÉORÈME

458. *Deux polyèdres semblables* P *et* P′ *peuvent être dé-composés en un même nombre de tétraèdres semblables et semblablement placés.*

Prenons deux sommets homologues quelconques G e‘ G′. Décomposons toutes les faces qui n'aboutissent pas à ces sommets en triangles que nous considérerons comme les bases de tétraèdres dont les sommets res-pectifs seront en G et G′. Les polyèdres P et P′ se trouve-ront ainsi décom posés en un même nombre de tétraè-dres semblables et semblablement placés.

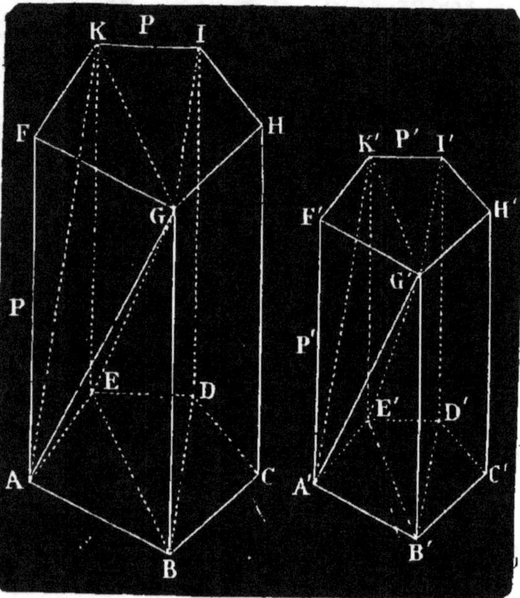

Fig. 249.

En effet, soient d'abord les deux tétraèdres GABE, G′A′B′E′ : les polyèdres étant sembla-bles, le dièdre AB ═ le dièdre A′B′ ; d'ailleurs, à cause de la similitude des polygones ABGF, A′B′G′F′ et des poly-gones ABCDE, A′B′C′D′E′, les triangles ABG, ABE, qui forment le dièdre AB, sont respectivement semblables aux triangles A′B′G′, A′B′E′ qui forment le dièdre A′B′ ; donc les tétraèdres GABE, G′A′B′E′, qui ont un dièdre égal com-pris entre deux faces semblables, sont semblables (453).

Considérons, en second lieu, les tétraèdres GKAE, G′K′A′E′, ils ont encore un dièdre égal compris entre deux faces semblables : car les deux dièdres KAEB et GAEB du polyèdre P et du tétraèdre GBAE sont respecti-vement égaux aux deux dièdres K′A′E′B′ et G′A′E′B′ du polyèdre P′ et du tétraèdre G′B′A′E′, la différence des deux premiers, ou le dièdre KAEG, est égale à la différence des deux derniers ou au dièdre K′A′E′G′; d'ailleurs les triangles GAE, G′A′E′ sont semblables comme faces homologues de tétraèdres semblables, les triangles KAE, K′A′E′ sont aussi semblables, à cause de la similitude des polygones AEKF, A′E′K′F′ : donc les tétraèdres GKAE, G′K′A′E′ sont encore semblables. On prouverait de même que tous les autres tétraèdres sont semblables deux à deux.

THÉORÈME RÉCIPROQUE

459. *Deux polyèdres* P *et* P′ *composés d'un même nombre de tétraèdres semblables et semblablement placés sont semblables.*

En effet, deux faces homologues quelconques ABCDE, A′B′C′D′E′ sont semblables, car elles sont composées d'un même nombre de triangles semblables et semblablement placés. D'ailleurs deux angles solides homologues quelconques, B et B′, sont égaux comme angles solides égaux dans des tétraèdres semblables, ou comme somme d'angles solides égaux dans des tétraèdres semblables aboutissant en B et B′.

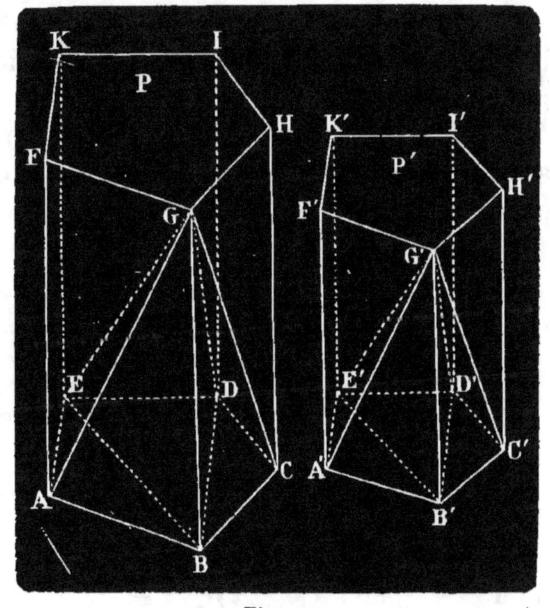

Fig. 250.

(Dans la figure les angles B et B′ sont dans cette dernière condition). Les deux polyèdres auront donc leurs faces semblables chacune à chacune, et leurs angles solides homologues égaux, donc ils seront semblables.

460. Remarque. Nous avons supposé dans cette dé-monstration que, si deux triangles adjacents ABE, BED du polyèdre P sont dans un même plan, les triangles homologues A'B'E', B'E'D' du polygone P' sont aussi dans un même plan. Or, cela a toujours lieu, car si la somme des dièdres adjacents ABEG, DBEG vaut deux angles droits, la somme des dièdres A'B'E'G', D'B'E'G', égaux aux premiers, vaudra aussi deux droits, et, par conséquent, les deux triangles A'B'E', B'D'E' seront dans un même plan.

Rapport des volumes de deux polyèdres semblables

THÉORÈME

461. *Le rapport de deux polyèdres semblables est le même que celui des cubes de deux arêtes homologues.*

Prouvons-le d'abord pour deux tétraèdres semblables. Soient T et t deux tétraèdres semblables, B et b leurs bases, H et h leurs hauteurs, A et a deux côtés homologues des bases.

Puisque les tétraèdres sont semblables, leurs bases B et b le sont aussi et sont entre elles dans le rapport des carrés A^2, a^2, donc

$$\frac{B}{b} = \frac{A^2}{a^2}.$$

Mais (452)
$$\frac{H}{h} = \frac{A}{a}.$$

En multipliant ces deux égalités membre à membre, on a
$$\frac{B \times H}{b \times h} = \frac{A^3}{a^3};$$

d'où
$$\frac{\frac{1}{3}B \times H}{\frac{1}{3}b \times h} = \frac{A^3}{a^3}.$$

Or $\frac{1}{3}B \times H = T$ et $\frac{1}{3}b \times h = t$, donc
$$\frac{T}{t} = \frac{A^3}{a^3}.$$

2° Considérons, en second lieu, deux polyèdres semblables P et P'; soient T, T', T'... les tétraèdres dont se compose le premier, t, t', t'... les tétraèdres semblables dont se compose le second, A, A', A'... des arêtes des tétraèdres T, T', T'..., a, a', a'... leurs homologues dans les tétraèdres t, t', t'... D'après ce qui précède, nous avons

$$\frac{T}{t} = \frac{A^3}{a^3},$$

$$\frac{T'}{t'} = \frac{A'^3}{a'^3},$$

$$\frac{T'}{t'} = \frac{A'^3}{a'^3}.$$

$$\vdots \qquad \vdots$$

Mais les polyèdres semblables ayant leurs *lignes* (arêtes ou diagonales) homologues proportionnelles, leurs cubes sont aussi en proportion, et

$$\frac{A^3}{a^3} = \frac{A'^3}{a'^3} = \frac{A'^3}{a'^3} = \ldots,$$

donc

$$\frac{T}{t} = \frac{T'}{t'} = \frac{T'}{t'} = \ldots$$

Or, dans une suite de rapports égaux, la somme des numérateurs est à la somme des dénominateurs comme un numérateur quelconque est à son dénominateur, donc

$$\frac{T+T'+T'\ldots}{t+t'+t'\ldots} = \frac{T}{t} = \frac{A^3}{a^3}$$

ou

$$\frac{P}{P'} = \frac{A^3}{a^3}.$$

APPLICATIONS

PROBLÈME

462. *Un bloc de pierre a 2 mètres de long, 0^m,80 de large et 0^m,70 de haut. La densité de cette pierre est 2,25. on demande le poids du bloc.*

Cette pierre a la forme d'un parallélipipède, son volume sera

$$2\times 0,80\times 0,70 = 1^{\text{m. c.}},120.$$

Mais le poids d'un corps s'obtient en multipliant son volume par sa densité, donc

$$\text{Poids du bloc} = 1120\times 2,25 = 2520 \text{ kilog.}$$

PROBLÈME

463. *Quel est le volume d'un prisme hexagonal qui a* $3^{\text{m}},20$ *de hauteur et dont le côté de l'hexagone a* $1^{\text{m}},30$?

En désignant par a le côté de l'hexagone, la surface de la base du prisme sera (326, 2°)

$$\frac{3a^2\sqrt{3}}{2}.$$

La hauteur du prisme étant $3^{\text{m}},20$, son volume sera

$$\frac{3,20\times 3a^2\sqrt{3}}{2}$$

ou $\quad\dfrac{3,20\times 3\times 1,30\times 1,30\times \sqrt{3}}{2} = 14^{\text{m. c.}},0499.$

PROBLÈME

464. *Un bassin a pour fond horizontal un octogone régulier ayant 4 mètres de côté. La hauteur de l'eau dans ce bassin est de* $0^{\text{m}},80$: *combien ce bassin, ainsi rempli, contient-il de litres d'eau, et quel est le poids de cette eau si sa densité est* 1,03?

Cherchons d'abord la surface du fond du bassin.

$$\text{Surface octogone} = R + 2r + 4t,$$

Or

$$R = a\,(h + a + h), \quad r = a\times h, \quad t = \frac{h\times h}{2}.$$

Par conséquent

$$\text{Surf. octog.} = a\,(2h + a) + 2ah + 2h^2.$$

Déterminons les valeurs de h^2 et de h en fonction de a, et substituons-les dans cette dernière équation :

$$a^2 = h^2 + h^2 = 2h^2,$$

$$h^2 = \frac{a^2}{2},$$

$$h = \frac{a}{\sqrt{2}} = \frac{a \times \sqrt{2}}{\sqrt{2} \times \sqrt{2}} = \frac{a\sqrt{2}}{2}.$$

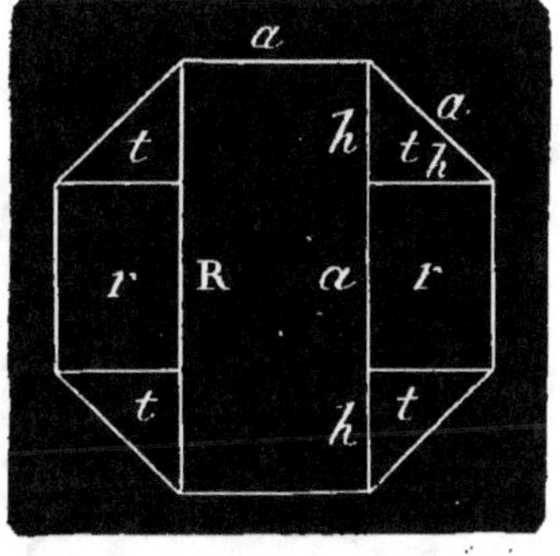

Fig. 251.

Donc

$$\text{Surf. octog.} = a\left(\frac{2a\sqrt{2}}{2} + a\right) + 2a \times \frac{a\sqrt{2}}{2} + \frac{2a^2}{2},$$

$$= a^2\sqrt{2} + a^2 + a^2\sqrt{2} + a^2,$$

$$= 2a^2 + 2a^2\sqrt{2},$$

$$\text{Surf. octog.} = 2a^2\,(1 + \sqrt{2}).$$

Remplaçant a par sa valeur on a

$$\text{Contenance du bassin} = \left(\frac{2 \times 4 \times 4\sqrt{2}}{2 - \sqrt{2}}\right) \times 0{,}80 = 61802^{\text{lit}},01,$$

$$\text{Poids de l'eau} = \frac{2 \times 4 \times 4\sqrt{2} \times 0{,}80 \times 1{,}03}{2 - \sqrt{2}} = 63656^{\text{kg}},0703.$$

PROBLÈME

465. *La plus grande des pyramides d'Égypte est à base carrée ; le côté de cette base a 237 mètres, la hauteur du monument est de 146 mètres. Calculer le poids de cette pyramide supposée pleine et bâtie avec une pierre dont la densité est 2,75. Faire connaître en outre la longueur d'un mur qu'on pourrait construire avec cette pierre, si l'on donnait au mur 2 mètres de hauteur et $0^{\text{m}},45$ d'épaisseur.*

En appelant V le volume de cette pyramide, on aura (455)

$$V = (237)^2 \times \frac{146}{3} = 2733558 \text{ mètres cubes} = 2733558000$$

$$\text{décimètres cubes.}$$

Le poids de la pyramide sera égal au volume multiplié par la densité, ou à

$$2733558000 \times 2,75 = 7517284500 \text{ kilog.}$$

Le volume du mur doit égaler celui de la pyramide. Si l'on représente la longueur du mur par x on aura (422)

$$2733558 = x \times 2 \times 0,45,$$

d'où
$$x = \frac{2733558}{2 \times 0,45} = 3037286^m,66.$$

PROBLÈME

466. *Calculer le poids d'un obélisque en granit, à bases carrées ; le côté de la base inférieure a* $2^m,20$, *celui de la base supérieure* $0^m,70$. *La hauteur de l'obélisque est de* 23 *mètres et la densité du granit* 2,70.

Cet obélisque est un tronc de pyramide, son volume sera donné par la formule

$$V = \tfrac{1}{3}h\,(B + b + \sqrt{Bb}),$$

ou par cette autre

$$V = \tfrac{1}{3}hB\left(1 + \frac{a}{A} + \frac{a^2}{A^2}\right).$$

Si dans la première formule on substitue aux lettres leurs valeurs, il vient

$$V = \tfrac{1}{3} \times 23\,(\overline{2,2}^2 + \overline{0,70}^2 + \sqrt{2,20 \times 0,70}),$$

$$V = 50370 \text{ décimètres cubes;}$$

d'où

$$\text{Poids de l'obélisque} = 50370 \times 2,7 = 135999 \text{ kilog.}$$

PROBLÈME

467. *La caisse d'un tombereau* ABDCA'B'D'C' *a les dimensions suivantes : longueur au bord supérieur ou* AB = 1^m,50, *longueur au fond ou* A'B' = 1^m,30; *largeur au bord supérieur ou* BD = 0^m,80 , *largeur au fond ou* B'D' = 0^m,58; *profondeur ou* GE' = 0^m,72. *Cette caisse es remplie à ras bords d'une terre dont la densité est* 2,65. *Quel est le poids de la terre contenue dans le tombereau?*

Les rectangles ABDC, A'B'D'C' n'étant pas semblables, puisqu'on n'a pas

$$\frac{AB}{A'B'} = \frac{AC}{A'C'}$$

ou

$$\frac{1,50}{1,30} = \frac{0,80}{0,58},$$

la caisse n'est pas un tronc de pyramide. Nous ne pouvons donc avoir

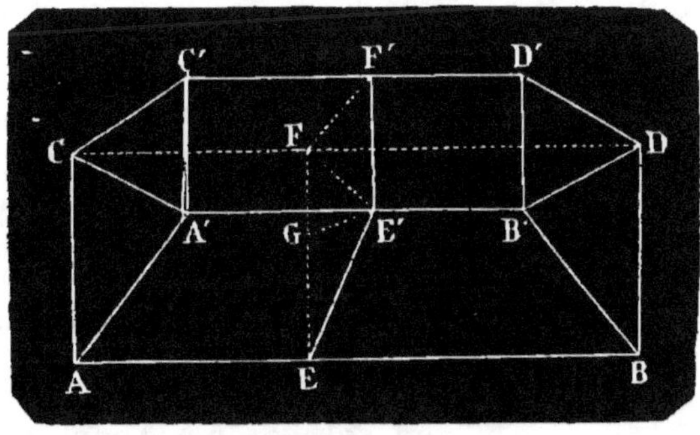

Fig. 252.

son volume en la considérant comme telle, cherchons donc un autre procédé. Supposons un plan passant par les arêtes opposées A'B' et CD, et un autre plan EFF'E, perpendiculaire aux mêmes arêtes. Le tombereau se trouvera ainsi décomposé en deux troncs de prismes triangulaires CA'C'D'B'D et ACA'B'DB.

Mais un tronc de prisme triangulaire a pour mesure sa section droite multipliée par le tiers de la somme de ses arêtes. Si nous faisons pour abréger AB = a, A'B' = a' BD = b, B'D' = b', E'G = h, nous aurons (448)

$$\text{Volume CA'C'D'B'D} = \text{FE'F'} \times \frac{2a'+a}{3},$$

$$\text{Volume ACA'B'DB} = \text{EFE'} \times \frac{2a+a'}{3}.$$

Or, le triangle FE'F' a pour base b' et pour hauteur h,

sa surface est par conséquent $\dfrac{b'h}{2}$; de même EFE' ayant

pour base b et pour hauteur h a $\dfrac{bh}{2}$ pour surface, donc

$$\text{Volume CA'C'D'B'D} = \frac{b'h}{2} \times \frac{2a'+a}{3} = \tfrac{1}{6}b'h\,(2a'+a),$$

$$\text{Volume ACA'B'DB} = \frac{bh}{2} \times \frac{2a+a'}{3} = \tfrac{1}{6}bh\,(2a+a');$$

et enfin

$$\text{Volume de la caisse} = \tfrac{1}{6}b'h\,(2a'+a) + \tfrac{1}{6}bh\,(2a+a'),$$

ou encore

$$\text{Volume de la caisse} = \tfrac{1}{6}h\,[b'\,(2a'+a) + b\,(2a+a')].$$

Si l'on substitue aux lettres leurs valeurs, il vient, en prenant le centimètre pour unité,

$$\text{Volume de la caisse} = \frac{72}{6}\,[58\,(2\times130+150) + 80$$

$$(2\times150+130)] = 698160 \text{ cent. cubes} = 698^{\text{dm. c.}},160.$$

Le poids du volume sera

$$698,16 \times 2,65 = 1850^{\text{k}},124.$$

468. Remarque. On peut employer la même formule pour calculer le volume de certains fossés, des tas de pierres que les cantonniers disposent le long des routes, etc.

EXERCICES DU LIVRE VI

518. Mener dans un cube une section qui détermine un carré.

519. Mener dans un cube une section qui détermine un triangle équilatéral.

520. Mener dans un cube une section qui détermine un triangle isocèle.

521. Mener dans un cube une section qui détermine un hexagone régulier.

522. Les quatre diagonales d'un parallélipipède se coupent au même point qui est le milieu de chacune d'elles.

523. Dans un parallélipipède rectangle, le carré d'une diagonale est égal à la somme des carrés des 3 dimensions du parallélipipède.

524. Trouver la longueur de la diagonale d'un parallélipipède rectangle en fonction des 3 arêtes a, b, c, du parallélipipède. Application $a = 4^m,20$, $b = 0^m,84$, $c = 0^m,60$.

525. Dans un cube, la diagonale est égale à l'arête du cube multipliée par $\sqrt{3}$.

526. Dans tout parallélipipède la somme des carrés des 4 diagonales est égale à la somme des carrés des 12 arêtes.

527. Le point de concours des diagonales d'un parallélipipède est le centre de cette figure.

528. La distance du centre d'un parallélipipède à un plan quelconque est le 1/8 de la somme des distances des huit sommets du parallélipipède au même plan.

529. Lorsque différents points sont à la même distance du centre O d'un parallélipipède, la somme des carrés des distances de chacun aux sommets du parallélipipède est la même pour tous.

530. Un bûcher a $6^m,80$ de longueur sur $4^m,30$ de largeur et $3^m,90$ de hauteur : combien peut-il contenir de stères de bois ?

531. Une règle a $0^m,60$ de longueur sur $0^m,03$ de largeur et $0^m,001$ d'épaisseur : quel est son volume en centimètres cubes ?

532. Un tas de bois à brûler a $4^m,80$ de longueur sur $2^m,70$ de largeur et $6^m,30$ de hauteur : quelle est la valeur de ce tas de bois à raison de 12 fr. le stère ?

533. Quel est le poids de l'air contenu dans une chambre qui a 5^m de longueur sur 4^m de largeur et $3^m,20$ de hauteur ? On sait d'ailleurs qu'un litre d'air pèse $1^{gr},29$.

534. Quelle est la longueur d'un tas de bois contenant $3^s 5$ et qui a 2^m de largeur sur une hauteur de $2^m,80$.

535. Des bûches ont $1^m,10$ de longueur ; à quelle hauteur devra-t-on en mettre entre les montants du stère pour avoir 1^s de bois ?

536. Deux parallélipipèdes de bases équivalentes ont pour volumes $7^{mc},815$ et $4^{mc},45$; le premier a 2^m de hauteur : on demande la hauteur du second et les bases de chacun d'eux.

537. Un parallélipipède a un volume de $16^{mc},604$. On demande ses dimensions, sachant qu'elles sont proportionnelles aux fractions $\frac{1}{8}$, $\frac{4}{5}$, $\frac{5}{6}$.

538. Pour creuser une pièce d'eau, on a enlevé $311^{mc},850$ de terre ; la surface du fond est de $164^{mq},950$: on demande sa profondeur et le nombre d'hectolitres d'eau qu'elle contiendrait si elle était remplie aux 2/3.

539. Une poutre ayant la forme d'un parallélipipède droit a pour base un carré. La longueur de cette poutre est de 4^m : on demande le côté du carré qui lui sert de base, sachant qu'elle a été payée 40 fr. et que le décistère est estimé 10 fr.

540. Un cube a 0^m,90 d'arête : quel est son volume en décimètres cubes?

541. Quel est le volume d'un cube dont la diagonale du carré de la base a 4^m?

542. Trouver le côté d'un cube équivalent à un parallélipipède dont les dimensions sont 6^m, 3^m, 1^m,50.

543. Un vase de forme cubique rempli d'alcool pèse 52^{kg},688 ; le poids du vase vide est de 2^{kg} : on demande la profondeur du vase, la densité de l'alcool étant 0,792.

544. Quel est le volume d'un prisme de 5^m de hauteur et qui a pour base un triangle équilatéral de 3^m de côté?

545. Un prisme a pour base un triangle équilatéral dont le côté est a, la hauteur de ce prisme est égale au double de la hauteur du triangle de la base: on demande son volume.

546. Combien le prisme du problème précédent pèsera-t-il s'il est en fonte et si $a = 2^m$? La densité de la fonte est 7,20.

547. Un prisme quadrangulaire de 3^m de hauteur a pour base un carré inscriptible dans un cercle de 2^m de rayon : on demande son volume.

548. Un prisme triangulaire a un volume de 4^{mc} et 1^m,20 de hauteur : on demande le côté du triangle équilatéral qui sert de base à ce prisme.

549. Un prisme qui a pour base un hexagone régulier a un volume de 8^{mc},54 et 2^m,50 de hauteur : on demande le côté de l'hexagone qui sert de base au prisme.

550. Combien un bassin de forme hexagonale peut-il contenir d'hectolitres, s'il a 0^m,90 de profondeur et si le côté de l'hexagone a 2^m?

551. Un prisme a pour base un octogone de 0^m,04 de côté; la hauteur du prisme est de 0^m,80 : on demande son volume.

552. Dans le problème précédent, combien le prisme octogonal contiendrait-il de litres s'il était creux et si l'on supposait, dans ce cas, que le volume de la matière qui le compose soit égal à 1^{dm} ?

553. Le volume d'un prisme triangulaire est égal à la moitié du produit de l'une de ses faces par la distance de cette face à l'arête qui lui est opposée.

554. On demande le volume d'un prisme droit dont la base est un octogone régulier de 2^m de côté, et dont la surface latérale est 28^{mc}.

555. Un prisme droit a pour base un hexagone régulier; on demande le côté de l'hexagone et la hauteur du prisme, sachant que son volume est égal à $4^{mc},5$ et sa surface latérale 12^{mq}.

556. Un prisme droit a pour base un octogone régulier. Le volume de ce prisme égale 8^{mc} et sa hauteur est de $2^{m},20$: on demande la surface latérale de ce prisme.

557. Un prisme en marbre a pour base un décagone régulier inscrit dans un cercle de $0^{m},20$ de rayon : on demande sa hauteur, sachant qu'il pèse 720^{kg} et que la densité du marbre est 2,65.

558. Transformer un prisme hexagonal en un parallélipipède rectangulaire équivalent.

559. Une pyramide de 8^{m} de hauteur a une arête de 9^{m}; une pyramide semblable a 10^{m} de hauteur : on demande la longueur de l'arête homologue à celle de 9^{m}.

560. Deux pyramides ont même hauteur; la surface de la base de la première est égale à 120^{mq}, la surface de celle de la seconde est de 180^{mq} : une section faite parallèlement à la base dans la première a 70^{mq} de surface : on demande la surface de la section faite dans la seconde, parallèlement à la base et à une même hauteur.

561. On coupe une pyramide SABCDE par un plan MNPQR parallèle à la base; on a SA$=15^{m}$, SM$=10^{m}$, et surface ABCDE $=375^{mq}$: calculer MNPQR.

562. Une pyramide a 15^{m} de hauteur; sa base a une surface de 169^{mq} : on demande à quelle distance du sommet a été mené un plan parallèle à la base et dont la surface est de 100^{mq}.

563. La base d'une pyramide a 144^{mq} de surface; on mène un plan parallèle à la base à 4^{m} du sommet de cette pyramide, ce plan a 64^{mq} de surface : on demande la hauteur de la pyramide.

564. Une pyramide dont la hauteur est de 12^{m}, a pour base un carré de 8^{m} de côté : quelle serait la surface d'une section menée parallèlement à la base et à 4^{m} du sommet ?

565. Deux pyramides ont même hauteur, 14^{m}; la 1re a pour base un carré de 9^{m} de côté, la seconde un hexagone de 7^{m} de côté : quelle serait dans chaque pyramide la surface des sections menées parallèlement à la base et à 6^{m} du sommet dans l'une et dans l'autre ?

566. Les surfaces de deux pyramides semblables sont proportionnelles aux carrés de deux arêtes homologues.

567. L'arête SA d'une pyramide a 5^{m} : on demande de calculer les longueurs à prendre à partir du point S pour que la surface latérale de la pyramide soit divisée en quatre parties équivalentes par des plans parallèles à la base.

568. Couper une pyramide par un plan parallèle à la base, de manière que la surface de la pyramide déterminée soit à la surface de la pyramide donnée dans le rapport de deux lignes m et n.

569. L'arête SA d'une pyramide a 8^m; à partir du point S on prend 5^m sur cette arête et l'on mène un plan parallèle à la base : déterminer dans quel rapport est la surface latérale de cette pyramide à la surface latérale de la pyramide entière.

570. Indiquer sur les faces d'une pyramide la trace d'un plan parallèle à la base et qui divise la surface latérale en deux parties qui soient dans le rapport de 3 à 4.

571........En deux parties qui soient dans le rapport de deux lignes m et n.

572. Indiquer, sur les faces d'une pyramide, les traces de deux plans parallèles à la base, et qui divisent la surface latérale en trois parties qui soient dans le rapport des nombres 3, 4 et 5.

573...........En parties de grandeurs données, 3^{mq}, 6^{mq} et 1^{mq}.

574. Indiquer sur les faces d'un tronc de pyramide la trace d'un plan parallèle aux bases et qui divise la surface latérale en deux parties équivalentes.

575..........En deux parties qui soient dans le rapport des nombres 2 et 3.

576...........En deux parties qui soient dans le rapport de deux lignes données m et n.

577. Indiquer sur les faces d'un tronc de pyramide les traces de trois plans parallèles aux bases, et qui divisent la surface latérale en quatre parties équivalentes.

578. Indiquer sur les faces d'un tronc de pyramide les traces de trois plans parallèles aux bases, et qui divisent la surface latérale en parties qui soient dans le rapport des nombres 3, 4, 5 et 6.

579. L'arête Aa d'un tronc de pyramide à bases parallèles a 4^m; deux côtés homologues des bases ont 3^m et 2^m : calculer à $0,01$ près les longueurs à prendre sur aA pour que des plans parallèles aux bases divisent la surface latérale en parties de grandeurs données 3^{mq}, 2^{mq}, 4^{mq}.

580. On double la hauteur d'une pyramide, que devient son volume ?

581. Trouver le volume d'un tétraèdre en fonction de son arête a.

582. Trouver le rapport du cube au tétraèdre construit avec la diagonale de l'une des faces du cube.

583. Un tétraèdre en argent pur a $0^m,06$ d'arête : on demande sa valeur. On sait d'ailleurs que la densité de l'argent pur est 10, 47 et que le kilog. d'argent pur vaut 220 fr. 55 à la monnaie.

584. Trouver le volume d'une pyramide régulière qui a pour base un carré de 6^m de côté et dont les arêtes ont 5 mères.

585. Une pyramide tronquée a pour bases deux octogones réguliers ; l'octogone de la base inférieure a $0^m,4$ de côté, celui de la base supérieure $0^m,3$, la hauteur du tronc est de $0^m,5$: on demande le volume de la pyramide totale.

586. Une pyramide qui a pour base un hexagone régulier a 8^m de hauteur ; à 3^m du sommet de cette pyramide on mène parallèlement à la base une section qui a 4^{mq} de surface : on demande le volume de la pyramide.

587. Une pyramide régulière SABCD a pour base un carré dont la diagonale est a; on demande la surface entière de cette pyramide et son volume en fonction de a dans le cas où l'arête SA=a.

588. Trouver le rapport d'une pyramide hexagonale dont le côté est a et la hauteur a, à une pyramide ayant pour base un triangle équilatéral dont le côté est également a. On sait d'ailleurs que cette pyramide a aussi a pour hauteur.

589. Une pyramide triangulaire régulière a pour base un triangle équilatéral de 2^m de côté; les arêtes de cette pyramide ont 3^m : on demande son volume.

590. La base d'une pyramide régulière est un hexagone régulier dont le côté est 3^m; calculer : 1° la hauteur qu'il faut donner à cette pyramide pour que sa surface latérale soit égale à 10 fois la surface de la base; 2° le volume de cette pyramide.

591. Un plan mené selon l'arête d'un tétraèdre, et qui passe par le milieu de l'arête opposée, divise le tétraèdre en 2 parties équivalentes.

592. Les droites qui joignent les sommets d'un tétraèdre aux points de concours des médianes des faces opposées, concourent au même point situé aux 3/4 de chacune de ces droites à partir du sommet.

593. Dans un tétraèdre quelconque, le plan bissecteur d'un dièdre divise l'arête opposée en parties proportionnelles **aux** faces du dièdre.

594. Deux tétraèdres SABC, S'A'B'C' qui ont le trièdre S commun sont entre eux dans le rapport des produits SA $\times$ SB $\times$ SC et SA' $\times$ SB' $\times$ SC'.

595. Dans deux tétraèdres SABC, S'A'B'C', on a trièdre S = S', V = 60^{mc}, SA = 8^m, SB = 6^m, SC = 7^m, S'A' = 4^m, S'B' = 5^m, S'C' = 7^m : on demande V'.

596. Avec un côté donné, on peut toujours construire un hexaèdre régulier.

597. Avec un côté donné, on peut toujours construire un tétraèdre régulier.

598. Transformer une pyramide pentagonale en une pyramide triangulaire équivalente.

599. Transformer une pyramide pentagonale en un prisme triangulaire équivalent.

600. Les droites qui joignent les milieux des arêtes opposées d'un tétraèdre concourent au même point qui est le milieu de chacune d'elles.

601. Les bases d'un tronc de pyramide ont 20^{mq} et 14^{mq} de surface, ce tronc a un volume de 140^{mc} : on demande sa hauteur.

602. Les bases d'un tronc de pyramide sont deux hexagones réguliers ayant respectivement 1^m et 2^m de côté : on demande de calculer la hauteur du tronc de pyramide sachant que son volume est de 12^{mc}.

603. Un tronc de pyramide de 0^m9 de hauteur a pour bases deux octogones réguliers de 0^m,8 et de 0^m,5 de côté : on demande le volume de ce tronc.

604. Un tronc de pyramide de 6^m de hauteur a pour base inférieure un pentagone dont la surface est de 20^{mq} ; un côté de ce pentagone a 4^m, son homologue dans la base supérieure a 3^m, quel est le volume du tronc ?

605. Un tronc de pyramide a pour base inférieure un carré de 4^m de côté, le volume de ce tronc est 40^{mc}, sa hauteur est de 5^m : on demande le côté de sa base supérieure.

606. Un prisme tronqué a pour base un triangle de 2^{mq} de surface ; les trois sommets du prisme sont respectivement à 1^m, 0^m,80, et 0^m,60 du plan de la base : on demande le volume du prisme.

607. Une pyramide a pour base un carré de 12^m de côté ; à

4^m du sommet, on mène un plan parallèle à la base et l'on obtient un carré de 8^m de côté : on demande la hauteur de la pyramide.

608. Une caisse a les dimensions suivantes : $0^m,40$, $0^m,30$, $0^m,20$: on demande les dimensions d'une caisse semblable et dont la capacité doit être quadruple de la première.

609. L'arête d'un cube est a ; quelle sera l'arête d'un cube double en volume ?

610. L'arête d'un cube est a. A partir d'un même sommet, on prend sur les arêtes aboutissant à ce sommet trois longueurs égales à $\dfrac{a}{2}$. On demande le rapport du cube au tétraèdre déterminé par la section passant par les trois points de division des arêtes.

611. Un tétraèdre a un volume de 30^{mc} et une arête de 5^m ; on demande le volume d'un tétraèdre semblable dont l'arête homologue à celle du premier a 6^m.

612. L'arête SA d'une pyramide a 4^m, par un point a pris sur SA, on mène un plan parallèle à la base de la pyramide, et l'on détache ainsi une petite pyramide qui est le $1/3$ de la pyramide totale : quelle est la longueur de Sa ?

613. L'arête SA d'une pyramide a 4^m : quelle longueur faut-il prendre sur cette arête, à partir du sommet, pour qu'un plan parallèle à la base divise le volume de la pyramide en deux parties équivalentes ?

614. L'arête SA d'une pyramide a 4^m : quelles longueurs faut-il prendre sur cette arête, à partir du sommet, pour que deux plans parallèles à la base divisent le volume de la pyramide en trois parties équivalentes ?

615. L'arête SA d'une pyramide a 4^m : quelle longueur faut-il prendre sur cette arête, à partir du sommet, pour qu'un plan parallèle à la base divise le volume de la pyramide en parties qui soient entre elles comme les nombres 3 et 4 ?

616. L'arête SA d'une pyramide a 4^m : quelles longueurs faut-il prendre sur cette arête, à partir du sommet, pour que deux plans parallèles à la base divisent le volume de la pyramide en parties qui soient entre elles comme les nombres 4, 5 et 6 ?

617. L'arête SA d'une pyramide a 4^m : quelles longueurs faut-il prendre sur cette arête, à partir du sommet, pour que deux plans parallèles à la base divisent le volume de la pyramide en parties de grandeurs données, 2^{mc}, 3^{mc} et 6^{mc} ?

618. L'arête Aa d'un tronc de pyramide à bases parallèles est de 4; deux côtés homologues des bases ont 3^m et 2^m: calculer à 0^m,01 près la longueur à prendre sur aA pour qu'un plan parallèle aux bases divise le volume en deux parties équivalentes.

619. L'arête Aa d'un tronc de pyramide à bases parallèles est de 4^m, deux côtés homologues des bases ont 3^m et 2^m: calculer à 0,001 près les longueurs à prendre sur aA pour que deux plans parallèles aux bases divisent le volume en 3 parties équivalentes.

620 .... En 3 parties proportionnelles aux nombres 3, 4 et 5.

621..... En parties de grandeurs données, 2me, 1me et 4me.

622. L'arête SA d'une pyramide a 4^m: on prend sur SA une longueur S$a = 2^m$,60 et par le point a on mène un plan parallèle à la base de la pyramide: quel est le rapport des volumes déterminés par le plan sécant?

623. Couper une pyramide par un plan parallèle à sa base, de telle sorte que le volume de la petite pyramide soit le 1/8 du tronc obtenu.

624. On mène à 0^m,90 du sommet d'une pyramide un plan parallèle à sa base, on obtient alors un tronc de pyramide de 2^m,50 de hauteur; calculer le volume de ce tronc, sachant que la partie enlevée a un volume de 1me,250.

625. Un tronc de pyramide, dont la hauteur est de 5^m, a pour base deux hexagones réguliers dont les côtés ont 3^m et 2^m; en menant un plan parallèle à la base, on obtient un hexagone dont le côté a 2^m,60; 1° à quelle distance de la base supérieure la section a-t-elle été menée, et 2° quel est le rapport des deux troncs de pyramide ?

LIVRE SEPTIÈME

LES CORPS RONDS

Cylindre droit à base circulaire. — Mesure de la surface latérale et du volume. — Extension aux cylindres droits à base quelconque.

469. On appelle *cylindre*[1] *circulaire droit* le solide engendré par la révolution d'un rectangle ACED tournant autour d'un côté immobile CE.

470. Les cercles décrits par CA, ED sont les *bases* du cylindre, le côté immobile CE en est l'*axe* ou la *hauteur*, le côté AD est la *génératrice* de la *surface latérale* du cylindre.

471. Deux cylindres droits circulaires sont *semblables* si leurs hauteurs sont proportionnelles aux rayons de leurs bases, c'est-à-dire s'ils sont engendrés par des rectangles semblables.

Fig. 253.

472. Plus généralement on donne le nom de cylindre à tout prisme dont les bases sont terminées par une infinité de petits côtés, c'est-à-dire par des lignes courbes. La figure 254 est un cylindre de ce genre.

473. Un cylindre quelconque est *droit* ou *oblique* suivant que ses arêtes latérales sont perpendiculaires ou non au plan de ses bases.

1. Du grec *kulindros*, cylindre; fait de *kulindô*, rouler.

Fig. 254.

THÉORÈME

474. *Le cylindre circulaire droit est la limite vers laquelle tend un prisme droit inscrit qui a pour bases deux polygones réguliers dont le nombre des côtés augmente indéfiniment.*

En effet, inscrivons dans la base inférieure du cylindre un polygone régulier ABCDE, et sur ce polygone, comme base, élevons un prisme droit de même hauteur que le cylindre, ce prisme sera inscrit dans le cylindre et le touchera seulement par les arêtes AA′, BB′... Mais si nous augmentons indéfiniment le nombre des côtés du polygone inscrit dans la base, le périmètre de ce polygone tendra à se confondre avec la circonférence de cette base, et la surface latérale du prisme avec la surface latérale du cylindre.

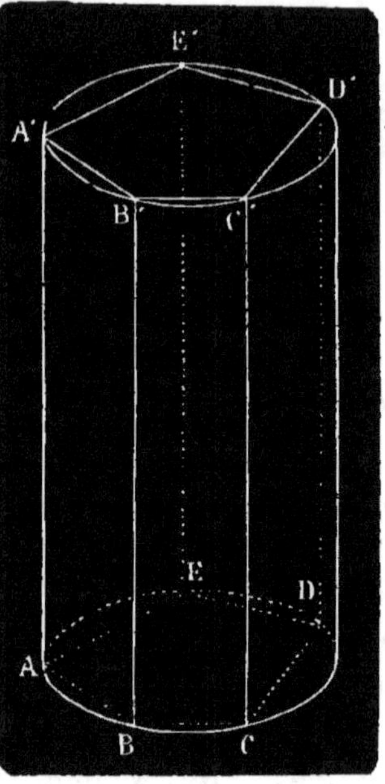

Fig. 255.

Donc le cylindre circulaire droit peut être considéré comme la limite vers laquelle tend un prisme droit inscrit à mesure que les côtés de sa base deviennent plus nombreux et ses faces plus petites.

475. REMARQUE. Dans le cas où le cylindre n'est pas à base circulaire, un raisonnement analogue à celui que nous venons de faire, prouverait encore qu'il est la limite vers laquelle tend le prisme droit inscrit, dont le nombre des côtés augmente indéfiniment. Il est évident que dans ce cas le polygone inscrit dans la base n'est plus un polygone régulier.

On peut donc, en général, considérer le cylindre droit comme un prisme droit d'un nombre infini de faces infiniment petites : donc toute propriété du prisme indépendante du nombre et de la grandeur de ses faces latérales convient au cylindre.

THÉORÈME

476. *La surface latérale d'un cylindre circulaire droit a pour mesure la circonférence de sa base multipliée par sa hauteur.*

En effet, le cylindre circulaire droit n'étant qu'un prisme droit régulier d'un nombre infini de faces infiniment petites (475), sa surface latérale s'obtiendra comme celle d'un prisme droit, et sera par conséquent égale à la circonférence de sa base multipliée par sa hauteur.

En désignant par H *la hauteur d'un cylindre circulaire droit, par* R *le rayon de sa base et par* S *sa surface latérale, on a la formule*

$$S = 2\pi RH.$$

Les surfaces des bases du cylindre étant, l'une et l'autre, égales à πR^2 la surface totale du cylindre sera

$$2\pi RH + 2\pi R^2.$$

Si l'on représente par S′ cette surface, on a

$$S' = 2\pi RH + 2\pi R^2$$
$$S' = 2\pi R (H + R).$$

THÉORÈME

477. *Le volume d'un cylindre circulaire droit a pour mesure le produit de sa base par sa hauteur.*

Cela est vrai, puisque le cylindre droit à base circulaire peut être considéré comme un prisme droit régulier d'une infinité de faces infiniment petites, et que le prisme a pour mesure le produit de sa base par sa hauteur.

En désignant par R *le rayon de la base d'un cylindre, par* H *sa hauteur et par* V *son volume, on a la formule*

$$V = \pi R^2 H.$$

THÉORÈME

478. *La surface latérale d'un cylindre à base non circulaire a pour mesure le périmètre de sa base multiplié par sa hauteur*

Car le cylindre droit à base non circulaire peut être considéré (475) comme un prisme droit composé d'une infinité de faces infiniment petites.

THÉORÈME

479. *Le volume d'un cylindre droit à base non circulaire a pour mesure le produit de sa base par sa hauteur.*

Car le cylindre droit à base non circulaire peut être considéré (475) comme un prisme droit composé d'une infinité de faces infiniment petites.

Cône droit à base circulaire. — Sections parallèles à la base. — Surface latérale du cône, du tronc de cône à bases parallèles. — Volume du cône, du tronc de cône à bases parallèles.

DÉFINITIONS

480. On appelle *cône*[1] *droit à base circulaire* le solide engendré par la révolution d'un triangle rectangle SAO tournant autour d'un des côtés SO de l'angle droit.

481. La *base* du cône[2] est le cercle engendré par le côté mobile AO. Ce cercle a son centre en O et AO pour rayon.

Le côté immobile SO est l'*axe* ou la *hauteur* du cône; le point S en est le *sommet*.

L'hypoténuse AS, qui décrit la *surface latérale du cône*, est appelée indifféremment *côté*, *apothème* du cône, ou *génératrice* de la *surface conique*.

482. Deux cônes droits circulaires sont *semblables* lorsque leurs hauteurs sont proportionnelles aux rayons de leurs bases, c'est-à-dire quand ils

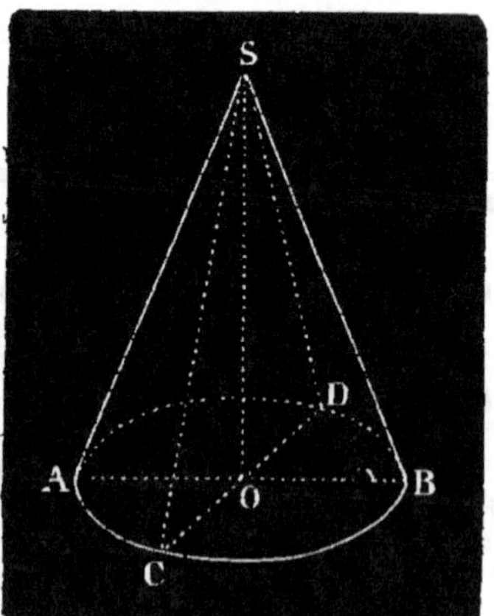

Fig. 256.

1. Du grec *kônos*, cône, toupie.
2. Pour être plus court, nous dirons souvent *cône* au lieu de *cône droit à base circulaire*.

sont engendrés par des triangles rectangles semblables.

THÉORÈME

483. *Toute section faite dans un cône par un plan parallèle à la base est un cercle.*

En effet, d'un point quelconque de la génératrice abaissons DO perpendiculaire à l'axe; lorsque AS décrira la surface latérale du cône et AC la base, DO décrira un cercle dont le plan perpendiculaire à SC sera parallèle à la base.

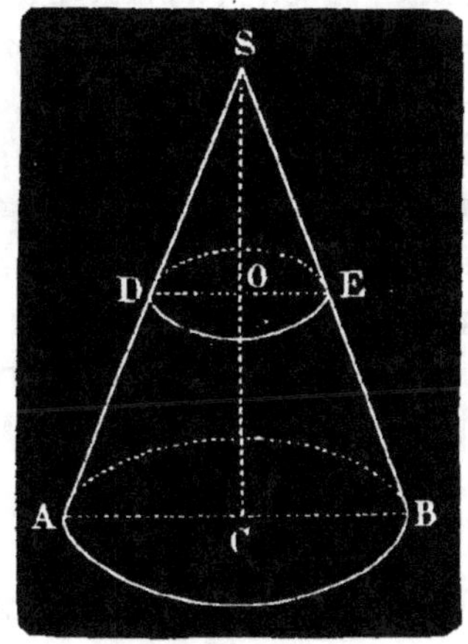

Fig. 257.

DÉFINITIONS

484. On appelle *cône tronqué* ou *tronc de cône* la portion du volume d'un cône comprise entre la base et un plan parallèle à la base. Le volume AE (*fig.* 257) est un tronc de cône. CO, ou la distance de ses deux bases, est la *hauteur* du tronc, AD en est le *côté* ou l'*arête*.

Il est visible qu'un tronc de cône droit est engendré par la révolution d'un trapèze rectangle (ACOD) tournant autour d'un côté (CO) perpendiculaire à ses bases.

THÉORÈME

485. *Le cône circulaire droit est la limite vers laquelle tend une pyramide inscrite qui a pour base un polygone régulier dont le nombre des côtés croît indéfiniment.*

Car si dans la base du cône nous inscrivons un polygone régulier ABCD, et que nous considérions ce polygone comme la base d'une pyramide dont le sommet est en S, nous aurons ainsi une pyramide régulière SABCD évidemment inscrite dans le cône. Or, si nous augmentons indéfiniment le nombre des côtés du polygone, il tend à se confondre avec la base du cône et la pyramide avec le cône même. *Donc, le cône circulaire droit est la limite vers laquelle tend une pyramide régulière inscrite qui a pour base un polygone dont le nombre des côtés croit indéfiniment.* Par conséquent on peut considérer le cône comme une pyramide régulière d'un nombre infini de faces infiniment petites.

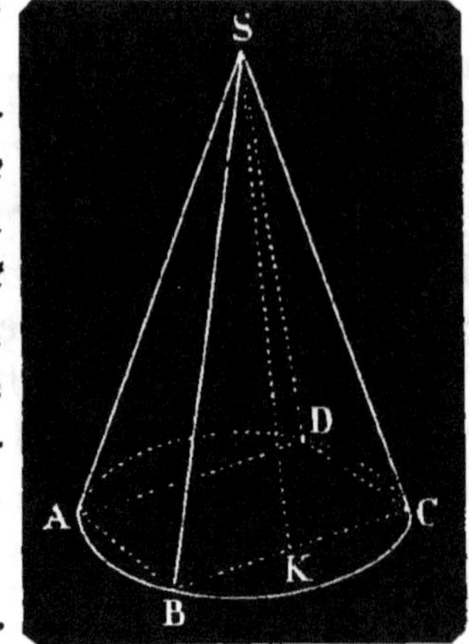

Fig. 258.

486. REMARQUE I. On voit, d'après ce qui précède, que l'apothème SK de la pyramide tend à se confondre avec le côté SB du cône à mesure que le nombre des côtés du polygone inscrit augmente.

487. REMARQUE II. Il est bien évident que *tout cône* peut être considéré comme la limite vers laquelle tend une pyramide inscrite de même hauteur, et dont le nombre des côtés de la base augmente indéfiniment.

Donc, *toute propriété de la pyramide, indépendante du nombre et de la grandeur des faces, convient au cône lui-même.*

THÉORÈME

488. *La surface latérale d'un cône droit à base circulaire a pour mesure le produit de la circonférence de sa base par la moitié de son côté.*

En effet, le cône n'étant qu'une (486) pyramide régulière d'un nombre infini de faces infiniment petites, sa surface latérale s'obtiendra comme celle d'une pyramide régulière, et sera par conséquent égale au produit de la circonférence de sa base multiplié par la moitié de son côté.

En désignant par R *le rayon de la base du cône, par* A

son apothème et par S *sa surface latérale, on a la for-
mule*

$$S = 2\pi R \times \frac{A}{2} = \pi RG.$$

489. Remarque. La surface de la base du cône est
πR^2, la surface *totale* sera donc

$$\pi RA + \pi R^2.$$

Si l'on représente par S′ cette surface, on aura

$$S' = \pi RA + \pi R^2.$$

En mettant πR en facteur commun, il vient

$$S' = \pi R (A + R).$$

THÉORÈME

490. *La surface latérale d'un tronc de cône droit à bases
parallèles, a pour mesure la demi-
somme des circonférences de ses bases
multipliée par son côté.*

En effet, inscrivons dans le cône
une pyramide régulière, et coupons
ce solide par un plan parallèle à sa
base, nous déterminerons un tronc
de pyramide dont la surface laté-
rale se compose de trapèzes tels que
ABB′A′, BCC′B′..., ayant des bases
parallèles égales $(AB = BC = ...;$
$A'B' = B'C' = ...)$ et même hauteur
(la distance entre ces bases). Or
l'un d'eux, ABB′A′, a pour mesure
$\dfrac{AB + A'B'}{2} \times FF'$. La surface laté-

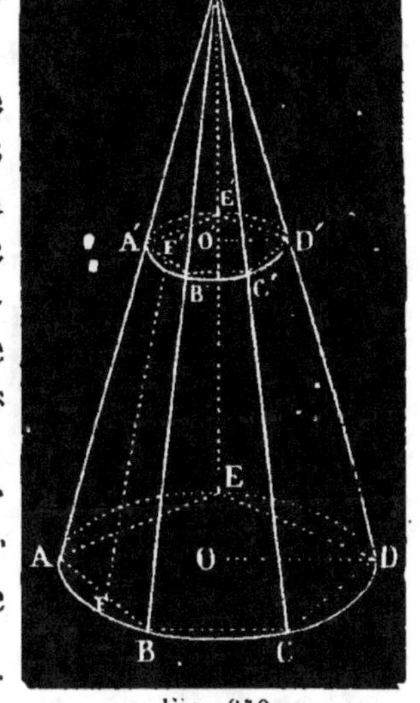

Fig. 250.

rale entière du tronc, composée de cinq trapèzes égaux à
ABB′A′, sera donc

$$\frac{5(AB + A'B')}{2} \times FF' = \frac{5AB + 5A'B'}{2} \times FF',$$

ou la demi-somme des périmètres ABCDE, A′B′C′D′E′

multipliée par la hauteur (commune aux trapèzes), ou apothème FF′ du tronc.

Or, ce raisonnement est vrai quand le nombre des faces du tronc de pyramide augmente indéfiniment ; mais quand cela a lieu, le tronc de pyramide tend vers le tronc cône, les périmètres de ses bases vers les circonférences des bases du tronc, et l'apothème FF′ vers le côté AB du tronc. *Le tronc de cône sera donc la limite du tronc de pyramide inscrit*, et aura pour surface latérale la demi-somme des circonférences de ses bases multipliée par son côté.

En désignant par R *le rayon de la grande base et par* r *le rayon de la petite, par* a *le côté du tronc, et par* S *sa surface latérale, on a*

$$S = \frac{2\pi R + 2\pi r}{2} \times a = \pi a \times (R + r).$$

THÉORÈME

491. *Le volume d'un cône quelconque a pour mesure le tiers du produit de sa base par sa hauteur.*

Cela est vrai, puisque le cône peut être considéré comme une pyramide d'une infinité de faces infiniment petites, et que la pyramide a pour mesure le tiers du produit de sa base par sa hauteur.

En désignant par R *le rayon de la base d'un cône, par* H *sa hauteur et par* V *son volume, on a*

$$V = \tfrac{1}{3}\pi R^2 H.$$

THÉORÈME

492. *Un tronc de cône quelconque à bases parallèles est équivalent à trois cônes qui ont pour hauteur commune la hauteur du tronc, et dont les bases respectives sont la base inférieure du tronc, sa base supérieure, et une moyenne proportionnelle entre ces deux bases.*

En effet, le volume du tronc de pyramide à bases parallèles est équivalent à trois pyramides ayant pour hauteur commune celle du tronc, et pour bases respectives la base inférieure du tronc, sa base supérieure et une moyenne proportionnelle entre ces deux bases. Or, le cône pouvant être considéré comme une pyramide d'une infinité de faces infiniment petites, le tronc de cône jouira des propriétés du tronc de pyramide et sera donc équivalent à trois cônes ayant pour hauteur commune la hauteur du tronc et dont les bases respectives sont la base inférieure du tronc, sa base supérieure et une moyenne proportionnelle entre ces deux bases.

En désignant par R, r *les rayons des bases parallèles, par* h *la hauteur du tronc, et par* V *son volume, on a*

$$V = \tfrac{1}{3}\pi R^2 h + \tfrac{1}{3}\pi r^2 h + \tfrac{1}{3}\pi R r h$$

ou
$$V = \tfrac{1}{3}\pi h\,(R^2 + r^2 + Rr).$$

REMARQUE. Le volume approximatif du tronc de cône est donné par la formule (*Nouv. cours,* 529) $V = \pi h \left(\dfrac{R+r}{2}\right)^2$.

Sphère. — Sections planes ; grands cercles ; petits cercles.

493. On nomme *sphère*[1] un solide terminé par une surface courbe dont tous les points sont à égale distance d'un point intérieur appelé *centre*.

494. On peut considérer la sphère comme engendrée par la révolution d'un demi-cercle ACB tournant autour de son diamètre ou *axe* AB, car dans ce mouvement un point quelconque C est toujours à la même distance du centre O, qui reste fixe.

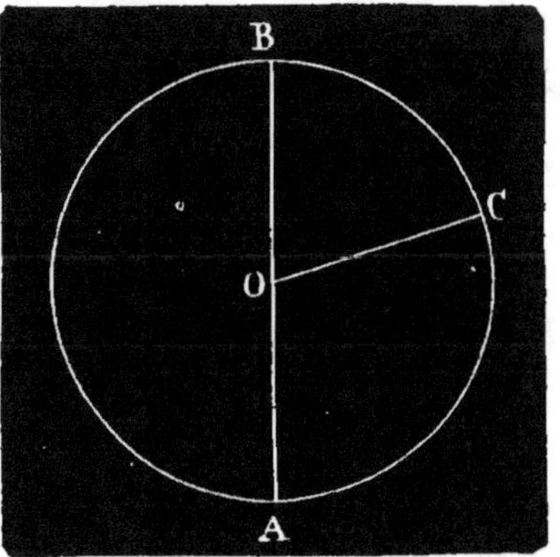
Fig. 260.

495. On appelle *rayon* de la sphère toute droite OC qui va du centre à un point de la surface.

496. On appelle *diamètre* toute droite qui passe par le

1. Du grec *sphaira*, globe.

centre et se termine de part et d'autre à la surface : AB est un diamètre.

Tous les rayons sont égaux entre eux ; il en est de même des diamètres, qui sont doubles des rayons.

497. On nomme *sections planes* de la sphère toutes les sections faites dans la sphère par des plans.

THÉORÈME

498. *Toute section plane* ABDE *de la sphère est un cercle.*

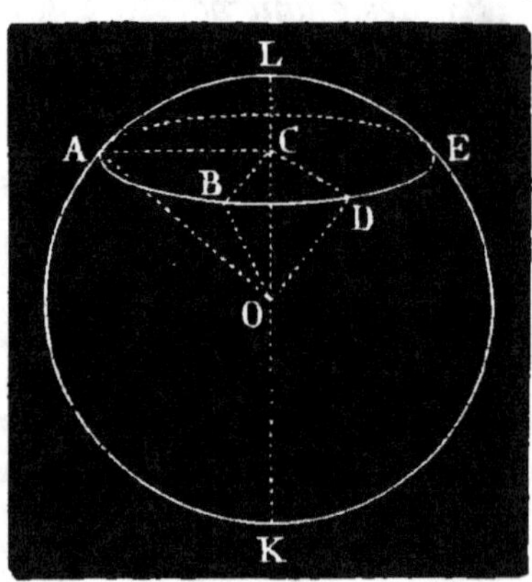

Fig. 261.

En effet, abaissons du centre O la perpendiculaire OC sur le plan ABDE, et menons les rayons de la sphère OA, OB, OD... à différents points du contour de la section ABDE, ces rayons sont des obliques égales, donc ils s'écartent également du pied C de la perpendiculaire OC, et CA = CB = CD = ..., par conséquent, les points A, B, D, E... se trouvent sur une circonférence de cercle dont le centre est en C.

REMARQUE. Le triangle rectangle AOC donne
$$\overline{OA}^2 = \overline{OC}^2 + \overline{AC}^2.$$

Quelle que soit la position du plan sécant, la somme des carrés des deux lignes OC, AC est toujours égale au carré du rayon OA. Par conséquent, si OC diminue, AC augmente, et si AC diminue, OC augmente ; d'où il résulte que :

1° *Un cercle de la sphère est d'autant plus grand que son plan passe plus près du centre, et d'autant plus petit qu'il passe plus loin ;*

2° *Si* OC *devient nul, ou, ce qui revient au même, si le plan passe par le centre, on a*
$$\overline{AO}^2 = \overline{AC}^2$$
ou
$$AO = AC ;$$

donc le plan qui passe par le centre a un rayon égal à celui de la sphère.

Ces considérations ont fait diviser les cercles de la sphère en *grands* et *petits cercles*.

499. Les *grands cercles* sont ceux qui passent par le centre de la sphère, et les *petits cercles* sont ceux qui n'y passent pas.

Les grands cercles, ayant même rayon que celui de la sphère, sont tous égaux.

Pôles d'un cercle. — Étant donnée une sphère, trouver son rayon par une construction plane

500. On nomme *pôle* d'un cercle de la sphère l'extrémité du diamètre perpendiculaire au plan de ce cercle. Ainsi les extrémités P et P′ du diamètre PP′ perpendiculaire sur le plan du cercle ABDE, sont les pôles de ce cercle.

D'après cette définition, les cercles de la sphère ont deux pôles, et tous les cercles dont les plans sont parallèles ont les mêmes pôles.

THÉORÈME

501. *Les pôles* P, P′ *d'un cercle* ACDE *de la sphère sont également distants de tous les points de la circonférence de ce cercle.*

Car les droites PA, PB, PD..., s'écartant également du pied O de la perpendiculaire au plan ABCDE, sont des obliques égales entre elles (PA = PB = PD = ...); il en est de même des obliques P′A, P′B, P′D... (P′A = P′B = P′D = ...).

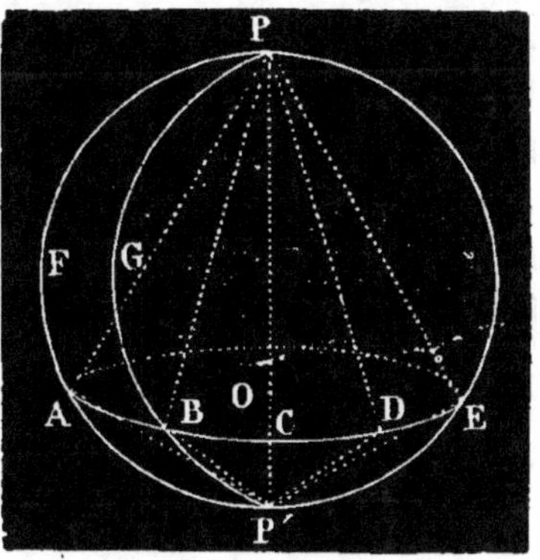
Fig. 262.

502. Corollaire I. *Les cordes* PA, PB, PD... étant

égales, les arcs de grands cercles PFA, PGB sont aussi égaux.

503. Corollaire II. *L'arc de grand cercle PB, mené du pôle P d'un grand cercle ABC à sa circonférence, est le quart de la circonférence d'un grand cercle, ou un quadrant,* car l'angle POB, qui a son sommet au centre du cercle PBP′, a pour mesure l'arc PB, ou le quart de la circonférence d'un grand cercle, puisque l'angle POB est droit.

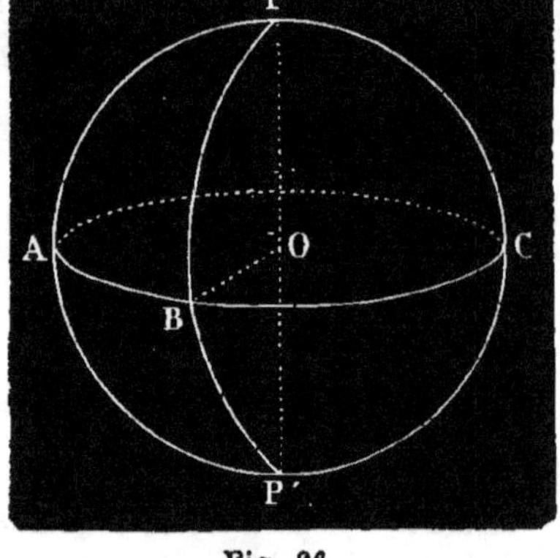

Fig. 26

504. Les propriétés des pôles permettent de tracer sur une sphère des arcs ou des cercles à l'aide du *compas d'épaisseur.* Les branches de ce compas sont un peu recourbées pour qu'on ne soit pas gêné par la convexité de la sphère.

505. Nous avons vu que l'arc de grand cercle qui va du pôle d'un grand cercle à sa circonférence est un quadrant; par conséquent, si l'on voulait du point P comme pôle tracer le grand cercle ABC, il faudrait donner au compas une ouverture égale à la corde d'un quadrant de

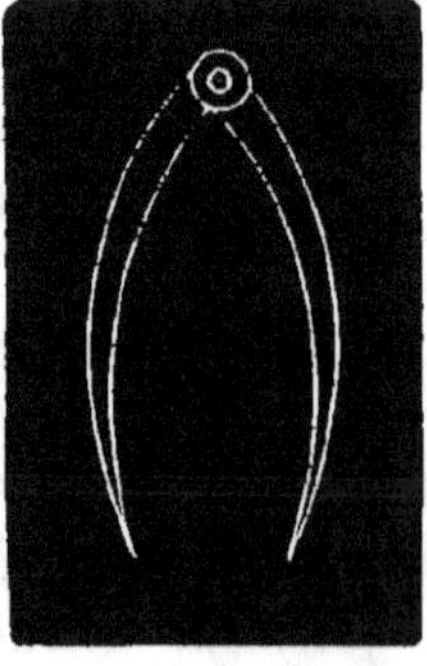

Fig. 264.

grand cercle. Pour déterminer cette corde, il faut connaître le rayon de la sphère. Une fois connu, on décrira sur un plan un cercle avec ce rayon, et la corde qui soustendra le quadrant sera la corde cherchée.

PROBLÈME

506. *Étant donnée une sphère, trouver son rayon.*

D'un point quelconque A pris sur la surface de la sphère, avec une ouverture de compas *arbitraire* AB, on décrit

un cercle sur lequel on marque trois points, B, D, E;
puis, à l'aide du compas d'épaisseur, on mesure les dis-
tances rectili-
gnes BD, BE,
DE, et l'on
construit sur
un plan un
triangle ayant
pour côtés
ces trois lon-
gueurs. Le
cercle circon-
scrit à ce
triangle sera
égal au petit
cercle BDGE,

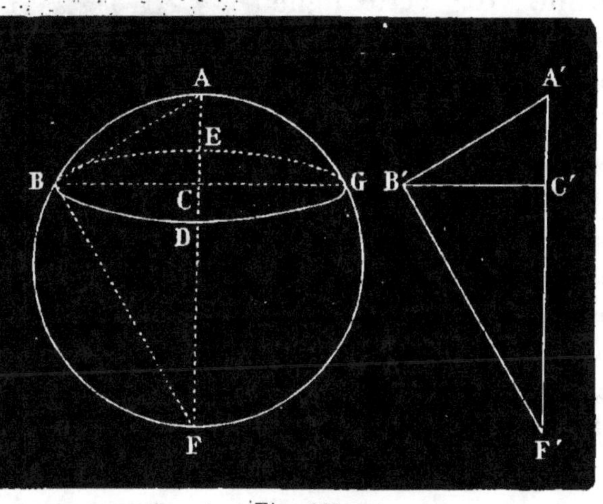

Fig. 265.

car l'un et l'autre seront circonscrits à des triangles égaux.
Si B′C′ est le rayon du cercle égal à BGDE, on aura
B′C′ = BC.

Cela étant posé, soit ABFG un grand cercle passant par
le diamère AF perpendiculaire sur le plan BDGE. Si l'on
conçoit les lignes AB, BC : dans le triangle ABC rectangle
en C, on connaîtra l'hypoténuse AB, et le côté BC = B′C′ ;
on pourra donc construire le triangle A′B′C′ = ABC. En
menant la perpendiculaire indéfinie B′F′ à A′B′ et en pro-
longeant A′C′ jusqu'en F′ à la rencontre de cette perpen-
diculaire, on aura A′F′ = AF, ou le diamètre de la sphère :
la moitié de ce diamètre donnera le rayon.

Plan tangent

507. Un *plan* est *tangent* à la sphère quand il n'a qu'un
point de commun avec sa surface.

THÉORÈME

508. *Tout plan* MN *perpendiculaire à l'extrémité d'un
rayon* OA *est tangent à la sphère.*

17

En effet, prenons sur MN un point quelconque B autre que A et menons la droite OB ; cette ligne étant oblique par rapport à OA sera plus longue que OA ; donc le point B est situé hors de la sphère. Il en serait de même de tout autre point du plan MN, à l'exception du point A. Le plan MN n'ayant que le point A de commun avec la sphère lui est tangent.

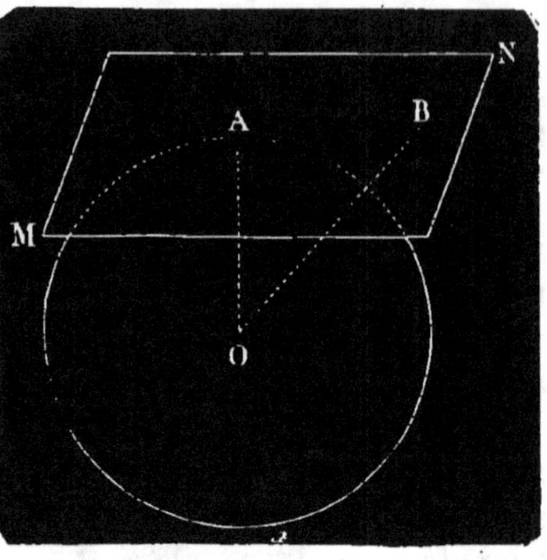

Fig. 265 bis.

THÉORÈME RÉCIPROQUE

509. *Tout plan tangent à une sphère est perpendiculaire à l'extrémité du rayon qui passe par le point de contact.*

Le plan MN est tangent à la sphère au point A : je dis que ce plan MN est perpendiculaire à l'extrémité du rayon OA.

En effet, tout point B autre que le point A pris sur MN étant situé hors de la sphère est plus éloigné du centre que le point A : la ligne OA est donc la plus courte distance du point O au plan MN ; donc le rayon OA est perpendiculaire à ce plan.

COROLLAIRE. *Par un point A pris sur la sphère on ne peut mener qu'un seul plan tangent à la sphère,* car on ne peut mener qu'un plan perpendiculaire au rayon qui va à ce point.

Angle de deux arcs de grand cercle.

DÉFINITIONS

510. *L'angle de deux arcs de grand cercle ABC, ADC est l'angle formé par les plans de ces arcs.*

Pour mesurer cet angle on mène les tangentes AE, AF aux deux arcs ABC, ADC ; ces lignes seront perpendiculaires à l'intersection commune des plans des arcs (148) ;

donc l'angle plan EAF correspondra au dièdre AC (364) et sera par conséquent la mesure de l'angle des deux arcs.

On peut encore mesurer l'angle de deux arcs de grand cercle autrement : si dans le plan ABC on mène OB (O est le centre des deux arcs) perpendiculaire à AC, OD perpendiculaire à la même ligne dans le plan ADC, l'angle BOD sera encore la mesure de l'angle dièdre des plans. Or, l'angle AOB étant droit, AB est le quart d'un cercle, il en est de même de AD ; par conséquent le point A est le pôle de l'arc de grand

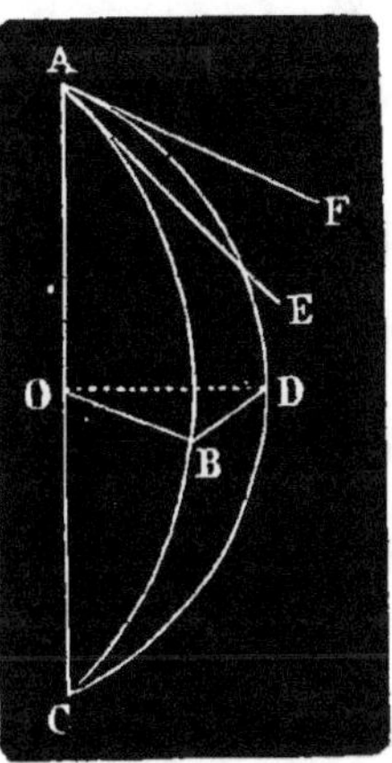

Fig. 266.

cercle BD. Donc, *l'angle de deux arcs de grand cercle a aussi pour mesure l'arc de grand cercle compris entre ces arcs et décrit de leur intersection comme pôle*[1].

511. On nomme *fuseau* la portion ACBD de la surface de la sphère comprise entre deux demi-circonférences de grands cercles ACB, ADB.

512. L'angle de ces deux arcs est *l'angle du fuseau*.

L'angle d'un fuseau le détermine complétement, car il est évident que sur la même sphère ou sur des sphères égales, les fuseaux de même angle sont égaux, et réciproquement. C'est pour ce motif qu'on désigne un fuseau par son angle.

513. On appelle *coin* ou *onglet sphérique* une partie (telle que ABCD) du volume

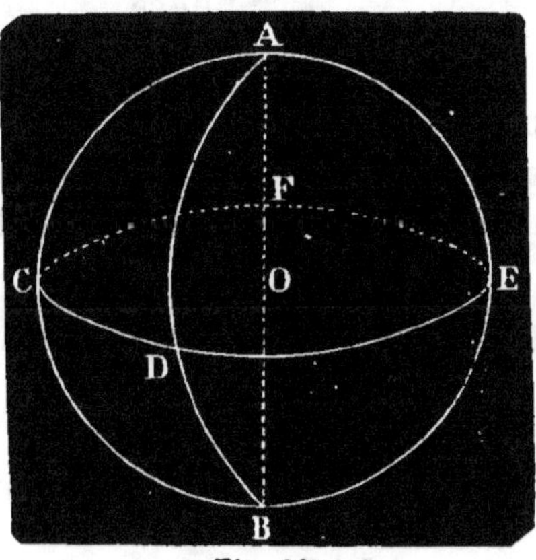

Fig. 267.

de la sphère comprise entre deux demi-grands cercles et le fuseau qui lui sert de base.

---

1. Voir les triangles sphériques sur notre *Nouveau Cours de Géométrie*.

THÉORÈME

514. *Un fuseau* ACBD *est à la surface de la sphère entière comme l'angle* CAD *de ce fuseau, ou comme l'arc* CD *qui mesure cet angle est à 4 droits.*

En effet, supposons qu'une commune mesure soit contenue 7 fois dans l'arc CD et 32 fois dans la circonférence CDEF, nous aurons

$$\frac{CD}{CDEF} = \frac{7}{32}.$$

Par les points de division et par les pôles A et B faisons passer des demi-circonférences de grand cercle, nous déterminerons ainsi des fuseaux tous égaux entre eux, et le fuseau proposé contiendra 7 de ces fuseaux et la sphère entière 32; donc, nous aurons aussi

$$\frac{\text{Fuseau ACBD}}{\text{Sphère}} = \frac{7}{32};$$

par conséquent

$$\frac{\text{Fuseau ACBD}}{\text{Sphère}} = \frac{CD}{CDEF} = \frac{CAD}{4 \text{ droits}}.$$

515. REMARQUE I. Si l'on prend l'angle droit pour unité d'angle et le triangle trirectangle pour unité de surface, la surface de la sphère entière sera représentée par 8, et celle du fuseau CAD par 2CAD.

516. REMARQUE II. En faisant un raisonnement analogue à celui du n° 514, on a

$$\frac{\text{Onglet}}{\text{Volume de la sphère}} = \frac{CD}{CDEF} = \frac{CAD}{4 \text{ droits}}.$$

Mesure de la surface engendrée par une ligne brisée régulière, tournant autour d'un axe mené dans son plan et par son centre.

517. Si dans un demi-cercle nous inscrivons un demi-polygone régulier ABCDE, et que nous fassions tourner la figure autour d'un diamètre AE, tandis que la demi-circonférence décrira la surface de la sphère, le demi-polygone décrira une surface polygonale, qui se rapprochera d'autant plus de la surface de la sphère que le nombre de ses côtés deviendra plus considérable. La différence entre la surface polygonale et celle de la sphère pourra donc devenir moindre que toute quantité donnée. *La surface d'une sphère peut*

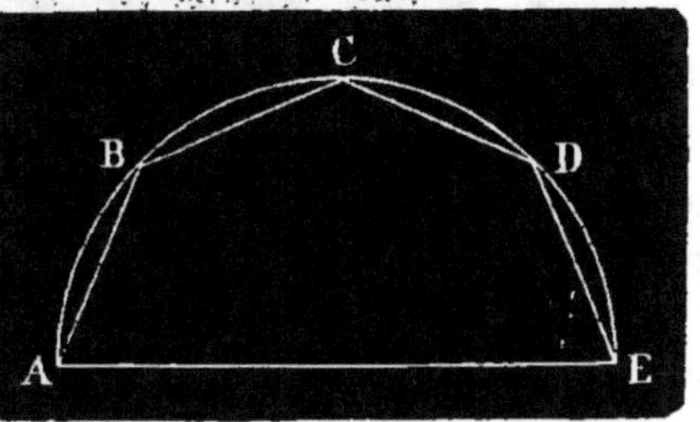

Fig. 268.

donc être considérée comme la limite vers laquelle tend la surface décrite par un demi-polygone régulier dont le nombre des côtés augmente indéfiniment et inscrit dans un demi-cercle faisant une révolution autour d'un de ses diamètres.

518. Les mêmes considérations peuvent s'appliquer aux volumes engendrés par le demi-cercle et par le demi-polygone : *le solide polygonal engendré par le demi-polygone aura aussi pour limite le volume de la sphère.* Par conséquent, la surface et le volume de la sphère dépendent de la mesure de la surface polygonale ou du solide polygonal dont les limites respectives sont la surface et le volume de la sphère.

Pour plus de simplicité, nous supposerons que la surface polygonale et le solide polygonal sont engendrés par une *ligne régulière* ou *ligne brisée régulière* tournant autour d'un axe mené dans son plan et par son centre.

519. On nomme *ligne polygonale régulière* ou *ligne brisée régulière* une ligne brisée plane et convexe, qui a tous ses côtés et tous ses angles égaux.

THÉORÈME

520. *La surface engendrée par une ligne brisée régulière tournant autour d'un axe, mené dans son plan et par son centre, a pour mesure la circonférence du cercle inscrit multipliée par la projection de la ligne polygonale sur l'axe.*

Soit BCDE une ligne brisée régulière, O son centre,

et OG son apothème ou le rayon du cercle inscrit. Il est évident que la surface décrite par cette ligne en tournant autour du diamètre XY, se compose de la somme des

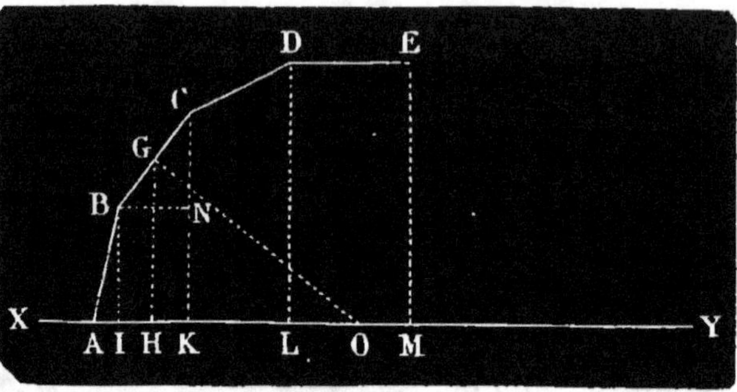

Fig. 269.

surfaces décrites séparément par les côtés BC, CD, DE. Or, le côté BC décrit la surface latérale d'un tronc de cône. Si GH est la perpendiculaire abaissée du milieu du côté BC sur l'axe, on aura (490 et 293) surface décrite par BC, ou simplement

$$\text{Surface BC} = \frac{2\pi \text{BI} + 2\pi \text{CK}}{2} \times \text{BC} = 2\pi\,\text{GH} \times \text{BC} \;\; (1).$$

En menant BI, CK perpendiculaires à l'axe et BN parallèle, on obtient deux triangles BCN et HGO semblables comme ayant les côtés perpendiculaires chacun à chacun[1], et qui donnent[2]

$$\frac{\text{BC}}{\text{GO}} = \frac{\text{BN}}{\text{GH}}$$

ou
$$\frac{\text{BC}}{\text{GO}} = \frac{\text{IK}}{\text{GH}}, \;\; \text{car IK} = \text{BN}.$$

Si l'on chasse les dénominateurs, il vient

$$\text{BC} \times \text{GH} = \text{GO} \times \text{IK}.$$

En substituant, dans l'égalité (1), à BC×GH sa valeur GO×IK, on a

$$\text{Surface BC} = 2\pi\,\text{GO} \times \text{IK}.$$

1. Les côtés homologues sont réciproquement perpendiculaires l'un à l'autre.

2. Afin de ne point éprouver d'embarras pour établir cette proportion, il suffit de savoir que BC et GH doivent y figurer.

Mais 2πGO égale la circonférence du cercle inscrit dans la ligne brisée régulière, et IK est la projection de cette ligne; *la surface décrite par le côté BC a donc pour mesure la circonférence du cercle inscrit multipliée par la projection de ce côté sur l'axe.*

On verrait de même que pour les surfaces décrites par les côtés CD, DE, on a

$$\text{Surface } CD = 2\pi GO \times KL,$$
$$\text{Surface } DE = 2\pi GO \times LM.$$

En ajoutant membre à membre, il vient

$$\text{Surface } BC + \text{surface } CD + \text{surface } DE,$$

ou

$$\text{Surface } BCDE = 2\pi GO \times IK + 2\pi GO \times KL + 2\pi GO \times LM,$$
$$= 2\pi GO (IK + KL + LM),$$
$$= 2\pi GO \times IM.$$

IM est la projection de la ligne brisée régulière BCDE. Donc *la surface engendrée par une ligne brisée régulière tournant autour d'un axe mené dans son plan et par son centre, a pour mesure la circonférence du cercle inscrit multipliée par la projection de la ligne polygonale sur l'axe.*

521. REMARQUE. Il est évident que la démonstration précédente est indépendante de la position d'un côté de la ligne brisée[1] par rapport à l'axe XY; donc

$$\text{Surface } ABCDE = 2\pi GO \times AM.$$

Aire de la zone, de la sphère entière

DÉFINITIONS

522. Lorsque le demi-cercle ABC fait une révolution autour du diamètre AC pour engendrer une sphère, l'arc BE décrit une portion de la surface de la sphère nommée *zone.*

---

1. Car la démonstration reste la même quelque près de l'axe que soit le côté BC; donc elle sera encore vraie si BC prend la position AB.

523. On appelle donc *zone* la portion de la surface d'une sphère comprise entre deux plans parallèles. Les deux cercles déterminés par ces plans sont les *bases* de la zone, et la distance de ces deux bases est la *hauteur* de la zone. L'arc EC décrit une zone à une seule base ; cette espèce de zone porte quelquefois le nom de *calotte sphérique*.

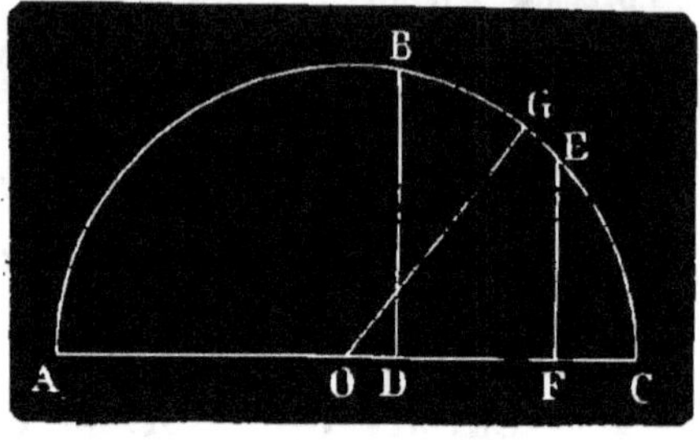

Fig. 270.

D'après ce que nous avons dit (517), il est évident qu'une zone peut être considérée comme la limite vers laquelle tend la surface décrite par une ligne brisée régulière inscrite dans l'arc générateur quand le nombre des côtés de cette ligne augmente indéfiniment.

THÉORÈME

524. *La surface d'une zone a pour mesure le produit de sa hauteur par la circonférence d'un grand cercle de la sphère.*

En effet, le théorème du n° 520 est vrai quel que soit le nombre des côtés de la ligne brisée régulière ; donc il sera encore vrai lorsque le nombre des côtés sera infiniment grand, c'est-à-dire lorsque la ligne brisée se confondra avec l'arc de cercle BE et OG avec le rayon R ; donc

$$\text{Surface BE} = 2\pi\,\text{OG} \times \text{DF}.$$

En désignant par Z la surface de la zone, par h sa hauteur, et par R le rayon de la sphère, on a

$$Z = 2\pi R \times h.$$

525. REMARQUE. Il est évident que ce théorème est vrai pour la zone à une base ou pour la *calotte sphérique*.

THÉORÈME

526. *La surface d'une sphère a pour mesure le produit de son diamètre par la circonférence d'un grand cercle.*

En effet, si l'on coupe la surface de la sphère par un plan CD perpendiculaire au diamètre AB, on obtient deux zones dont la somme de leurs surfaces compose la surface de la sphère. Or

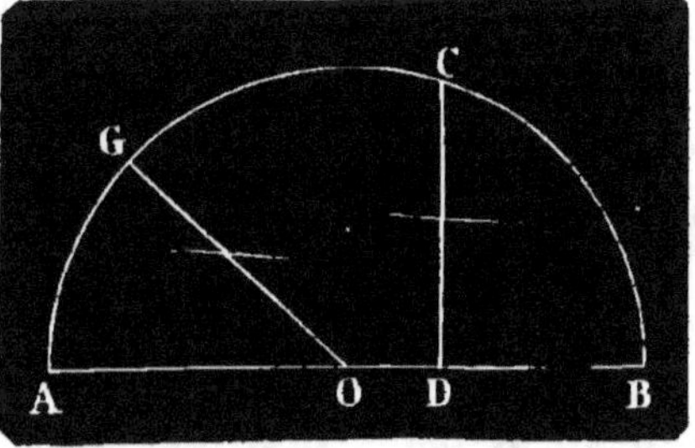

Zone $AC = 2\pi GO \times AD$,

et

Zone $BC = 2\pi GO \times BD$:

donc

Fig. 271.

$$\text{Surface de la sphère} = 2\pi GO \times AD + 2\pi GO \times BD,$$
$$= 2\pi GO \,(AD + BD),$$
$$= 2\pi GO \times AB.$$

En désignant la surface de la sphère par S *et son rayon par* R, *on a*

$$S = 2\pi R \times 2R, \text{ car } GO = R \text{ et } AB = 2R,$$

$$S = 4\pi R^2 ; \text{ mais } R = \frac{D}{2}, \text{ d'où } R^2 = \frac{D^2}{4} ;$$

donc encore

$$S = 4\pi \frac{D^2}{4},$$

$$S = \pi D^2.$$

527. Corollaire I. *La surface d'une sphère est égale à quatre fois la surface d'un grand cercle : car* πR^2 *est la surface d'un cercle qui a* R *pour rayon.*

528. Corollaire II. *Le rapport des surfaces de deux sphères est égal au rapport des carrés de leurs rayons ou de leurs diamètres;* car si leurs rayons sont R, R′, et leurs surfaces S, S′, on a

$$S = 4\pi R^2,$$

$$S' = 4\pi R'^2 :$$

d'où, en divisant membre à membre,

$$\frac{S}{S'} = \frac{4\pi R^2}{4\pi R'^2},$$

$$\frac{S}{S'} = \frac{R^2}{R'^2};$$

on a aussi

$$S = \pi D^2,$$

$$S' = \pi D'^2;$$

d'où, en divisant membre à membre,

$$\frac{S}{S'} = \frac{D^2}{D'^2}.$$

529. Nota. Voir page **278** une démonstration facile du théorème ayant trait au volume de la sphère.

PROBLÈME

530. *On demande le volume de la maçonnerie qui entre dans un puits ayant* 8^m,60 *de profondeur et un diamètre intérieur de* 1^m,60 : *l'épaisseur du mur doit être de* 0^m,40.

Le volume cherché V est la différence de deux cylindres ayant 8^m,60 pour hauteur commune et pour rayon, l'un $\dfrac{1^m,60}{2} = 0^m,80$, et l'autre $0,80 + 0,40 = 1^m,2$.

L'expression du volume du cylindre étant $\pi R^2 H$, on aura

$$V = \pi R^2 H - \pi r^2 H,$$

$$V = \pi H (R^2 - r^2).$$

En substituant aux lettres leurs valeurs, il vient

$$V = 3,1416 \times 8,60\, (\overline{1,2}^2 - \overline{0,80}^2) = 21^{m.\,c.},614.$$

Le volume demandé est donc égal à 21$^{m.\,c.}$,614.

PROBLÈME

531. *Un cylindre en fer a* 1^m,20 *de hauteur et pèse*

6 *kilog.* *La densité du fer est* 7,78 : *quel est à* 0,001 *près le diamètre du cylindre ?*

Soit V le volume du cylindre et x son rayon, en prenant pour unité le centimètre, nous aurons

$$V = \pi x^2 \times 120.$$

Le poids d'un corps s'obtient en multipliant son volume par sa densité, donc on aura

$$6 \text{ kilogrammes} = 6000 \text{ grammes} = \pi x^2 \times 120 \times 7,78,$$

$$x = \sqrt{\frac{6000}{3,1416 \times 120 \times 7,78}} = 1^{cm},43.$$

Le diamètre sera donc $1^{cm},43 \times 2 = 2^{cm},86$.

PROBLÈME

552. *Un cône dont la hauteur est* $8^m,20$ *est partagé en trois parties de volume équivalent par des plans parallèles au plan de la base. Calculer les distances des deux plans sécants au sommet du cône.*

Un cône jouissant des propriétés de la pyramide (487), le premier plan détachera un cône qui sera le tiers du cône total et qui lui sera semblable. En désignant le volume du cône total par V, sa hauteur par H, et par H′ la hauteur du cône partiel, on aura (461)

$$\frac{\frac{1}{3}V}{V} = \frac{H'^3}{H^3},$$

$$\frac{1}{3} = \frac{H'^3}{H^3},$$

$$H' = \sqrt[3]{\frac{H^3}{3}}.$$

En remplaçant H par sa valeur,

$$H' = \sqrt[3]{\frac{8,2^3}{3}} = 5^m,68.$$

Le second plan enlève un cône qui est les deux tiers du cône total ; en désignant la hauteur de celui-ci par H', on a

$$\frac{\frac{2}{3}V}{V}=\frac{H'^3}{H^3},$$

$$H'=\sqrt{\frac{2H^3}{3}}=\sqrt{\frac{2\times 8,2^2}{3}}=7^m,16.$$

Ainsi la distance du premier plan au sommet est de $5^m,68\ldots$; et la distance du second plan au sommet est de $7^m,16\ldots$

PROBLÈME

533. *Un cuvier ayant la forme d'un tronc de cône doit contenir 900 litres, avoir une profondeur de 1 mètre et un diamètre de $1^m,20$: on demande l'autre diamètre.*

Ce cuvier ayant la forme d'un tronc de cône, son volume V sera

$$V=\tfrac{1}{3}\pi h\,(R^2+r^2+Rr).$$

Toutes ces quantités sont connues, excepté R ou r, si l'on suppose que r est l'inconnue, on aura [1]

$$r=-\frac{R}{2}\pm\sqrt{3\left(\frac{V}{h\pi}-\frac{R^2}{4}\right)}\,;$$

et si l'on substitue aux lettres leurs valeurs,

$$r=-\frac{0,6}{2}\pm\sqrt{3\left(\frac{0,900}{1\times 3,1416}-\frac{0,6^2}{4}\right)}=0^m,46.$$

Le diamètre cherché sera $0,46\times 2=0^m,92.$

PROBLÈME

534. *Calculer à 1 centimètre carré près la surface en-*

---

1. Voir notre *Nouveau Cours d'Algèbre*, nos 141 et suivants, et notre *Nouveau Cours d'Exercices et de Problèmes*, page 83, problème 236.

gendrée par un triangle dont les côtés sont respectivement 2 mètres, 3 mètres, 4 mètres, et qui tourne autour du côté de 4 mètres.

En tournant autour de AC, le triangle ABC engendrera deux cônes qui auront une base commune dont le rayon sera h, et pour côtés AB, BC.

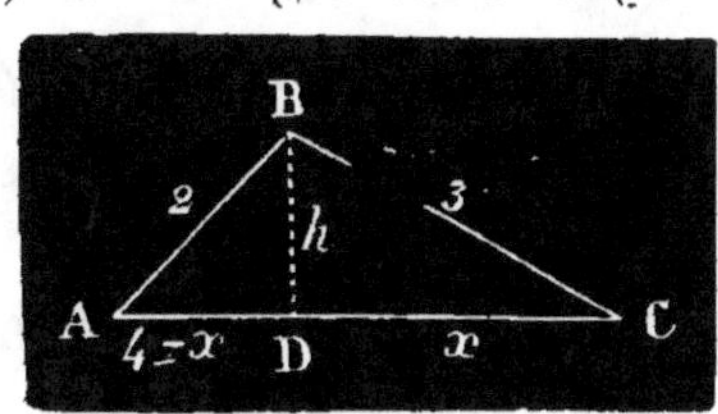

Fig 272.

La seule inconnue est donc h.

Faisons DC $= x$, AD égalera $4 - x$, et l'on aura

$$h^2 = 9 - x^2,$$
$$h^2 = 4 - (4 - x)^2;$$

d'où
$$9 - x^2 = 4 - (4 - x)^2,$$
$$9 - x^2 = 4 - 16 - x^2 + 8x,$$
$$5 = -16 + 8x,$$
$$8x = 21,$$
$$x = 2,625.$$

Connaissant DC $= 2^m,625$, il est facile de déterminer h.

$$h^2 = 9 - \overline{2,625}^2,$$
$$h = \sqrt{9 - \overline{2,625}^2} = 1^m,452.$$

La surface décrite sera donc (488)

$$\pi h \times 3 + \pi h \times 2 = \pi h (3 + 2) = 3,1416 \times 1,452 \times 5$$
$$= 22^{m.\,q.},8080, \text{ à 1 centimètre carré près.}$$

Ainsi, la surface décrite sera égale à $22^{m.\,q.},8080$.

PROBLÈME

535. *La hauteur de la zone torride, ou la distance des plans des tropiques, est d'environ 1268 lieues de 4000 mètres : on demande la surface de cette zone en lieues carrées.*

La formule qui donne la surface d'une zone est

$$Z = 2\pi R h.$$

Or, $2\pi R$ étant la circonférence d'un grand cercle de la terre et égale 10000 lieues, donc

$$Z = 10000 \times 1268 = 12680000 \text{ lieues carrées.}$$

La surface de cette zone est donc 12680000 lieues carrées.

PROBLÈME

536. *Une zone à deux bases a une surface de 100 mètres carrés ; le rayon de la sphère à laquelle elle appartient a 5 mètres, l'une de ses bases est à 1 mètre du centre de la sphère : on demande la surface de l'autre base.*

Si dans la formule

$$Z = 2\pi R h,$$

on substitue aux lettres leurs valeurs, on a

$$100 = 2 \times 3,1416 \times 5 \times h,$$

d'où
$$h = \frac{100}{2 \times 3,1416 \times 5} = 3,183.$$

Si la seconde base est au delà de la première par rapport au centre, sa distance d à ce point sera $1 + h$, et le rayon de cette base étant désigné par x, on aura (501)

$$x^2 = R^2 - d^2.$$

D'ailleurs la surface d'un cercle qui a x pour rayon est πx^2, donc

Surface du cercle ou $\pi x^2 = \pi (R^2 - d^2).$

Si l'on substitue aux lettres leurs valeurs, on a

$$\pi x^2 = 3,1416 \, [25 - (1 + 3,183)^2] = 23^{m.\,q.},56.$$

Si, au contraire, la base dont on cherche la surface est en deçà de la première, elle est de l'autre côté du centre, et sa distance d' à ce point est $h - 1$. Si l'on désigne son rayon par x', sa surface sera $\pi x'^2$, et l'on aura

$$\pi x'^2 = \pi (R^2 - d'^2).$$

En remplaçant les lettres par leurs valeurs, on a

$$\pi x'^2 = 3,1416\,[25 - (3,183 - 1)^2] = 63^{\text{m. q.}},56.$$

La surface de la base demandée sera donc $23^{\text{m. q.}},56$ ou $63^{\text{m. q.}},56$, selon qu'elle sera au delà ou en deçà de la première base.

Mesure du volume engendré par un triangle tournant autour d'un axe mené dans son plan par un de ses sommets. — Application au secteur polygonal régulier tournant autour d'un axe mené dans son plan et par son centre.

THÉORÈME

537. *Le volume engendré par la révolution d'un triangle* ABC *tournant autour d'un axe* XY *mené dans son plan par un de ses sommets* A, *a pour mesure la surface décrite par le côté* BC *opposé au sommet* A *multiplié par le tiers de la hauteur correspondante* AD.

$1°$ *Le côté* AC *coïncide avec l'axe, et* AD *est perpendiculaire à* BC : on aura volume engendré par le triangle ABC, ou simplement

Vol. ABC = surf. BC $\times \frac{1}{3}$ AD.

En effet, le volume engendré par le triangle ABC est la somme des deux cônes engendrés par les triangles rectangles ABE, EBC.

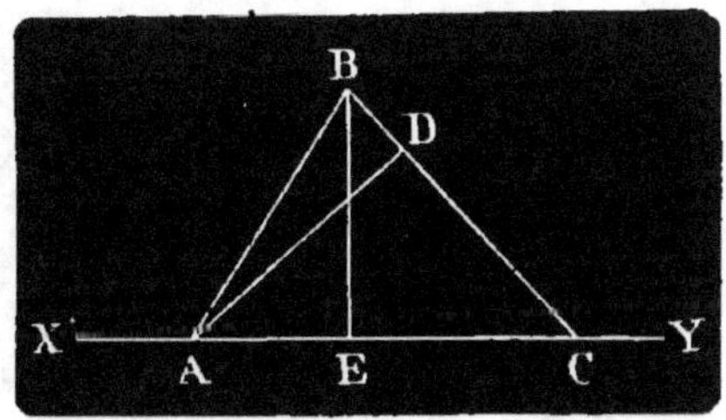

Fig. 273.

Par conséquent,

Vol. ABC = vol. ABE + vol. EBC.

Or (491)

$$\text{Vol. ABE} = \tfrac{1}{3}\pi\overline{\text{BE}}^2 \times \text{AE},$$

et

$$\text{Vol. EBC} = \tfrac{1}{3}\pi\overline{\text{BE}}^2 \times \text{EC},$$

par conséquent

$$\text{Vol. ABC} = \tfrac{1}{3}\pi\overline{\text{BE}}^2 \times \text{AE} + \tfrac{1}{3}\pi\overline{\text{BE}}^2 \times \text{EC},$$

$$= \tfrac{1}{3}\pi\overline{\text{BE}}^2 \,(\text{AE} + \text{EC}),$$

$$= \tfrac{1}{3}\pi\text{BE} \times \text{BE} \times \text{AC}.$$

Mais $\text{BE} \times \text{AC} = \text{BC} \times \text{AD}$, car ces deux produits représentent l'un et l'autre le double de l'aire du triangle ABC; donc

$$\text{Vol. ABC} = \tfrac{1}{3}\pi\text{BE} \times \text{BC} \times \text{AD}.$$

D'ailleurs, dans le mouvement de révolution du triangle, le côté BC engendre la surface d'un cône circulaire droit, et l'on a

$$\text{Surf. BC} = 2\pi\text{BE} \times \frac{\text{BC}}{2},$$

$$= \pi\text{BE} \times \text{BC}.$$

Si dans l'expression du volume ABC on remplace $\pi\text{BE} \times \text{BC}$ par sa valeur, surface BC, il vient enfin

$$\text{Vol. ABC} = \text{surf. BC} \times \tfrac{1}{3}\text{AD}.$$

2° *L'axe* XY *rencontre en un point* E *le prolongement du côté* BC *opposé au sommet* A.

On a aussi

Vol. ABC = surf. BC $\times \tfrac{1}{3}$AD,

car

$$\text{Vol. ABC} = \text{vol. ABE} - \text{vol. ACE}.$$

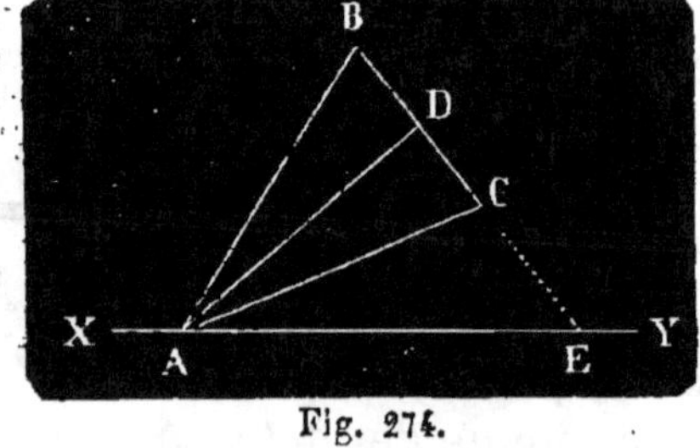

Fig. 274.

Or, vol. ABE = surf. BE $\times \tfrac{1}{3}$AD, et vol. ACE = surf. CE $\times \tfrac{1}{3}$AD : donc

$$\text{Vol. ABC} = (\text{surf. BE} - \text{surf. CE}) \times \tfrac{1}{3}\text{AD},$$

$$= \text{surf. BC} \times \tfrac{1}{3}\text{AD}.$$

3° *L'axe* XY *est parallèle au côté* BC.

On aura encore

$$\text{Vol. ABC} = \text{surf. BC} \times \tfrac{1}{3}\text{AD}.$$

En effet, le cône engendré par le triangle EAB est le tiers du cylindre engendré par le rectangle EADB, par conséquent le volume engendré par le triangle ABD est les deux tiers de ce cylindre. De même, le volume

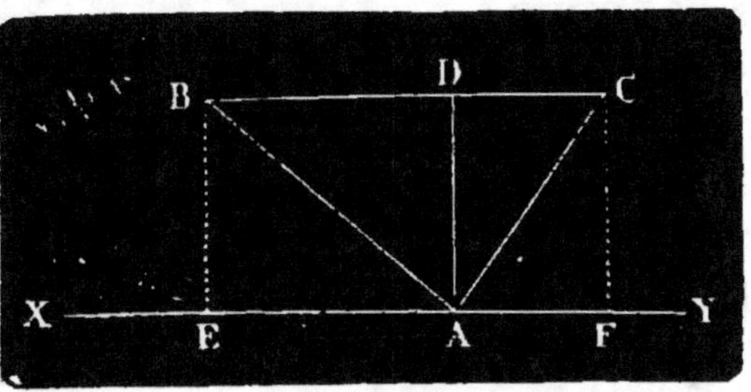

Fig. 275.

engendré par le triangle ADC est les deux tiers du cylindre engendré par le rectangle AFCD; donc le volume engendré par ABC est les deux tiers du cylindre engendré par le rectangle EBCF. Ainsi

$$\text{Vol. ABC} = \tfrac{2}{3}\pi \overline{AD}^2 \times BC,$$

$$= 2\pi AD \times BC \times \frac{AD}{3}.$$

Mais la surface décrite par BC est celle d'un cylindre qui a pour mesure $2\pi AD \times BC$; on peut donc remplacer $2\pi AD \times BC$ par surface BC, et il vient enfin

$$\text{Vol. ABC} = \text{surf. BC} \times \tfrac{1}{3}AD.$$

DÉFINITION

558. On appelle *secteur polygonal* régulier la portion de plan OBCDEO comprise entre une ligne brisée régulière BCDE et les deux rayons extrêmes OB, OE.

THÉORÈME

559. *Le volume engendré par un secteur polygonal régulier OBCDEO tournant autour d'un axe XY mené dans son plan et par son centre a pour mesure le produit de la surface décrite par la ligne brisée régulière multipliée par le tiers du rayon du cercle inscrit.*

En effet, le volume décrit par le secteur polygonal régu-
lier OBCDEO
est égal à la
somme des
volumes dé-
crits par les
triangles
OBC, OCD,
ODE.

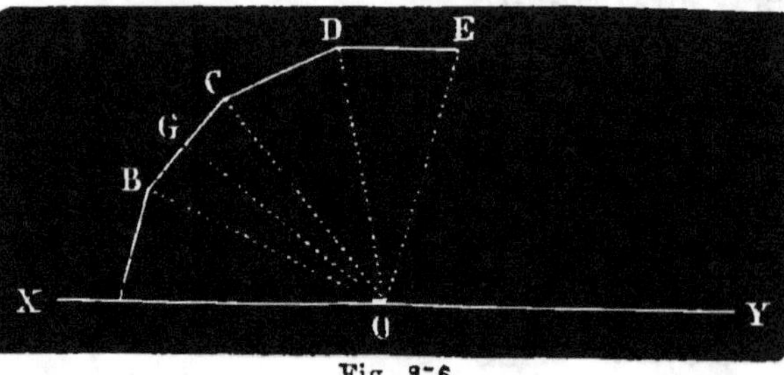

Fig. 276.

Par conséquent

Vol. OBCDEO = vol. OBC + vol. OCD + vol. ODE.

Or (537)   Vol. OBC = surf. BC × $\frac{1}{3}$OG,

Vol. OCD = surf. CD × $\frac{1}{3}$OG,

Vol. ODE = surf. DE × $\frac{1}{3}$OG.

En ajoutant

Vol. OBCDEO = (surf. BC + surf. CD + surf. DE) × $\frac{1}{3}$OG,

Vol. OBCDEO = surf. BCDE × $\frac{1}{3}$OG.

Volume du secteur sphérique, de la sphère entière et du segment sphérique

540. On appelle *secteur sphérique* le solide engendré
par un secteur circulaire faisant une révolution entière
autour d'un diamètre adja-
cent ou extérieur.

Ainsi, lorsque le demi-
cercle ACB décrit la sphère,
chaque secteur circulaire
BOD, DOC engendre un
secteur sphérique : le pre-
mier a pour base la zone BD
et le second la zone DC.

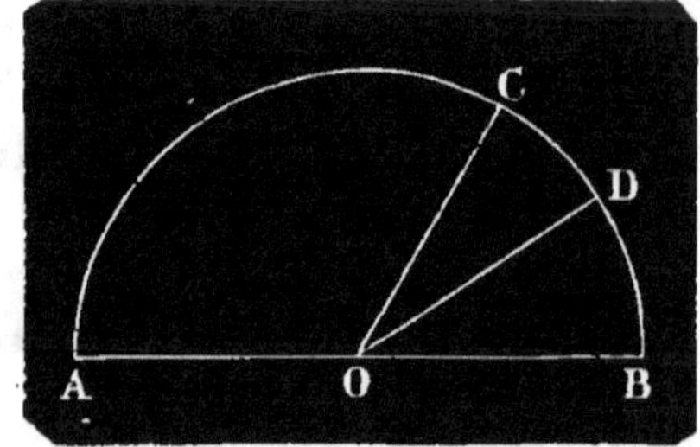

Fig. 277.

D'après ce qui a été dit (518), il est évident qu'un sec-
teur sphérique peut être considéré comme la limite vers
laquelle tend le volume engendré par un secteur polygo-
nal régulier inscrit dans un secteur circulaire, quand le

nombre des côtés du secteur polygonal augmente indéfiniment.

THÉORÈME

541. *Le volume du secteur sphérique a pour mesure la zone qui lui sert de base multipliée par le tiers du rayon.*

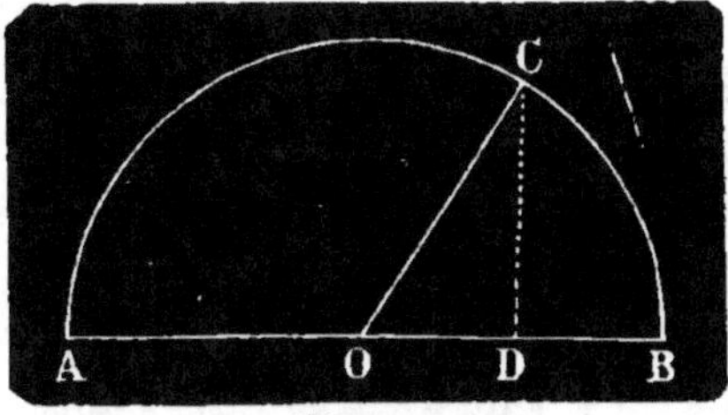

Fig. 278.

En effet, le théorème du n° 539 est vrai quelque nombreux que soient les côtés de la ligne brisée qui termine le secteur polygonal régulier; donc il sera encore vrai lorsque le nombre des côtés de la ligne brisée sera infiniment grand, c'est-à-dire lorsque le secteur polygonal se confondra avec le secteur circulaire : donc

$$\text{Vol. secteur sph. BOC} = \text{surf. BC} \times \tfrac{1}{3}\text{OC}.$$
$$= \text{zone BC} \times \tfrac{1}{3}\text{OC}.$$

En désignant par R le rayon de la sphère, et par h = BD la hauteur de la zone qui sert de base au secteur sphérique, comme surf. zone $= 2\pi R h$, on a

$$\text{Secteur sph.} = 2\pi R \times h \times \tfrac{1}{3}R,$$
$$= \tfrac{2}{3}\pi R^2 h.$$

THÉORÈME

542. *Le volume d'une sphère est égal au produit de sa surface par le tiers de son rayon.*

En effet, le volume de la sphère (*fig.* 278) se compose de la somme des volumes des secteurs sphériques AOC, COB; donc

Vol. sphère OB = sect. sph. AOC + sect. sph. BOC,

Sect. sph. AOC = zone AC $\times \tfrac{1}{3}$OC,

Sect. sph. BOC = zone BC $\times \tfrac{1}{3}$OC,

Vol. sphère OB = (zone AC + zone BC) $\times \tfrac{1}{3}$OC.

Mais zone AC + zone BC = surface de la sphère; donc

Vol. sphère OB = surface de la sphère $\times \tfrac{1}{3}$OC.

16

En désignant le volume de la sphère par V *et son rayon par*
R, *sa surface sera* $4\pi R^2$; *on aura par conséquent*

$$V = 4\pi R^2 \times \tfrac{1}{3}R,$$

$$V = \tfrac{4}{3}\pi R^3;$$

mais $R = \dfrac{D}{2}$ et $R^3 = \dfrac{D^3}{8}$, donc encore

$$V = \tfrac{4}{3}\pi \times \frac{D^3}{8} = \tfrac{1}{6}\pi D^3.$$

543. Corollaire. *Le rapport des volumes de deux sphè-*
res est égal au rapport des cubes de leurs rayons ou de leurs
diamètres.

Car pour une sphère dont le volume est V et le rayon
R, on a

$$V = \tfrac{4}{3}\pi R^3,$$

et pour une sphère dont le volume est V′ et le rayon R′,

$$V' = \tfrac{4}{3}\pi R'^3.$$

Divisant membre à membre, il vient

$$\frac{V}{V'} = \frac{\tfrac{4}{3}\pi R^3}{\tfrac{4}{3}\pi R'^3},$$

$$\frac{V}{V'} = \frac{R^3}{R'^3},$$

$$\frac{V}{V'} = \frac{8R^3}{8R'^3}.$$

Mais $2R = D$, $8R^3 = D^3$, donc

$$\frac{V}{V'} = \frac{D^3}{D'^3}.$$

544. Voici une autre démonstration facile de ce théo-
rème : *Le volume d'une sphère est égal au produit de sa sur-*
face par le tiers de son rayon.

On peut supposer la surface de la sphère comme com-
posée d'une infinité de petites faces sensiblement planes,
et par suite son volume peut être considéré comme la
somme d'une infinité de pyramides ayant pour bases ces
faces, pour sommet commun le centre de la sphère, et

pour hauteur le rayon. Or, une pyramide a pour mesure le produit de sa base par le tiers de sa hauteur : donc la somme de toutes ces pyramides ou le volume de la sphère sera égal à la somme des petites faces, ou à la surface de la sphère multipliée par le tiers du rayon.

545. REMARQUE I. On ferait un raisonnement tout à fait analogue pour prouver qu'*un onglet sphérique*, un *secteur sphérique* et une *pyramide sphérique* (une pyramide qui a son sommet au centre de la sphère et qui a pour base un polygone sphérique quelconque)[1] *ont pour volume la surface de leur base multipliée par le tiers du rayon de la sphère.*

546. REMARQUE II. Ces démonstrations, bien plus faciles que les précédentes, ne sont pas moins rigoureuses, car le cercle, le cylindre, le cône étant des *limites, on peut de même considérer la sphère comme la limite vers laquelle tend un polyèdre inscrit dont le nombre des faces augmente indéfiniment.*

THÉORÈME

547. *Le volume engendré par le segment circulaire AMB, faisant une révolution autour du diamètre XY, est égal au sixième du cercle qui a pour rayon la corde AB du segment multiplié par la projection CD de cette même corde sur l'axe.*

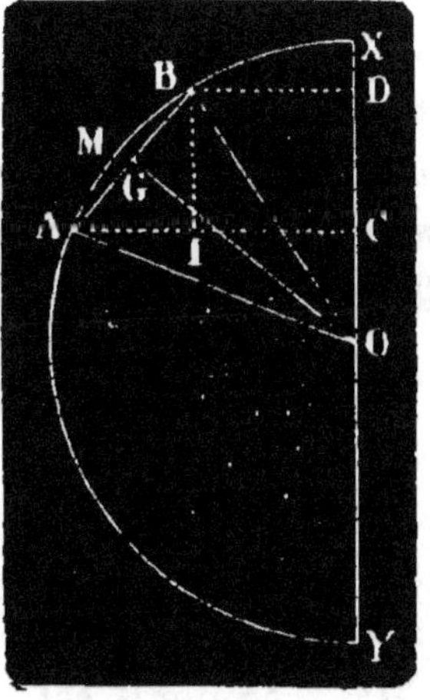

Fig. 279.

On aura

Vol. seg. $AMB = \frac{1}{6}\pi\overline{AB}^2 \times CD$.

En effet,

Vol. seg. $AMB = $ sect. sph. OAMB

— vol. OAB.

Or,

Sect. sph. $OAMB = \frac{2}{3}\pi\overline{OA}^2 \times CD$,

et (537)

Vol. $OAB = $ surf. $AB \times \frac{1}{3}OG$.

1. Voir notre *Nouveau Cours.*

Mais (520)

$$\text{Surf. AB} = 2\pi\,OG \times CD,$$

par conséquent,

$$\text{Vol. OAB} = 2\pi\,OG \times CD \times \tfrac{1}{3}OG,$$
$$= \tfrac{2}{3}\pi\,\overline{OG}^2 \times CD;$$

donc

$$\text{Vol. seg. AMB} = \tfrac{2}{3}\pi\,\overline{OA}^2 \times CD - \tfrac{2}{3}\pi\,\overline{OG}^2 \times CD,$$
$$= \tfrac{2}{3}\pi\,CD\,(\overline{OA}^2 - \overline{OG}^2),$$
$$= \tfrac{2}{3}\pi\,CD \times \overline{AG}^2, \text{ car } \overline{OA}^2 - \overline{OG}^2 = \overline{AG}^2;$$

mais
$$AG = \frac{AB}{2}, \quad \overline{AG}^2 = \frac{\overline{AB}^2}{4},$$

donc enfin
$$\text{Vol. seg. AMB} = \tfrac{2}{3}\pi\,CD \times \frac{\overline{AB}^2}{4},$$
$$= \tfrac{1}{6}\pi\,\overline{AB}^2 \times CD.$$

DÉFINITION

548. On appelle *segment sphérique*, ou encore *tranche sphérique*, la partie du volume de la sphère comprise entre deux sections parallèles. Ces sections sont les *bases* du segment, et leur distance en est la *hauteur*.

THÉORÈME

549. *Le volume d'un segment sphérique à bases parallèles est égal à la demi-somme de ses bases multipliée par leur distance, plus le volume de la sphère qui aurait cette istance pour diamètre.*

Soient AC, BD les rayons des bases parallèles, de sorte que le segment sphérique soit engendré par la révolution du plan circulaire CAMBD.

Ce segment est la somme des volumes produits par le segment circulaire AMB et par le trapèze CABD

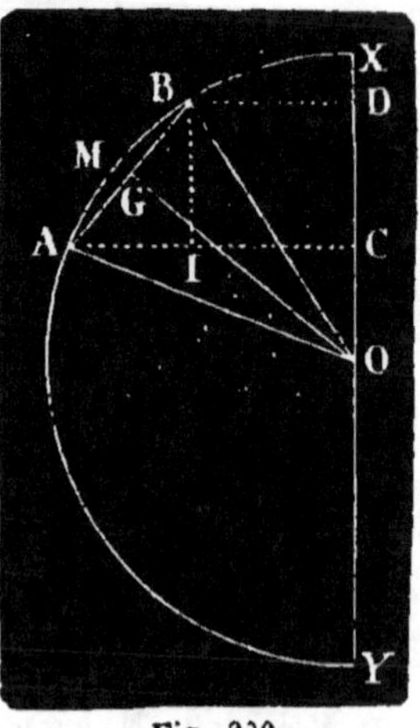

Fig. 280.

On aura

$$\text{Vol. CAMBD} = \tfrac{1}{2}\pi\,(\overline{\text{AC}}^2 + \overline{\text{BD}}^2) \times \text{CD} + \tfrac{1}{6}\pi\overline{\text{CD}}^3,$$
$$\text{Vol. CAMBD} = \text{vol. AMB} + \text{vol. CABD}.$$

Or (547)

$$\text{Vol. AMB} = \tfrac{1}{6}\pi\overline{\text{AB}}^2 \times \text{CD},$$

et (492)

$$\text{Vol. CABD} = \tfrac{1}{3}\pi\text{CD} \times (\overline{\text{AC}}^2 + \overline{\text{BD}}^2 + \text{AC} \times \text{BD}); \ \tfrac{1}{3} = \tfrac{2}{6};$$
$$= \tfrac{2}{6}\pi\text{CD} \times (\overline{\text{AC}}^2 + \overline{\text{BD}}^2 + \text{AC} \times \text{BD}),$$

$$\text{Vol. CAMBD} = \tfrac{1}{6}\pi\overline{\text{AB}}^2 \times \text{CD} + \tfrac{2}{6}\pi\text{CD}\,(\overline{\text{AC}}^2 + \overline{\text{BD}}^2 + \text{AC} \times \text{BD}),$$
$$= \tfrac{1}{6}\pi\overline{\text{AB}}^2 \times \text{CD} + \tfrac{1}{6}\pi\text{CD}\,(2\overline{\text{AC}}^2 + 2\overline{\text{BD}}^2 + 2\text{AC} \times \text{BD}),$$
$$= \tfrac{1}{6}\pi\text{CD}\,(\overline{\text{AB}}^2 + 2\overline{\text{AC}}^2 + 2\overline{\text{BD}}^2 + 2\text{AC} \times \text{BD})\ (1).$$

Mais le triangle rectangle ABI donne

$$\overline{\text{AB}}^2 = \overline{\text{AI}}^2 + \overline{\text{BI}}^2 = \overline{\text{AI}}^2 + \overline{\text{CD}}^2.$$

Or $\quad$ AI = AC — BD,

$$\overline{\text{AI}}^2 = (\text{AC} - \text{BD})^2 = \overline{\text{AC}}^2 - 2\text{AC} \times \text{BD} + \overline{\text{BD}}^2,$$

donc $\overline{\text{AB}}^2 = \overline{\text{AC}}^2 - 2\text{AC} \times \text{BD} + \overline{\text{BD}}^2 + \overline{\text{CD}}^2.$

Substituant la valeur de $\overline{\text{AB}}^2$ dans l'égalité (1), et réduisant, il vient

$$\text{Vol. seg. CAMBD} = \tfrac{1}{6}\pi\text{CD}\,(3\overline{\text{AC}}^2 + 3\overline{\text{BD}}^2 + \overline{\text{CD}}^2),$$
$$= \tfrac{1}{6}\pi\text{CD} \times \overline{\text{CD}}^2 + \tfrac{1}{6}\pi\text{CD}\,(3\overline{\text{AC}}^2 + 3\overline{\text{BD}}^2),$$
$$= \tfrac{1}{6}\pi\overline{\text{CD}}^3 + \tfrac{1}{2}\pi\,(\overline{\text{AC}}^2 + \overline{\text{BD}}^2)\,\text{CD},$$
$$= \tfrac{1}{2}\pi\,(\overline{\text{AC}}^2 + \overline{\text{BD}}^2) \times \text{CD} + \tfrac{1}{6}\pi\overline{\text{CD}}^3.$$

En désignant les rayons des bases d'un segment sphérique par R, r, et sa hauteur par h, on a la formule

$$\text{Vol. seg. sph.} = \tfrac{1}{2}\pi h\,(\text{R}^2 + r^2) + \tfrac{1}{6}\pi h^3.$$

550. Remarque. Si l'un des cercles qui comprennent le segment devient tangent à la sphère, le segment n'a plus qu'une base. Par exemple, dans le cas où le cercle qui a pour rayon BD serait tangent, on aurait $\overline{\text{BD}}^2 = 0$, et la formule précédente se changerait en celle-ci

$$\text{Vol. seg.} = \tfrac{1}{2}\pi\overline{\text{AC}}^2 \times \text{CD} + \tfrac{1}{6}\pi\overline{\text{CD}}^3,$$

et le segment sphérique équivaudrait à la moitié d'un cylindre de même base et de même hauteur, plus à la sphère dont cette hauteur est le diamètre.

En désignant par R le rayon de la base d'un segment sphérique à une base, et par h sa hauteur, on a la formule

$$\text{Vol. seg. sph. à une base} = \tfrac{1}{2}\pi R^2 h + \tfrac{1}{6}\pi h^3.$$

Volume approché d'un solide limité par une surface quelconque

551. On sait qu'un corps plongé dans un liquide déplace un volume de liquide égal au sien propre ; donc si l'on plonge un corps dans un vase régulier entièrement rempli d'eau, le volume de l'eau échappée donnera le volume du corps. Plus généralement on place le corps dans une caisse de capacité connue ou facile à connaître, et l'on achève de la remplir avec du sable : la capacité de la caisse, moins le volume du sable, donne le volume du corps.

PROBLÈME

552. *Les trois côtés d'un triangle ABC ont respectivement 2 mètres, 3 mètres et 4 mètres : trouver le volume engendré par ce triangle tournant autour d'une droite passant par son sommet A et parallèle au côté BC = 4 mètres.*

Supposons que le triangle dont il s'agit soit représenté par la *fig. 275*, nous aurons (537, 3°) pour le volume V engendré par ce triangle

$$V = \tfrac{2}{3}\pi \overline{AD}^2 \times BC.$$

Nous avons trouvé (534) que AD ou $h = 1^m,452$.
En remplaçant les lettres par leurs valeurs, on a

$$V = \tfrac{2}{3} \times 3,1416 \times \overline{1,452}^2 \times 4 = 17^{m.c.},662.$$

Le volume demandé est $17^{m.c.},662$.

PROBLÈME

553. AB *est le diamètre d'un demi-cercle qui a son centre* *en O; sur chacun des rayons OA, OB on décrit un demi-cercle : calculer le volume décrit par la surface comprise entre les trois demi-cercles, lorsque la figure fait une révolution autour de AB. Application AB=2 mètres.*

Si l'on fait AB=2R, on aura OA=R, OB=R.

Le volume cherché V est le volume engendré par le demi-cercle dont AB est le diamètre, moins 2 fois le volume engendré par le demi-cercle, dont OA ou OB est le diamètre; on aura donc

$$V=\tfrac{4}{3}\pi R^3 - \tfrac{4}{3}\pi\frac{R^3}{8} - \tfrac{4}{3}\pi\frac{R^3}{8},$$

$$V=\tfrac{4}{3}\pi R^3 - \tfrac{1}{3}\pi R^3,$$

$$V=\pi R^3.$$

Dans le cas où AB=2 mètres, R=1 mètre, et

$$V=3,1416\times 1=3^{m.c.},1416.$$

PROBLÈME

554. *Trouver le rayon d'un boulet en fonte pesant 10 kilogrammes. La densité de la fonte est 7,20.*

Le volume d'une sphère est donné par la formule

$$V=\tfrac{4}{3}\pi R^3.$$

Or, le poids d'un corps est égal à son volume multiplié par sa densité : donc

Poids de la sphère ou 10 kilog.$=\tfrac{4}{3}\times 3,1416\times R^3\times 7,20,$

d'où
$$R=\sqrt[3]{\frac{3\times 10}{4\times 3,1416\times 7,2}}=0^m,069.$$

Le rayon du boulet sera donc de 0^m,069.

PROBLÈME

555. *On a une sphère de cuivre de 0^m,18 de rayon. Cette sphère creuse contient une sphère de platine de 0^m,05 de rayon; il n'existe aucun vide entre les deux sphères : on demande le poids de la masse ainsi formée, la densité du cuivre étant 8,8 et celle du platine 22,06.*

Si l'on représente par V le volume de la sphère totale, par v celui de la sphère de platine,

$$V - v \text{ sera le volume du cuivre.}$$

R et r étant les rayons des sphères, on aura

$$V = \tfrac{4}{3}\pi R^3,$$
$$v = \tfrac{4}{3}\pi r^3,$$

Volume du cuivre ou $V - v = \tfrac{4}{3}\pi (R^3 - r^3)$.

D'après le problème précédent,

Poids du cuivre $= \tfrac{4}{3}\pi (R^3 - r^3) \times 8,8,$

Poids du platine $= \tfrac{4}{3}\pi r^3 \times 22,06,$

Poids total $= \tfrac{4}{3}\pi [(R^3 - r^3) \times 8,8 + r^3 \times 22,06]$

En remplaçant les lettres par leurs valeurs, il vient

$$\text{Poids total} = \tfrac{4}{3} \times 3,1416 [(\overline{0,18}^3 - \overline{0,05}^3) \times 8,8 + \overline{0,05}^3 \times 22,06] = 221^{kg},923.$$

Le poids de la masse sera de $221^{kg},923$.

PROBLÈME

556. *Un secteur sphérique appartenant à une sphère de 1 mètre de rayon a un volume égal à 1 mètre cube : trouver la hauteur de la zone qui lui sert de base.*

On a (541)

$$\text{Volume secteur sphérique} = \tfrac{2}{3}\pi R^2 h.$$

Si l'on remplace les lettres par leurs valeurs, il vient

$$1 = \tfrac{2}{3} \times 3,1416 \times 1^2 \times h,$$

d'où
$$h = \frac{3}{2 \times 3,1416} = 0^m,47.$$

La hauteur de la zone est $0^m,47$, à 1 centimètre près.

PROBLÈME

557. *Un segment sphérique n'a qu'une base de 2 mètres*

de rayon, la hauteur de ce segment a $1^m,50$: calculer son volume à 1 centimètre cube près.

On a (550)

$$\text{Vol. seg. sph. à une base} = \tfrac{1}{2}\pi R^2 h + \tfrac{1}{6}\pi h^3,$$
$$= \pi h \left(\tfrac{1}{2}R^2 + \tfrac{1}{6}h^2\right).$$

Si l'on remplace les lettres par leurs valeurs, il vient

$$\text{Volume demandé} = 3,1416 \times 1,50 \left(\tfrac{1}{2} \times 4 + \tfrac{1}{6} \times \overline{1,50}^2\right),$$
$$= 3^{m.\,c.},730650.$$

Ainsi on a pour le volume $3^{m.\,c.},730650$.

EXERCICES DU LIVRE VII

626. Un cylindre qui a 2^m de hauteur a pour base un cercle de $0^m,10$ de rayon : on demande : 1° la surface latérale du cylindre ; 2° la surface totale.

627. Un cylindre dont la hauteur est de $1^m,20$ a une surface latérale de $0^{mq},60$: on demande le rayon de sa base.

628. La surface totale d'un cylindre est de 3^{mq}, le rayon de la base de ce cylindre a $0^m,20$: quelle est la hauteur du cylindre ?

629. Un rouleau (*employé en agriculture*) a $1^m,60$ de longueur et $0^m,40$ de diamètre : combien coûtera-t-il à faire peindre à raison de 1 fr. le m. q. ?

630. Un cylindre a 2^m de hauteur et pour base un cercle de 1^m de rayon : on demande les dimensions d'un cylindre semblable, mais dont la surface latérale soit le 1/3 de la surface latérale du premier.

631. On a employé 2^{cmc} d'or pour dorer la surface latérale d'un cylindre dont le diamètre est de $0^m,20$ et la hauteur $0^m,80$: on demande l'épaisseur de la couche d'or.

632. La densité de l'or est 19,26 ; on veut recouvrir d'or une colonne ayant 3^m de hauteur et un rayon de $0^m,20$: quel est le poids de l'or à employer, sachant que la feuille d'or doit avoir $0^m,0001$ d'épaisseur ?

633. Que devient le volume d'un cylindre : 1° si l'on double le rayon de la base ? 2° si l'on double la hauteur ?

654. Un vase cylindrique a 0^m,30 de liamètre intérieur et 0^m,70 de profondeur : combien peut-il contenir de litres?

655. On demande le poids du mercure contenu dans un vase cylindrique qui a un diamètre de 0^m,20, et dans lequel la hauteur du mercure est 0^m,40. La densité du mercure est 13,6.

656. Un vase cylindrique dont la capacité est de 20 litres (le double-décalitre) a une hauteur égale au diamètre : on demande ses dimensions.

657. Un cylindre a un volume de 340^{dmc} : quelle est la surface latérale de ce cylindre, sachant que sa hauteur est double de son diamètre?

658. La surface latérale d'un cylindre est de 3^{mq}, le rayon de la base de ce cylindre est de 0^m,20 : on demande son volume.

659. La hauteur d'une colonne creuse en fonte est de 3^m,15 ; son rayon intérieur 0^m,05, et l'épaisseur de la couronne qui lui sert de base 0^m,01 : on demande son poids, la densité de la fonte étant 7,20.

640. Le litre en zinc a une hauteur double du diamètre, l'épaisseur du métal est 0^m,005, la densité du zinc est 7,19 : trouver le poids du vase.

641. Le rayon intérieur d'une tour est 1^m,20, l'épaisseur est 0^m,50, et le volume de la maçonnerie est 81^{mc} : on demande la hauteur de la tour.

642. On verse dans un double décalitre 64^{ks} de mercure; la densité de ce corps est 13,6 : à quelle hauteur s'élève-t-il à 0,001 près?

643. On plonge dans un liquide à 0° un petit cylindre de fer dont le rayon est 0^m,05 et la hauteur 0^m,20; ce cylindre pèse 10^{ks},500 dans le liquide : on demande la densité du liquide, celle du fer étant 7,788.

644. Les dimensions d'un parallélipipède sont a, h, h : quelle est la hauteur d'un cylindre équivalent, le rayon de la base de ce cylindre étant a?

645. Un tube cylindrique en verre pèse 80 gr. lorsqu'il est vide, et 140 gr. lorsqu'on y introduit une colonne de mercure ayant 0^m,04 de longueur. La densité du mercure étant 13,598, on demande le diamètre du tube.

646. La surface totale d'un cylindre de 1^m,20 de hauteur est égale à celle d'un cercle de 1^m de rayon : calculer le volume du cylindre.

647. On veut construire un bassin cylindrique qui contienne 10^{mc} d'eau; on demande la profondeur qu'on devra donner au bassin dans le cas où son diamètre est 4^m.

648. Quel est le diamètre d'un fil de platine qui pèse 28 grammes par mètre de longueur, la densité du platine étant 21,15?

649. Dans un cylindre dont le rayon est 0^m,25, on verse

30ᵏˢ de mercure dont la densité est 13,6 et 6ᵏˢ d'alcool dont la densité est 0,79 : à quelle hauteur s'élèvent les deux liquides ?

650. La surface latérale d'un cylindre est a et son volume b : on demande le rayon de la base et la hauteur du cylindre.

651. Les surfaces latérales de deux cylindres semblables sont entre elles dans le même rapport que les carrés des rayons de leurs bases ou les carrés de leurs hauteurs. Le rapport de leurs volumes est égal à celui des cubes de leurs dimensions homologues.

652. On a un vase cylindrique dont le rayon de la base a 0ᵐ,20, la profondeur de ce vase est 0ᵐ,30 : on veut construire un autre vase semblable au premier, mais dont la contenance soit triple : quelles seront les dimensions de ce vase ?

653. Un cône a 2ᵐ de hauteur, la surface de sa base a 1ᵐ۹ ; à 0ᵐ,80 du sommet on mène un plan parallèle à la base : on demande la surface de la section.

654. Un cône a pour base un cercle de 0ᵐ,40 de rayon : à quelle distance du sommet doit être mené, parallèlement à la base, un autre cercle de 0ᵐ,30 de rayon ? Le cône a 2ᵐ de hauteur.

655. Un cône a 4ᵐ de hauteur : à quelle distance du sommet faut-il mener un plan parallèle à la base pour que la section obtenue soit 1/3 de la base ?

656. Le côté d'un cône est donné ainsi que sa base : déterminer la surface d'une section faite parallèlement à la base à une distance connue du sommet du cône.

657. Le rayon de la base d'un cône a 0ᵐ,30, son côté $=$ 1ᵐ,20 : on demande la surface latérale du cône.

658. On demande le rapport des surfaces latérales d'un cylindre et d'un cône ayant même base et même hauteur.

659. Un cône a 3ᵐ de hauteur et un rayon de 1ᵐ, on développe sur un plan la surface latérale de ce cône, on obtient ainsi un secteur circulaire : calculer l'angle au centre du secteur.

660. Le côté SA d'un cône étant 2ᵐ, calculer la longueur Sa à prendre sur SA pour qu'un plan parallèle à la base du cône divise la surface latérale en 2 parties équivalentes.

661. L'arête SA d'un cône étant 4ᵐ, calculer les longueurs à prendre sur SA pour que 3 plans parallèles à la base divisent la surface latérale en 4 parties de grandeurs données, 1ᵐ۹, 2ᵐ۹, 2ᵐ۹,20, 3ᵐ۹.

662. Le rayon de la base d'un cône a 0ᵐ,40, sa hauteur égale 3ᵐ : quelle est la surface totale du cône ?

663. Un cône a une hauteur égale à son diamètre : déterminer le rapport de la surface de sa base à sa surface latérale.

664. La surface latérale d'un cylindre qui a 3ᵐ de hauteur est égale à 4^{mq} : on demande la surface totale d'un cône ayant même base et même hauteur que le cylindre.

665. Trouver la surface totale d'un tronc de cône pour lequel on a $h = 3^m$, R $= 2^m$, $r = 1^m$.

666. Trouver la surface latérale d'un tronc de cône dans le cas où le côté de ce tronc $= 4^m$, R $= 3^m$ et $r = 2^m$.

667. La surface latérale d'un tronc de cône est de 34^{mq},54, les rayons des bases ont, l'un 1^m, 42 et l'autre 0^m,64 : on demande la hauteur du tronc.

668. L'arête Aa d'un tronc de cône est 3^m,50, les rayons des bases 0^m,80 et 1^m,40 : calculer à 0,01 près la longueur aa' à prendre sur aA pour qu'un plan parallèle à la base divise la surface latérale du tronc en deux parties équivalentes.

669. L'arête Aa d'un tronc de cône a 4^m, les rayons des bases ont 2^m et 3^m : calculer à 0,01 près les longueurs à prendre sur aA pour que des plans parallèles aux bases divisent la surface latérale en quatre parties qui soient entre elles comme les nombres 3, 4, 5 et 6.

670. Que devient le volume d'un cône lorsqu'on double 1° sa hauteur; 2° le rayon de la base ?

671. La hauteur d'un cône est 8^m, son volume 60^{mc} : trouver sa surface latérale.

672. Le côté d'un cône égale 8^m, le rayon de la base 2^m : on demande le volume du cône.

673. Le côté d'un cône a 5^m, sur ce côté on prend 2^m à partir du sommet, et l'on mène un plan parallèle à la base ; ce plan détermine un cercle ayant 0^m,40 de rayon : on demande le volume du cône.

674. Un petit cône en argent dont la hauteur égale deux fois le diamètre de la base pèse 2^{kg},5. On demande les dimensions du cône, la densité de l'argent étant 10,47.

675. Quel est le rapport du volume du cylindre au cône de même base et de même hauteur?

676. On veut construire un cône de 3^m de hauteur et d'un volume égal à 1^{mc}. Quel sera le rayon de la base du cône?

677. Les dimensions d'un parallélipipède sont a, b, h. Calculer la hauteur d'un cône équivalent et dont le rayon de la base doit être a.

678. Un cône de 5^m de hauteur a pour base un cercle de 1^m de rayon. On coupe ce cône à 2^m du sommet par un plan parallèle à la base. Quel est le volume du tronc de cône ainsi obtenu?

679. Un cône de 6^m de hauteur a un volume de 10^{mc} : à 2^m du sommet on mène un plan parallèle à la base. Calculer la surface latérale du tronc déterminé par le plan sécant.

680. La surface totale d'un cône ayant 1^m de hauteur est égale à celle d'un cercle de 0^m,60 de rayon. Calculer le volume du cône.

681. Les surfaces latérales de deux cônes semblables sont entre elles dans le même rapport que le carré des rayons de leurs bases ou les carrés de leurs hauteurs ou de leurs apothêmes. Le rapport de leurs volumes est égal à celui du cube de leurs dimensions.

682. Un cône a 4^m de hauteur et pour base un cercle de $2^m,10$ de rayon : on demande le volume d'un cône semblable, mais dont la surface latérale soit les $\frac{4}{7}$ de la surface latérale du premier.

683. Dans un cône ayant 4^m de hauteur, on mène parallèlement à la base et à 1^m du sommet une section ayant 4^{mc} de surface : on demande le volume du cône.

684. L'arête SA d'un cône a 4^m, on prend sur SA une longueur $Sa = 2^m,60$, et par le point a on mène un plan parallèle à la base du cône : quel est le rapport du cône ainsi détaché au cône entier?

685. Dans l'exercice précédent, quel est le rapport des volumes déterminés par le plan sécant?

686. Un cône droit dont la hauteur est 20^m a pour volume 387^{mc}. A quelle distance du sommet faut-il mener un plan parallèle à la base pour enlever un cône dont le volume soit 95^{mc}?

687. L'arête SA d'un cône a 4^m : calculer la longueur à prendre sur SA pour qu'un plan parallèle à la base divise le volume du cône en deux parties équivalentes.

688. L'arête SA d'un cône a 4^m : calculer les longueurs à prendre sur SA à partir du point S pour que des plans parallèles à la base divisent le volume en parties de grandeurs données, 2^{mc}, 3^{mc}, 5^{mc}.

689. Couper un cône par un plan parallèle à la base de telle sorte que le volume du petit cône soit le 1/4 du tronc obtenu.

690. Un cône a 4^m de hauteur et pour base un cercle de $2^m,10$ de rayon : on demande les dimensions d'un cône semblable, mais dont le volume soit triple du volume du premier.

691. Un cône qui a une hauteur de $8^m,2$ est partagé par deux plans parallèles au plan de sa base en trois parties de volume équivalent : calculer à 0,01 près les distances des deux plans sécants au sommet du cône.

692. La hauteur d'un cône est 10^m, le rayon de la base est 5^m : on demande à quelle distance de la base il faudrai mener un plan parallèle à cette base pour que le volume du tronc fût égal à 20^{mc}.

693. La hauteur d'un cône est de 5^m, le rayon de la base 1^m. On demande à quelle distance de la base il faut mener un plan parallèle pour que le volume du tronc de cône soit moyen proportionnel entre le cône entier et la partie supérieure du tronc.

694. Trouver le volume d'un tronc de cône pour lequel on a $h = 3^m$, $R = 2^m$, $r = 1^m$.

695. Le volume d'un tronc de cône est égal à 20^{mc}; on sait que R = 3^m, r = 2^m : calculer h.

696. Un tronc de cône est la différence de deux cônes. Dans l'exercice précédent, calculer les volumes des deux cônes dont le tronc est la différence.

697. Un cylindre et un tronc de cône ont une base commune et même hauteur; le volume du tronc égale la moitié du volume du cylindre : dans quel rapport sont les rayons des deux bases du tronc?

698. Dans un tronc de cône on a h = 4^m, R = 3^m, r = 2^m : calculer la hauteur d'un cône équivalent au tronc de cône. On sait que la base du cône doit être moyenne proportionnelle entre les bases du tronc de cône.

699. L'arête Aa d'un tronc de cône a 4^m, les rayons des bases ont 2^m et 3^m : calculer la longueur aa' à prendre sur aA pour qu'un plan parallèle aux bases divise le volume en deux parties équivalentes.

700. L'arête Aa d'un tronc de cône a 4^m, les rayons des bases ont 2^m et 3^m : calculer à 0,01 près les longueurs à prendre sur aA pour que des plans parallèles aux bases divisent son volume en quatre parties proportionnelles à 2, 3, 4 et 5.

701. Le côté Aa d'un tronc de cône a 4^m, les rayons des bases ont 2^m et 3^m. On veut détacher de la partie supérieure de ce tronc un autre tronc de cône d'un volume égal à 2^{mc} : quelle sera la longueur à prendre à partir du point a?

702. Établir la proposition suivante : lorsque le côté d'un tronc de cône égale la somme des rayons des bases, 1° la moyenne géométrique entre ces rayons donne toujours la moitié de la hauteur; 2° on obtient le volume en multipliant la surface totale par le $\frac{1}{6}$ de la hauteur.

703. Les rayons des deux bases d'un tronc de cône sont 3^m,50 et 7^m,30, et la hauteur du tronc 2^m : on demande la surface et le volume du cône entier.

704. Dans une sphère de 2^m de rayon, on mène une section à 0^m,40 du centre de la sphère : trouver la surface de la section.

705. Dans une sphère de 2^m de rayon, on a mené une section dont la surface est égale à 3^{mq} : à quelle distance du centre cette section a-t-elle été menée ?

706. 1° Les tangentes menées à une sphère et partant d'un point extérieur A sont égales entre elles; 2° le lieu de ces tangentes est un cône de révolution; 3° le lieu de leurs points de contact est une circonférence située dans un plan perpendiculaire au diamètre passant par le point A.

707. Les pôles P, P' d'un cercle sont à 3^m et à 4^m de la circonférence de ce cercle; PP'=5^m. Calculer la surface du cercle à 0^{mq}01 près.

708. Mener par une droite donnée un plan tangent à une sphère.

709. On demande la surface d'un fuseau dont l'angle a 28° et la surface de la sphère à laquelle il appartient 4^{mq}.

710. Un fuseau a une surface de 1^{mq}: on demande son angle, sachant qu'il apartient à une sphère dont la surface est de 4^{mq}50.

711. Dans un triangle sphérique on a A=58°12', B=60°20', C=72°22'. Le rayon de la sphère ou R=0^m,40 : calculer à 0,0001 près la surface du triangle.

712. Calculer a 0^m,01 près la surface engendrée par une ligne AB tournant autour d'un axe mené dans son plan : on a AB=5^m; la distance du point A à l'axe ou Aa=3^m, la distance du point B à l'axe ou Bb=4^m.

713. Calculer la surface engendrée par un triangle équilatéral tournant autour de son côté a.

714. Soit ABCD un rectangle : dans le plan de ce rectangle, on trace une droite MN parallèle au côté AB et en dehors du rectangle; puis on suppose que le rectangle fasse une révolution autour de MN. Démontrer que le volume engendré par le rectangle est égal à la surface de ce rectangle multipliée par la circonférence décrite par le point d'intersection O des deux diagonales.

715. La moitié ABCD d'un hexagone régulier dont le côté égale 2^m tourne autour de son diamètre AD. On demande de calculer à 0,01 près la surface décrite par cette moitié d'hexagone.

716. Calculer la surface d'une zone ayant 0^m,80 de hauteur et appartenant à une sphère de 1^m de rayon.

717. Une zone a 1^{mq},20 de surface et une hauteur de 0^m,50 : calculer à 0,01 près le rayon de la sphère à laquelle cette zone appartient.

718. Dans une sphère de 1^m de rayon, une zone a 0^{mq},60 de surface : calculer sa hauteur.

719. Trouver dans la sphère la hauteur d'une zone dont la surface égale celle d'un grand cercle.

720. Dans une sphère de 2^m de rayon, une calotte sphérique a 0^{mq},80 de surface : on demande la surface de sa base.

721. Calculer la surface de la terre en kilomètres carrés. On la supposera sphérique et le mètre égal à la dix millionnième partie du quart de la circonférence d'un grand cercle.

722. La surface d'une sphère est égale à 4^{mq} : trouver sa circonférence.

723. Trouver le rayon d'une sphère dont la surface est moyenne proportionnelle entre les surfaces latérales d'un cylindre et d'un cône ayant 2^m de hauteur, et pour base commune un cercle de 1^m de rayon.

724. Diviser une sphère en deux zones, telles que la surface de la plus grande soit moyenne proportionnelle entre la surface de la sphère entière et la surface de la plus petite. (*Application*, $R = 1$.)

725. Si l'on double le rayon d'une sphère, que deviendra la surface de la sphère ?

726. Une sphère a 1^m de rayon ; quel sera le rayon d'une sphère dont la surface doit être double de la surface de la première ?

727. Un triangle équilatéral dont le côté est a, tourne autour d'une parallèle à sa base passant par son sommet : quel est le volume engendré par ce triangle ?

728. Un triangle isocèle ABC tourne autour d'une droite fixe parallèle à sa base BC, et passant par son sommet A. On demande le volume engendré, sachant que $BC = 3^m$ et $AB = 4^m$.

729. Calculer le volume engendré par un triangle dont les côtés ont respectivement 2^m, 3^m, 4^m, et qui tourne autour du côté de 4^m.

750. Soit ABC un triangle équilatéral dont le côté égale a ; on prolonge la base BC d'une quantité CD égale à a. On élève la perpendiculaire DE, puis on suppose que le triangle fait une révolution autour de l'axe DE ; on demande de trouver l'expression du volume ainsi engendré.

731. Dans une sphère de 1^m de rayon, une zone servant de base à un secteur a 1^{mq} de surface : calculer le volume du secteur.

752. Dans une sphère de 1^m de rayon, la zone qui sert de base à un secteur a $0^m,40$ de hauteur : calculer le volume du secteur.

733. Un secteur, dans une sphère de 2^m de rayon, a un volume de $0^{mc},480$: calculer à $0,01$ près la surface de la zone qui sert de base au secteur.

734. Une sphère a 2^m de rayon : trouver son volume.

735. Trouver le volume d'une sphère en fonction de la circonférence d'un grand cercle.

756. Trouver le rayon d'une sphère dont le volume égale $0^{mc},420$.

737. Un secteur a un volume de $0^{mc},620$, la surface de la zone qui lui sert de base a 1^{mq} : calculer le volume de la sphère à laquelle ce secteur appartient.

738. Calculer le rayon d'une sphère dont le volume soit égal au volume d'un secteur appartenant à une sphère de 1^m de rayon, et ayant pour base une zone dont la surface soit $0^{mq},80$.

739. Une sphère a 1^m de rayon : quel sera le rayon d'une sphère cinq fois moindre en volume ?

740. Une sphère a 1ᵐ de rayon : quelle sera la surface d'une sphère d'un volume quatre fois moindre?

741. Dans une sphère, une section menée à 0ᵐ,20 du centre a 0ᵐ*,80 de surface : on demande le volume de la sphère.

742. Une sphère a un volume égal à 1ᵐᶜ : quelle sera la surface d'une section menée à 0ᵐ,30 du centre?

743. Un arc de grand cercle de 44° a 0ᵐ,20 : quel est le volume de la sphère?

744. On demande le volume d'un onglet dont l'angle à 30°, et le volume de la sphère à laquelle il appartient 2ᵐˢ.

745. Un onglet a un volume de 1ᵐᶜ, on demande son angle, sachant qu'il appartient à une sphère dont le volume est de 4ᵐᶜ,800.

746. On donne une sphère de cuivre de 0ᵐ,18 de rayon, creuse, et contenant une sphère de platine de 0ᵐ,05 de rayon, de telle sorte qu'il n'y ait aucun vide entre les deux sphères : quel est le poids de la masse ainsi formée, sachant que la densité du platine est 21,15 et celle du cuivre 8,85?

747. AB est le diamètre d'un demi-cercle qui a son centre en C; sur chacun des rayons AC, BC on décrit un demi-cercle : on demande le volume décrit par la surface comprise entre les demi-cercles lorsque la figure accomplit une révolution entière autour de AB.

748. La différence des rayons de deux sphères est 1ᵐ,75, et la différence de leurs volumes est 47ᵐᶜ : calculer chacun des rayons à 0ᵐ,01 près.

749. Par un point S, pris sur le prolongement du diamètre d'un cercle, on mène une tangente SA, et l'on fait tourner le cercle autour de son diamètre; la circonférence décrit une sphère, et la tangente SA décrit un cône dont la base est le cercle décrit par la perpendiculaire AP au diamètre. On demande de déterminer le volume et la surface du cône. On suppose que le rayon OA = 0ᵐ,035 et la ligne OS = 0ᵐ,125.

750. Étant donnée une sphère de rayon R, on veut construire un cône droit qui ait même volume que la sphère et dont la hauteur ne soit que la moitié du rayon de la sphère : quelle devra être la base?

751. Le volume d'un tronc de cône est équivalent à celui d'une sphère de 5ᵐ de rayon; la hauteur du tronc égale 8ᵐ, le rayon de l'une des bases égale 7ᵐ : calculer le rayon de l'autre base.

752. Un vase cylindrique vertical dont le fond est un cercle de 0ᵐ,05 de rayon intérieur, est en partie rempli d'eau à 4° pesant 4ᵏᵍ. On y plonge une sphère de 0ᵐ,03 de rayon, et il arrive que l'eau monte exactement jusqu'au bord du vase : quelle est la hauteur de ce vase cylindrique?

753. Une sphère, un cylindre et un cône droit ont même volume; de plus, la sphère, la base du cylindre et la base du cône ont des diamètres égaux entre eux et à $0^m,3$: on demande la hauteur du cylindre et du cône.

754. Trouver le rayon d'une sphère dont le volume est moyen proportionnel entre les volumes d'un cylindre et d'un cône ayant 2^m de hauteur et pour base commune un cercle de 1^m de rayon.

755. Un cylindre est circonscrit à une sphère : trouver les rapports de la surface et du volume de la sphère à la surface totale et au volume du cylindre (1).

756. Trouver le rapport de la surface et du volume de la sphère à la surface totale et au volume du cône équilatéral circonscrit.

757. Une sphère est circonscrite à un cube : trouver le volume du cube en fonction du rayon de la sphère.

758. Un cube en cuivre pèse $1^{kg},756$, on le met sur un tour pour en former une sphère dont le diamètre soit les 3/4 de la longueur de l'arête de ce cube : on demande le poids de la tournure de cuivre obtenu, la densité du cuivre étant 8,78.

759. Trouver le rapport de la surface et du volume de la sphère à la surface et au volume du cube inscrit et circonscrit.

760. L'arête d'un cube est $0^m,35$: on demande le volume de la sphère circonscrite.

761. Si l'on double le rayon d'une sphère, que devient le volume?

762. Deux sphères ont pour rayons 2^m et $0^m,20$: trouver une sphère équivalente en volume à ces deux sphères.

765. Les rayons de la terre, de la lune et du soleil sont proportionnels aux nombres $1, \frac{3}{11}$ et 112. Si l'on prend le volume de la terre pour unité, quels seront les volumes de la lune et du soleil?

764. Calculer le volume engendré par le segment circulaire AMB qui tourne autour de son diamètre xy: la corde AB du segment $= 2^m$, et la projection CD de cette corde sur l'axe $= 1^m,80$.

765. Calculer le volume engendré par le segment circu-

<hr>

(1) C'est Archimède qui découvrit le premier ces rapports. Pour perpétuer le souvenir de cette découverte, ce grand homme voulut qu'on gravât sur son tombeau un cylindre circonscrit à une sphère. Marcellus, vainqueur de Syracuse, respecta la volonté de l'illustre géomètre et fit, en effet, graver cette figure sur le tombeau qu'il lui érigea. Cicéron le reconnut à cette marque lorsqu'il était questeur en Sicile.

laire AMB, tournant autour du diamètre xy : la corde AB de ce segment $= 2^m$, la distance du point A à l'axe ou AC $= 3^m$, la distance du point B à l'axe ou BD $= 2^m$.

766. Le volume engendré par le segment AMB a 2^{mc}, la projection de la corde de ce segment ou CD $= 1^m$: calculer la corde AB.

767. Le volume engendré par le segment circulaire AMB $= 0^{mc},829$, la corde AB de ce segment a $1^m,20$: calculer la projection CD de cette corde sur l'axe.

768. On a pour un segment sphérique R$=2^m$, $r=1^m$ et $h = 1^m$: calculer le volume de ce segment.

769. Trouver le volume d'un segment sphérique à une base : la hauteur de ce segment a $1^m,20$ et le rayon de sa base 1^m.

770. Un cône est circonscrit à deux sphères de rayon R et r tangentes extérieurement : on demande le volume de l'espace compris entre les 3 surfaces.

771. Une caisse a $1^m,20$ de longueur sur $0^m,40$ de largeur et $0^m,30$ de profondeur; on y place une statue ; pour achever de remplir la caisse, il faut encore ajouter 64^l de sable : **on** demande le volume de la statue.

LIVRE HUITIÈME

ELLIPSE

DÉFINITION DE L'ELLIPSE PAR LA PROPRIÉTÉ DES FOYERS

558. On nomme *ellipse* une courbe plane telle que la somme des distances de chacun de ses points à deux points fixes F, F' situés dans son plan est constante. Ainsi, quel que soit le point M de la courbe, la somme FM $+$ F'M est la même.

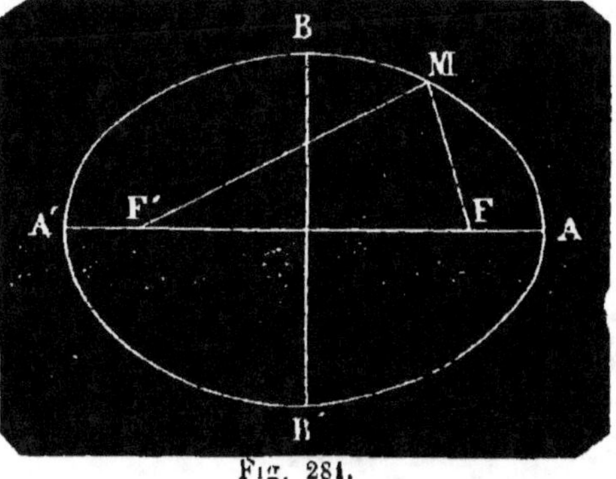

Fig. 281.

559. Les deux points fixes F, F′ sont les *foyers*de l'ellipse.

560. La distance FF′ qui sépare les deux foyers est appelée *distance focale* [1].

561. On désigne généralement par $2a$ la somme constante F′M $+$ FM, et par $2c$ la distance focale.

PROBLÈME

562. *Tracer l'ellipse par points.*

Soient F′, F les foyers d'une ellipse à construire.

La somme constante $2a$ est donnée.

Sur une droite indéfinie passant par les deux foyers, portons, à partir du point O, milieu de FF′, les longueurs OA, OA′ égales à a : les points A et A′ appartiendront à la courbe, car

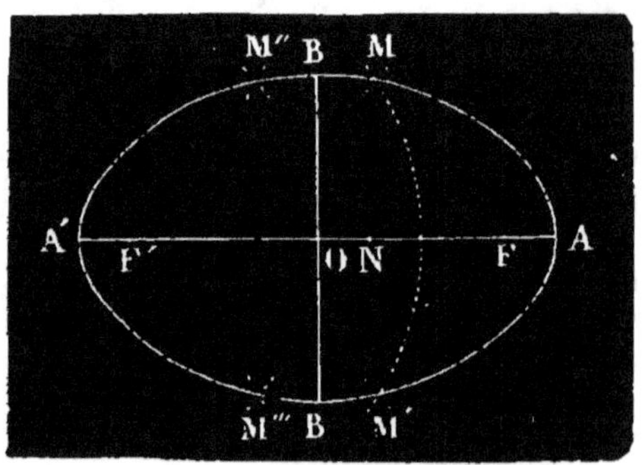
Fg. 282.

$$AF + AF′ = A′F′ + A′F = OA + OA′ = AA′ = 2a.$$

Cela étant posé, prenons un point quelconque N entre F et F′, puis décrivons des points F′ et F comme centres, respectivement avec A′N et AN pour rayons, deux arcs qui se couperont en M et M′. Ces points appartiendront à l'ellipse, car nous avons pour le point M

$$F′M + FM = A′N + AN = 2a.$$

et pour le point M′

$$F′M′ + FM′ = A′N + AN = 2a.$$

Ces deux arcs se couperont nécessairement (162), car la somme $2a$ de leurs rayons est plus grande que la distance $2c$ de leurs centres, et puisque le point N est entre F et

<hr>

1. Du latin *focus*, foyer.

F′, la différence de ces rayons est moindre que A′F — AF ou que FF′, distance des centres.

Le point N pouvant varier à volonté, on obtiendra autant de points de l'ellipse que l'on voudra. Ces points liés par un trait continu figureront la courbe d'autant mieux qu'ils seront plus rapprochés.

Les mêmes ouvertures de compas donnent quatre points de l'ellipse : car, outre les deux points M et M′, on en obtiendra deux autres M″ et M‴ par l'intersection de deux arcs, l'un décrit du foyer F avec A′N pour rayon, et l'autre du foyer F′ avec AN pour rayon.

PROBLÈME

563. *Tracer l'ellipse d'un mouvement continu.*

Fixons aux foyers F′, F un fil inextensible dont la longueur soit égale à $2a$; puis faisons glisser le long de ce fil un style qui le tienne toujours tendu ; l'extrémité du style décrira une ellipse, car dans toutes les positions du style la somme des distances F′M, FM est égale à la longueur du fil et par conséquent à $2a$.

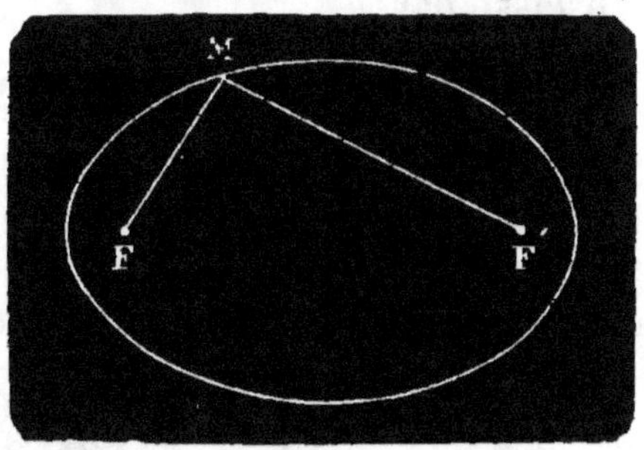

Fig. 283.

564. Corollaire. *L'ellipse est une courbe fermée.*

565. Remarque. Le premier procédé est employé sur le papier, le second ne peut guère l'être que sur le terrain.

566. L'axe A′A est le *grand axe* ou *l'axe focal* de l'ellipse, l'axe BB′ en est le *petit axe*. Le premier se désigne par $2a$ et le second par $2b$; comme on représente la distance F′F par $2c$, à cause du triangle rectangle B′OF, on a

$$a^2 = b^2 + c^2,$$

et

$$b^2 = a^2 - c^2.$$

Aire de l'Ellipse

DÉFINITIONS

567. La perpendiculaire abaissée d'un point M d'une courbe sur une droite quelconque OX est dite l'*ordonnée* du point M.

Le point O étant fixe, la distance OP est l'*abscisse* du même point M.

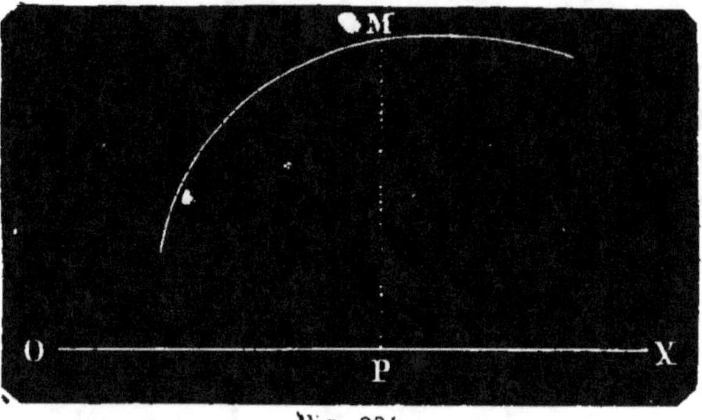

Fig. 284.

On est dans l'usage de désigner l'ordonnée par y et l'abscisse par x.

THÉORÈME

568. *Si sur le grand axe d'une ellipse on décrit un cercle, les ordonnées correspondantes NP, MP de l'ellipse et du cercle sont entre elles dans le même rapport que les axes de l'ellipse.*

Si nous désignons par y, Y les ordonnées correspondantes de l'ellipse et du cercle, nous aurons :

$$\frac{y}{Y} = \frac{2b}{2a},$$

ou

$$\frac{y}{Y} = \frac{b}{a}.$$

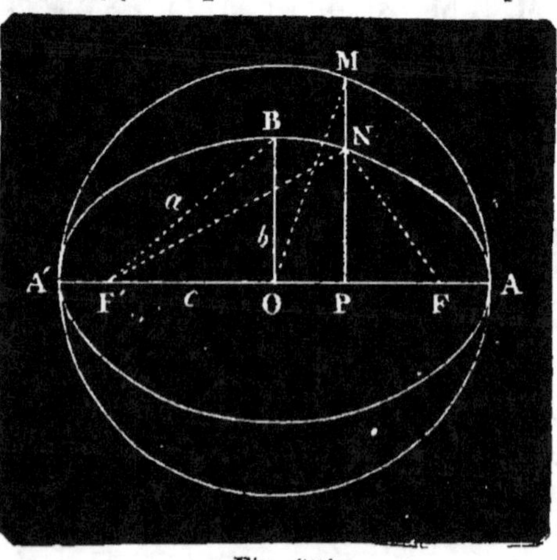

Fig. 285.

Déterminons d'abord y^2, puis Y^2, et de ces deux valeurs nous déduirons l'égalité cherchée.

Or, nous savons que

$$F'N + FN = 2a.$$

Des valeurs de F'N et de FN, nous allons tirer celle de y^2 :

$$\overline{F'N}^2 = (c+x)^2 + y^2$$

$$F'N = \sqrt{(c+x)^2 + y^2}$$

$$\overline{FN}^2 = (c-x)^2 + y^2$$

$$FN = \sqrt{(c-x)^2 + y^2},$$

donc $F'N + FN = \sqrt{(c+x)^2 + y^2} + \sqrt{(c-x)^2 + y^2} = 2a$:

d'où $\sqrt{(c+x)^2 + y^2} = 2a - \sqrt{(c-x)^2 + y^2}$.

Si nous élevons chaque membre au carré, il vient

$$(c+x)^2 + y^2 = 4a^2 - 4a\sqrt{(c-x)^2 + y^2} + (c-x)^2 + y^2;$$

retranchant y^2 de chaque membre, nous avons

$$(c+x)^2 = 4a^2 - 4a\sqrt{(c-x)^2 + y^2} + (c-x)^2.$$

Si nous développons le carré de $c+x$ et celui de $c-x$, nous obtenons

$$c^2 + 2cx + x^2 = 4a^2 - 4a\sqrt{(c-x)^2 + y^2} + c^2 - 2cx + x^2,$$

ce qui donne après réductions

$$4cx = 4a^2 - 4a\sqrt{(c-x)^2 + y^2}$$

ou

$$cx = a^2 - a\sqrt{(c-x)^2 + y^2}$$

$$a\sqrt{(c-x)^2 + y^2} = a^2 - cx$$

$$\sqrt{(c-x)^2 + y^2} = a - \frac{cx}{a}.$$

Si nous élevons chaque membre au carré, il vient

$$(c-x)^2 + y^2 = a^2 - \frac{2acx}{a} + \frac{c^2 x^2}{a^2}$$

$$c^2 - 2cx + x^2 + y^2 = a^2 - 2cx + \frac{c^2 x^2}{a^2}$$

$$y^2 = a^2 - c^0 + \frac{c^2\,x^2}{a^2} - x^2$$

$$y^2 = a^2 - c^0 + \frac{c^2\,x^2 - a^2\,x^2}{a^2}$$

$$y^2 = a^2 - c^2 + x^2\left(\frac{c^2 - a^2}{a^2}\right).$$

Mais (566) $b^2 = a^2 - c^2$, et $-b^2 = -a^2 + c^2 = c^2 - a^2$, donc

$$y^2 = b^2 + x^2\,\frac{-b^2}{a^2}$$

$$y^2 = \frac{a^2\,b^2 - x^2\,b^2}{a^2}$$

$$y^2 = \frac{b^2}{a^2}\,(a^2 - x^2)\ (1).$$

D'autre part, nous avons

$$Y^2 = a^2 - x^2\ (2).$$

Divisant membre à membre l'égalité (1) par l'égalité (2), nous obtenons

$$\frac{y^2}{Y^2} = \frac{b^2}{a^2},$$

ou enfin

$$\frac{y}{Y} = \frac{b}{a}.$$

THÉORÈME

569. *L'aire de l'ellipse est égale au produit des deux demi-axes par le rapport de la circonférence au diamètre.*

Les axes de l'ellipse étant $2a$ et $2b$, on a

$$\text{Aire de l'ellipse ou } E = \pi ab.$$

En effet, sur A'A comme diamètre décrivons une demi-circonférence. Élevons sur A′A un certain nombre de perpendiculaires mMM′, nNN′, pPP′, etc., rencontrant l'ellipse et la circonférence, et menons les cordes MN, NP..., M′N′, N′P′... Nous obtiendrons ainsi des trapèzes inscrits dans la demi-ellipse et dans la demi-circonférence. Si nous représentons les ordonnées de l'ellipse par y, y_1, y_2, y_3...,

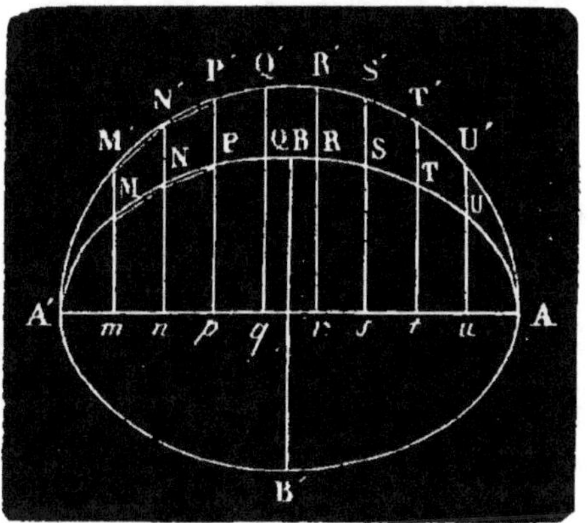

Fig. 286.

et les ordonnées correspondantes du cercle par Y, Y_1, Y_2, Y_3..., nous aurons

$$\text{Trapèze } m\text{MN}n = \tfrac{1}{2}mn \times (y + y_1),$$

et

$$\text{Trapèze } m\text{M′N′}n = \tfrac{1}{2}mn \times (Y + Y_1).$$

En divisant membre à membre, il vient

$$\frac{m\text{MN}n}{m\text{M′N′}n} = \frac{y + y_1}{Y + Y_1};$$

mais $\dfrac{y}{Y} = \dfrac{b}{a} = \dfrac{y_1}{Y_1}$, donc

$$\frac{y + y_1}{Y + Y_1} = \frac{b}{a} = \frac{m\text{MN}n}{m\text{M′N′}n}.$$

On aurait de même

$$\frac{n\text{NP}p}{n\text{N′P′}p} = \frac{b}{a} = \frac{p\text{PQ}q}{p\text{P′Q′}q} = \dots,$$

par conséquent

$$\frac{m\text{MN}n}{m\text{M N′}n} = \frac{n\text{NP}p}{n\text{N′P′}p} = \frac{p\text{PQ}q}{p\text{P′Q′}q} = \dots = \frac{b}{a}.$$

Il est évident que ces égalités existeront, quelque nombreuses que soient les perpendiculaires menées de A′ en A. Or, à la limite, quand ces perpendiculaires se rapprochent indéfiniment, la somme des numérateurs mMNn, nNPp... compose l'aire de la demi-ellipse, et la somme des dénominateurs mM′N′n, nN′P′p... celle du demi-cercle; et comme dans une suite de rapports égaux la somme des numérateurs est à la somme des dénominateurs comme un numérateur quelconque est à son dénominateur, on a

$$\frac{\text{Demi-aire de l'ellipse}}{\text{Demi-aire du cercle}} = \frac{b}{a},$$

ou

$$\frac{\text{Aire de l'ellipse}}{\text{Aire du cercle}} = \frac{b}{a},$$

$$\frac{\text{Aire de l'ellipse}}{\pi a^2} = \frac{b}{a},$$

$$\text{Aire de l'ellipse ou } E = \pi ab.$$

570. Il est important d'étudier les propriétés de l'ellipse, car c'est la courbe suivant laquelle toutes les planètes accomplissent leurs révolutions autour du soleil. L'ellipse joue aussi un grand rôle en physique et dans les arts.

571. Ellipsoïde. L'*ellipsoïde* est un volume engendré par la révolution d'une demi-ellipse tournant autour d'un de ses axes. Si l'on avait un ellipsoïde creux et ayant une surface bien polie, on remarquerait que tout rayon lumineux, calorique ou sonore qui partirait d'un foyer de l'ellipsoïde irait se réfléchir à l'autre foyer.

C'est sur ce principe qu'une des salles du Conservatoire des arts et métiers est construite. Deux personnes placées aux foyers peuvent causer à voix basse sans être entendues par les personnes placées entre les deux foyers.

EXERCICES DU LIVRE VIII

772. Construire une ellipse connaissant ses foyers et un de ses points.

775. Quel est le lieu des points également distants de deux circonférences dont l'une est intérieure à l'autre ?

774. Construire une ellipse connaissant la position du petit axe et l'un des foyers.

775. Le grand axe de l'ellipse est divisé par chaque foyer en deux parties dont le produit est égal à b^2.

776. Trouver le lieu des points tels que la différence des carrés des distances de chacun d'eux aux foyers de l'ellipse est égale à $4a^2$.

777. La somme du carré de la droite qui joint un point d'une ellipse à son centre et du produit des deux rayons vecteurs du même point est constante, et égale à la somme des carrés du demi-grand axe et du demi-petit axe.

778. Construire une ellipse connaissant $2b$ et $2c$.

779. Le carré d'un diamètre quelconque d'une ellipse est égal au carré du petit axe augmenté du carré de la différence des deux rayons vecteurs qui vont à l'une des extrémités de ce diamètre.

780. Tout diamètre de l'ellipse est plus grand que le petit axe et moindre que le plus grand.

781. Le lieu des projections des foyers d'une ellipse sur ses tangentes est une circonférence de cercle concentrique à cette ellipse et décrite sur son grand axe comme diamètre.

782. Le produit des distances des foyers de l'ellipse à une tangente est égal à b^2.

783. Construire une ellipse connaissant les deux foyers et une tangente.

784. Pour tout point de l'ellipse, les rayons vecteurs MF', MF ont pour valeur, $a + \dfrac{cx}{a}$ et $a - \dfrac{cx}{a}$. L'origine des abscisses est le centre de la courbe.

785. Pour tout point M de l'ellipse, on a : $y^2 = \dfrac{b^2}{a^2}(a^2 - x^2)$

786. Si l'on décrit un cercle sur le grand axe de l'ellipse, et que, d'un point quelconque de cet axe, on mène une ordonnée au cercle et à l'ellipse à la fois, Y et y étant ces ordonnées, on a : $\dfrac{y}{Y} = \dfrac{b}{a}$.

787. L'aire de l'ellipse est moyenne proportionnelle entre celles des cercles décrits sur ses deux axes pris pour diamètres.

788. Trouver la superficie d'une ellipse pour laquelle on a : $2c = 14^m$ et $2b = 12^m$,

MATHÉMATIQUES APPLIQUÉES

LEVÉ DES PLANS

NOTIONS PRÉLIMINAIRES

1. Les terrains présentent une surface à peu près unie et horizontale, ou sont accidentés d'une manière plus ou moins tranchée.

2. On appelle *plan d'un terrain horizontal* une figure semblable à celle de ce terrain.

3. Quand le terrain est inégal, ou incliné, ce n'est plus sa figure qu'on représente sur le papier, mais celle de sa *projection*[1] *horizontale*. On a alors ce qu'on appelle le *plan géométral* du terrain. Par exemple, un terrain incliné tel que ABCDE a pour projection le polygone A'B'C'D'E' sur le plan horizontal MN et pour plan géométral le polygone *abcde*, plan du polygone A'B'C'D'E'.

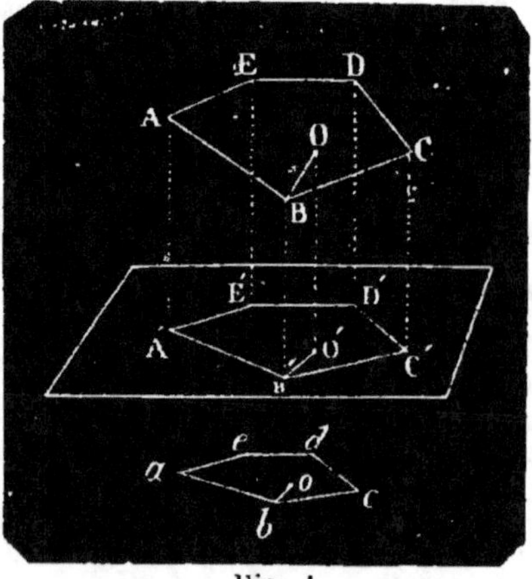

Fig. 1.

4. *Lever le plan* d'un terrain, c'est prendre sur ce terrain toutes les mesures nécessaires pour en faire le plan.

5. Les mesures s'inscrivent sur ce qu'on appelle un *croquis* ou *canevas*. Le croquis est une image plus ou moins grossière du terrain. Il se fait habituellement d'avance si le terrain a peu d'étendue, et au fur et à mesure que l'on opère si le terrain a une certaine étendue.

---

1. On nomme *projection d'un point sur un plan* le pied de la perpendiculaire menée de ce point sur le plan, et *projection d'une figure quelconque* (ligne, surface ou volume) *sur un plan* une seconde figure obtenue par la réunion de tous les points projetés de la première. La projection est horizontale lorsque le plan sur lequel on projette la figure est lui-même horizontal.

Opérations sur le terrain. — Tracé des droites.

6. Pour tracer une droite de peu d'étendue, on tend bien horizontalement, d'une extrémité à l'autre, un cordeau dont la direction représente celle de la ligne même. C'est ainsi que l'on opère journellement sur les chemins, dans les jardins et dans la construction des bâtiments.

7. Jalons. Lorsque la droite a une longueur d'une certaine étendue, on indique sa direction à l'aide de *jalons*. On donne ce nom à des tiges de bois ou de fer ayant environ 1ᵐ,50 de hauteur. L'extrémité qui s'enfonce dans le sol est pointue, l'autre est fendue et porte une feuille de papier blanc ou une plaque de couleur vive, ce qui rend le jalon visible à de grandes distances. Il faut planter les jalons bien verticalement et avoir le soin de les enfoncer assez dans la terre pour que le vent ne puisse ni les pencher, ni les renverser.

Fig. 2.

PROBLÈME

8. *Jalonner une droite entre deux points donnés* A *et* B.

Le *géomètre* ou *opérateur* commence par planter un jalon à l'une des extrémités de la ligne, au point A, par exemple; son *aide*, muni de plusieurs jalons, va en planter un autre au

Fig. 3.

point B. L'aide, en revenant de B vers A, jalonne la ligne. A cet effet, il s'arrête à quelque distance du point B et fait mine de planter un jalon. Le géomètre, placé à une petite distance du point A, vise dans la direction AB et fait signe de la main à son aide de porter le jalon à droite ou à gauche ; lorsqu'il paraît se confondre avec les deux autres, il lui indique de l'enfoncer dans le sol. Le jalon C planté, l'aide marche de nouveau vers A, et sur les indications du géomètre resté en A, il plante d'autres jalons D, E... Le dernier jalon planté doit toujours cacher à l'observateur le jalon planté auparavant.

9. REMARQUE. Dans le cas où une personne est seule pour jalonner une ligne telle que EB, elle se place à une certaine distance de E, dans la direction EB, et plante un jalon A de manière qu'il semble à l'œil se confondre avec les jalons E et B. Cela fait, elle revient entre ces deux jalons et plante les deux autres jalons D et C dans la direction EA. Il est évident que la ligne EB se trouve ainsi jalonnée.

Dans le cas où la ligne ne peut être prolongée au delà de l'une de ses extrémités, on a recours au *tâtonnement* : le jalon D planté à peu près dans l'alignement, on revient en E examiner si le jalon D se confond avec les deux autres ; lorsqu'il n'en est pas ainsi, on le porte à droite ou à gauche selon sa position, puis on recommence l'essai.

PROBLÈME

10. *Prolonger une droite* AD *sur le terrain.*

Il suffit de planter, comme il a été indiqué plus haut, les jalons C, B... dans l'alignement des jalons déjà plantés (*fig.* 3).

PROBLÈME

11. *Jalonner une droite entre deux points* A *et* B *invisibles de l'un à l'autre* (*fig.* 3).

On plante *par tâtonnement* deux jalons intermédiaires E et D de manière que les jalons D, E, A soient en ligne droite ainsi que les jalons E, D, B : la ligne AB se trouve ainsi jalonnée. Nous verrons plus tard que l'emploi de l'équerre est préférable.

Mesurer une droite sur le terrain

12. Nous supposerons d'abord que le terrain est horizontal, ou qu'il peut être considéré comme tel sans erreur sensible.

Si la droite à mesurer n'est pas considérable, on peut employer le mètre ou le double mètre, mais en général, pour mesurer une droite sur le terrain, on se sert d'une chaîne de 10 mètres de longueur et qu'on nomme *chaîne d'arpenteur*.

13. Chaîne d'arpenteur. Cet instrument se compose de cinquante chaînons en gros fil de fer, ayant chacun deux décimètres et reliés entre eux par des anneaux. Les mètres sont marqués par des anneaux en cuivre et le milieu de la chaîne par une petite tige de fer ou de cuivre. Enfin il y a à chaque extrémité de la chaîne une poignée dont la longueur fait partie du dernier chaînon (*fig.* 4).

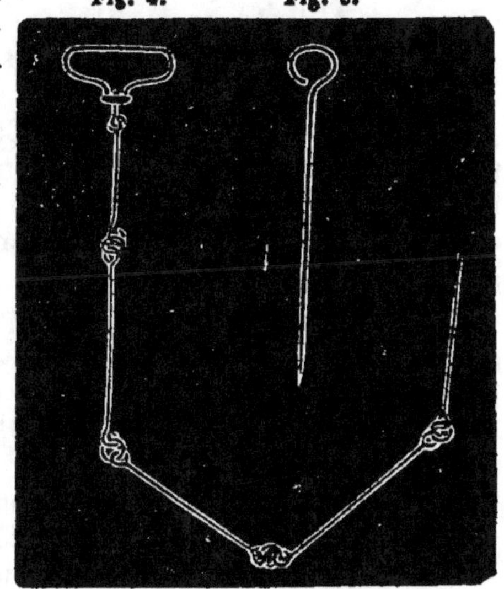

14. Fiches. La chaîne est accompagnée d'un paquet de dix *fiches*. On appelle ainsi des tiges en gros fil de fer terminées en pointe par l'extrémité qui doit s'enfoncer dans le sol et courbées en anneau à l'autre extrémité. Une fiche a environ 0^m,30 de longueur (*fig.* 5).

PROBLÈME

15. *Mesurer avec la chaîne une droite* AB.

On commence par jalonner la ligne. Cela fait, l'aide, tenant d'une main la chaîne et de l'autre les dix fiches, se dirige vers B, et marche jusqu'à ce qu'il soit arrêté par l'opérateur, qui place le bord extérieur de la poignée qu'il tient contre le jalon A. La

Fig. 6.

chaîne étant alors bien tendue, et n'étant raccourcie ni par un nœud ni par autre chose, l'aide se baisse et fait mine de planter une fiche qu'il maintient contre le bord *intérieur* de la poignée. L'opérateur lui indique la direction **AB** et le lieu où la fiche doit être plantée. L'aide se relève ensuite et s'avance vers le même point, l'opérateur suit en évitant de marcher plus vite que l'aide, afin de ne pas former de nœuds dans la chaîne. Arrivé près de la fiche, il s'arrête, appuie le bord *extérieur* de la poignée contre cette fiche, en fait planter une autre à l'aide comme il vient d'être indiqué [1] et enlève celle près de laquelle il vient de s'arrêter. Tous les deux se mettent de nouveau en marche, et l'opération se continue jusqu'à ce que l'aide arrive en B. Ce dernier, ayant appuyé la poignée de la chaîne contre le jalon B, l'opérateur laisse alors la chaîne tendue et s'approche vers la dernière fiche plantée en F. Il lui est facile de voir le nombre de mètres et doubles décimètres que contient FB, il peut même obtenir cette longueur à un décimètre près. Si cependant il désire une plus grande approximation, il mesure avec un mètre de poche la partie de cette longueur qui excède un nombre exact de mètres et de doubles décimètres. Il compte ensuite les fiches relevées et la dernière : le nombre de ces fiches exprime le nombre de fois 10 mètres que contient AF ; en y ajoutant la distance FB, il a la longueur de la ligne entière. Lorsque la longueur de la ligne à mesurer dépasse 100 mètres, l'opérateur marque d'une manière quelconque la place de la dixième fiche, et rend les dix fiches à l'aide. Cet *échange*, qui représente une longueur de 100 mètres, doit être noté avec soin sur un registre ou sur la ligne du croquis qui correspond à la ligne que l'on mesure sur le terrain. L'opération se continue ensuite comme précédemment. Une longueur de 100 mètres est ce qu'on nomme une *portée*.

Mesure des lignes sur les terrains inclinés

16. Les végétaux croissent verticalement, il n'en vient donc guère plus sur un terrain incliné que sur un terrain horizontal de même nature, ayant même superficie que la projection horizontale du premier. D'ailleurs, un sol en pente peut être fréquemment endommagé par les eaux, d'où résulte une perte

---

1. L'aide, pour planter sa fiche sans avoir besoin des indications de l'opérateur, a la précaution de remarquer un point quelconque (un petit tertre, un arbre, etc.) qui se trouve sur l'alignement AB, soit en deçà soit au delà de B.

dans le rendement du terrain. Nous supposerons donc, dans tout ce qui va suivre, que les lignes mesurées sont les projections des lignes du terrain.

PROBLÈME

17. *Mesurer la projection horizontale d'une ligne* AB.

L'opérateur tient une poignée de la chaîne *sur le sol* au point A, et l'aide, ayant l'autre poignée, tend horizontalement la chaîne suivant AM, dans la direction AB. Lorsque CM ne dépasse pas la longueur d'une fiche, l'aide plante la fiche au point C, en la tenant bien verticale et en l'appuyant, comme nous l'avons indiqué, contre le

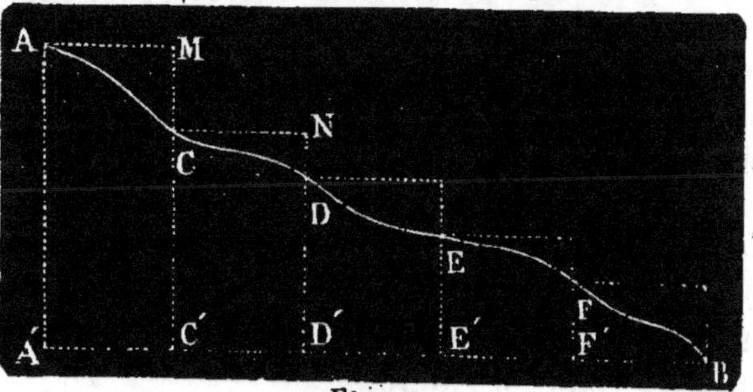

Fig. 7.

bord intérieur de la poignée. L'opérateur va ensuite appuyer sa poignée contre le pied de la fiche plantée en C; l'aide tend de nouveau la chaîne horizontalement suivant CN et plante, comme au point C, une fiche en D, et ainsi de suite. Il est bien évident que la somme des longueurs AM, CN... est égale à A'B ou à la projection de AB. Lorsque la pente est rapide et que la hauteur CM dépasse la longueur d'une fiche, on se sert, pour déterminer les points C, D... d'un fil à plomb ou de préférence d'une fiche renflée ou *plombée* à sa partie inférieure. L'aide appuie la tête de cette fiche contre le bord intérieur de la poignée, et lorsque la chaîne est bien tendue, il laisse tomber la fiche, qui s'enfonce dans le sol au point C. Il remplace ensuite la fiche plombée par une fiche ordinaire. Lorsque la pente est très-rapide, on ne tend que

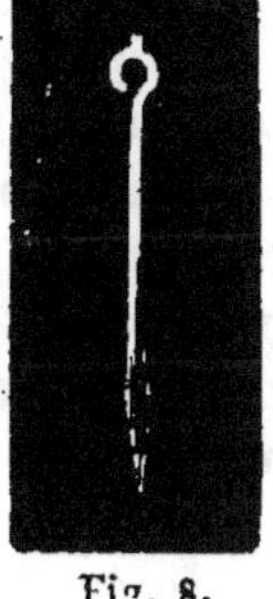

Fig. 8.

la moitié de la chaîne ou seulement quelques mètres. Dans ce cas, la chaîne se remplace souvent par un ruban métrique ou par un cordeau de longueur connue.

18. OBSERVATIONS IMPORTANTES. 1° Les fiches doivent être plantées verticalement, sans quoi on trouverait une longueur inexacte; le géomètre et l'aide prendront donc la précaution de marcher un peu à gauche de la ligne à mesurer, pour que la chaîne ne dérange pas les fiches.

2° Les deux extrémités de la chaîne devront toujours se trouver sur une même ligne horizontale, autant que possible on enfoncera donc les fiches à la même profondeur.

3° La chaîne ne devra pas être trop tendue si l'on ne veut pas la rompre ou la déformer.

4° Le géomètre doit toujours être sûr de la chaîne qu'il emploie, il doit donc la vérifier assez souvent. Pour cela, il aura dû préalablement tracer avec précaution, sur un sol horizontal, une longueur, égale à 10 mètres, qui lui sert d'étalon. Pour allonger une chaîne, il suffit en général de la tirer un peu. Dans le cas où elle est trop longue, ce qui arrive souvent, on courbe un ou plusieurs chaînons.

5° Une chaîne, ne pouvant jamais être parfaitement tendue, doit toujours avoir 4 ou 5 millimètres en plus de 10 mètres.

6° Les échanges de fiches méritent une grande attention. Il est indispensable que l'opérateur compte les fiches chaque fois qu'il les remet à l'aide.

7° Lorsqu'on est obligé d'interrompre le chaînage d'une longue ligne pour faire celui d'une ligne transversale, l'aide emprunte des fiches à l'opérateur et les rend au moment où l'on reprend l'opération principale.

Tracé des perpendiculaires et des parallèles

19. Pour mener des perpendiculaires sur le terrain, on emploie en général l'*équerre d'arpenteur*.

Il existe plusieurs espèces d'instruments de ce nom. Le plus usité est un prisme creux en cuivre qui a pour base deux octogones réguliers. Chacune des huit faces de l'équerre est partagée en deux parties égales dans le sens de la longueur par une fente ou *pinnule*. Dans quatre faces *a*, *a'*, *b*, *b'* parallèles deux à deux, les pinnules se composent d'une fente étroite appelée *œilleton* et d'une ouverture plus large nommée *croisée* ou *fenêtre*; celle-ci est divisée en deux parties par un crin, *c*, ou un fil de soie tendu (représenté dans la figure par la ligne blanche *c*) dans le prolongement de l'œilleton. Tout est d'ailleurs disposé de telle sorte que l'œilleton

Fig. 9.

d'une face correspond à la croisée de la face opposée, et que le plan de fils des deux faces opposées est perpendiculaire au plan des fils des deux autres faces. Lorsqu'on veut viser un objet, on place l'œil *derrière l'œilleton* et l'on regarde le fil tendu dans la croisée opposée.

Dans les autres faces qui font avec celles dont nous venons de parler un angle de 45°, les pinnules sont simplement des fentes étroites, *f*.

L'équerre s'adapte au moyen d'une douille D à un bâton ferré ayant environ 1ᵐ,50 de longueur et qu'on nomme *pied de l'équerre*. La douille peut se dévisser et se placer dans l'é-querre par l'ouverture *o*. Le pied de l'équerre se remplace dans les terrains pierreux par un *trépied* (pied à trois branches).

Tracé des perpendiculaires

PROBLÈME

20. *Par un point* A *donné sur une droite* MN, *mener une perpendiculaire à cette droite.*

L'opérateur place verticalement l'équerre au point A, puis il la fait tourner jusqu'à ce qu'il voie le jalon planté en M à travers deux pinnules op-posées. Si le point A est bien sur la ligne MN en regardant en sens contraire à travers les mêmes pinnu-les, la ligne de visée doit rencontrer le jalon N. L'o-pérateur regarde ensuite à travers deux pinnules dont la ligne de visée est perpen-

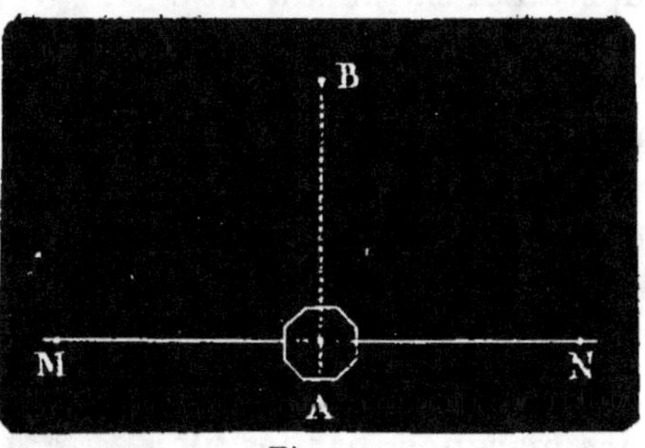

Fig. 10.

diculaire à la précédente, et fait planter à son aide un jalon B dans cette direction; la ligne AB est la perpendiculaire de-mandée.

21. REMARQUE. Un cordeau peut servir aux mêmes usages sur le terrain que le compas sur le papier : on pourra donc, avec un cordeau, élever une perpendiculaire en un point donné d'une droite, abaisser d'un point donné hors d'une droite une perpendiculaire à cette droite, etc. Il suffit, pour opérer, de se rappeler ses principes de géométrie. Si, par exemple, on veut se servir d'un cordeau pour élever au point

A une perpendiculaire à la droite MN (*fig.* 10), on prend de chaque côté du point A deux longueurs égales AM, AN, puis on fixe les extrémités d'un cordeau aux points M et N. Le milieu B de ce cordeau, lorsqu'il est bien tendu, appartient à la perpendiculaire (69 C.) [1].

PROBLÈME

22. *Par un point* A *donné hors d'une droite* MN *abaisser une perpendiculaire sur cette droite.*

L'opérateur place son équerre sur la ligne MN en un point O qu'il pense être le pied de la perpendiculaire, alors il opère comme s'il voulait élever une perpendiculaire à la droite MN ; si la ligne de visée perpendiculaire à cette droite passe par le point A, il a la perpendiculaire demandée ; dans le cas contraire, le point A est à droite ou à gauche de la ligne de visée ; s'il est à droite, par exemple, d'une quantité AK, l'opérateur s'avance *à vue d'œil* sur ON d'une quantité OB=AK ; si cette fois la ligne de visée

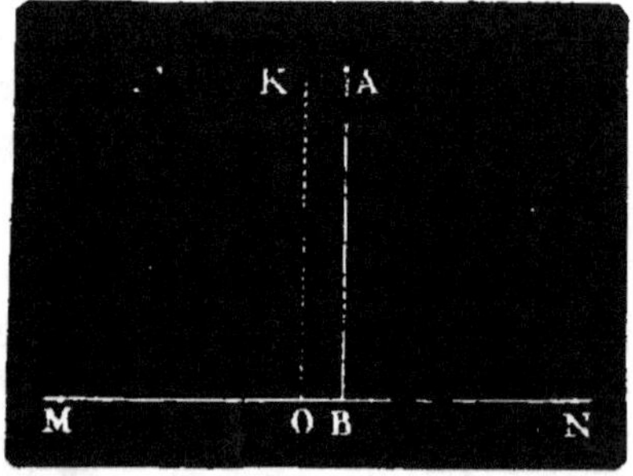

Fig. 11.

perpendiculaire à MN ne rencontre encore pas le point A, il fera de nouveaux essais jusqu'à ce qu'il tombe au point B. Le géomètre un peu exercé détermine le pied d'une perpendiculaire après trois ou quatre essais.

23. VÉRIFICATION D'UNE ÉQUERRE. Une équerre n'est exa qu'autant que les directions marquées par les fils des pinnules sont perpendiculaires. Pour vérifier cet instrument, on le dispose bien verticalement en un point quelconque A ; visant à travers deux pinnules, on place un jalon N dans leur direction, à environ 50 mètres du point A ; visant ensuite à travers deux

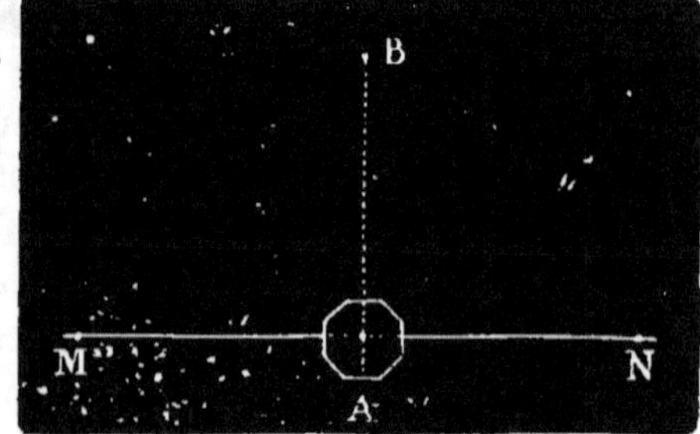

Fig. 12.

---

1. 69 *C.* signifie n° 69 du *Cours.*

autres pinnules dans la direction AB perpendiculaire à MN,
on fait planter à peu près à la même distance un autre jalon
au point B. Faisant alors tourner l'instrument, sans déranger
son aplomb, de manière que la ligne de visée passant par B
passe par N et réciproquement, si dans cette position on voit
le jalon B dans la ligne de visée qui passait en N, c'est une
preuve que l'équerre est exacte.

Tracé des parallèles

24. Le tracé des parallèles sur le terrain se fait en général
soit avec la chaîne ou le cordeau, soit avec l'équerre.

PROBLÈME

25. *Par un point C donné sur le terrain, mener une parallèle
à une droite donnée AB.*

1° USAGE DE LA CHAÎNE. Tirons une droite quelconque DE passant par le point C, et faisons CE = DC, puis menons une autre

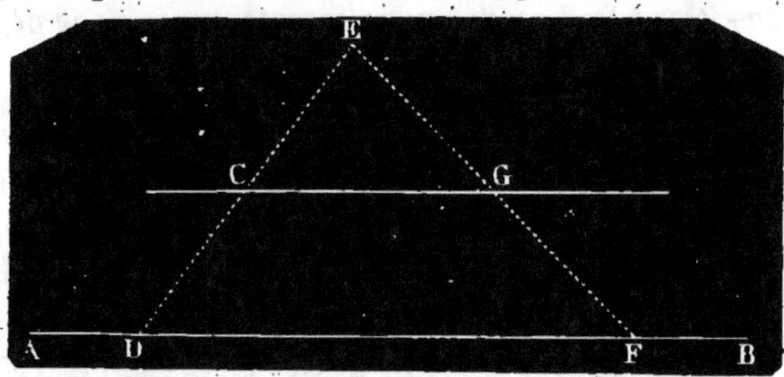

Fig. 13.

droite quelconque EF qui rencontre AB; enfin, joignons le
milieu G de cette droite au point C, et CG sera la parallèle demandée (211 C.).

AUTRE MÉTHODE. Joignons le point C à un point D de AB; pa
le milieu O de cette
ligne faisons passer la
droite EF, puis prenons OF = OE, enfin tirons CF qui sera parallèle à AB, car (116 C.),
la figure EDFC est un
parallélogramme dans
lequel le côté CF est parallèle au côté ED.

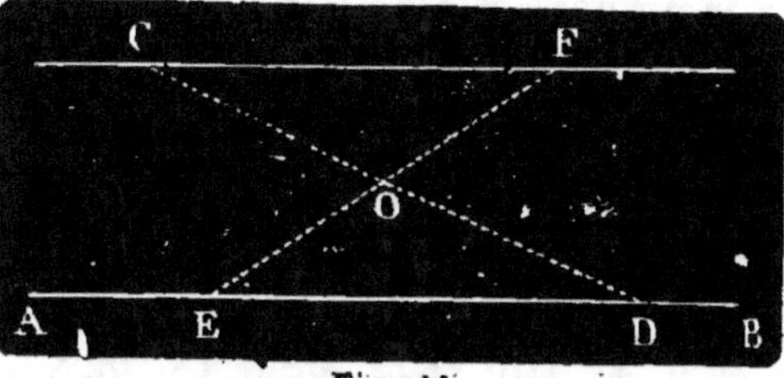

Fig. 14

18

2° **Usage de l'équerre.** Du point C (*fig.* 15) abaissons sur AB la perpendiculaire CD : la perpendiculaire CE à CD sera la parallèle demandée (85 C).

Autre méthode. Du point C abaissons sur AB la perpendiculaire CD, et en un point F de AB élevons la perpendiculaire FG à cette ligne, puis prenons FG=DC, enfin menons CE qui sera parallèle à AB (195 C.).

Fig. 15.

Mesure des angles

26. En général, les angles se mesurent sur le terrain avec le *graphomètre* et la *boussole* : nous commencerons par décrire ce dernier instrument.

27. Boussole. La *boussole* se compose d'une boîte carrée dans laquelle est un cadran divisé de 0° à 360°. Au centre de celui-ci est suspendue une *aiguille aimantée*, qui jouit de la propriété de prendre une position constante dans un même lieu, pendant un temps assez considérable [1], et d'y revenir, si l'instrument est exact, après une suite d'oscillations, quand elle en a été écartée. Cette aiguille peut donc être considérée comme une direction fixe.

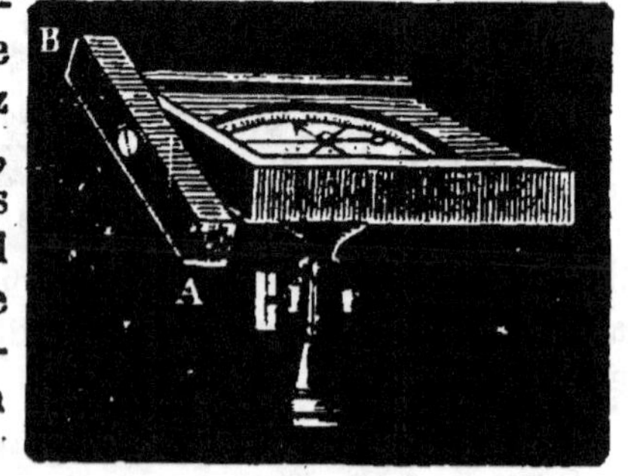

Fig. 16.

Sur un des côtés de la boîte est une lunette, ou une petite pièce de bois AB, mobile autour d'un axe situé dans le prolongement du diamètre 270°—90°.

1. Avec le temps cette position de l'aiguille change. L'angle qu'elle fait avec la méridienne est désigné sous le nom de *déclinaison*. En 1580, la déclinaison était orientale et de 11° 30'. En 1663, l'aiguille marquait le vrai nord ; ensuite elle a marché vers l'ouest jusqu'en 1814, époque à laquelle la déclinaison occidentale était de 22° 34' ; depuis ce moment l'aiguille paraît avoir une tendance à revenir au vrai nord, et aujourd'hui la déclinaison occidentale n'est plus que de 18° 57'.

Cette pièce de bois creusée dans toute sa longueur et fermée à chaque extrémité par une plaque métallique dans laquelle sont pratiquées deux ouvertures fait fonction d'alidade et sert à viser parallèlement au diamètre 0°—180°. Enfin l'instrument est porté sur un *trépied* et peut recevoir un mouvement de rotation horizontale.

28. Avant de décrire le graphomètre, disons d'abord ce que c'est qu'une *alidade*.

29. Alidade. Une alidade est une règle de bois ou de cuivre portant à ses deux extrémités deux plaques perpendiculaires A, A' appelées *pinnules*. Chaque pinnule est percée dans le sens de sa longueur d'une fente étroite *o* ou *œilleton* et d'une fente plus large *c* ou *croisée*. Celle-ci est divisée en deux parties par un crin, ou un fil de soie tendu dans le prolonge-

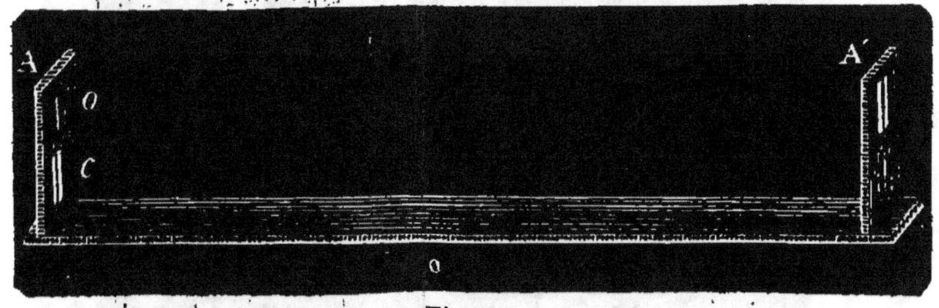

Fig. 17.

ment de l'œilleton. L'œilleton d'une pinnule correspond à la croisée de l'autre. La *ligne de foi* ou *ligne de visée* est une ligne droite qui, sur la règle, va d'un pied d'une fente au pied de l'autre. Pour se servir de l'alidade, on dirige la ligne de foi vers l'objet visé, qui doit alors être caché à l'œil, placé derrière l'œilleton, par le fil de la croisée opposée.

30. Graphomètre. Cet instrument est un demi-cercle de cuivre évidé, dont le limbe AB'A' divisé en degrés et demi-degrés porte une graduation identique à celle du rapporteur (181 C.) et deux alidades, l'une fixe AA', dirigée suivant le diamètre du limbe et faisant corps avec lui, l'autre BB', mobile autour du centre, sur le plan du limbe. Inférieurement, celui-ci est fixé à une tige terminée par une petite sphère embrassée par deux coquilles *c*, *c'* qui peuvent, à l'aide d'une vis *v*, s'écarter ou se rapprocher à volonté, de manière à permettre ou à empêcher tout mouvement de la sphère. Ce mode d'articulation, qu'on appelle *genou à coquilles*, donne la possibilité de faire prendre au limbe une position quelconque. Les coquilles sont le prolongement d'une douille D ou cylindre creux destiné à

recevoir l'axe d'un trépied T. Les branches du trépied, terminées par des pointes de fer, sont fixées à leur axe à l'aide de vis de pression g. Ces branches étant mobiles autour de leur origine commune, le graphomètre peut être placé dans une position convenable.

<h3 style="text-align:center">PROBLÈME</h3>

31. *Mesurer un angle sur un terrain horizontal.*

1° EMPLOI DE LA BOUSSOLE. On plante deux jalons sur les côtés de l'angle et l'on dispose l'instrument de manière que son plan soit horizontal et que le centre du cadran divisé réponde exactement au sommet de l'angle, ce dont on s'assure au moyen d'un fil à plomb que l'on suspend au-dessous du centre; dirigeant alors la lunette sur l'un des côtés de l'angle, on remarque à quelle division correspond la pointe bleue de l'aiguille, ensuite on fait tourner la boîte afin d'amener la lunette sur l'autre côté de l'angle; comme l'aiguille est fixe, elle répond à une nouvelle division du cadran. Si la première fois elle se trouvait, par exemple, sur 19° 30′, que maintenant elle réponde à 50°, la différence, 30° 30′ indique la quantité dont la boîte a tourné, et par conséquent, la valeur de l'angle observé.

2° EMPLOI DU GRAPHOMÈTRE. Soit l'angle MON à mesurer. On plante deux jalons M, N sur les côtés de l'angle et l'on place

Fig. 19.

l'instrument de manière que son centre réponde exactement au sommet O, ce dont on s'assure au moyen du fil à plomb. Ensuite on dispose le limbe horizontalement, à l'aide du ni-

18.

veau à bulle d'air. Maintenant toujours le graphomètre dans cette position, on dirige la ligne de foi sur le point M et l'alidade mobile vers le point N. Si l'on a bien visé les jalons M et N comme il a été indiqué (29), il suffit de lire la mesure de l'angle sur le limbe de la même manière que sur le rapporteur.

82. Remarque. Si l'on dispose l'instrument comme l'indique la figure, l'arc *m'n'* mesure, non pas directement l'angle *mon* =MON, mais son opposé par le sommet *m'on'*; il suffit donc de lire cet arc pour avoir la valeur de l'angle MON. Les praticiens donnent toujours cette disposition au graphomètre, parce qu'elle permet de lire immédiatement la valeur de l'angle sans se déranger, et par conséquent sans risquer de déranger le graphomètre.

PROBLÈME

83. *Mesurer un angle dont le plan n'est pas horizontal.*

Soit l'angle MON dans cette condition. De même qu'on mesure les projections des lignes d'un terrain qui n'est pas horizontal (16), on mesure aussi, pour le même motif, non pas l'angle des droites OM, ON, mais l'angle de leurs projections sur un plan horizontal. L'angle MON ainsi mesuré sera ce qu'on appelle *réduit à l'horizon*. Supposons que l'on opère avec le graphomètre. On place l'instrument, comme il a été indiqué, au sommet O et l'on dispose le limbe horizontalement, puis on vise le jalon M avec l'alidade fixe et ensuite le jalon N avec l'alidade mobile. Les lignes des deux alidades seront alors les projections sur le plan du limbe des droites OM, ON, et l'angle réduit à l'horizon se lira sur le limbe.

84. Remarque I. Si la pente du terrain est rapide, on plante verticalement en M et en N des jalons assez élevés pour être vus à travers les pinnules des alidades. Si la chose n'était pas possible, à cause de la trop grande inclinaison du sol, on planterait des jalons dans le voisinage du point O, sur les côtés OM, ON de l'angle. Ce dernier moyen peut être employé, soit que les côtés de l'angle à partir du sommet suivent la pente du sol, soit qu'ils aillent à l'opposé.

85. Remarque II. Il est bien évident qu'un angle mesuré avec la boussole se trouve réduit à l'horizon, si la boîte de cet instrument est placée horizontalement au moment de la mesure de l'angle.

86. Remarque III. Les jalons se trouvent rarement plantés bien verticalement; si le terrain le permet, l'opérateur aura donc soin de viser au pied du jalon. Dans le cas où la chose ne serait pas possible à cause des accidents du sol, il faudrait s'assurer, à l'aide d'un fil à plomb, que les jalons sont plantés bien verticalement. On comprend que si cette condition n'était pas remplie, il y aurait erreur dans la mesure de l'angle.

37. Vernier. En général le limbe des plus grands graphomètres est seulement divisé en degrés et demi-degrés. Dans la mesure des angles, les minutes s'évaluent à l'aide du *vernier circulaire*. C'est un petit arc divisé en 30 parties égales que porte l'alidade mobile. Les 30 divisions du vernier n'en valent que 29 du limbe, donc une du vernier vaut $\frac{29}{30}$ d'une du limbe; mais une du limbe vaut 30', donc une du vernier vaut 29'; d'ailleurs le zéro du vernier est sur la ligne de visée de l'alidade

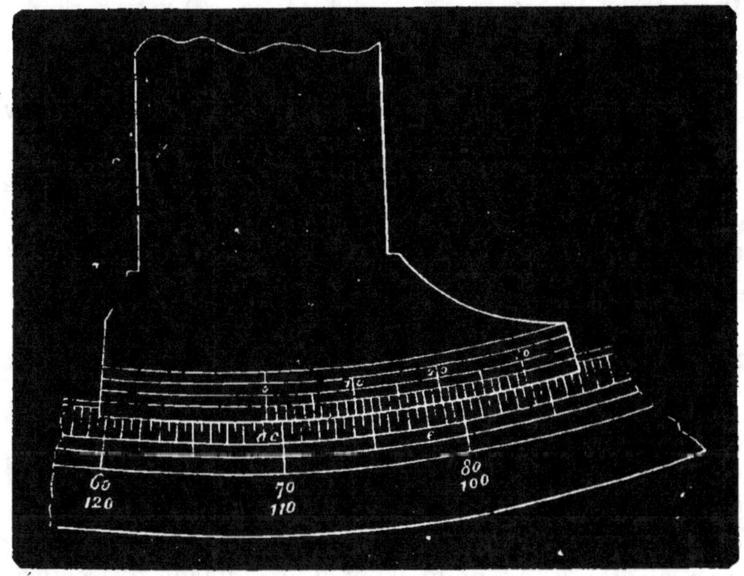

Fig. 50.

mobile. Cela étant dit, lorsqu'en mesurant un angle avec le gr phomètre, le zéro du vernier tombe entre deux divisions *a* *c* du limbe, la division *a* indique le nombre de degrés de ce angle. Pour évaluer la grandeur de l'arc *ao* qu'il a en plus, on cherche la division du vernier qui coïncide avec une du limbe. Supposons, par exemple, que ce soit la seizième en *e*. De ce point au point *a* il y a 16 divisions du limbe, et de ce même point au point *o* du vernier 16 du vernier : donc l'arc *ao*, qui est la différence entre la seizième division du limbe et la seizième du vernier, égale 16 fois la différence entre une des divisions du limbe et une du vernier, ou 16 minutes.

La position de l'alidade mobile sur le limbe du graphomètre indique dans la figure un angle de 69° 16′.

38. Vérification du graphomètre. Pour vérifier cet instrument on emploie le plus souvent l'un des deux procédés suivants :

1° On mesure les trois angles d'un triangle que l'on imagine sur le terrain, si la somme de ces trois angles est à très-peu de chose près 180°, le graphomètre est exact.

2° On fait faire un *tour d'horizon* à l'instrument en observant quatre ou cinq angles, si la somme de ces angles est 360°; avec une différence de 2 à 3′ en plus ou en moins, c'est qu'on peut se servir de l'instrument.

Dans les deux procédés, la différence, s'il y en a une, divisée par le nombre des angles, indique l'erreur moyenne commise sur chacun d'eux. Pour qu'on puisse se servir du graphomètre, cette moyenne doit être moindre qu'une division du limbe.

39. Avant d'entrer dans les détails du levé des plans, il est bon que nous fassions connaître quelques autres usages du graphomètre, et il est indispensable que nous disions ce qu'on entend par échelle d'un plan.

Résolution de quelques problèmes à l'aide du graphomètre

PROBLÈME

40. *Par un point B, pris sur une droite, mener une perpendiculaire à cette droite* (*fig.* 21).

On placera l'instrument de manière que son centre se trouve au-dessus du point B, et que l'alidade fixe coïncide avec la droite MN. Ensuite on mettra l'alidade mobile sur 90°, et l'on aura la direction de la perpendiculaire demandée.

PROBLÈME

41. *Par un point A pris hors d'une droite* MN, *abaisser une perpendiculaire à cette droite* (*fig.* 21).

On pourrait procéder avec l'équerre comme avec le graphomètre, mais pour éviter les tâtonnements, on se place en un point quelconque O de la droite MN, et l'on mesure l'angle

AOB ; puis on porte l'instrument en A, l'alidade fixe étant sur AO, on fait tourner l'alidade mobile de manière à avoir un angle OAB qui soit complément de l'angle AOB. Dans le triangle AOB, on aura angle AOB $+$ angle OAB $= 1$ droit : donc ABO est droit, et par conséquent AB est perpendiculaire sur MN.

PROBLÈME

42. *En un point O d'une droite MN, faire un angle égal à un angle donné.*

On dispose le graphomètre de manière que son centre se trouve au-dessus du point O et son alidade fixe dans la direction MN. Il suffit alors de tourner l'alidade mobile d'une quantité égale à l'angle donné, et de faire planter un ou plusieurs jalons sur la ligne de visée.

Fig. 21.

PROBLÈME

43. *Par un point C, mener une parallèle à une droite donnée* AB.

On peut se servir du graphomètre comme d'une équerre ou faire un angle quelconque CDA (*fig.* 14), puis un angle égal FCD : CF sera la parallèle demandée à cause de l'égalité des angles alternes internes CDA, FCD.

Échelle d'un plan

44. On appelle *échelle d'un plan* le rapport d'une ligne du plan à son homologue du terrain. Ce rapport est arbitraire, cependant il ne doit être ni trop petit ni trop grand : trop petit, il ne permet pas de représenter correctement divers détails d'une certaine importance ; trop grand, il nécessite pour le plan des dimensions qui en rendent le maniement difficile. En général, on prend le millimètre pour représenter 1, 2, 3 ... mètres, ou $\frac{1}{2}, \frac{1}{3}, \frac{1}{4}$ ... de mètre. Si l'on suppose, par exemple que

1 millimètre sur le papier représente 1 mètre sur le terrain, l'échelle sera de 1 à 1000 ou $\frac{1}{1000}$.

Le rapport entre les lignes du plan et celles du terrain s'exprime habituellement par une fraction dont le numérateur est l'unité ; exemples : $\frac{1}{100}$, $\frac{1}{1000}$, $\frac{1}{2000}$...

Le numérateur de chaque fraction indiquant une longueur sur le papier, et le dénominateur, la longueur correspondante sur le terrain, il est très-facile de passer des longueurs mesurées sur le plan aux longueurs homologues du terrain, et réciproquement ; car si on connaît la longueur d'une ligne prise sur le plan, il suffira de la multiplier par le dénominateur de l'échelle adoptée pour avoir la longueur de son homologue du terrain, et si, au contraire, on connaît la longueur d'une ligne sur le terrain, on aura celle de son homologue du plan en divisant la longueur de la ligne du terrain par ce même dénominateur.

Exemple I. Sur un plan pour lequel on a adopté l'échelle de $\frac{1}{2500}$, une ligne a $0^m,20$, trouver sa longueur sur le terrain.

On a la proportion
$$\frac{1}{2500} = \frac{0,20}{x} ;$$

d'où
$$x = 2500 \times 0,20 = 500 \text{ mètres.}$$

Exemple II. Une ligne a 160 mètres, quelle sera sa longueur sur le plan à l'échelle de $\frac{1}{2000}$?

On a la proportion
$$\frac{1}{2000} = \frac{x}{160} ;$$

d'où
$$x = \frac{160}{2000} = 0^m,08.$$

45. Différentes échelles adoptées. Les échelles les plus adoptées sont : $\frac{1}{100}$, $\frac{1}{200}$ pour les plans de bâtiments, d'usines, etc ; $\frac{1}{500}$, $\frac{1}{1000}$, $\frac{1}{1250}$, $\frac{1}{2000}$, $\frac{1}{2500}$ pour les terrains de peu d'étendue. Cette dernière a été le plus souvent employée pour les feuilles cadastrales.

La grande carte de France rédigée par les officiers de l'état-major et publiée par le département de la guerre est à l'échelle de $\frac{1}{80000}$.

Lorsque le terrain est trop vaste pour qu'on puisse le représenter avec tous ses détails sur une seule feuille de papier, on le partage en plusieurs sections, dont on lève les plans à l'échelle donnée, sur des feuilles différentes. On fait ensuite, à une échelle plus petite, un plan d'ensemble, qui fait connaître la position relative des feuilles de détail.

46. Échelle de réduction. Dans les levés de petite étendue, où l'on peut adopter l'échelle de 1 à 100 ou de 1 à 1000, on se sert avantageusement du double décimètre, divisé en centimètres et millimètres, pour rapporter sur le plan les lignes du terrain. Mais le plus souvent on construit sur le papier une droite divisée en parties égales, représentant chacune une unité de longueur mesurée sur le terrain. Ces droites divisées servant à réduire les lignes du terrain à des lignes proportionnelles, sont appelées *échelles de réduction*, ou simplement *échelles*.

Construction des échelles

47. Échelle simple. Les divisions de l'échelle représentent généralement 1 mètre, 10 mètres, 100 mètres, etc. Supposons, pour fixer les idées, que l'échelle du plan soit $\frac{1}{100}$, 1 mètre sur le terrain sera représenté par $0^m,002$ sur le papier, et 10 mètres par $0^m,02$ ou 2 centimètres. Sur une ligne

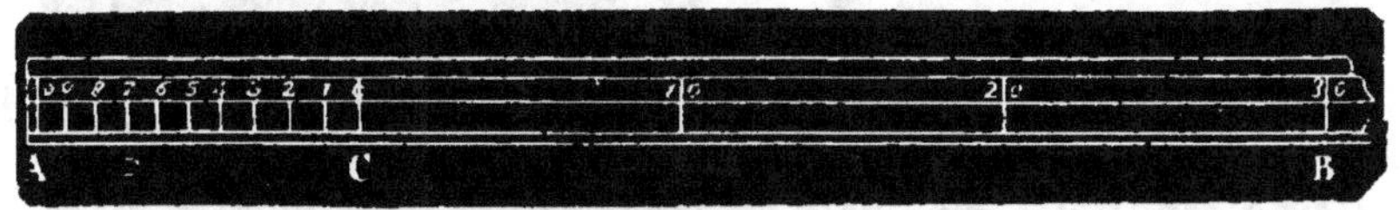

Fig. 22.

indéfinie AB portons consécutivement, à partir du point A, des longueurs de 2 centimètres : divisons la première longueur AC en dix parties égales. Il est clair que chaque division de AB représente 10 mètres, et chaque division de AC 1 mètre. Pour prendre sur cette échelle une longueur de 36 mètres, on placera l'une des pointes du compas sur la division 30, et l'autre sur la sixième à gauche du point C.

Une échelle de ce genre accompagne *généralement* le plan d'un terrain : elle permet d'en connaître immédiatement les dimensions réelles.

48. Échelle décimale ou des dixmes. Lorsque le rapport adopté pour la construction d'un plan est très-petit, les divisions qui, sur l'échelle précédente, indiquent les mètres, sont tellement rapprochées qu'il n'est guère possible de les bien distinguer. Or *l'échelle décimale* permet de mesurer ces petites longueurs avec une grande précision. Expliquons la construction de cette échelle en prenant pour exemple le rapport $\frac{1}{1000}$. Dans ce cas, 1 mètre sur le terrain est représenté par $0^m,0004$ sur le papier, et 100 mètres par $0^m,04$. Sur une droite indéfinie AB portons consécutivement, à partir du point A, une longueur de 4 centimètres autant de fois que nous voudrons ou que le comportera la longueur AB, et divisons AC en dix parties égales. Il est évident que chaque division de AB représentera 100 mètres, et chaque division de AC, 10 mètres. Par chacun des points A, C, 100, 200... de AB élevons des perpendiculaires à cette droite. Sur les perpendiculaires extrêmes, portons dix longueurs arbitraires, mais égales, et joignons les points de division par des parallèles à AB. Enfin, prenons sur la dernière parallèle ED à AB une longueur mn égale au dixième de AC, tirons Cm et, par les points de division de AC, menons des parallèles à Cm.

D'après cette construction, on voit aisément que les parties des parallèles comprises entre les deux lignes Cm, Cn, sont respectivement égales à 1, 2, 3... 10 mètres : par exemple, la partie H6 vaut 6 mètres, car les triangles semblables CH6, Cmn, donnent

$$\frac{H6}{mn} = \frac{C6}{Cn} = \frac{6}{10}.$$

La longueur H6 étant les $\frac{6}{10}$ de mn, égale 6 mètres, puisque mn en égale 10.

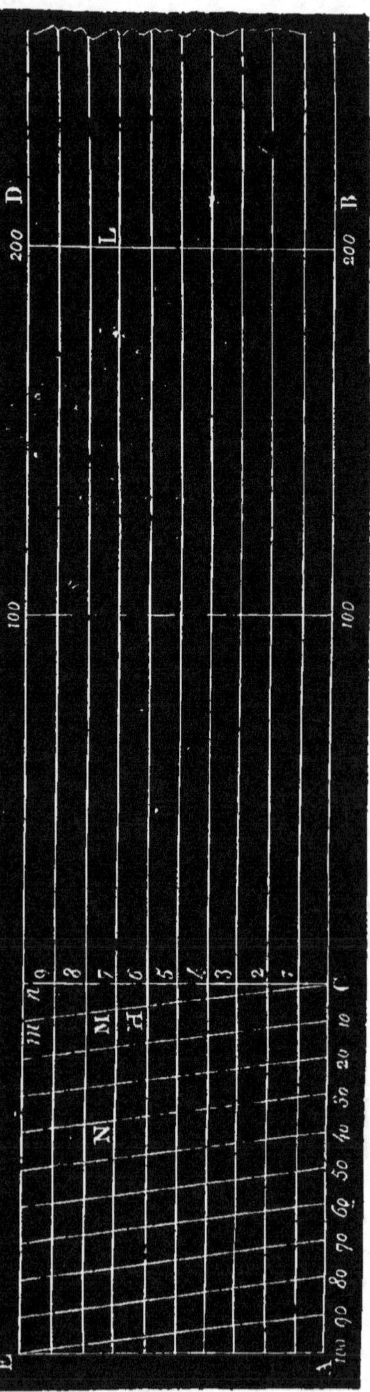

Fig. 33.

49. USAGE DE L'ÉCHELLE DÉCIMALE. Si l'on veut, par exemple, prendre sur cette échelle une longueur de 237 mètres, on place une des pointes du compas sur la perpendiculaire 200, en un point L, tel que la parallèle passant par ce point passe aussi au chiffre 7 des unités, et l'on avance l'autre pointe du compas sur cette parallèle jusqu'à la rencontre de la transversale 30 : on a ainsi la longueur demandée, car elle se compose de L7 $+$ 7M $+$ MN $=$ 200 mètres $+$ 7 mètres $+$ 30 mètres $=$ 237 mètres.

Pour connaître la longueur d'une droite tracée sur un plan, on prend une ouverture de compas égale à la longueur à mesurer, et on la porte sur l'échelle ; si, par exemple, cette longueur est comprise entre 100 et 200 mètres, on fera glisser le compas sur les parallèles successives jusqu'à ce que l'une des pointes étant sur la perpendiculaire 100, l'autre rencontre l'intersection d'une parallèle et d'une transversale. Si celle-ci est numérotée 50 et la parallèle à AB, 6, on en conclut que la ligne du plan correspond à une de 156 mètres sur le terrain.

Des échelles de réduction, telles que celle dont il vient d'être question, se trouvent tracées sur des règles en bois, en ivoire ou en cuivre.

50. REMARQUE. Il est bien utile qu'une échelle accompagne un plan ; elle permet de trouver aisément les dimensions réelles du terrain. Si un plan que l'on possède est sans échelle on remédie avec facilité à cet inconvénient, s'il est possible de mesurer une ligne du terrain : car il suffit alors de mesurer son homologue du plan, et de prendre le rapport de ces deux lignes. Ce rapport connu, il n'y a plus qu'à construire l'échelle comme nous l'avons indiqué.

Levé au mètre

51. Cette méthode, qui n'exige qu'une chaîne d'arpenteur, s'emploie généralement pour les surfaces de peu d'étendue : ainsi, le plan géométral d'une maison, de l'ensemble d'un bâtiment, d'une cour, d'un jardin, d'une place publique, se lève au mètre.

On lève aussi bien souvent par cette méthode les détails d'un plan.

52. Le levé au mètre se fait de différentes manières. L'opérateur, en présence du terrain, choisit celle qu'il juge la plus convenable

PROBLÈME

53. *Lever le plan d'un polygone* ABCDEF.

On décompose le polygone en triangles. On mesure avec soin les trois côtés de chacun d'eux, et on inscrit bien exactement sur le croquis les longueurs trouvées.

CONSTRUCTION DU PLAN. On trace une droite *ab* égale à AB

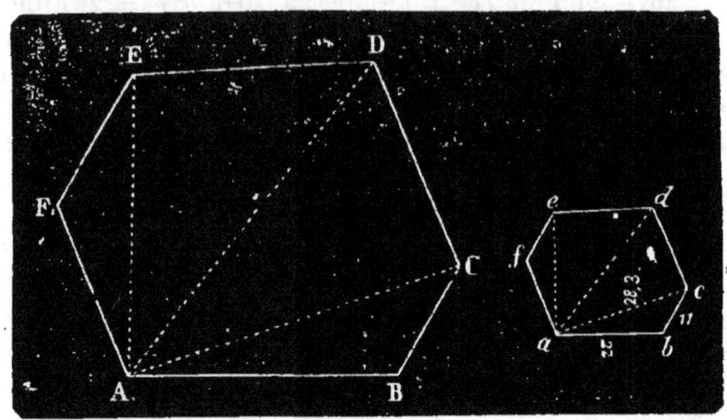

Fig. 24.

réduite à l'échelle adoptée, et sur cette droite on construit un polygone semblable à celui du terrain (244 C.).

54. REMARQUE. Nous dirons dès maintenant qu'il est *très-important*, afin d'éviter les erreurs, d'écrire les chiffres qui expriment les longueurs des lignes du terrain à côté de leurs correspondantes du croquis, et selon la marche de l'opération. Par exemple, si, pour un instant, on considère le polygone ABCDEF, comme un terrain dont *abcdef* est le croquis, les chiffres 22; 11; 28,3 placés comme ils le sont indiquent que la ligne AB a été mesurée en allant de A en B, la ligne BC en allant de B en C et la ligne CA en allant de C en A. Cette méthode a le précieux avantage de rappeler à l'opérateur comment les lignes du terrain ont été mesurées, en outre il sait toujours distinguer, dans le cas même où les détails sont nombreux, les chiffres qui appartiennent à telle ou telle ligne et peut éviter ainsi bien des erreurs.

PROBLÈME

55. *Lever le plan d'un terrain polygonal* ABCDEF.

Voici une méthode différente de celle employée dans le problème précédent.

On mesure sur le terrain les côtés AB, BC, CD... et en même temps on détermine les angles : pour cela, on prend, à partir du sommet de chacun d'eux, de petites longueurs égales, pour plus de facilité. Ainsi, pour l'angle A, on prendra, par

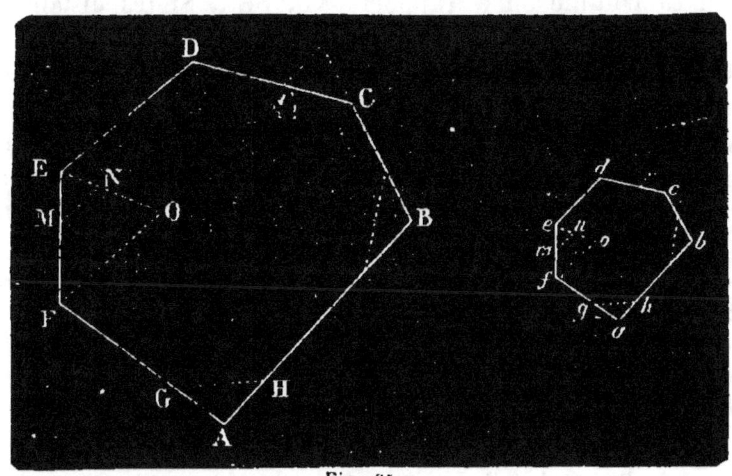

Fig. 25.

exemple, AG = 10 mètres, AH = 10 mètres. On fait de même pour tous les autres angles. Connaissant les trois côtés d'un triangle AGH, on peut le construire, et par conséquent on a l'angle au sommet A.

Construction du plan. On trace une droite *ab* égale à AB, réduite à l'échelle, et aux extrémités *a* et *b*, on fait des angles égaux à ceux du terrain. Puis on prend des longueurs *af*, *bc* proportionnelles à leurs homologues du terrain. On suit la même marche pour les autres angles et les autres côtés.

56. REMARQUE I. Il est évident qu'il n'est pas nécessaire d'opérer comme nous l'indiquons pour tous les angles et pour tous les côtés, car le polygone sera complétement déterminé lorsqu'on aura mesuré tous les côtés, moins un, et levé tous les angles moins les deux adjacents à ce côté : en effet, si l'on construit le côté *af*, l'angle *a*, le côté *ab*, l'angle *b* et ainsi de suite jusqu'au sommet *e*, et qu'on tire *ef*, le polygone sera construit, et l'on n'aura pas eu besoin ni du côté *ef*, ni des angles *e* et *f*. Néanmoins, il est très-utile de mesurer tous les côtés et de lever tous les angles, parce qu'on a ainsi trois moyens de vérification qu'on ne doit pas négliger ; ainsi, pour n'en citer qu'un, il faut que la ligne *fe* du plan soit égale à FE réduite à l'échelle.

57. REMARQUE II. Dans le cas où l'on veut rattacher **un** point O de l'intérieur de la figure à l'un de ses côtés EF, **on** mesure deux longueurs quelconques EM, EN égales à 10 mètres chacune, je suppose. On mesure MN et l'on rapporte ensuite EO en *eo* comme on a rapporté AB, BC... Si les distances EO et FO ne sont pas trop grandes, on les mesure et l'on construit sur le plan le triangle *efo*, avec les longueurs EF, EO, FO réduites à l'échelle.

58. REMARQUE III. Cette méthode de lever un plan peut être employée pour un terrain dans l'intérieur duquel on ne peut pénétrer ; seulement, au lieu de déterminer la position respective des côtés à l'aide des angles intérieurs, on la détermine en se servant du supplément de ces angles. Exemple pour l'angle C.

PROBLÈME

59. *Rattacher avec la chaîne seulement divers points* **A, B, C...** *à une ligne* **XY** *du croquis.*

Partant d'un point O déterminé sur le plan, on mesure les distances Oa, aA, une distance *convenable ab*, puis *b*A, *b*B, une distance *convenable bc*, puis *c*B, *c*C, une distance *convenable cd*, puis *d*C... On a tout ce qu'il faut pour déterminer les points A, B, C..., car connaissant les trois côtés des triangles *aAb, bBc, cCd...*, on peut les construire. Lorsqu'on craint

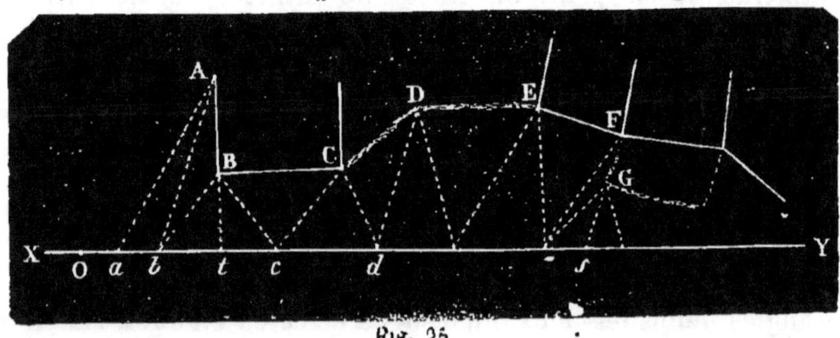

Fig. 25

pour la position de points tels que A, F, à cause de l'exiguïté des angles A, F, on prolonge les côtés AB, FG jusqu'à la ligne du canevas ; on détermine le point *t* et on mesure *t*B, BA : le point A est alors facile à trouver, puisqu'il est sur le **prolongement** de *t*B. On opère de même pour le point F.

Nous n'entrerons pas dans de plus amples détails, persuadé que le lecteur comprend l'esprit de la méthode.

Levé à l'équerre, ou méthode des perpendiculaires

60. Le levé à l'équerre, qui n'exige que la chaîne d'arpenteur, l'équerre et des jalons, consiste à décomposer le terrain en trapèzes rectangles et en triangles rectangles.

61. On lève généralement à l'équerre le plan des terrains longs et étroits, à contour irrégulier, les circuits d'un chemin, les bords d'une rivière, d'un étang, d'un lac, une propriété dans laquelle on ne peut pénétrer.

PROBLÈME

62. *Lever à l'équerre le terrain représenté par le polygone* ABCD...

On mène une diagonale **AG** qui sert de *base* à l'opération et

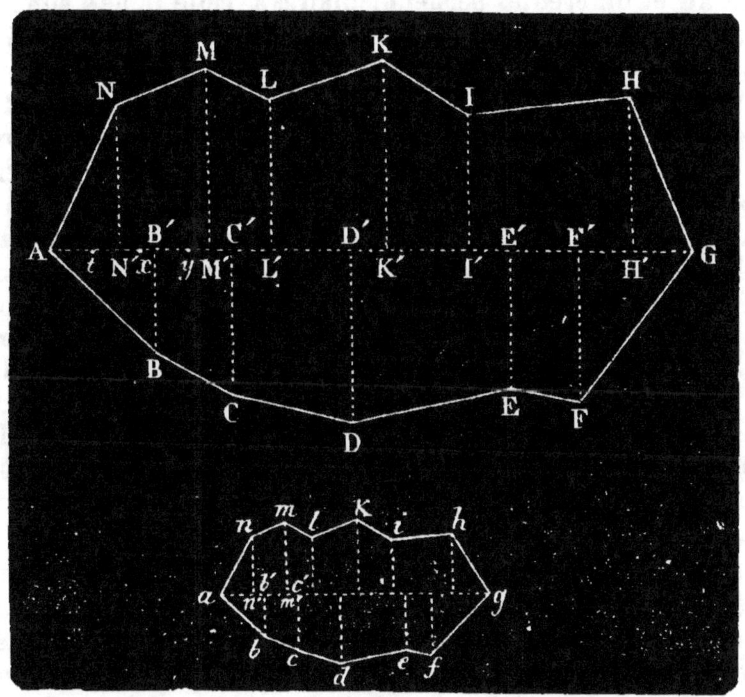

Fig. 27.

qu'on nomme *directrice*; puis des différents sommets N, B, M, C... du polygone on abaisse sur la directrice des perpendiculaires NN', BB', MM'... qu'on mesure ainsi que les distances

AN', AB', AM'... On inscrit à mesure les longueurs trouvées sur les lignes correspondantes du croquis.

Construction du plan. On trace une droite *ag* égale à AG réduite à l'échelle adoptée, et sur cette ligne on porte les longueurs *an'*, *ab'*, *am'*... qui sont les longueurs réduites des distances homologues du terrain. Aux points *n'*, *b'*, *m'*... on élève des perpendiculaires *n'n*, *b'b*, *m'm*... qui sont les perpendiculaires réduites du terrain. Enfin on joint les points *a* et *n*, *n* et *m*, etc., et on a le plan du terrain.

63. REMARQUE I. Il est bien évident qu'il est indispensable de placer des jalons à tous les sommets A, B, C, D... du polygone. Cette opération se fait soit à l'avance, soit au fur et à mesure qu'on lève le plan.

64. REMARQUE II. Malgré ce que nous avons dit (15) sur la mesure des longueurs, nous croyons utile d'enseigner ici comment on procède sur le terrain pour mesurer une base telle que AG et différentes perpendiculaires à cette ligne : supposons la distance *tx* égale à 10 mètres, l'aide plante une fiche au point *x* et l'opérateur va déterminer le pied N' de la perpendiculaire NN'; la chaîne étant bien tendue de *t* en *x*, il lit la distance *t*N'; il a par là même la distance AN', qu'il note sur le croquis. On mesure ensuite la perpendiculaire N'N, qui est notée aussi, en ayant soin d'écrire les chiffres comme nous l'avons indiqué (54). Cela fait, l'opérateur vient mettre une poignée de la chaîne contre la fiche restée en *x*, à 10 mètres du point *x*, l'aide plante une autre fiche en *y*, et l'opérateur va comme la première fois déterminer le pied B' de la perpendiculaire BB'; la chaîne étant bien tendue de *x* en *y*, il lit la distance *x*B'; il a par là même la distance AB', qu'il inscrit sur le croquis. L'opération se continue ainsi jusqu'à ce que la dernière perpendiculaire soit mesurée. En procédant de la sorte on *cumule* les longueurs, et arrivé au point G, on connaît la longueur entière de la ligne AG.

65. REMARQUE III. Il semble qu'il serait plus naturel de mesurer successivement les distances AN', N'B', B'M'... qui existent entre les pieds des perpendiculaires, mais cette méthode est défectueuse, parce que les erreurs de lecture, commises en mesurant, s'ajoutent très-souvent, et on court risque de commettre sur la distance totale une erreur notable. Le procédé que nous indiquons n'a point cet inconvénient, et la position du dernier point G est déterminée aussi exactement que celle d'un point quelconque de AG. On remarquera, en outre, que la construction d'un plan levé par cette méthode est très-expéditive.

PROBLÈME

66. *Lever à l'équerre le terrain représenté par le polygone* ABCDEF...

Au lieu de procéder comme dans l'exemple précédent, on choisit plus généralement une *base* ou directrice MN, de manière à pouvoir mesurer cette droite et les perpendiculaires abaissées des points A, K, I, B... sur cette droite. On plante le premier jalon en un point O tel que les pieds des perpendi-

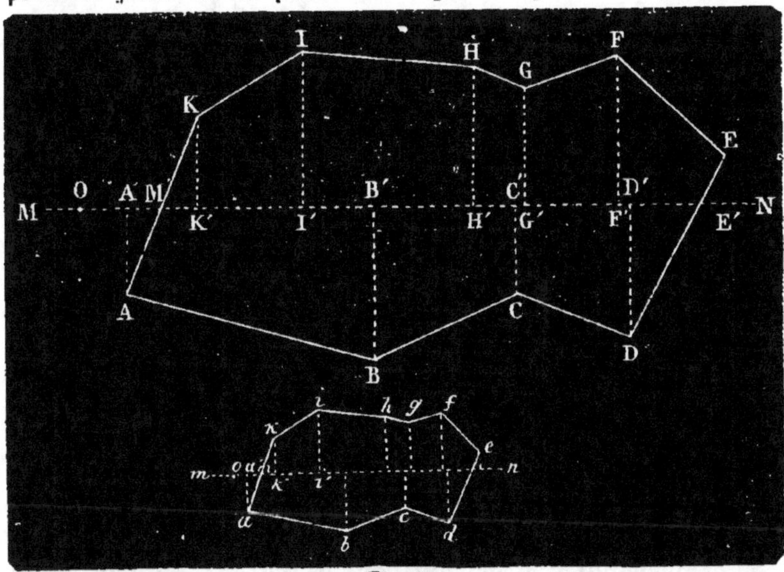

Fig. 28.

culaires abaissées des différents sommets A, K, I, B... sur MN soient d'un même côté de ce point. On mesure les distances OA', OK', OI', OB'... et les perpendiculaires A'A, K'K, I'I, B'B..., on inscrit à mesure les longueurs trouvées sur les lignes correspondantes du croquis.

Construction du plan. On trace une droite indéfinie *mn* sur laquelle on prend un point *o* : à partir de ce point, on porte sur cette droite les longueurs *oa'*, *ok'*, *oi'*, *ob'*... qui sont les longueurs réduites des distances homologues du terrain, puis aux points *a'*, *k'*, *i'*, *b'*... on élève des perpendiculaires *a'a*, *k'k*, *i'i, b'b*... qui sont les perpendiculaires homologues réduites du terrain ; enfin on n'a plus qu'à joindre les points *a* et *k*, *k* et *i*, etc., pour avoir le plan du terrain.

67. REMARQUE I. En mesurant sur la ligne MN, on ne devra pas négliger de noter les distances OM', ON' ; on aura deux vérifications du plan, car s'il est bien exact, les distances *om'*, *on'* du plan devront être les longueurs réduites à l'échelle des lignes OM', ON' du terrain.

68. REMARQUE II. Nous rappelons que, pour mesurer une base telle que MN, on devra toujours procéder comme il a été indiqué (64).

DIFFÉRENTS PROBLÈMES SUR LE LEVÉ A L'ÉQUERRE

69. 1° *Lever le plan de trois parcelles (fig. 29).*

2° *Lever le plan d'un terrain dont l'intérieur est inaccessible (fig. 30).*

3° *Lever le plan d'un cours d'eau (fig. 31).*

4° *Lever le plan d'un terrain limité d'un côté par une rivière (fig. 32).*

5° *Lever le plan d'un terrain inaccessible (fig. 33).*

Ces figures font assez connaître au lecteur la marche des opérations, nous ne croyons pas nécessaire d'entrer dans des détails. Seulement nous ferons quelques petites observations.

Il n'est pas nécessaire (*fig.* 29) que la base XY soit en dehors de la propriété.

ABCD (*fig.* 30) est tantôt un rectangle, tantôt un trapèze, c'est au choix de l'opérateur.

Si les perpendiculaires sont courtes (*fig.* 31), on peut, pour abréger, se servir d'une chaîne et d'une *roulette*[1] ; pour lever le plan de cette courbe, la chaîne reste constamment sur la ligne XY, et avec la roulette on mesure les perpendiculaires élevées à vue d'œil. On opère quelquefois de la même manière pour lever les petits détails d'un plan, par exemple, la plate-bande d'un jardin. Ce procédé est expéditif et donne des résul-

---

1. La roulette est une petite boîte cylindrique dans laquelle est enroulé, autour d'un axe, un ruban de fil imperméable divisé en mètres, décimètres et centimètres ; le premier centimètre est même divisé en millimètres. La longueur du ruban dépasse rarement dix mètres et n'a jamais moins de un mètre.

tats assez satisfaisants lorsque les perpendiculaires ne sont pas longues.

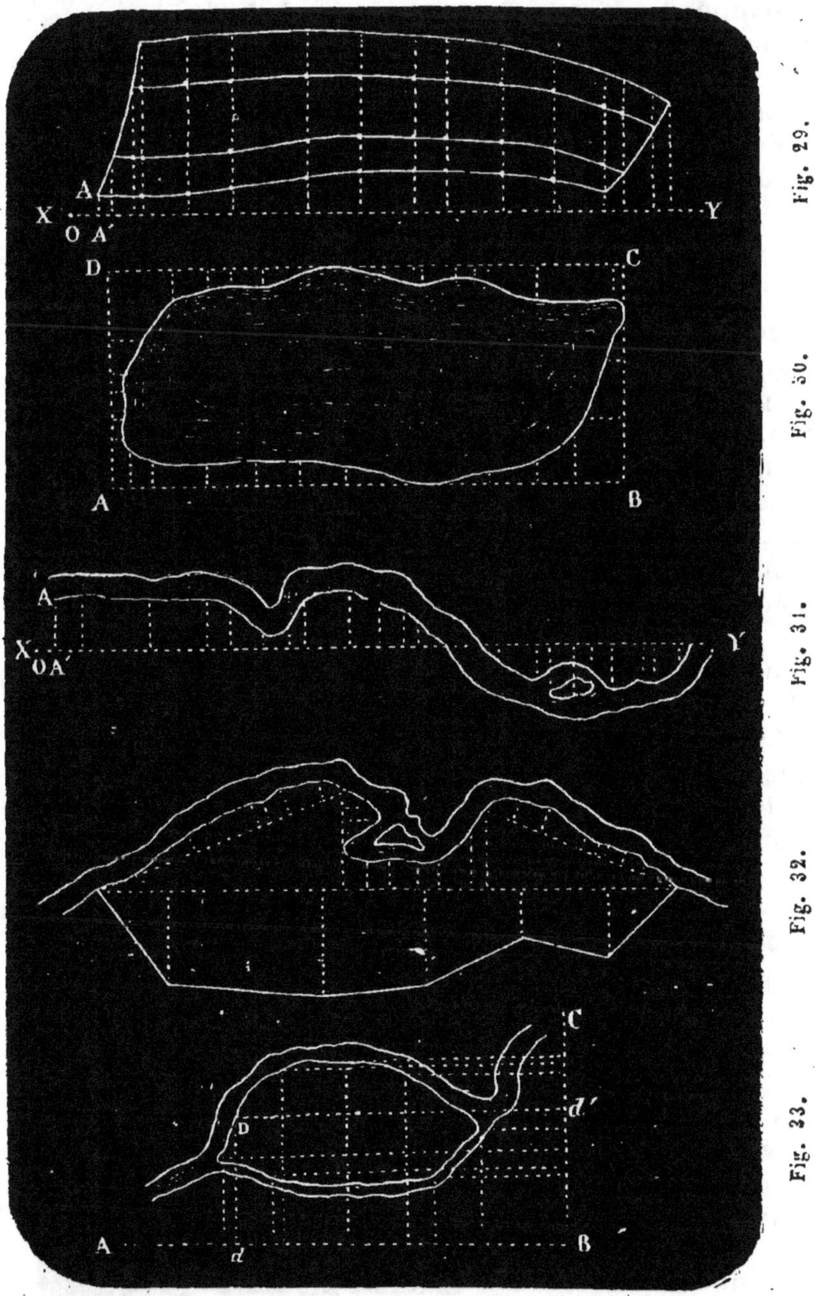

Les droites AB, BC *sont rectangulaires* (*fig.* 33). Pour déterminer un point quelconque D, on mesure B*d*, B*d'*, et aux points *d*, *d'* on élève des perpendiculaires dont l'intersection détermine le point D. Tout autre point de la figure se détermine aussi facilement. Il n'est guère possible par ce procédé de bien préciser la position de chaque sommet, on ne doit donc pas compter sur une grande exactitude.

Enfin nous dirons que, pour les figures 29 et 31, le point de départ peut être A'.

Levé à la boussole

70. La boussole sert généralement à relever les détails d'un plan, par exemple les sinuosités d'un sentier, d'un chemin, d'une rivière. On lève aussi avec cet instrument le plan des terrains embarrassés d'obstacles, les détours et les galeries d'une mine, etc.

Le levé à la boussole étant d'ailleurs expéditif, s'emploie dans le cas où l'on veut aller vite et où l'on n'a pas besoin d'une grande précision. Les résultats que donne cet instrument sont peu exacts, parce qu'il n'a pas de vernier, et que les oscillations de l'aiguille ne permettent pas de mesurer l'angle avec exactitude. Aussi ne peut-on guère avoir la valeur d'un angle qu'à un demi-degré près.

Lorsqu'on opère avec la boussole, tout objet en fer de quelque volume doit être éloigné de trois à quatre mètres de cet instrument, à cause de l'influence du fer sur l'aiguille aimantée.

PROBLÈME

71. *Lever à la boussole les sinuosités d'un sentier.*

On prend sur le sentier des points A, B, C... rapprochés de manière à pouvoir considérer les distances AB, BC... comme rectilignes. On met ensuite la boussole en station au point A et on vise le point B. Soit AK la direction de l'aiguille aimantée, on note l'angle KAB et on me-

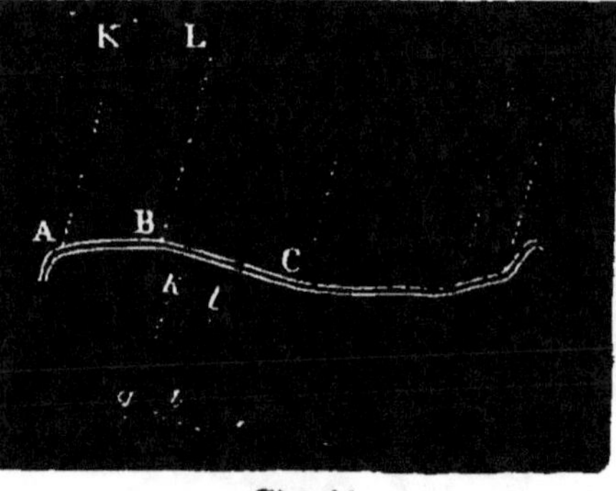

Fig. 34.

sure le côté AB. On transporte l'instrument en **B et on vise**
le point C; l'aiguille aimantée prend une direction BL paral-
lèle à AK (27); on note l'angle LBC, et l'on mesure le côté
BC. L'opération se continue ainsi jusqu'à la mesure du der-
nier angle et du dernier côté.

Construction du plan. On trace une droite *ak* qui représente
la direction de l'aiguille aimantée; on fait au point *a* un
angle *kab* égal à l'angle KAB, on prend, à partir de *a*, une
distance *ab* égale à AB réduite à l'échelle. Au point *b* on mène
une parallèle à *ak* et l'on fait un angle *lbc* égal à LBC, puis
on prend une longueur *bc* égale à BC réduite à l'échelle. Ainsi
de suite jusqu'à ce qu'on soit arrivé au dernier sommet et à
la dernière ligne.

Levé au graphomètre

72. Dans toutes les opérations importantes on emploie le
graphomètre. Le levé avec cet instrument se fait généralement
par trois méthodes : 1° *la méthode par rayonnement* (une sta-
tion); 2° *la méthode des intersections* (deux stations); 3° *la mé-
thode par cheminement* (autant de stations que de sommets dans
le polygone dont on lève le plan).

PROBLÈME

73. *Lever le plan d'un terrain ABCD... par rayonnement.*

On installe le graphomètre en un point M de la propriété
d'où l'on puisse apercevoir tous les points à relever. On me-
sure tous les angles AMB,
BMC... et toutes les lignes
MA, MB, MC... On est alors
dans la possibilité de con-
struire le plan , puisque,
pour déterminer les points
A, B... on connaît MA, MB,
et l'angle AMB.

Vérification. On fait en M
un *tour d'horizon*, la somme
des angles doit égaler qua-
tre droits.

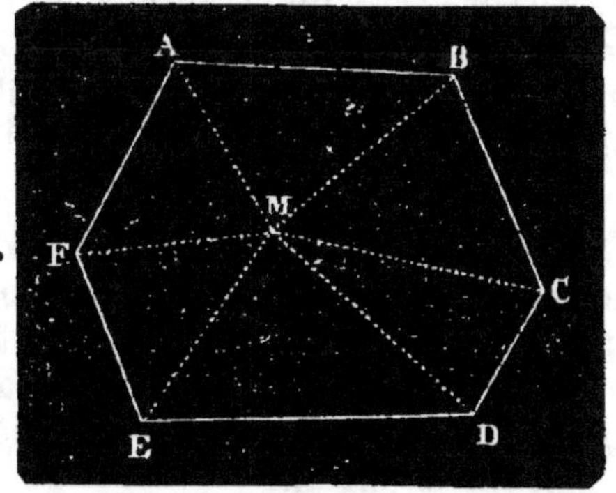

Fig. 35.

Autre vérification. On mesure un côté quelconque AB sur le terrain, le côté *ab* du plan doit égaler son homologue **AB** du terrain réduit à l'échelle.

PROBLÈME

74. *Lever le plan d'un terrain AB... par la méthode des intersections.*

On choisit une base **MN** telle qu'on aperçoive de ses extrémités les points à relever, on la mesure avec le plus grand soin. Cela fait, on installe le graphomètre au point M de manière que l'alidade fixe ait la direction MN. On dirige alors

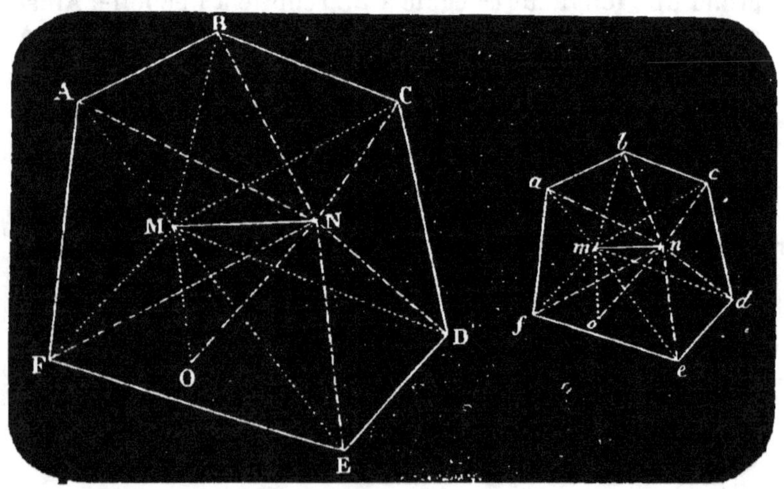

Fig. 36.

l'alidade mobile successivement vers les points A, B, C, D. et l'on détermine ainsi la valeur des angles AMN, BMN... qu'on inscrit sur le croquis. Transportant le graphomètre au point N, on l'y met en station, l'alidade fixe dans la direction NM, puis on dirige de nouveau l'alidade mobile vers les points A, B, C... on inscrit encore la valeur des angles ANM, BNM...

Construction du plan. On trace une droite *mn* représentant MN réduite à l'échelle adoptée; aux extrémités *m* et *n* on fait des angles *amn*, *bmn*... *anm*, *bnm*... respectivement égaux aux angles AMN, BMN... ANM, BNM... Les intersections de leurs côtés indiqueront les points qu'on a relevés, il suffira de les unir sur le papier de la même manière que leurs homologues le sont sur le terrain.

75. Remarque I. Nous avons supposé que des extrémités de la base MN, il était possible d'apercevoir tous les **points à relever**; or, si le terrain a une grande étendue, ou si des obstacles, tels que maisons, bosquets, etc., empêchent de viser certains points qui doivent figurer sur le plan, une seule base ne suffit pas. On prend alors pour base une nouvelle ligne déterminée dans la première opération, puis une autre, si cela est nécessaire, et ainsi de suite. En procédant de la sorte, on peut lever une grande étendue de terrain.

76. REMARQUE II. Tout le travail d'un plan levé de cette manière s'appuyant sur la première base, il importe que cette ligne ait une certaine étendue et qu'elle soit mesurée très-exactement. Aussi convient-il de la choisir autant que possible en plaine et de la mesurer deux et même trois fois; on prend la moyenne arithmétique des longueurs trouvées, c'est-à-dire qu'on divise la somme de ces longueurs par le nombre de fois que la ligne a été mesurée.

77. REMARQUE III. On peut choisir pour base d'opération un côté du terrain à lever, si ce côté a une position et une longueur convenables.

78. REMARQUE IV. D'après la marche des opérations, les points A et F, C et D sont déterminés sans la mesure des angles AMF, CND; or, en mesurant ces angles, on fait en M et en N un *tour d'horizon*, par conséquent la somme des angles AMB, BMC... plus l'angle AMF doit égaler 360°. S'il en est autrement, il y a une erreur qu'on doit rectifier immédiatement, avant de déranger le graphomètre; la même vérification doit être faite au point N. Il est bien utile de mesurer les angles AMF, CND, car outre les deux vérifications qu'ils donnent sur le terrain, ils en donnent évidemment deux autres dans la construction du plan.

79. REMARQUE V. Le levé au graphomètre se fait généralement par la méthode des intersections.

80. REMARQUE VI. Il est visible qu'on peut employer une méthode analogue pour lever au mètre le plan d'une propriété quelconque : on mesure MN et toutes les distances MA. MB... NA, NB; on a ce qui est nécessaire pour construire le plan, puisque dans les triangles AMN, BMN... on connaît les trois côtés.

PROBLÈME

81. *Lever le plan d'un polygone AB... par cheminement.*

On mesure l'angle A et le côté AB, l'angle B et le côté BC, l'angle C et le côté CD et ainsi de suite, jusqu'au dernier angle

et au dernier côté HA. Cela fait, on est dans la possibilité de construire le plan, puisque l'on connaît dans le polygone ABCD... tous ses angles et tous ses côtés.

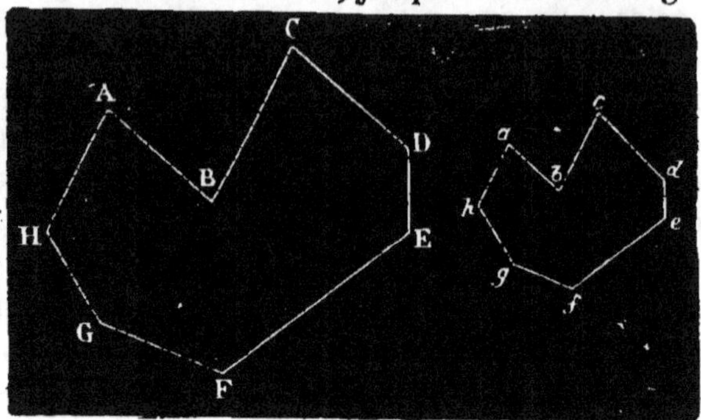
Fig. 37.

Vérification. La somme des angles mesurés doit égaler autant de fois deux droits qu'il y a de côtés moins deux (103 C.).

Dans le cas d'un angle rentrant tel que B, il faut ajouter à la somme des autres angles A, C, D... non pas l'angle ABC, mais la différence entre 360° et cet angle. C'est bien ainsi qu'on doit opérer, car l'angle ABC plus l'angle du polygone valent ensemble 360° (46 C.); or, il est visible que l'angle ABC n'appartient pas au polygone, donc celui du polygone vaut 360° — ABC.

Autre vérification. La mesure de l'angle H n'est pas nécessaire, ni la mesure des côtés HA, HG, mais on mesure cet angle et ces côtés comme moyen de vérification. Le plan étant construit sans avoir fait usage de ces données, l'angle *h* du plan doit égaler l'angle H du terrain, et les côtés *ha*, *hg* du plan les côtés HA, HG réduits à l'échelle.

Levé à la planchette

82. Le levé à la planchette est expéditif. Aussi se sert-on très-souvent de cet instrument pour lever les détails d'un plan, ou pour lever des plans de peu d'étendue, et pour lesquels une grande exactitude n'est pas nécessaire. D'ailleurs on peut, avec la planchette, lever et rapporter un plan en même temps.

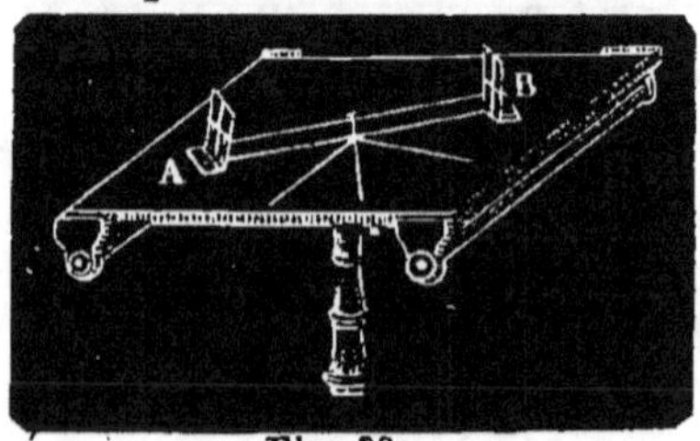
Fig. 38.

83. Planchette. La planchette est une tablette rectangulaire en bois, portée comme le graphomètre par un genou à coquilles et un pied à trois branches. Sur cette tablette est attachée ou collée la feuille destinée à recevoir le plan. Au lieu d'attacher ou de coller la feuille, on préfère en général la tendre à l'aide de deux petits cylindres mobiles sur leurs axes et fixés sur les bords de l'instrument.

84. La planchette doit être bien horizontale, lorsqu'on veut s'en servir. On constate son horizontalité à l'aide du niveau à bulle d'air ou simplement avec une bille, qui doit rester immobile si la planchette est horizontale.

Au lieu d'être supporté par un genou à coquilles, l'instrument est souvent monté sur un *genou à la Cugnot* (du nom de l'officier français qui en est l'inventeur). Cette disposition permet de rendre la planchette plus facilement horizontale et de la faire tourner sans détruire cette horizontalité. Nous ne disons rien de ce mode de suspension, parce que la meilleure description n'en donnerait qu'une idée insuffisante, tandis qu'en voyant l'instrument on se rend immédiatement compte de la manière dont il est disposé.

85. Quel que soit le système que l'on adopte pour supporter la planchette, celle-ci est toujours accompagnée d'une *alidade mobile* AB (*fig.* 38) à pinnules ou à lunette. Cette alidade est faite de manière que si l'on trace, le long de son bord inférieur, une ligne sur la planchette, cette ligne est la projection de la ligne de visée. Le bord inférieur de l'alidade est appelé *ligne de foi*.

86. Levé d'un angle. Mise en station de la planchette. Supposons qu'il s'agisse de lever avec la planchette l'angle MON de deux droites OM, ON du terrain. On trace sur le papier une droite *om* destinée à représenter le côté OM de l'angle; puis on plante au point *o* une aiguille très-fine et l'on dispose la planchette bien horizontalement, de manière que le point *o* soit verticalement au-dessus du point O, ce

Fig. 39.

dont on peut s'assurer à l'aide du fil à plomb, et que la ligne *om* ait à peu près la direction OM. On place ensuite l'alidade sur la planchette, de manière que la ligne de foi touche l'aiguille et coïncide en même temps avec *om*. Maintenant l'alidade dans cette position et la planchette bien horizontalement, on fait tourner celle-ci, s'il est nécessaire, jusqu'à ce que la ligne de visée rencontre un jalon planté verticalement sur OM. A ce moment, la *planchette est en station*; sans la déranger, on fait tourner l'alidade autour de l'aiguille jusqu'à ce que la ligne de visée rencontre un jalon vertical placé sur ON. On mène alors le long de la ligne de foi une ligne *on*, et l'angle MON représenté par *mon* est levé et réduit à l'horizon.

87. Les trois méthodes employées avec le graphomètre pour lever un plan le sont aussi avec la planchette : 1° *la méthode par rayonnement;* 2° *la méthode des intersections;* 3° *la méthode par cheminement.*

PROBLÈME

88. Première méthode. *Lever le plan d'un contour polygonal* ABCDE.

On choisit un point *o* d'où l'on puisse apercevoir tous les points A, B, C... à relever. On mesure les distances *o*A, *o*B, *o*C... Cela fait, on met la planchette en station au point *o* et l'on vise successivement les points A, B, C... On prend ensuite sur la direction *o*A une longueur *oa*=*o*A réduite à l'échelle, sur *o*B une longueur *ob* =*o*B réduite à l'échelle, et ainsi de suite. Enfin,

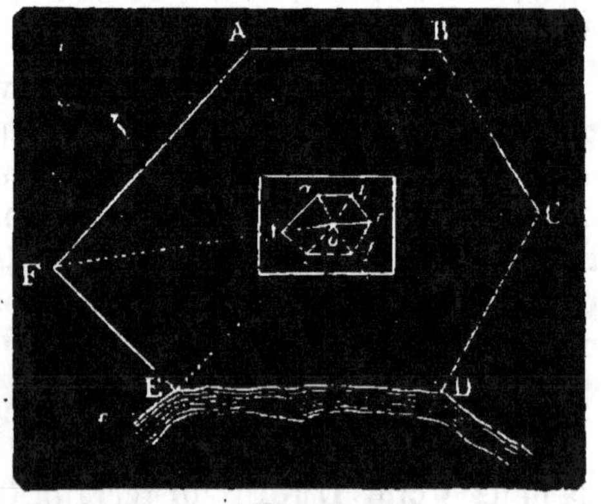

Fig. 40.

on unit les points *a*, *b*, *c* de la même manière que les points A, B, C... le sont sur le terrain.

Vérification du plan. On mesure sur le terrain un ou deux côtés AB, BC du polygone; si le plan est exact, leurs longueurs réduites à l'échelle doivent égaler leurs côtés homologues *ab*, *bc* du plan.

PROBLÈME

89. Deuxième méthode. *Lever le plan d'un terrain polygonal* ABCDEF.

On choisit une base MN (les points M et N ne sont pas visibles

à cause de la planchette) telle qu'on aperçoive, de ses extré-
mités, les points à relever ; on la mesure avec le plus grand
soin. Ensuite on trace sur le papier, d'après l'aspect du terrain,
une ligne *mn*, représentant MN réduite à l'échelle, de manière
à pouvoir disposer de chaque côté de *mn* les points à relever
et qui sont sur le terrain de chaque côté de MN. Cela fait, on
met la planchette en station au point M : le point *m* doit être
verticalement au-dessus de M et *mn* sur la direction MN.
L'instrument étant ainsi disposé, on vise successivement de *m*
les points A, B, C, D... à relever, et on trace les droites *ma*,

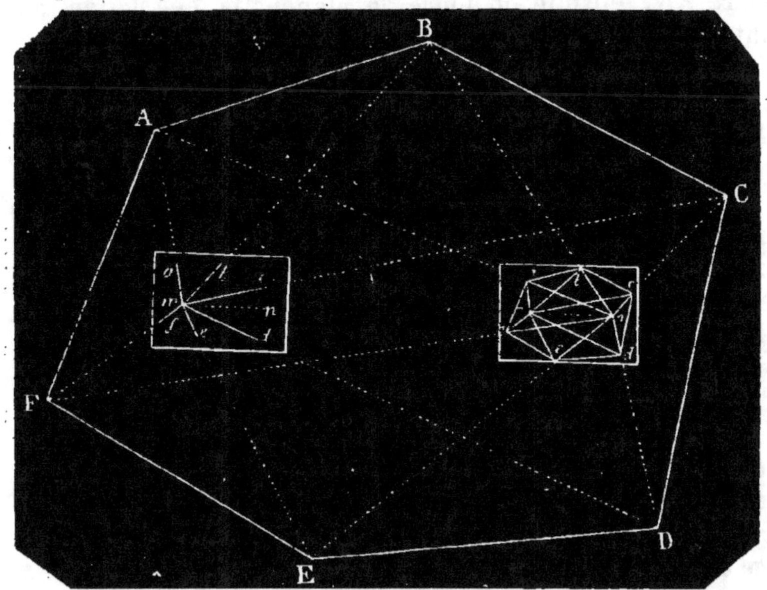

Fig. 41.

mb... Cette opération terminée, on transporte la planchette
au point N, où on la met en station, le point *n* au-dessus du
point N et *nm* sur la direction NM. On vise alors successive-
ment les points A, B, C... déjà visés de *m*, puis on mène les
lignes *na*, *nb*, *nc*... qui vont couper les premières aux points *a*,
b... Si l'on unit ces points sur le papier de la même manière
que leurs homologues le sont sur le terrain, on aura ainsi sur
la planchette le plan *abcdef* du polygone ABCDEF réduit à
l'échelle adoptée ; car d'après la méthode employée, les deux
polygones *abcdef* et ABCDEF sont composés d'un même nombre
de triangles semblables, puisqu'ils ont deux angles égaux
chacun à chacun, angle AMN=angle *amn*, angle ANM=an-
gle *anm*, etc.

Vérification du plan. On mesure sur le terrain un ou deux côtés AB, BC... du polygone ; si le plan est exact, leurs longueurs réduites à l'échelle doivent égaler leurs côtés homologues *ab*, *bc* du plan.

PROBLÈME

90. TROISIÈME MÉTHODE. *Lever le plan du polygone ABCDEF.*

On lève les angles et on mesure les côtés.

Si, par exemple, on veut commencer au sommet A, on mesure AB, ensuite on place la planchette en station au point A et l'on trace *ae* et *ab* dans les directions AE et AB. On prend *ab* =AB réduite à l'échelle. Se transportant au point B, on mesure BC et l'on met la planchette en station au point B, de manière que *ba* ait la direction BA, et que le point *b* corresponde au point B ; on trace alors *bc* dans la direction BC et l'on fait *bc*=BC réduite à l'é-

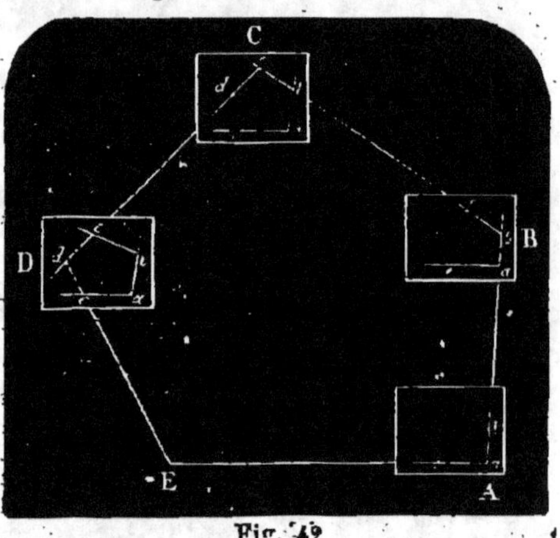
Fig. 42.

chelle. On procède de même aux sommets C et D. Si le plan est bien levé, la ligne *de* doit passer au point *e* et les lignes *de* et *ae* doivent égaler DE et AE réduites à l'échelle.

Méthode des prolongements

91. Lorsqu'on doit lever le plan d'un terrain découvert et n'ayant pas une grande étendue, on peut employer avec avantage la *méthode des prolongements*.

Nous allons appliquer cette méthode au levé d'un parcellaire de peu d'étendue.

92. Supposons qu'il s'agisse des parcelles P, P', P''.

On lève *bien exactement*, par l'une des méthodes connues, le plan d'un polygone ABCD renfermant la majeure partie des parcelles dont on veut avoir le plan. (Ordinairement le polygone ABCD est un trapèze qui se lève avec l'équerre et la chaîne.)

Cela fait, on prend sur la ligne DE la largeur des parcelles ; en notant les largeurs, on a soin de cumuler les distances à partir du point D. (Exemple pour la traverse K'L.) Puis, à une distance *convenable* de ce point, on mène une *traverse* FG sur laquelle on prend aussi la largeur des parcelles, toujours en

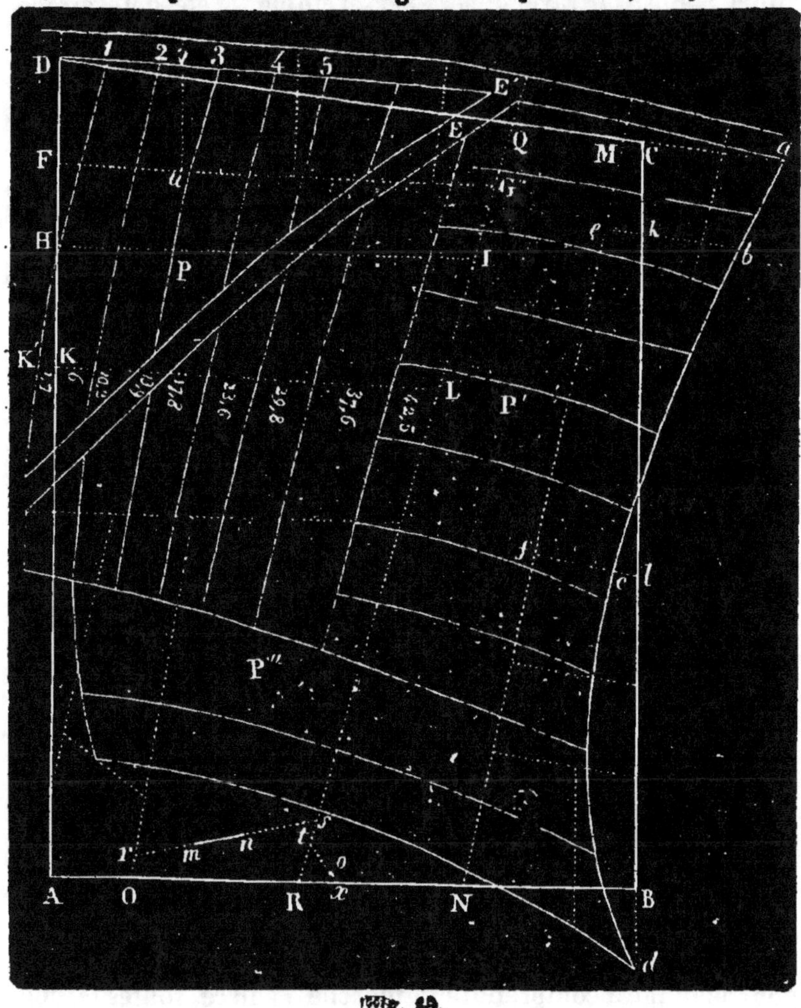

Fig. 60.

cumulant les distances. A un point *convenable* de DA on mène une nouvelle traverse HI, puis une autre KL qu'on *prolonge* en K' et sur lesquelles on prend encore la largeur des parcelles ; on opère de même sur les autres traverses que l'on mène. Pour déterminer la forme de chaque parcelle, il est évident qu'il suffira de marquer par des points leur largeur sur les traverses et d'unir ces points par des lignes. On comprend que plus les traverses sont nombreuses, et mieux se dessine sur le plan la courbe des parcelles. Quant à leur position, il est évident qu'elle dépend de celle des traverses ; or, il est très-facile de voir comment la position de chacune est déterminée ; ainsi la traverse MN, par exemple, a été déterminée par rapport à la ligne CB du polygone en mesurant les distances CM et BN : ces distances mesurées, on connaît les points M, N, et par suite la position de la traverse MN et de tous les points qui en dépendent. Une autre traverse QR se détermine de même. La position d'une traverse telle que FG se détermine par rapport aux points D et Q. Quant aux petites traverses, telles que *ekb, fcl...* qui déterminent la courbe *abcd,* elles dépendent des lignes CB et MN. Les autres traverses dont nous ne parlons pas se détermineraient avec la même facilité.

Si une ligne quelconque *mn* doit figurer sur le plan, on la prolonge sur le terrain jusqu'à la rencontre de deux traverses : les points *r* et *s* sont faciles à déterminer, il suffit de mesurer O*r* et R*s* ; connaissant ces deux distances, la position de la ligne *rs* est connue, et par conséquent celle de la ligne *mn,* puisqu'il suffira de retrancher sur cette ligne les parties *rm* et *ns.*

Un point quelconque *o* se détermine avec la même facilité : on mène une ligne arbitraire *xo,* qu'on prolonge jusqu'en *t,* puis on mesure R*x,* R*t* : la ligne *tx* est alors déterminée et le point *o* l'est aussi, si l'on mesure *to* ou *xo.*

On peut se demander comment les points 1, 2, 3, 4... ont pu être déterminés ; or, rien n'est plus facile, puisque ces points sont sur le prolongement des lignes de séparation des parcelles.

Au lieu de procéder ainsi pour avoir ces points, on aurait pu déterminer d'abord DE' à l'aide de traverses telles que *uv,* et prendre ensuite la largeur des parcelles sur DE'.

On voit comment la position des chemins se détermine aussi à l'aide des traverses.

93. Les détails dans lesquels nous venons d'entrer suffisent pour bien faire comprendre la marche à suivre, toutes les fois qu'on emploiera cette méthode.

Polygones topographiques

94. Lorsqu'un terrain a une certaine étendue ou qu'il contient beaucoup de points à relever, on forme généralement, tantôt avec des points remarquables du sol, tantôt avec des points pris arbitrairement, un polygone nommé *polygone topographique*.

C'est aux côtés de ce polygone inscrit ou circonscrit au terrain que viennent se rattacher tous les points, tous les détails qui doivent figurer sur le plan. Le plus souvent, au lieu d'un seul polygone, ce sont plusieurs *polygones topographiques* reliés les uns aux autres, et dont les côtés suivent les contours ou embrassent les détails qu'il s'agit de relever.

Levé des polygones topographiques

95. Le levé du polygone ou des polygones topographiques doit s'effectuer avec le plus grand soin par l'une des méthodes que nous connaissons.

Les sommets doivent être choisis de manière que tous les côtés puissent aisément être mesurés ; il faut, par conséquent, qu'on puisse voir de chaque sommet le sommet qui précède et celui qui suit. Si l'opération doit se faire en plusieurs séances, les sommets des polygones se marquent non-seulement avec des jalons, mais encore avec des piquets qui restent dans le sol jusqu'à ce que l'opération soit complétement terminée. Comme d'ailleurs ces piquets peuvent eux-mêmes être enlevés ou perdus dans les herbes ou les pierres, on aurait peine à les retrouver si l'on n'avait eu la précaution de *repérer* les sommets, c'est-à-dire de rattacher chacun d'eux à des points fixes du sol.

Un sommet se repère de différentes manières : une méthode facile consiste à chercher deux points fixes du sol, tels que le sommet se trouve dans le prolongement de la ligne de ces points ; il suffit alors de mesurer exactement sa distance au point le plus voisin pour que sa position soit déterminée.

Si le terrain n'est pas horizontal, il est bien entendu que l'on devra mesurer la projection des côtés des polygones, et que les angles devront être réduits à l'horizon.

Enfin, avant de commencer le levé des détails, on s'assure de l'exactitude du levé du réseau topographique ; par exemple, on calcule si la somme des angles est exacte, on voit si chaque polygone ferme bien, etc..

Levé des points importants et des détails

96. Le levé du réseau topographique achevé et vérifié, on se sert de ses côtés comme autant de bases auxquelles on rattache tous les points importants, tous les détails à relever. Lorsqu'on veut se rapprocher de certains points ou de certains détails importants, on emploie des bases auxiliaires nommées *traverses*. Ces lignes joignent des points connus du réseau ou des points faciles à connaître. Des traverses bien choisies abrégent singulièrement le travail.

On comprend qu'un pareil levé demande beaucoup d'ordre. Pour éviter la confusion, il est utile de faire un croquis particulier pour chaque polygone, pour chaque base importante. Les différents croquis servent à construire les plans particuliers et le plan d'ensemble.

C'est surtout dans des levés de ce genre qu'on doit tenir compte des observations que nous avons faites n°° 18, 54 et 64.

Appliquons ce qui précède au levé du plan d'un village et de son territoire.

PROBLÈME

97. *Lever le plan d'un village et de son territoire.*

La figure représente une partie du village et de son territoire.

On commence par reconnaître les bornes qui limitent le territoire. Ensuite on lève, comme nous venons de l'expliquer, le plan du réseau topographique.

Les sommets des triangles du réseau sont indiqués par les majuscules A, B, C... Les traverses sont désignées par des minuscules. Cela étant dit, passons au levé des détails et au parcellaire.

Levé des détails. Les bornes 1, 2 et 3 doivent figurer sur le plan. Si l'on emploie l'équerre, il suffit d'abaisser une perpendiculaire de chaque borne sur la base voisine.

Exemple pour la borne 2. On mesure Bp et la perpendiculaire $p2$. Il est évident qu'on a les données nécessaires pour assigner à la borne 2 sa position sur le plan. Si l'on emploie la méthode des prolongements, on détermine aussi facilement la position de chaque borne.

Exemple pour la borne 1. On mène 1a (le point a est quel-

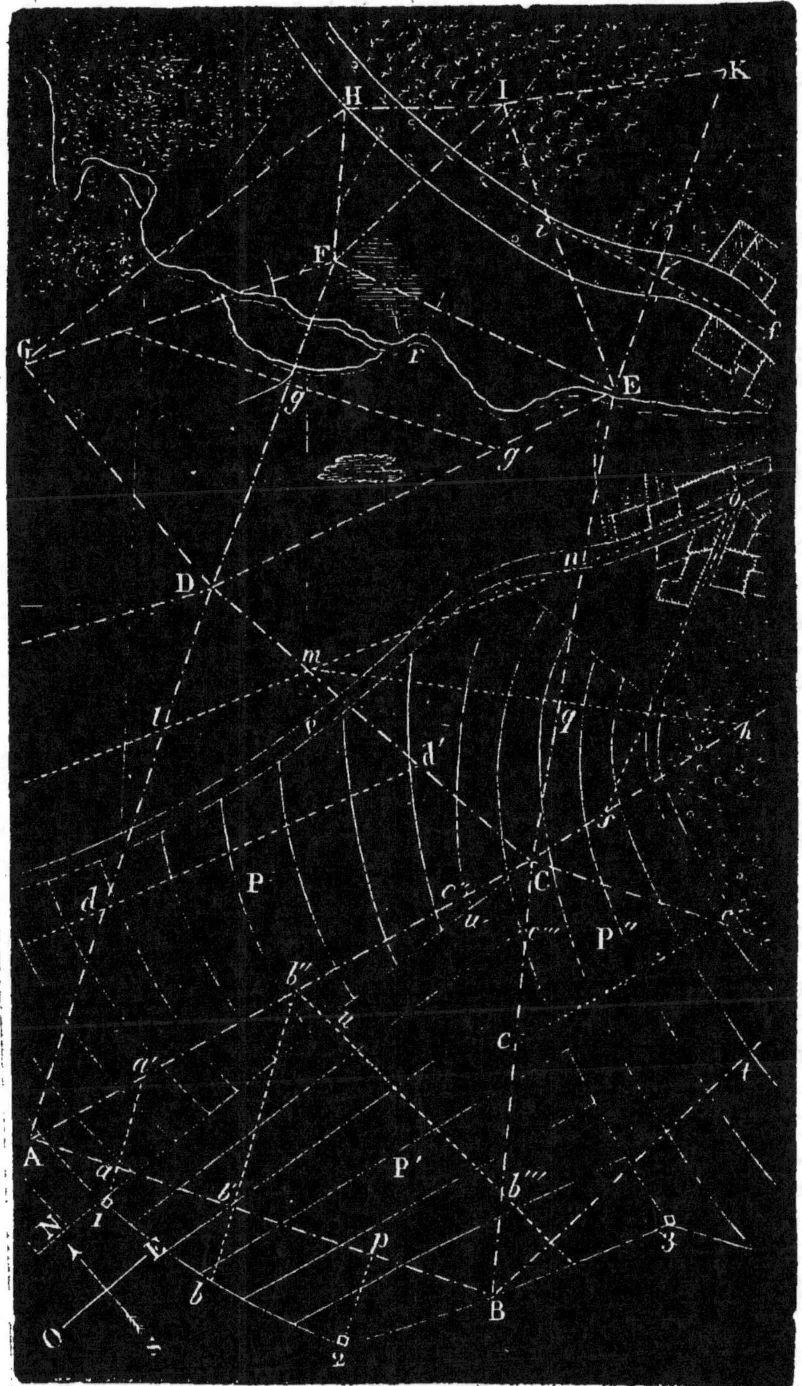

Fig. 4.

conque), et l'on prolonge *ia* jusqu'à la rencontre de AC ; on mesure A*a'* et A*a*, ce qui donne la position de deux points de la droite *a'i* ; cette droite est donc déterminée. La borne *i* étant sur le prolongement de *a'a*, en mesurant *a'a* et *ai*, on a les données nécessaires pour déterminer sa position. Pour relever tout autre détail par cette méthode, on suivrait une marche identique.

On lève le plan du chemin *v* en se servant de la traverse *lmn*. Pour déterminer la position de cette ligne, on la rattache au point D, en mesurant les distances D*l*, D*m*. Le plan du ruisseau *r* peut se lever en employant la traverse *gg'* prolongée ; on rattachera cette ligne au point D ou aux points E et F comme on a rattaché la traverse *lmn* au point D. A l'aide de la base GH on détermine quelques points du bois ; les bases HI, IK, IE, KE, etc., et des traverses s'il est nécessaire, serviront à déterminer les vignes et la position de la route. Aux bases KE, EC et à des traverses s'il est nécessaire, on rattache les maisons, les jardins, etc. Pour pénétrer dans le village, on se servira des traverses *ii'f*, *mno*, *so*, ou encore on lèvera les angles E*i'f*, E*no*, *osh*. Aux droites *if*, *no*, *so* et à d'autres dont les directions seront modifiées selon le besoin, on rattachera le devant des maisons, les cours, les fontaines, les puits, etc.

Nous n'assignons aucun instrument pour relever tous ces détails ; l'opérateur, en présence du terrain, choisit ceux qui lui conviennent le mieux.

Parcellaire. Commençons par lever le plan des parcelles P. La position du chemin est déterminée, puisqu'il a été rattaché à la traverse *lmn* ; on connaîtra aussi la position de *dd'* en rattachant cette ligne à la base AC ou au sommet D ; enfin, connaissant trois points *i*, *u*, *u'* de la ligne *iuu'*, elle est déterminée aussi. Ces lignes étant connues, ainsi que la base AC, il sera facile d'assigner aux parcelles P leur position sur le plan. Supposons que le point de départ est la borne *i* et un point qu'on ne voit pas sur la figure, mais qui se trouve sur le chemin. A partir de ce point du chemin, on mesure la largeur des propriétés, on la mesure aussi sur la traverse *dd'*, sur la base AC et sur la ligne *iuu'*, cumulant chaque fois les distances.

Il est évident qu'on aura chaque parcelle sur le plan en marquant par des points leur largeur sur les lignes où elles ont été prises et en unissant ces points par des lignes. On comprend que les parcelles seront d'autant mieux figurées que les traverses seront plus nombreuses.

Les parcelles P' se lèveront aussi aisément en prenant leur largeur sur la ligne $1b2^1$, sur la base AB, sur la traverse $b'b''$ et sur la ligne qui vient aboutir à la borne 3. Pour les propriétés P'', on prendra leur largeur sur la ligne qui limite le verger sur *mh, Ch, cc'* et sur B*t.*

Les détails dans lesquels nous venons d'entrer suffisent pour faire bien comprendre comment se lèverait le plan du territoire entier.

Orientation des plans

98. Le moyen le plus facile d'orienter un plan est de mener une droite qui ait la direction de l'aiguille aimantée, puis une autre qui fasse avec la première ou avec ses parallèles un angle égal à la déclinaison de l'aiguille à l'époque du levé. On rapporte cette dernière direction sur le plan en NS (*fig. 44*), par exemple, et il se trouve orienté. Assez souvent, à la flèche NS, on mène une perpendiculaire EO. On a ainsi les quatre points cardinaux.

La flèche, au lieu d'être placée dans un coin du plan, le traverse quelquefois dans toute son étendue.

AUTRE MÉTHODE. Sur une surface bien horizontale, on décrit plusieurs circonférences concentriques et on plante verticalement au centre un style bien droit. On observe avant et après midi l'ombre du style, et l'on a soin de marquer par des points le lieu où l'extrémité de l'ombre rencontre chaque circonférence. Les bissectrices

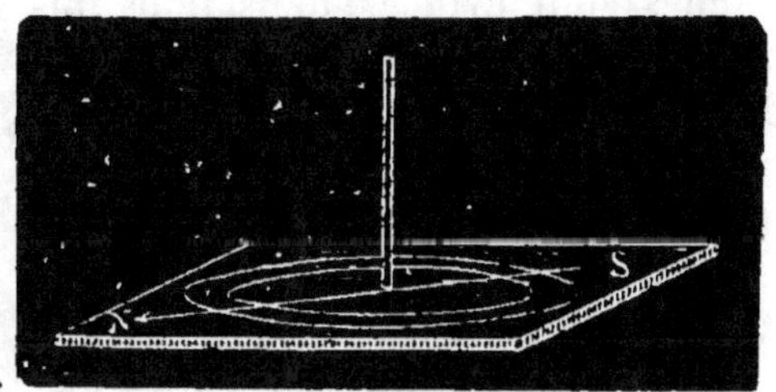

Fig. 45.

des arcs ainsi déterminés doivent se confondre; s'il en est autrement, on choisit *à vue d'œil* une bissectrice moyenne NS qui est la méridienne. Cette méridienne se rapporte sur le plan comme une ligne ordinaire.

1. Cette ligne a été déterminée à l'aide des bornes 1 et 2 et de la ligne $bb'b''$ obtenue par la méthode des prolongements.

Minutes, Copies, Réductions des plans et Compas de proportion

99. La *minute* d'un plan est la feuille sur laquelle ce plan a été dessiné pour la première fois sur le terrain ou au cabinet.

Il est essentiel de laisser subsister sur ce premier plan les lignes de construction, et en outre toutes les cotes numériques et toutes les annotations qui peuvent être utiles pour les vérifications. Ordinairement on trace ces lignes avec une encre de couleur, au carmin, par exemple.

100. La reproduction de la minute est ce qu'on appelle la *copie* ou l'*expédition* du plan. Les méthodes les plus promptes d'obtenir la copie d'un plan consistent à calquer la minute ou à la piquer sur la feuille destinée à la copie. Ensuite on trace au crayon les lignes du plan, en se guidant sur les trous faits par le piquoir, puis on passe à l'encre.

101. Lorsqu'on veut *réduire un plan* dans un rapport donné, on peut faire usage de la méthode du n° 336 C. ou du *compas de proportion.* Cet instrument se compose de deux branches en bois ou en cuivre, d'*égales longueurs*, et terminées par des pointes d'acier. Ces branches sont évidées dans leur milieu et sont mobiles autour d'un axe O dont la position dans la rainure peut changer à volonté. Supposons que la distance OC soit le quart de la distance OB, à cause des triangles semblables OCD, OAB, la distance CD sera le quart de AB. Lorsque le compas est ainsi disposé, il est facile de réduire au quart une figure quelconque; on ouvre le compas de manière que AB soit une ligne de la figure, CD est le quart de cette ligne. Si l'on voulait opérer la réduction au tiers, il faudrait placer l'axe de façon à avoir la branche OB égale à trois fois la longueur de la branche OC.

Des traits marqués sur les branches

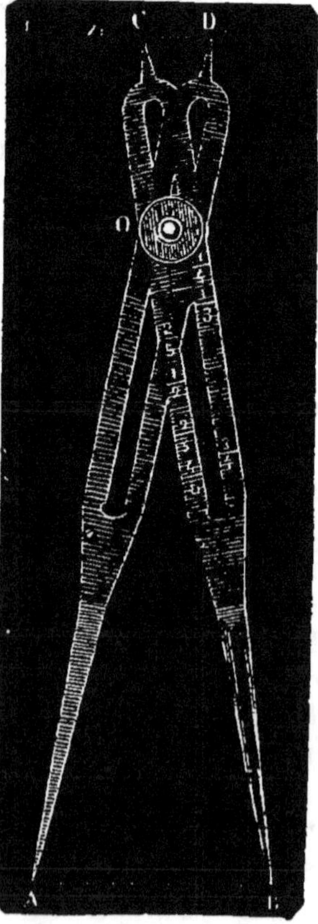

Fig. 40.

indiquent le point où il faut placer l'axe O pour opérer la réduction au $\frac{1}{2}$, au $\frac{1}{3}$, etc.

Il est bien évident que ce compas peut servir à amplifier un plan aussi bien qu'il sert à le réduire.

PROBLÈMES DE GÉOMÉTRIE PRATIQUE

PROBLÈME

102. *Prolonger sur le terrain une droite* AB *au delà d'un obstacle.*

1° En un point de AB on élève à cette droite une perpendiculaire AE qu'on mesure. Puis à AE on mène la perpendiculaire EG qu'on prolonge au delà de l'obstacle. Enfin on

Fig. 47.

élève sur EG les perpendiculaires FC, GD qu'on fait égales à EA. Il est évident que par cette construction les points C et D sont sur le prolongement de AB.

AUTRE MÉTHODE, PLUS LONGUE QUE LA PRÉCÉDENTE, MAIS QUI DONNE DES RÉSULTATS PLUS CERTAINS

2° L'angle A est quelconque, il en est de même des distances AC, CD, DF. Les lignes CB, DE, FG sont des perpendiculaires à AF. Pour déterminer les points E et G sur le prolongement de AB, on a, à cause des triangles rectangles semblables

$$\frac{DE}{CB} = \frac{AD}{AC},$$

d'où $DE = \dfrac{AD \times CB}{AC},$

et $\dfrac{FG}{CB} = \dfrac{AF}{AC},$

d'où $FG = \dfrac{AF \times CB}{AC}.$

Fig. 48.

Connaissant les longueurs DE, FG, on connaît les points E et G. On déterminerait de même d'autres points de AB.

PROBLÈME

103. *Trouver des points G, I... dans la direction de deux points A et B séparés par un obstacle.*

Le point C est quelconque. On mesure AC, CB. La ligne MN passant par les milieux de AC et de BC est parallèle à AB (211 C.) : des points A et B on abaisse sur MN les perpendiculaires AE, BF, et en deux points K et L de MN, on élève à cette droite les perpendiculaires KG et LI qu'on fait égales à AE. Il

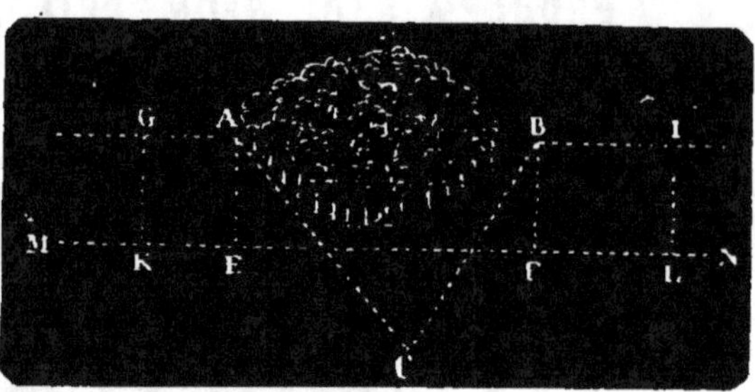

Fig. 49.

est évident que les points G et I sont dans le prolongement de la droite AB.

PROBLÈME

104. *Déterminer la distance d'un point donné A, à un autre point B inaccessible.*

1° USAGE DU GRAPHOMÈTRE. On mesure à la chaîne une base arbitraire AC, et les angles A et C avec le graphomètre. Puis on construit sur le papier, à une échelle quelconque, un triangle *abc* semblable au triangle ABC. La longueur *ab* portée sur la même échelle, et multipliée par le dénominateur de cette échelle, fait connaître la distance demandée AB.

2° USAGE DE LA CHAINE SEULE. La base AC est choisie et mesurée comme il vient d'être indiqué. On prend sur AC et sur AB des distances quelconques AK, AL, et l'on mesure KL. On prend aussi sur CA et sur CB des distances arbitraires CM, CN : on mesure MN. Puis on fait *ac*=AC réduite à l'échelle adoptée, et aux points *a* et *c* on construit des triangles *alk*, *cmn* respectivement semblables aux triangle

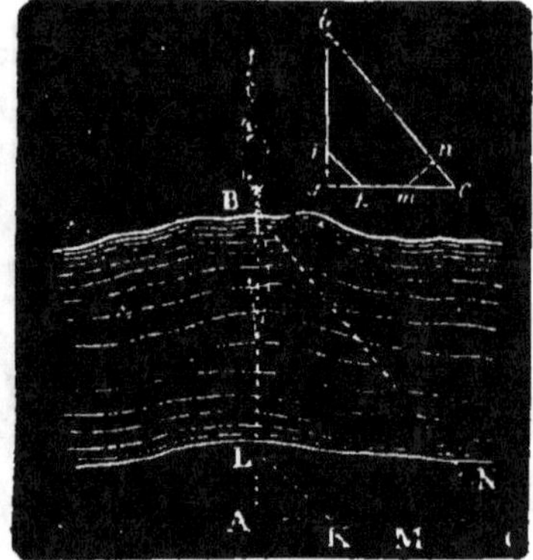

Fig. 50.

AKL, CMN. Enfin on prolonge *al* et *cm*, le point *b* où se rencontrent ces lignes est évidemment le point homologue de B, par conséquent *ab* est la longueur AB réduite à l'échelle.

Pour plus de facilité on prend généralement les quatre distances AL, AK, CM, CN égales à 10 mètres.

3° USAGE DE L'ÉQUERRE. On place l'équerre en un point *convenable* A où l'on fait un angle droit BAX. On fait jalonner la direction AX, et l'on cherche sur cette ligne un point C tel que l'angle BCA, fait avec l'équerre, ait 45°. Le triangle ABC est alors isocèle et AB=AC. Il suffit donc de mesurer cette dernière droite pour connaître la distance demandée.

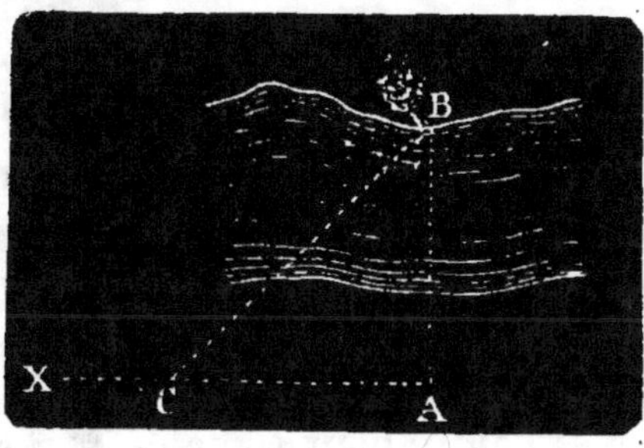

Fig. 51.

4° Il est évident qu'on pourrait faire aussi usage de la planchette.

PROBLÈME

105. *Déterminer la distance de deux points* A *et* B *inaccessibles.*

On choisit une base CD[1] telle que l'on puisse voir de ses extrémités les points A et B, et on lève le plan ABCD par l'une des méthodes connues. Si par exemple on emploie la chaîne et le graphomètre, on mesure CD avec la chaîne et les angles en C et en D avec le graphomètre. On porte la longueur *ab* du plan sur l'échelle,

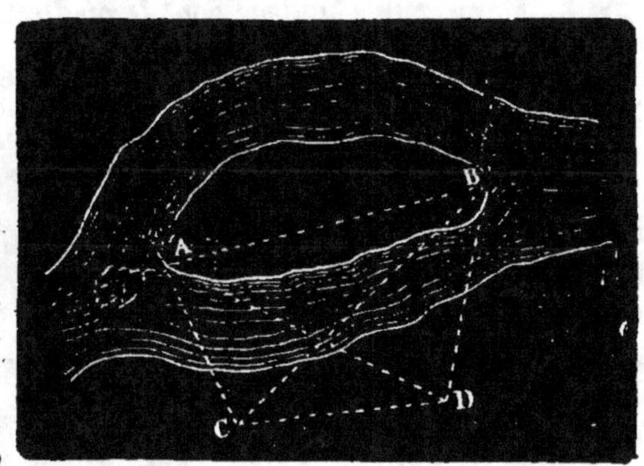

Fig. 52.

1. Cette base doit avoir une longueur telle que les angles en C et en D ne soient ni trop aigus, ni trop obtus. Il n'est peut-être pas sans utilité de faire remarquer aussi qu'il est très-avantageux de se servir d'une grande échelle pour les problèmes de géométrie pratique (nos 102 à 111).

20.

et l'on ramène cette longueur à celle du terrain en opérant comme nous l'avons indiqué (104 1°).

Usage de l'équerre. On choisit un point convenable C sur le terrain accessible. A ce point, on mène CM perpendiculaire à AC et CN perpendiculaire à CB. Ensuite on promène l'équerre sur les lignes CM et CN jusqu'à ce qu'on trouve des points A', B', tels que les angles CA'A, CB'B aient 45°, et on a A'B' = AB : car dans les deux triangles CAB et CA'B', angle ACB = B'CA', comme ayant l'un et l'autre pour complément le même angle BCA', le côté CA' = CA et le côté CB = CB' (104, 3°) : donc A'B' = AB.

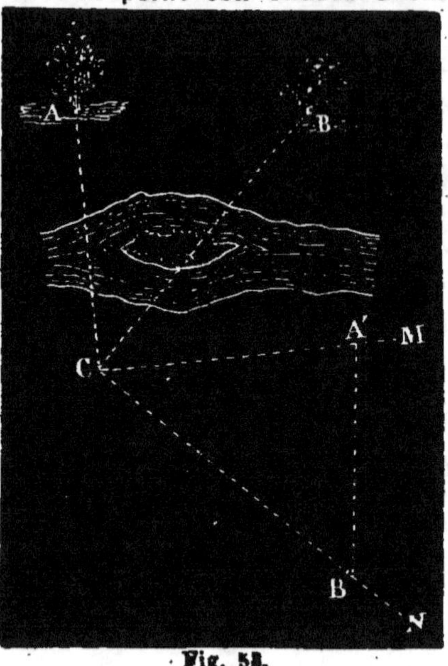

Fig. 53.

PROBLÈME

106. *Mesurer une hauteur dont le pied est accessible.*

1° Usage du graphomètre. On dispose le graphomètre en un point C de manière que le limbe soit vertical et l'alidade fixe horizontale. Ces deux conditions sont remplies lorsqu'un fil à plomb passant par la 90° division passe aussi par le centre et s'applique sur le plan du limbe. On mesure l'angle AC'B' et la distance CB = C'B'. Ensuite on fait sur le papier un triangle semblable à AC'B', ce triangle permet de trouver la hauteur

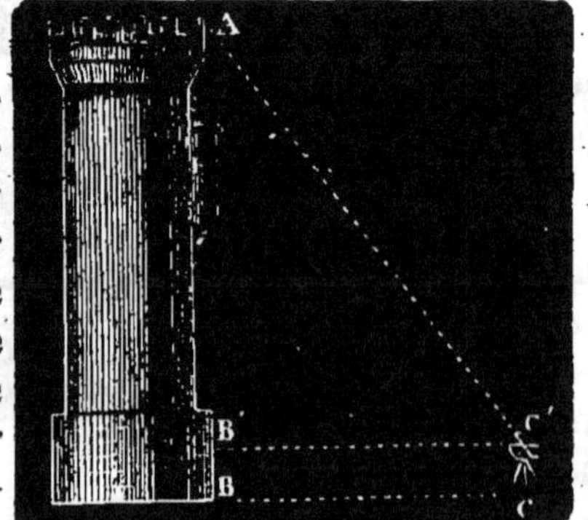

Fig. 54.

AB', on y ajoute la hauteur du graphomètre et on a l'élévation du point A au-dessus du point B.

2° Usage de deux jalons. On plante verticalement deux jalons, CD, EF, de manière que leurs sommets C, E se trouvent en ligne droite avec le point A dont on veut connaître la hauteur au-dessus du point B. On a alors deux triangles semblables ABC, CEI qui donnent $\dfrac{AB}{EI} = \dfrac{CB}{CI}$:

d'où $AB = \dfrac{CB \times EI}{CI}$.

En ajoutant BB' ou CD à AB on a la hauteur AB'.

Fig. 55.

3° Par l'ombre. Il est évident que les longueurs des ombres sont proportionnelles à la hauteur des corps qui les projettent. Ce principe permet de mesurer une hauteur à l'aide de son ombre. A cet effet, on plante verticalement dans le sol un jalon ; ensuite on mesure l'ombre de la hauteur à mesurer, l'ombre du jalon et la longueur hors de terre du jalon. Avec ces trois longueurs, on peut trouver la hauteur demandée.

Donnons un exemple. *L'ombre d'un arbre a 12 mètres, l'ombre d'un jalon de 1^m,50 a 2 mètres : on demande la hauteur de l'arbre.*

En appelant x la hauteur cherchée, on a

$$\frac{x}{1,50} = \frac{12}{2}, \text{ d'où } x = 9 \text{ mètres.}$$

Il faut opérer sur un terrain horizontal ou uniformément incliné.

PROBLÈME

107. *Mesurer la hauteur d'un édifice ou d'un arbre dont le pied est inaccessible.*

On choisit une base CD dont le prolongement aille rencontrer le pied de la verticale AB ; on mesure la droite CD = C'D' et les angles D' et AC'D' comme il a été indiqué. On construit un triangle *acd* semblable à AC'D', et du sommet *a* on abaisse, sur le prolongement de *cd*, la perpendiculaire *ab*. Connaissant *ab*, il est facile, à l'aide de l'échelle, de trouver AB'; à AB' on ajoute la hauteur du graphomètre et on a la hauteur AB.

REMARQUE. Le triangle *acd* fait connaître *ac* et *ad*; on peut

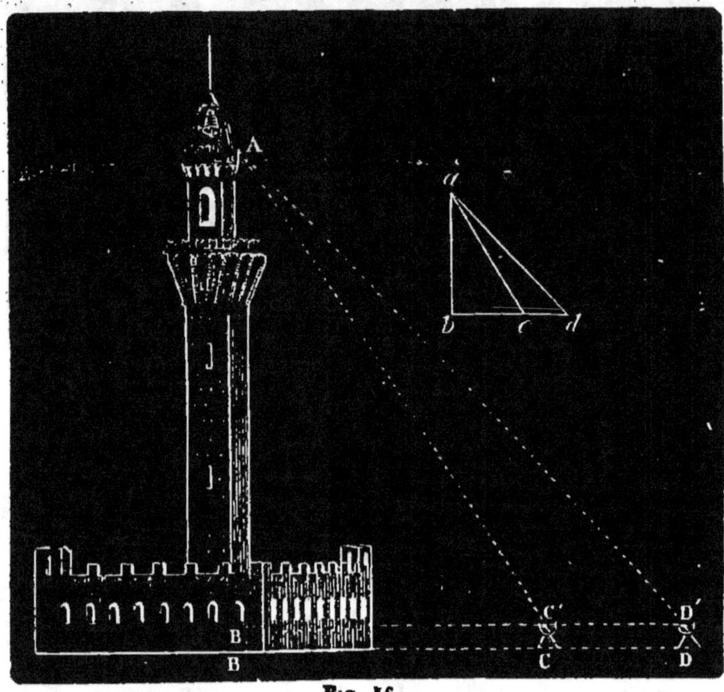

Fig. 56.

donc, par ce procédé, trouver la distance d'un point C ou D du sol à un point A élevé au-dessus de l'horizon.

PROBLÈME

108. *Déterminer la hauteur d'une montagne.*

On prend dans la plaine, au pied de la montagne, une base BC qu'on mesure; on mesure aussi, avec le graphomètre, les angles C et ABC. Pour mesurer ces angles, la ligne de foi doit être sur BC et le limbe incliné, de manière que son plan soit dans celui du triangle BAC. On construit un triangle semblable à ABC, ce qui permet de calculer AB ou l'hypoténuse du triangle rectangle ABD (car on suppose que AD est une verticale et BD une horizontale). On mesure l'angle ABD en mettant le limbe vertical, l'alidade fixe horizontale et l'alidade mobile dans la direction BA. Connaissant dans le triangle rectangle ABD le côté AB et l'angle ABD, on peut construire un triangle semblable et par conséquent trouver AD ou l'élévation du point A au-dessus du point D. Pour avoir la hauteur

Fig. 57.

de la montagne au-dessus du sol où se trouve BC, on ajoute à AD la hauteur de l'instrument.

PROBLÈME

109. *Trouver le rayon d'une tour ou d'un bassin circulaire inaccessible.*

USAGE DE L'ÉQUERRE. On choisit un point B, on mène un rayon visuel BD tangent à la tour; sans déranger l'équerre, on jalonne la direction BA perpendiculaire à BD, puis on cherche sur AB un point A tel que la perpendiculaire AC élevée en ce point, sur AB, soit tangente à la tour. La ligne AB sera égale au rayon de la tour, c'est évident.

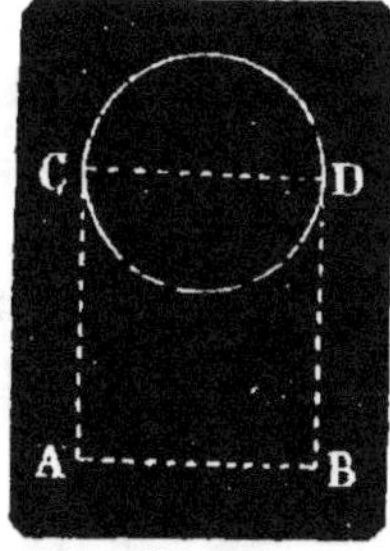

Fig. 58.

USAGE DU GRAPHOMÈTRE. On mesure exactement sur le terrain une base AB. On mène du point A deux rayons visuels AC, AD tangents à la circonférence de la tour; la bissectrice de cet angle passe par le centre O (199 C. REM.). On opère de même au point B, la bissectrice de l'angle EBF passe aussi au point O. On mesure les angles OAB, OBA et OBF; on construit un

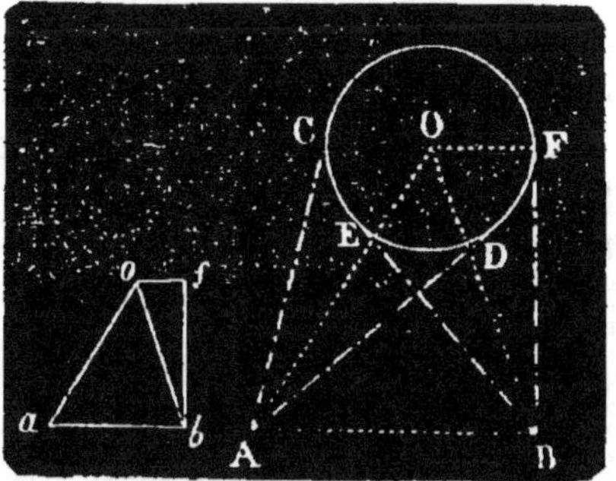

Fig. 59.

triangle *oab* semblable à OAB; au point *b* on fait un angle *obf* égal à OBF, enfin du point o on abaisse sur bf la perpendiculaire of, laquelle représente le rayon de la tour réduit à l'échelle adoptée.

PROBLÈME

110. *Par trois points A, B, C donnés sur le terrain, faire passer une circonférence lorsqu'on ne peut approcher du centre.*

On installe un graphomètre en A et on dirige l'alidade fixe sur B, ensuite on fait tourner l'alidade mobile de 10°, 20°, 30°... jusqu'à ce qu'elle soit revenue dans la direction AB, et l'on indique par des jalons les alignements AB′, AB′... Cela fait, on transporte le graphomètre au point C et l'on dirige l'alidade fixe sur B, puis on fait tourner l'alidade mobile de 10°, 20°, 30°... Ces alignements rencontrent les premiers en des points B′, B′, B′...

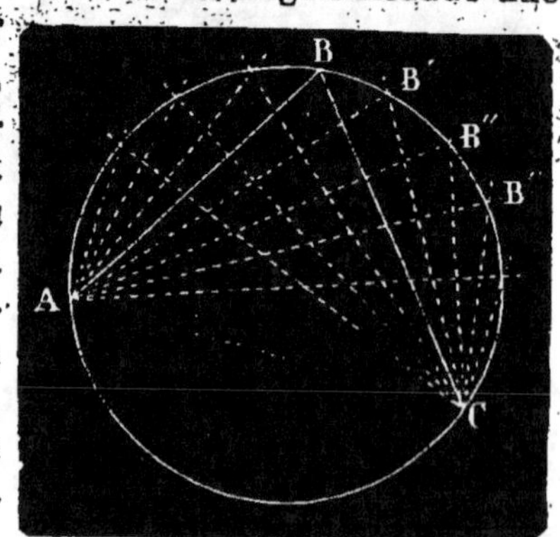

Fig. 60.

qui appartiennent à la circonférence qui doit passer par les points A, B, C.

En effet, montrons qu'un point quelconque B′ appartient à cette circonférence. On a

$$B'AC = BAC - 10°,$$
$$ACB' = ACB + 10°;$$

d'où
$$B'AC + ACB' = BAC + ACB.$$

Ainsi, dans le triangle B′AC, les deux angles à la base sont égaux aux deux angles à la base du triangle BAC, donc l'angle B = l'angle B′, donc le point B′ est sur le segment capable de l'angle B décrit sur AC, ou sur la circonférence qui passe par les trois points donnés.

PROBLÈME

111. *Trois points A, B, C d'un terrain étant rapportés en a, b, c sur un plan, déterminer sur ce plan un point d d'ou les distances AB, BC ont été vues sous des angles m, n qu'on a mesurés.*

On décrira sur *ab* un segment capable de l'angle *m*, et sur *bc* un segment capable de l'angle *n*; le point *d* d'intersection de ces arcs représente évidemment le point D du terrain.

Remarque. Le point D peut être un écueil rencontré en mer et les points A, B, C trois points du rivage; le point *d* sur la carte représentera donc la position de l'écueil.

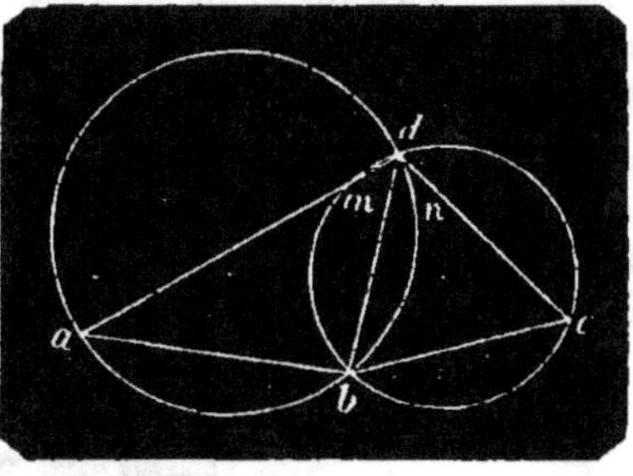

Fig. 61.

ARPENTAGE

112. L'*arpentage* a pour objet d'évaluer la superficie des terrains. On s'appuie pour cela sur les principes que nous avons développés au livre IV. D'ailleurs, d'après ce qui a été dit dans ce livre, il suffit, pour être dans la possibilité de trouver les aires des terrains, de savoir tracer des bases ainsi que des perpendiculaires et de savoir mesurer ces lignes; or, nous avons appris à faire ces opérations dans le levé des plans.

113. Lorsqu'on veut arpenter un terrain, on fait un croquis sur lequel on inscrit, comme nous l'avons indiqué (54), les longueurs mesurées sur le terrain.

114. Lorsqu'un terrain n'est pas horizontal, sa contenance est toujours considérée comme étant l'aire de sa projection horizontale.

Cette manière de chercher la superficie d'un terrain est quelquefois désignée sous le nom de *méthode de cultellation*[1].

115. Nous avons étudié dans le Cours les principes d'après lesquels on évalue la surface d'un terrain ayant la forme d'un polygone quelconque. Ajoutons ici quelques exemples pour bien faire comprendre à l'arpenteur la marche qu'il aura à suivre dans les différents cas qui peuvent se présenter.

PROBLÈME

116. *Trouver la surface d'un polygone rectiligne ou curviligne.*

---

1. Du latin *cultellare*, niveler.

On peut employer les méthodes que nous avons fait connaître nº 294 ou celle-ci : On mène une base sur laquelle on abaisse des perpendiculaires ou *ordonnées* (648 C.) de tous es sommets du polygone ; on choisit sur cette base un point O qui laisse du même côté toutes les ordonnées, on considère le point O comme l'origine des *abscisses*. Ainsi, BB', CC', DD'... sont des ordonnées et OA, OB', OI'... sont des abscisses.

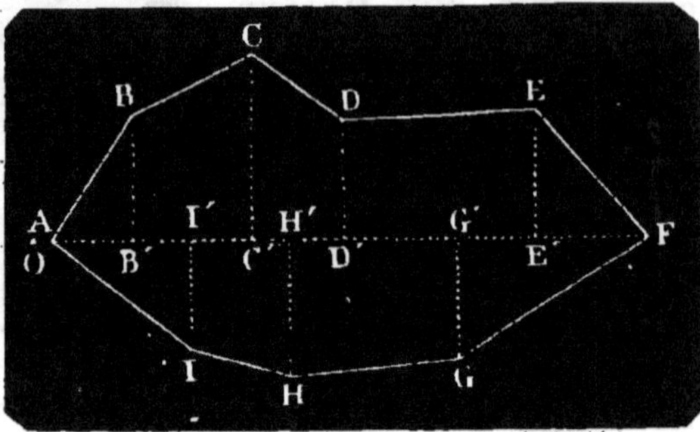

Fig. 62.

L'arpenteur mesure les ordonnées et les abscisses. Les longueurs trouvées s'inscrivent dans un tableau comme celui qui suit.

SOMMETS.	ABSCISSES.	ORDONNÉES.
	mètres.	mètres.
A	3	0
B	16	19
I	24	17
C	35	29
H	40	22
D	49	18
G	68	19
E	80	20
F	98	0

Ce tableau contient toutes les données nécessaires pour tenir l'aire du polygone ABCD... car :

$$\text{Triangle } ABB' = AB' \times \frac{BB'}{2} = (OB' - OA) \times \frac{BB'}{2} = (16 - 3) \times$$
$$= 123^{m.q.},50,$$

$$\text{Triangle } AI'I = AI' \times \frac{II'}{2} = (OI' - OA) \times \frac{II'}{2} = (24 - 3) \times \frac{17}{2}$$
$$= 178^{m.q.},50.$$

$$\text{Trapèze } B'BCC' = \frac{BB' + CC'}{2} \times B'C' = \frac{BB' + CC'}{2} \times (OC' - OB')$$

$$= \frac{19 + 29}{2} \times (35 - 16) = 456 \text{ mètres carrés:}$$

$$\text{Trapèze } I'IHH' = \frac{II' + HH'}{2} \times I'H' = \frac{II' + HH'}{2} \times (OH' - OI')$$

$$= \frac{17 + 22}{2} \times (40 - 24) = 312 \text{ mètres carrés.}$$

On opérerait de même pour les autres trapèzes et les autres triangles, il est d'ailleurs évident que la somme de ces aires partielles sera égale à l'aire totale.

117. *Quelquefois des surfaces doivent être retranchées.*

Il est visible que la surface du polygone $ABCD = a + b + c + D'DEE' + H'HGG' + d + e - t - t'$

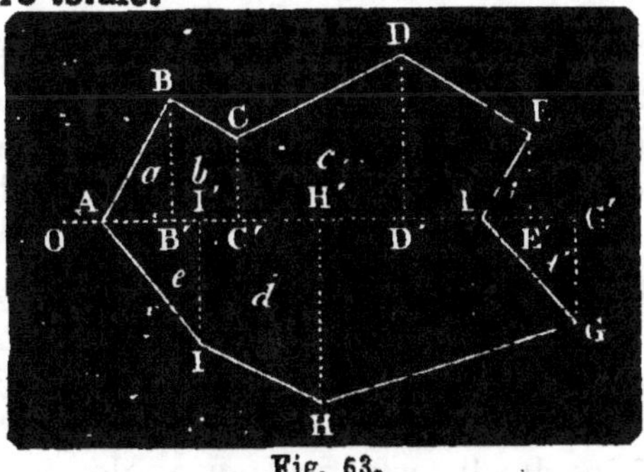

Fig. 63.

118. La base se trace aussi en dehors du terrain dont on veut avoir la superficie.

Par exemple, pour trouver la surface des trois parcelles représentées par la figure 64, on abaissera sur la base XY des ordonnées de tous les points A, B, C, D... qui limitent les parcelles, et des points E, F, G, H... assez rapprochés pour que les lignes DE, EF, FG... puissent être considérées comme des lignes droites.

En mesurant les abscisses OA', OB', OC'... et les ordonnées AA', BB', CC'... et en notant les distances Bb, Cc, cc'... on aura tou-

Fig. 64.

tes les données nécessaires pour trouver la surface totale des trois parcelles et la surface de chacune d'elles.

S'il s'agit seulement de trouver la surface totale, on fera la somme des surfaces A′ABB′, B′BCC′, C′CDD′... et de cette somme on retranchera les surfaces extérieures A′A*b*B′, B′*bc*′C′, C′*c*′*d*′D′... Si l'on a besoin de connaître la surface de chaque parcelle, on la trouvera avec la même facilité, car si du trapèze A′ABB′ on retranche A′A*b*B′, la surface restante sera à la première parcelle ; si du trapèze B′BcC′ on retranche B′*bc*′C′, la surface restante sera encore à la première parcelle, et si du trapèze total B′BCC′ on retranche le trapèze B′BcC′, le reste sera à la deuxième parcelle.

En continuant ainsi, on voit comment on déterminerait la surface de chaque parcelle.

119. Remarque. Au lieu du tableau qui a rapport à la figure 62, on pourrait en former un autre en appliquant la dernière formule du n° 294.

Ce tableau demanderait un peu moins de travail que le précédent, mais comme il a besoin d'être modifié lorsque la base change de position, nous ne recommandons pas trop cette manière d'opérer. Cependant nous avertissons le lecteur qui voudrait la suivre qu'il peut sans difficulté trouver les modifications à apporter lorsque la base change de position ; il aura à faire des transformations analogues à celles du n° 294.

120. Lorsque le terrain a une grande étendue, on trace plusieurs bases AB, CD qui permettent d'avoir des perpendiculaires ni trop longues ni trop difficiles à mesurer. On a d'ailleurs toujours à calculer la surface de triangles rectangle et de trapèzes.

121. Si le terrain est à contour sinueux, on peut le diviser également en triangles et en trapèzes, ou employer la méthode de *compensation* (la figure indique la marche à suivre). La première méthode

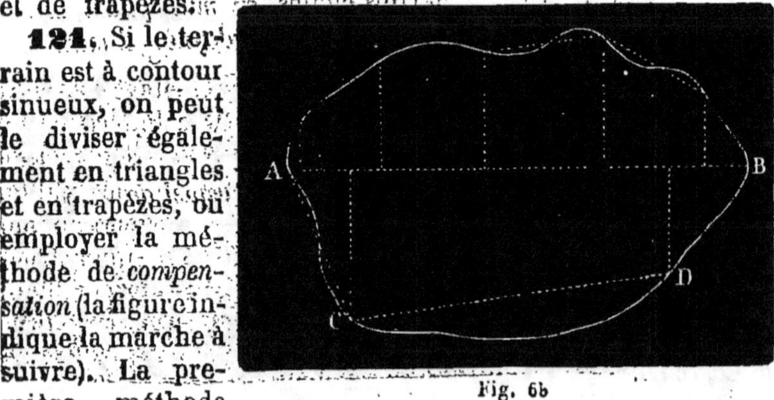

Fig. 6b

donne des résultats plus exacts que la seconde, mais elle est plus longue.

122. Lorsque la courbe est à peu près régulière, on divise la base en parties égales et aux points de division on élève des perpendiculaires jusqu'à la courbe. Si la distance entre les perpendiculaires est assez rapprochée, les arcs de la courbe pourront être considérés sans grande erreur comme des lignes droites.

Supposons qu'il s'agisse d'évaluer la surface de la figure A'AHH'. Représentons les ordonnées AA', BB', CC'... GG', HH' par y_1, y_2, y_3... y_{n-1}, y_n, et les distances égales à A'B', B'C'... ou la hauteur commune des

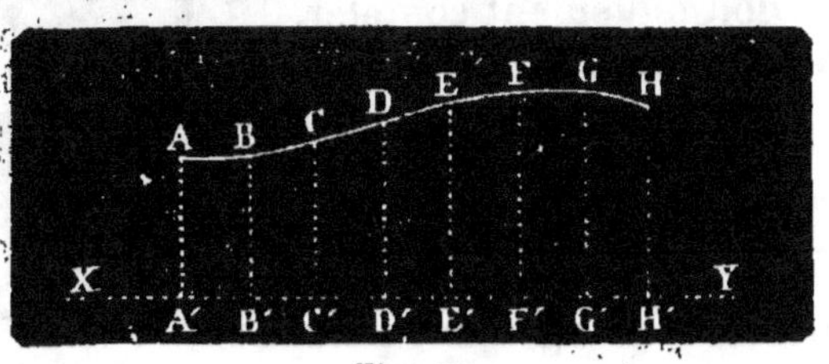

Fig. 66.

trapèzes par h, nous aurons pour la surface totale de la figure

$$\tfrac{1}{2}h\,(y_1+y_2)+\tfrac{1}{2}h\,(y_2+y_3)+\tfrac{1}{2}h\,(y_3+y_4)\ldots\tfrac{1}{2}h\,(y_{n-1}+y_n)$$
$$=\tfrac{1}{2}h\,(y_1+y_2+y_2+y_3+y_3+y_4+y_4\ldots+y_{n-1}+y_{n-1}+y_n).$$

Toutes les ordonnées, excepté y_1 et y_n, ou la première et la dernière, se trouvent répétées deux fois dans cette formule ; elle est donc égale à

$$\tfrac{1}{2}h\,[2\,(y_1+y_2+y_3+y_4\ldots y_n)-(y_1+y_n)].$$

Si l'on désigne par Y la somme des ordonnées, la formule précédente devient

$$h\times\left(\mathrm{Y}-\frac{y_1+y_n}{2}\right).$$

Ainsi, pour une figure telle que A'AHH', *on obtient l'aire, lorsqu'on divise la base en parties égales, en multipliant une division de la base par la somme de toutes les ordonnées diminuée de la demi-somme des deux ordonnées extrêmes.*

PROBLÈME

123. *Trouver la superficie d'un terrain dans lequel on ne peut pénétrer.*

Une propriété est un étang, un marais, un bois, elle contient une récolte sur pied ; comment évaluer la surface de cette propriété ? Il suffit de l'entourer d'un polygone régulier (*fig.* 30), de calculer la surface de ce polygone et d'en retrancher les surfaces qui n'appartiennent pas à la propriété dont on cherche la contenance.

La figure montre les triangles et les trapèzes à retrancher.

124. Remarque I. Lorsqu'une figure est décomposée en tra-pèzes, quelques personnes font la somme des bases, prennent la moyenne et multiplient cette moyenne par la somme des distances des bases. Cette manière d'opérer donne des résultats sur lesquels on ne doit nullement compter. Nous allons le montrer par un exemple.

Surface ABCD n'égale pas

$$\frac{AB+EF+DC}{3}\times MN,$$ car le moindre changement amené dans la position de EF en amènerait un aussi dans la surface ; ainsi, il est bien évident que le premier résultat n'est pas égal à celui-ci :

$$\frac{AB+GH+DC}{3}\times MN;$$ on ne peut donc compter ni sur l'un ni sur l'autre.

Fig. 67.

125. Remarque II. Lorsqu'une figure ne permet pas de se servir de l'équerre, ou qu'on n'a pas cet instrument à sa disposition, on la décompose en triangles et on cherche la superficie de chacun d'eux au moyen des trois côtés (327 C.).

126. Remarque III. Dans le cas où l'on possède le plan d'un terrain, il est évident que pour trouver la superficie de celui-ci, on peut se servir du plan.

PARTAGE DES TERRAINS

127. Il nous est impossible de prévoir tous les cas qui peuvent se présenter dans le partage des propriétés ; mais nous nous étendrons assez sur cette question pour guider en toute circonstance l'opérateur intelligent.

128. Le partage peut être effectué sur le terrain même, ou au cabinet, à l'aide d'un plan. Nous supposerons d'abord qu'on opère sur le terrain.

PROBLÈME

129. *Diviser une droite AB en parties égales*; par exemple, en six parties.

On mesure la droite AB. On divise la longueur trouvée par
6. Ensuite, à partir de A[1], on
porte sur AB, successivement,
six longueurs égales à celle trou-
vée pour le sixième. On marque
par un signe quelconque, ordi-
nairement par un piquet, l'extrémité de chaque longueur.

Fig. 68.

Exemple. AB$=$120 mètres. La longueur d'une partie sera
égale à $\dfrac{120}{6}=$ 20 mètres. A partir de A, on porte avec la chaîne
successivement six longueurs égales à 20 mètres.

PROBLÈME

130. *Partager une droite AB en parties proportionnelles à des
nombres donnés.*

On mesure la droite AB. On divise la longueur trouvée pro-
portionnellement aux nombres donnés. Ensuite, à partir de A,
on porte sur AB, successivement et dans l'ordre indiqué, les
longueurs trouvées. On marque par un signe quelconque
l'extrémité de chaque longueur.

Exemple. AB$=$120 mètres. On veut partager cette ligne pro-
portionnellement aux nombres 2, 3, 5.

$$2+3+5=10.$$

$$1^{re}\ \text{partie}=\frac{120\times 2}{10}=24\ \text{mètres}$$

$$2^{e}\ \text{partie}=\frac{120\times 3}{10}=36\ \text{mètres.}$$

$$3^{e}\ \text{partie}=\frac{120\times 5}{10}=60\ \text{mètres.}$$

PROBLÈME

131. *Un triangle a 41 mètres de hauteur et 9 ares 84 centiares
de surface : on demande sa base.*

La surface d'un triangle peut s'obtenir en multipliant sa
base par la moitié de sa hauteur. Désignant par B la base du
triangle dont il s'agit, on a

$$\frac{41}{2}\times B=9\ \text{ares 84 centiares,}$$

1. Ou à partir de B.

ou $\qquad 20,5 \times B = 9$ ares 84 centiares;

d'où $\qquad B = \dfrac{984}{20,5} = 48$ mètres.

Cet exemple fait connaître que, pour trouver la base d'un triangle, lorsqu'on connaît sa surface et sa hauteur, il faut diviser sa surface par la moitié de sa hauteur. *Ce problème est d'un fréquent usage dans le partage des terres.*

132. Remarque. En représentant d'une manière générale par T la surface d'un triangle, par B sa base et par H sa hauteur, on a

$$(1) \quad \frac{BH}{2} = T.$$

Lorsqu'on connaît la surface d'un triangle et l'une de ses dimensions, il est toujours facile d'avoir l'autre, car l'égalité (1) donne

$$(2) \quad B = \frac{2T}{H}, \quad \text{et} \quad (3) \quad H = \frac{2T}{B}.$$

Les égalités (2) et (3) prouvent qu'en divisant le double de la surface d'un triangle par l'une de ses dimensions, on a l'autre.

PROBLÈME

133. *Partager un triangle en un certain nombre de parties équivalentes, par des droites partant d'un des sommets.*

Soit le triangle ABC à diviser en quatre parties équivalentes, par des droites partant du sommet B. On divisera la base AC en 4 parties égales, et l'on joindra les points de division au sommet B. Les triangles ainsi formés, ayant des bases égales et même hauteur BH, sont équivalents.

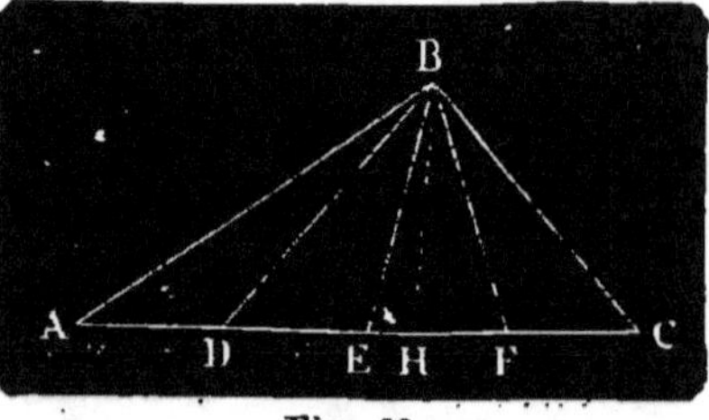

Fig. 69.

Remarque. Quels que soient l'angle donné et le nombre de parties demandées, on résout la question en suivant une marche analogue à celle que nous avons suivie.

PROBLÈME

134. *Diviser un triangle en parties proportionnelles à des nombres donnés par des droites partant d'un des sommets.*

Soit à partager le triangle AB en trois parties proportion-
nelles aux nombres 15, 19, 25,
par des droites partant de l'an-
gle B. On divisera la base AC
en parties proportionnelles aux
nombres 15, 19, 25 (130), et l'on
joindra les points de division au
sommet B. Les triangles ainsi
formés, ayant même hauteur

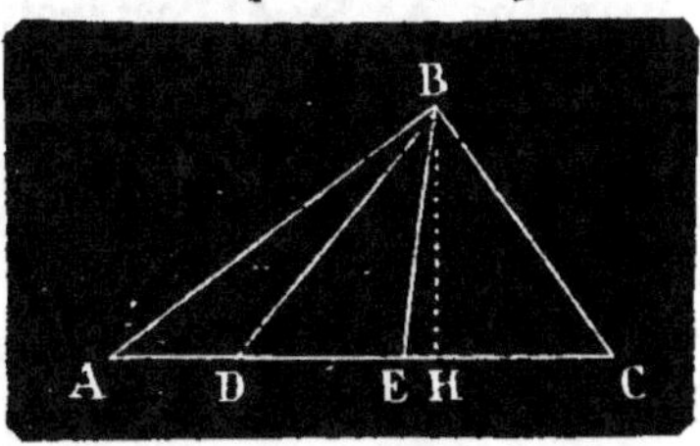

Fig. 70.

BH, sont entre eux comme leurs bases, ou comme les nom-
bres 15, 19, 25.

PROBLÈME

135. *Le triangle ABC a 60 ares de surface : on demande de
le partager par des droites partant du sommet B, entre trois per-
sonnes, de manière que la 1re ait 17 ares, la 2e 21, et la 3e 22.*

On divisera AC en parties proportionnelles aux nombres 17,
21, 22, on joindra les points de division au sommet B, et le
partage sera effectué. En effet, ces triangles ayant même hau-
teur, leurs surfaces sont dans le même rapport que leurs bases.

PROBLÈME

136. *Partager un triangle ABC en trois parties équivalentes,
de manière que chacune d'elles vienne aboutir à un point D situé
sur l'un des côtés.*

On cherchera d'abord la surface du triangle ABC, on divi-
sera cette surface par 3, et le quotient exprimera la valeur de
chaque partie.

Si l'on suppose que ABC = 25 ares 86, chaque partie = $\dfrac{25,86}{3}$

= 8 ares 62. On obtien-
dra la 1re partie en dé-
tachant du triangle to-
tal un triangle ayant
son sommet au point
D et sa base sur AC.
Comme la surface de
ce triangle doit être de
8 ares 62, pour trouver
sa base, nous divise-

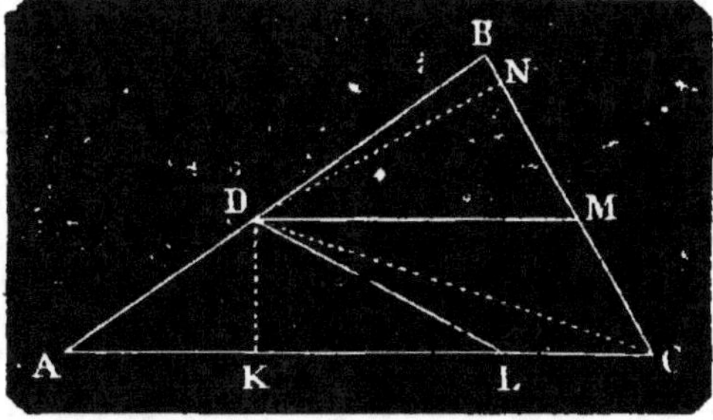

Fig. 71.

rons 8 ares 62 par la moitié de la perpendiculaire DK (132) : le quotient fera connaître la longueur à prendre sur AC, à partir du point A. Si AL est cette longueur, la 1re partie sera égale au triangle ADL.

Pour avoir la 2e partie, on joindra les points D et C, puis on cherchera la surface du triangle LDC. Si nous supposons que ce triangle a 3 ares, il manque à la 2e partie 5 ares 62 : on ajoutera cette surface en un triangle dont la hauteur sera DN et la base à prendre sur CB, à partir de C. Pour trouver la longueur de cette base, on divisera 5 ares 62 par la moitié de DN. Si CM est cette longueur, la 2e partie sera égale au quadrilatère LDMC.

Le triangle DBM formera la 3e partie.

137. Remarque I. Après avoir obtenu la 1re partie, on aurait pu détacher de la surface restante le triangle DBM en divisant 8 ares 62 par la moitié de la perpendiculaire DN, le quotient aurait fait connaître la longueur à prendre sur BC, à partir de B. Mais la méthode que nous avons employée a l'avantage de montrer dès à présent que, si une surface obtenue par une ligne de division est trop grande ou trop petite, pour avoir la véritable, il suffit de lui ajouter ou retrancher un triangle.

138. Remarque II. Si l'on avait demandé de partager le triangle ABC en deux parties par une droite partant du point D, on aurait divisé la surface du triangle donné par la perpendiculaire DN, le quotient aurait fait connaître la longueur à prendre sur BC, à partir du point B. En joignant le point D à l'extrémité de cette longueur, on aurait eu la division demandée.

PROBLÈME

139. *On demande de partager le triangle ABC entre 4 personnes, de manière que chaque portion vienne aboutir à un puits P situé à l'intérieur du triangle.*

En supposant que la surface du triangle ABC soit de 45 ares 80, la surface d'une portion sera égale à $\dfrac{45,80}{4} = 11$ ares 45.

On obtiendra la 1re partie en détachant du triangle total un triangle ayant son sommet au point P et sa base sur AC. Comme la surface de ce triangle doit être 11 ares 45, pour trouver sa base, nous diviserons 11 ares 45 par la moitié de la perpendiculaire PH (132); le quotient fera connaître la longueur à prendre sur AC, à partir du point A. Si AK est cette longueur, la 1re portion se composera du triangle APK.

La 2ᵉ portion sera déterminée en portant de K en C une longueur égale à AK, car en joignant le point de division au point P, on formera un triangle équivalent au triangle APK comme ayant une base égale et même hauteur PH. Mais si l'on a KC<AK, la surface KPC est trop petite pour la seconde portion. Si nous supposons que ce triangle a 6 ares 20, il manque à la 2ᵉ portion 5 ares 25. On ajoutera cette surface en

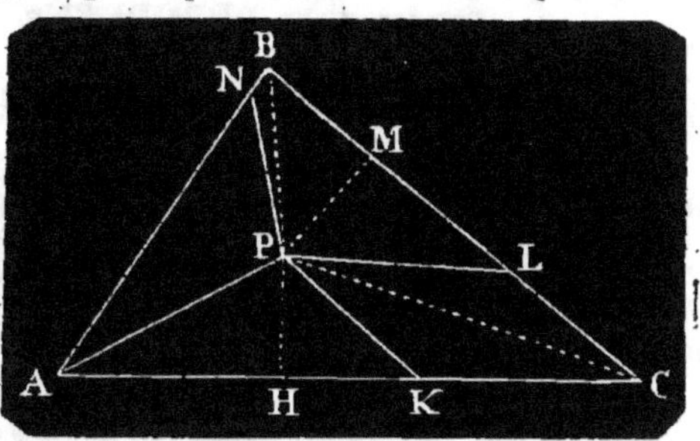

Fig. 72.

un triangle dont la hauteur sera PM et la base à prendre sur CB, à partir de C; pour trouver la longueur de cette base, on divisera 5 ares 25 par la moitié de PM. Si CL est cette base, la 2ᵉ portion sera formée du quadrilatère KPLC.

Pour obtenir la 3ᵉ portion, nous diviserons 11 ares 45 par la moitié de PM, le quotient indiquera la longueur à prendre sur LB, à partir de L; dans le cas où cette longueur serait plus grande que LB, le triangle PBL serait trop petit pour la 3ᵉ portion, on l'augmenterait alors d'un triangle, comme nous l'avons fait pour la 2ᵉ portion. Si PNB est ce triangle, le quadrilatère PNBL formera la 3ᵉ portion.

La 4ᵉ se composera du triangle APN.

140. REMARQUE I. Le partage se fait en suivant une méthode analogue, dans le cas où les portions ne sont pas égales : supposons, par exemple, que la 1ʳᵉ personne doive avoir 10 ares 20, la 2ᵉ 12 ares, la 3ᵉ 13 ares 50, et la 4ᵉ 10 ares 10. Pour obtenir la 1ʳᵉ portion, on détachera du triangle total un triangle ayant son sommet au point P et sa base sur AC; comme la surface de ce triangle est de 10 ares 20, pour trouver sa base, on divisera 10 ares 20 par la moitié de la perpendiculaire PM; le quotient fera connaître la longueur à prendre sur AC, à partir du point A; en joignant l'extrémité de cette longueur au point P et le point A au même point P, on aura la 1ʳᵉ portion. Il n'y aura pas plus de difficultés pour obtenir les trois autres portions qu'au n° 139.

141. REMARQUE II. Si le partage avait dû être effectué en parties proportionnelles à des nombres donnés, on commencerait par partager 45 ares 80 proportionnellement à ces nombres, puis on opérerait comme nous l'avons indiqué (REMARQUE précédente).

PRÓBLÈME

142. *Partager un terrain rectangulaire ABCD en parties égales.*

Supposons qu'il s'agisse de diviser le rectangle ABCD en 4 parties égales. On divisera la base en 4 parties égales, et par les points de division on mènera des perpendiculaires à AB, et le partage sera effectué, car ces perpendiculaires 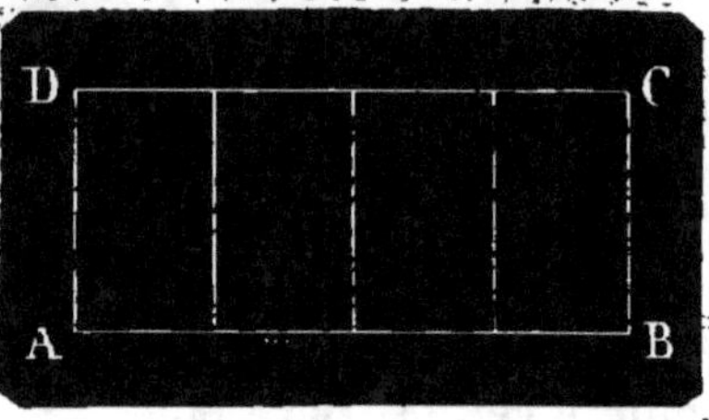

Fig. 73.

déterminerent des rectangles ayant des bases et des hauteurs égales.

REMARQUE I. Il est évident qu'au lieu de diviser AB on aurait pu diviser AD.

REMARQUE II. Si l'on avait dû diviser le rectangle en parties qui aient entre elles un rapport donné, il aurait suffi de diviser AB en parties qui fussent entre elles dans le rapport donné et d'élever des perpendiculaires par les points de division, car les rectangles ainsi obtenus ayant une dimension égale sont entre eux dans le rapport de leur autre dimension, c'est-à-dire dans le rapport donné.

REMARQUE III. On partage de même un carré en parties égales ou en parties proportionnelles.

PRÓBLÈME

143. *Diviser un trapèze en parties équivalentes, ou en parties qui aient entre elles un rapport donné.*

On divise les bases en parties égales, ou en parties proportionnelles aux nombres donnés. En joignant deux à deux les points de division, on a des trapèzes équivalents ou qui, ayant même hauteur, sont entre eux comme leurs bases, par conséquent comme les nombres donnés. 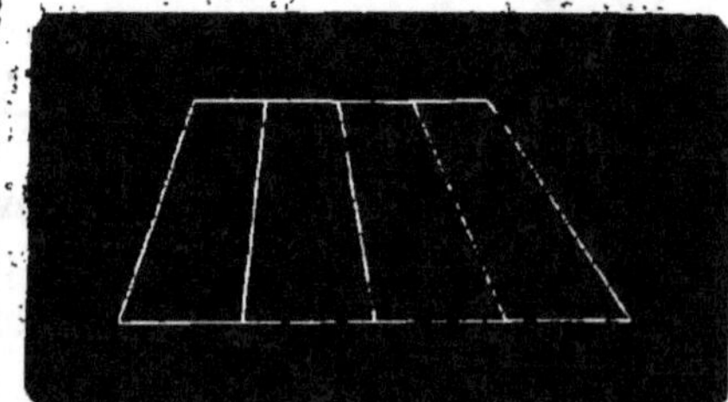

Fig. 74.

PROBLÈME

144. *Partager un terrain ABCDE en 4 parties équivalentes.*

Les parties doivent aboutir à un même point O. Ce point peut être une maison, un puits, un passage, etc.

1° *Le point O est sur l'un des côtés de la figure.*

On évalue d'abord la surface du terrain, soit 50 ares 20 centiares cette surface. Chaque partageant doit avoir $\dfrac{50,20}{4}$ =12 ares 55 centiares=1255 mètres carrés.

Pour déterminer la 1re portion, commençons par chercher la superficie du triangle AOE. Si l'on suppose que ce triangle a 1060 mètres carrés, il manque à la 1re portion 1255 — 1060 = 195 mètres carrés : on ajoutera cette surface en un triangle dont la hauteur sera OH et la base à prendre sur ED à partir de E. Pour trouver la longueur de cette base, on divisera 195 mètres carrés par la moitié de OH (132). Si EK est cette lon-

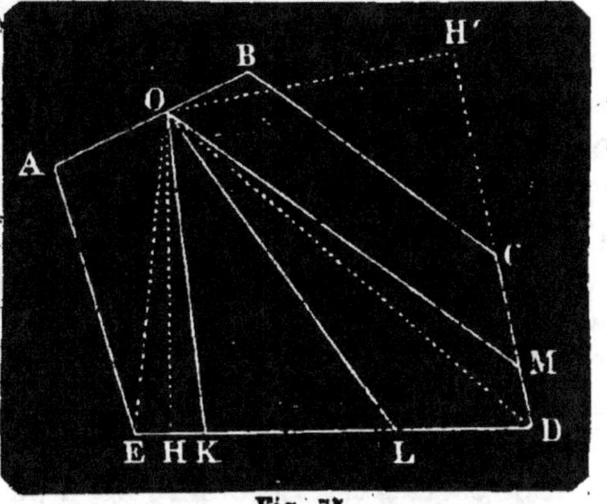

Fig. 75.

gueur, la première portion sera égale au quadrilatère EAOK. On obtiendra la 2e portion en détachant du polygone restant un triangle ayant son sommet au point O et sa base sur KD. Comme la surface de ce triangle doit être 1255 mètres carrés, pour trouver sa base, on divisera 1255 mètres carrés par la moitié de la perpendiculaire OH, le quotient fera connaître la longueur à prendre sur KD à partir du point K. Si KL est cette longueur, la 2e portion sera le triangle KOL. Pour déterminer la 3e portion, on évaluera déjà la surface du triangle LOD. Si l'on suppose l'aire de ce triangle égale à 1100 mètres carrés, il manque à la 3e portion 155 mètres carrés : on ajoutera cette surface en un triangle dont la hauteur sera OH', et la base à prendre sur DC à partir du point D. Pour trouver la longueur de cette base, on divisera 155 mètres carrés par la moitié de OH'. Si DM est cette longueur, la 3e portion sera égale au quadrilatère DLOM. La 4e portion sera évidemment le quadrilatère

MOBC. La mesure de cette dernière portion, qui devra égaler ou très-peu différer de 1255, servira de vérification au partage.

2° *Le point O donné est dans l'intérieur du terrain.*

Soit à partager le polygone ABC... en quatre parties équivalentes. Si l'on suppose la surface égale à 45 ares 80 centiares, la surface d'une portion sera $\frac{45,80}{4} = 11$ ares 45 = 1145 mètres carrés. On obtiendra la 1re partie en détachant de la figure totale un triangle ayant son sommet au point O et sa base sur AE. Comme la surface de ce triangle doit être 1145 mètres carrés, pour trouver sa base nous diviserons 1145 par la moitié de la perpendiculaire OH; le quotient fera connaître la longueur à prendre sur AE, à partir du point A (ou du point E); si AK est cette longueur, la 1re portion sera le triangle AOK.

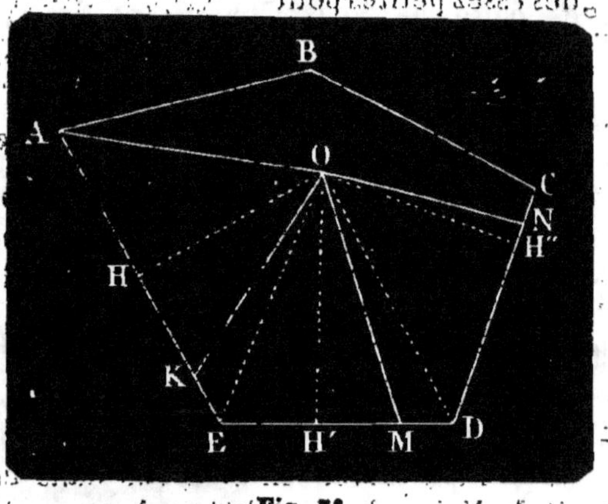

Fig. 76.

Pour déterminer la 2e portion, on évaluera déjà la surface du triangle KOE. Si l'on suppose l'aire de ce triangle égale à 245 mètres carrés, il manquera à la 2e portion 1145 — 245 = 900 mètres carrés; on ajoutera cette surface en un triangle dont la hauteur sera OH', et la base à prendre sur ED à partir du point E. Pour trouver la longueur de cette base, on divisera 900 mètres carrés par la moitié de OH'; si EM est cette longueur, la 2e portion aura le quadrilatère KOME.

La 3e portion se déterminera comme la 2e. Elle aura déjà le triangle MOD. On lui donnera ce qui lui manque en un triangle dont la hauteur sera OH", et la base sur DC à partir du point D. Si DN est cette base, le quadrilatère MOND sera la 3e portion. La 4e aura la figure ABCNO.

REMARQUE I. Si le partage devait être fait en parties proportionnelles à des nombres donnés, on n'éprouverait aucune difficulté, en se reportant à ce que nous avons dit n° 140.

REMARQUE II. Lorsque le contour du terrain n'est pas rectiligne, le partage se fait avec la même facilité. On calcule d'abord la surface d'un triangle AOB ; si cette surface ne suffit pas, on y ajoute, comme il vient d'être indiqué, un petit triangle AKO. Pour opérer plus promptement, on déterminera les autres portions en allant de B en D. Si d'ailleurs il est nécessaire, on décompose la courbe en lignes assez petites pour qu'on puisse les considérer comme des droites.

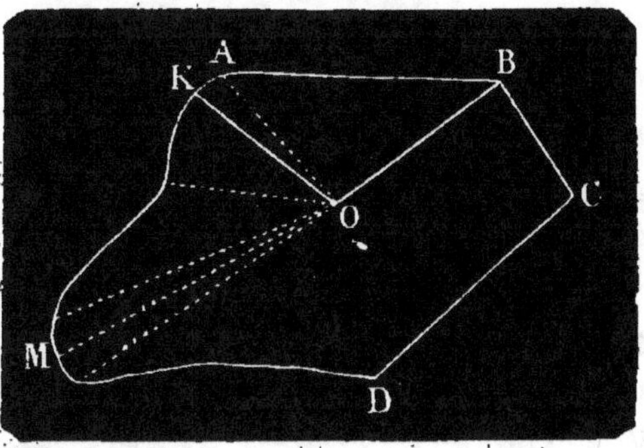

Fig. 77.

Si on devait détacher du côté de M une portion de grandeur donnée, la difficulté ne serait pas plus grande ; on ajouterait de petits triangles les uns aux autres en procédant comme au n° 139, jusqu'à ce qu'on ait obtenu la surface demandée.

PROBLÈME

145. *Deux sources m et n sont dans une prairie ABCDE ; il s'agit de diviser la propriété en deux parties équivalentes ou proportionnelles à des nombres donnés, et de manière que la ligne de partage passe par les points m et n.*

On cherche la surface du terrain ABCDE. Ensuite on mène une ligne brisée quelconque KmnL, passant par les points m et n. On calcule l'aire de la figure KmnLCDE ; si cette surface est trop petite, on l'augmente d'un triangle ayant son sommet en m, mH pour hauteur et sa base sur KA. Au lieu d'augmenter la surface KmnLCDE d'un seul triangle, on pourrait l'augmenter de deux dont la somme des aires serait égale à l'aire qui manque. Les sommets de ces triangles seraient aux points m et n.

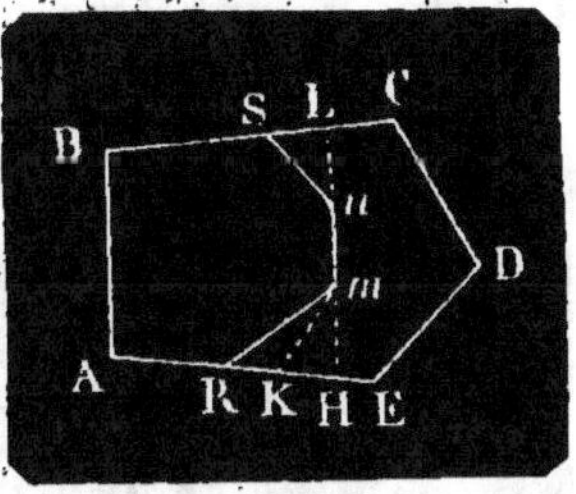

Fig. 78.

PROBLÈME

146. *Connaissant l'aire d'un rectangle et l'une de ses dimensions, trouver l'autre.*

Il suffit de diviser l'aire par la dimension connue pour avoir l'autre, puisque l'aire est égale au produit des deux dimensions.

PROBLÈME

147. *Le rectangle ABCD se compose des parcelles M et N. La parcelle M doit être augmentée de 3 ares : on demande la largeur à prendre dans la parcelle N.*

Il faut ajouter au rectangle M un petit rectangle ayant une surface de 3 ares, pour base EF et pour hauteur une longueur à prendre sur EB, à partir du point E. Pour trouver cette longueur, il suffit de diviser (146) 3 ares = 300 mètres carrés par EF. Si

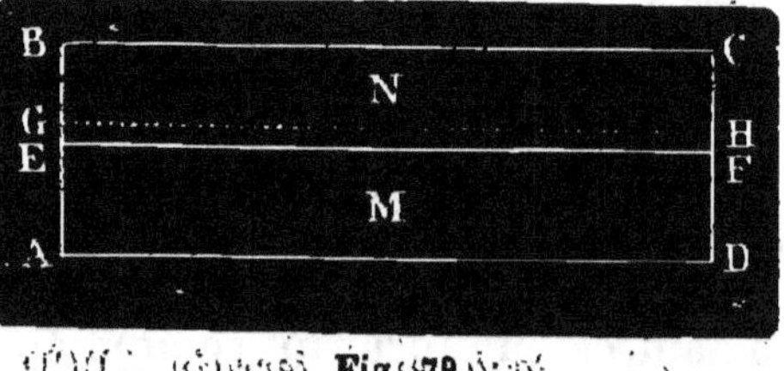

Fig. 79.

EG est cette longueur, on fera FH = EG, et les deux parcelles seront AGHD et GBCH.

PROBLÈME

148. *Deux propriétaires possèdent l'un, la parcelle M, et l'autre la parcelle N : l'aire des parcelles cherchée, il se trouve que le propriétaire de la parcelle M a anticipé, et qu'il possède 2 ares de trop : on demande de déterminer la ligne de séparation qui donne à chaque propriétaire ce qui lui revient.*

L'anticipation, que nous rendons très-apparente à dessein, est la somme d'un certain nombre de petits parallélogrammes *abcd, cdef,* dont les bases sont toutes égales à *ab.* La somme de leur hauteur n'est pas autre chose que PQ, puisque nous admettons que les limites AB, CD des propriétés sont perpendiculaires à PQ. Cette anticipation a

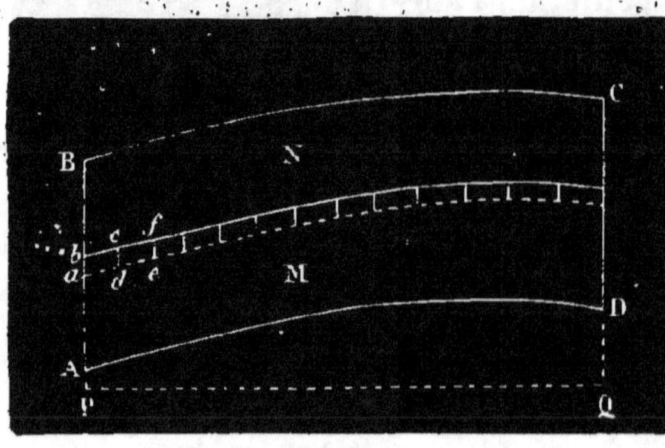

Fig. 26.

donc pour mesure PQ×*ab.* Or *ab* est la quantité dont il faut déplacer la ligne de séparation. Quant à sa valeur, nous voyons qu'elle s'obtiendra en divisant l'anticipation, savoir ici 2 ares = 200 mètres carrés, par PQ. Si nous supposons que PQ égale 160 mètres, nous aurons $ab = \dfrac{200}{160} = 1^m,25$.

Remarque I. Cette solution suppose que les lignes AB, CD perpendiculaires sur PQ sont parallèles ; s'il en est autrement et que CD, par exemple, soit oblique à PQ, on peut voir facilement qu'on ne commettra qu'une légère erreur en prenant pour diviseur non pas la longueur PQ, mais la distance du point P au pied de la perpendiculaire abaissée sur PQ *à peu près* du milieu du segment *xy* que l'anticipation détermine sur CD.

Remarque II. Après avoir rendu l'anticipation, il est bon de vérifier, en mesurant les parcelles, si chacune a ce qui lui revient.

PROBLÈME

149. *Partager le terrain* ABCD *en trois parties équivalentes.*

Supposons que les côtés AB et CD sont parallèles. On mènera dans l'intérieur de la figure ou en dehors une perpendiculaire AX à AB. Sur cette perpendiculaire on en élèvera d'autres GE, HF…. assez rapprochées pour que les lignes AI, IK… et les lignes BE, EF… puissent être regardées comme droites. Cela fait, on divisera AB, IE, KF… DC en trois parties égales, puis on joindra les points de division, et le partage demandé sera effectué. En effet, le trapèze ABEI est

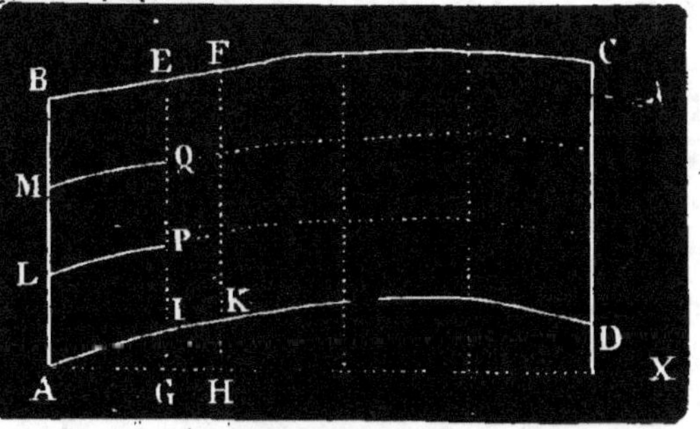

Fig. 81.

composé de trois trapèzes équivalents comme ayant des bases égales AL = LM = MB, IP = PQ = QE et même hauteur AG. Le trapèze IEFK est aussi divisé en trois parties équivalentes, il en est de même des autres trapèzes ; les trapèzes qui forment la figure ABCD étant divisés en trois parties équivalentes, la figure elle-même est divisée en trois parties équivalentes.

PROBLÈME

150. *Partager le terrain* ABCD *en trois parties équivalentes.*

AB et CD ne sont point parallèles; mais AB est une ligne droite. On mènera AM perpendiculairement à AB, et en un point *convenable* de cette droite on élèvera une perpendiculaire EF. Sur la figure ABFG on opérera comme dans l'exemple précédent; et, en se basant sur le n° 139, on partagera GFCD en trois parties

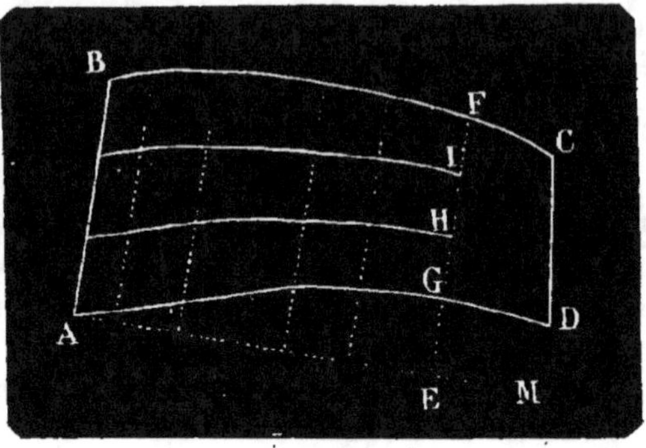

Fig. 82

équivalentes, de manière que les lignes de division aboutissent aux points I et H.

PROBLÈME

151. *Diviser le terrain ABCD en parties équivalentes.*

On mène une base MN sur laquelle on élève, en des points convenables, les perpendiculaires EF, GH. La partie IFHK se divise comme au n° 145, et les parties ABFI, KHCD comme la partie GFCD du numéro précédent.

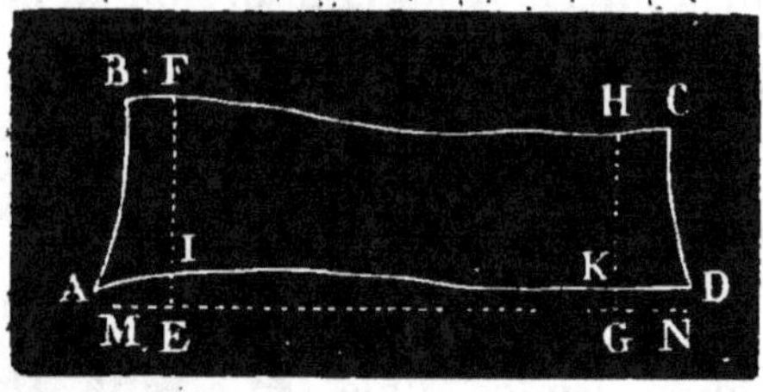

Fig. 83.

REMARQUE. Si, dans les exemples précédents, le partage devait être fait en parties proportionnelles, il n'y aurait pas plus de difficulté en se basant sur les numéros précédents.

152. PRINCIPES. 1° *Les figures semblables ont leurs côtés homologues proportionnels.*

2° *Le rapport des aires de deux triangles semblables est égal à celui des carrés des côtés homologues (214 et 318 C.).*

PROBLÈME

153. *Diviser un triangle BAC en 2 parties équivalentes par une parallèle au côté AC.*

Supposons que DE soit la parallèle demandée; le triangle

BDE est semblable à BAC et en est la moitié ; par conséquent $\dfrac{BDE}{BAC}=\dfrac{1}{2}$; d'un autre côté, $\dfrac{BDE}{BAC}=\dfrac{\overline{BD}^2}{\overline{BA}^2}$, donc $\dfrac{\overline{BD}^2}{\overline{BA}^2}=\dfrac{1}{2}$,

d'où $\overline{BD}^2=\tfrac{1}{2}\overline{BA}^2$; $BD=\dfrac{BA}{\sqrt{2}}=$

$\dfrac{BA\sqrt{2}}{\sqrt{2}\sqrt{2}}=\dfrac{BA\sqrt{2}}{2}$.

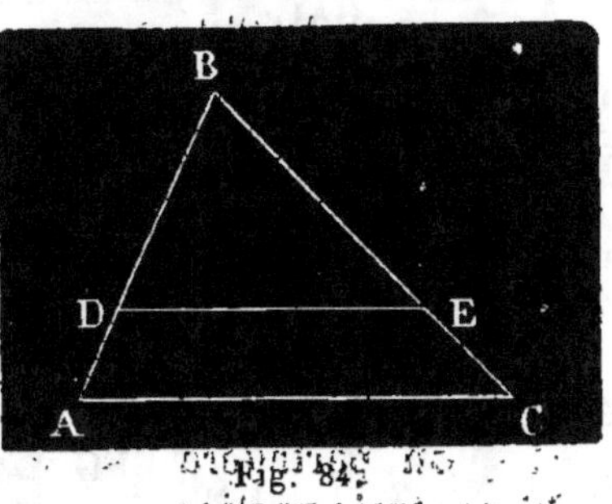

Pratique. On mesurera BA, puis on multipliera la moitié de la longueur trouvée par $\sqrt{2}$: le résultat exprimera la longueur BD, au point D on mènera DE parallèle à AC.

PROBLÈME

154. *Partager par une parallèle à AC un triangle ABC en deux parties proportionnelles aux nombres 8 et 9 (fig. 84).*

$8+9=17$. Le triangle ABC contient 17 parties et BDE 8 ; on a $\dfrac{BDE}{BAC}=\dfrac{8}{17}$ et $\dfrac{BDE}{BAC}=\dfrac{\overline{BD}^2}{\overline{BA}^2}$, d'où $\dfrac{\overline{BD}^2}{\overline{BA}^2}=\dfrac{8}{17}$, $BD=BA\sqrt{\dfrac{8}{17}}$.

Pratique. On mesurera BA, puis on multipliera la longueur trouvée par $\sqrt{\dfrac{8}{17}}$: le résultat exprimera la longueur BD, au point D on mènera DE parallèle à AC.

PROBLÈME

155. *Un triangle ABC (fig. 84) a une surface de 50 ares 75 : on demande de le diviser par une parallèle à AC en deux parties, dont l'une ait 22 ares 60 et l'autre 28 ares 15.*

Il est évident qu'il suffit d'effectuer le partage proportionnellement aux nombres 22,60 et 28,15, problème précédent.

PROBLÈME

156. *Diviser un triangle ABC en 5 parties équivalentes par des parallèles au côté AC.*

Supposons que DE, FG... soient les parallèles demandées.

1° Le triangle BDE est semblable à BAC et en est le $\frac{1}{5}$, par conséquent $\dfrac{BDE}{BAC}=\dfrac{1}{5}$; d'un autre côté $\dfrac{BDE}{BAC}=\dfrac{\overline{BD}^2}{\overline{BA}^2}$, donc on a

$$\dfrac{\overline{BD}^2}{\overline{BA}^2}=\dfrac{1}{5}; \text{ d'où } \overline{BD}^2=\tfrac{1}{5}\overline{BA}^2,$$

$$BD=BA\sqrt{\dfrac{1}{5}}.$$

2° Le triangle BFG est semblable à BAC et en est les $\frac{2}{5}$; par conséquent $\dfrac{BFG}{BAC}=\dfrac{2}{5}$; d'un autre côté $\dfrac{BFG}{BAC}=\dfrac{\overline{BF}^2}{\overline{BA}^2}$, donc $\dfrac{\overline{BF}^2}{\overline{BA}^2}=\dfrac{2}{5}$; d'où $\overline{BF}^2=\tfrac{2}{5}\overline{BA}^2$, $BF=BA\sqrt{\dfrac{2}{5}}$. On trouverait de même BH et BK.

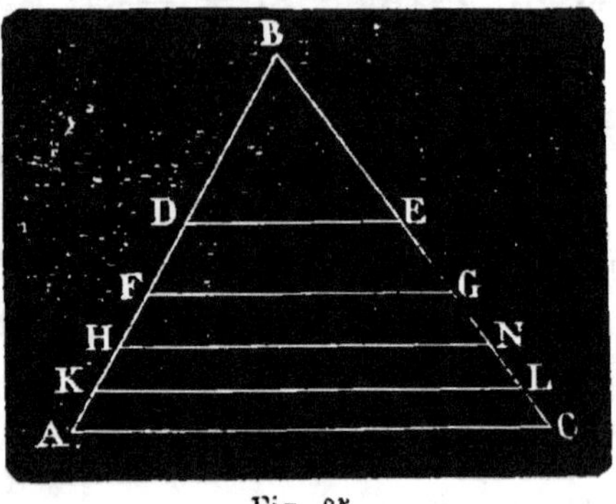

Fig. 85.

Pratique. On mesurera BA, puis on multipliera la longueur trouvée par $\sqrt{\dfrac{1}{5}}$, $\sqrt{\dfrac{2}{5}}$, $\sqrt{\dfrac{3}{5}}$, $\sqrt{\dfrac{4}{5}}$: les résultats exprimant les longueurs BD, BF... aux points D, F... on mènera des parallèles à AC.

PROBLÈME

157. *Diviser un triangle ABC en cinq parties proportionnelles aux nombres 5, 6, 7, 8, 11 par des parallèles au côté AC (fig. 85).*

$5+6+7+8+11=37$. Le triangle ABC contient 37 parties et BDE semblable à ABC en contient 5, on a par conséquent $\dfrac{BDE}{BAC}=\dfrac{5}{37}$, $\dfrac{BDE}{BAC}=\dfrac{\overline{BD}^2}{\overline{BA}^2}$; d'où $\dfrac{\overline{BD}^2}{\overline{BA}^2}=\dfrac{5}{37}$, $BD=BA\sqrt{\dfrac{5}{37}}$.

En faisant le même raisonnement, on trouve $BF=BA\sqrt{\dfrac{11}{37}}$, $BH=BA\sqrt{\dfrac{18}{37}}$, $BK=BA\sqrt{\dfrac{26}{37}}$.

PROBLÈME

158. *Un triangle ABC (fig. 85) a une contenance de 44 ares 55,*

on demande de le partager par des parallèles à AC en cinq par-
ties : 7 ares, 8 ares 25 centiares, 9 ares, 10 ares et 10 ares 30 cen-
tiares.

Il est évident que le partage doit être fait proportionnelle-
ment aux nombres 7; 8,25; 9; 10; 10,30, problème précédent.

159. La méthode que nous venons de faire connaître peut
s'employer non-seulement sur le terrain, mais encore sur un
plan ; cependant, sur le papier, on préfère généralement le
procédé suivant. Supposons
qu'il s'agisse de diviser le
triangle ABC par des paral-
lèles à AC en trois parties
proportionnelles aux nombres
5, 7 et 9. Sur AB comme dia-
mètre, décrivons une demi-cir-
conférence et divisons AB en
trois parties proportionnelles
aux nombres donnés ; par les

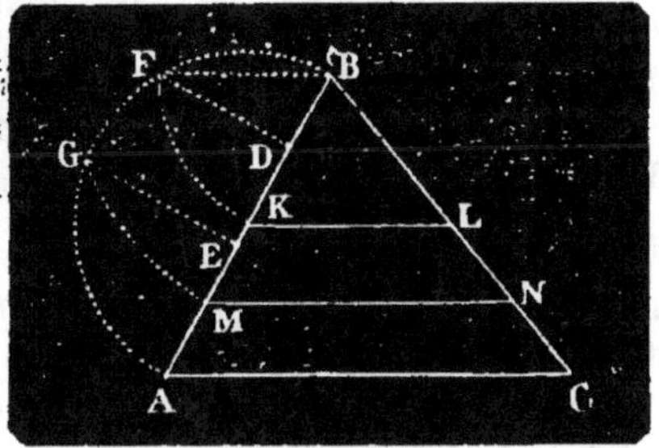

Fig. 86.

points de division D et E élevons sur AB les perpendiculaires
DF, EG ; puis du point B comme centre avec BF, BG pour
rayons, décrivons des arcs qui coupent BA aux points K et M,
enfin par les points K et M menons des parallèles à AC et le
partage sera effectué.

En effet, à cause de la similitude des triangles, on a $\dfrac{BKL}{BAC}$

$= \dfrac{\overline{BK}^2}{\overline{BA}^2}$; d'ailleurs le triangle rectangle BFA (on suppose la

ligne AF menée) donne (306) $\dfrac{\overline{BF}^2}{\overline{BA}^2}$ ou $\dfrac{\overline{BK}^2}{\overline{BA}^2} = \dfrac{BD}{AB}$, par conséquent

$\dfrac{BKL}{ABC} = \dfrac{BD}{AB} = \dfrac{5}{21}$. Le triangle BKL est donc les $\frac{5}{21}$ du triangle ABC.

On prouverait de même que BMN en est les $\frac{12}{21}$. BKL=5 parties
de ABC, MKLN en égale 7 et AMNC en égale 9. Le partage est
donc effectué comme il est demandé.

PROBLÈME

160. *Diviser un triangle ABC en trois parties équivalentes par*
des perpendiculaires à AC, l'un des côtés.

Supposons que ABC=48 ares 30 : une partie sera égale à

$\dfrac{48,30}{3} = 16,10$. Cherchons la superficie du triangle rectangle BCD : soit 30 ares l'aire de ce triangle et EF une perpendiculaire sur AC qui détermine la portion EFC $= 16,10$. Pour trouver le point E, nous ferons usage des triangles semblables CBD,

CEF qui donnent $\dfrac{16,10}{30} = \dfrac{\overline{CE}^2}{\overline{CD}^2}$,

$$CE = CD\sqrt{\dfrac{16,10}{30}}.$$

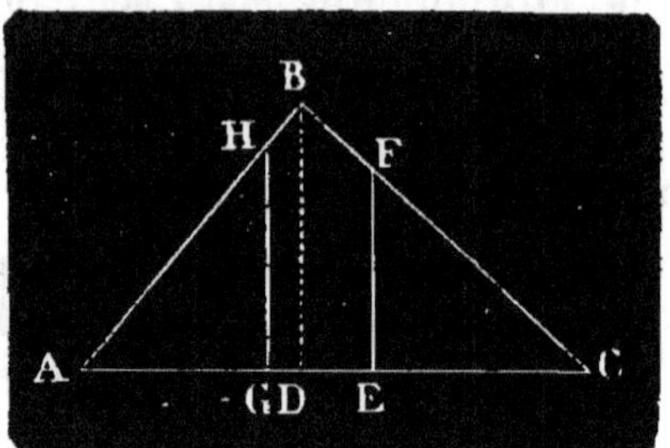

Fig. 87.

Pratique. On mesurera CD, puis on multipliera la longueur par $\sqrt{\dfrac{16,10}{30}}$, le résultat exprimera la longueur CE, au point E on élèvera la perpendiculaire EF et le triangle CEF sera la première portion.

La seconde portion AGH se déterminerait avec la même facilité à l'aide des triangles semblables AGH, ADB. La troisième portion sera GHBFE.

REMARQUE. S'il s'agissait de faire la division proportionnellement à des nombres donnés, ou selon des surfaces données, la difficulté ne serait pas plus grande en se basant sur le même principe.

PROBLÈME

161. *Diviser un trapèze ABCD en deux parties équivalentes par une parallèle aux bases.*

Supposons les côtés AB, CD prolongés jusqu'à leur rencontre en O ; soient B, b les bases du trapèze, h sa hauteur, x la hauteur du triangle BOC, et EF la parallèle qui divise le trapèze en deux parties équivalentes. Déterminons EF : surface ABCD $= \dfrac{B+b}{2} \times h$; surface OBC $= \dfrac{bx}{2}$. Or, la similitude des triangles OAD, OBC donne $\dfrac{x}{x+h} = \dfrac{b}{B}$; en chassant les dénominateurs, on a Bx

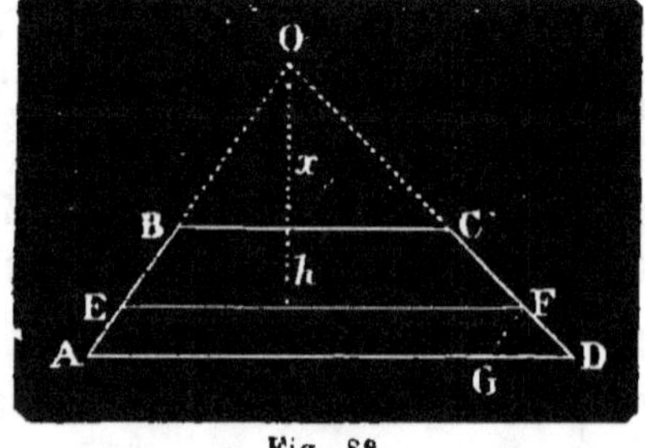

Fig. 88.

$= bx + bh$, d'où $x = \dfrac{bh}{B - b}$: donc surface $OBC = \dfrac{bx}{2} = \dfrac{b^2 h}{2(B - b)}$;

d'ailleurs $EBCF = \dfrac{ABCD}{2}$. Il est facile maintenant de trouver EF, car à cause des triangles semblables OEF ou $OBC + \dfrac{ABCD}{2}$

et OAD, on a $\dfrac{OEF}{OAD} = \dfrac{\overline{EF}^2}{\overline{AD}^2}$: d'où $EF = AD \sqrt{\dfrac{OEF}{OAD}}$.

Pratique. On multiplie AD par la racine carrée du quotient de OEF par OAD, le résultat exprime la longueur EF, on porte cette longueur sur AD de A en G, et par le point G on mène une parallèle GF à AB et une autre FE à AD.

PROBLÈME

162. *Diviser un trapèze ABCD (fig. 88) en deux parties proportionnelles à des nombres donnés par une parallèle aux bases.*

Soient 5 et 7 les nombres donnés ; on cherchera l'aire du triangle OBC (problème précédent), puis celle du trapèze ABCD qu'on partagera proportionnellement aux nombres 5 et 7. Si S et S' sont les aires des deux petits trapèzes, on a, à cause des triangles semblables, $\dfrac{OBC + S}{OBC + S + S'} = \dfrac{\overline{EF}^2}{\overline{AD}^2}$: d'où $EF = AD \sqrt{\dfrac{OBC + S}{OBC + S + S'}}$

PROBLÈME

163. *Diviser un trapèze ABCD (fig. 88) en deux parties de grandeurs données, 15 ares et 17 ares, par une parallèle aux bases.*

15 ares + 17 ares = 32 ares = trapèze ABCD. On cherchera la surface du triangle OBC et on aura, à cause des triangles semblables, $\dfrac{OBC + 15 \text{ ares}}{OBC + 32 \text{ ares}} = \dfrac{\overline{EF}^2}{\overline{AD}^2}$, d'où $EF = AD \sqrt{\dfrac{OBC + 15}{OBC + 32}}$.

PROBLÈME

164. *Diviser un trapèze ABCD en quatre parties équivalentes par des parallèles aux bases.*

Supposons que EF, GH, KL soient les parallèles demandées.

On cherchera la surface du triangle OBC (157) et celle du trapèze ABCD. On aura surface $OEF = OBC + \frac{1}{4}ABCD$; surface $OGH = OBC + \frac{2}{4}ABCD$; surface $OKL = OBC + \frac{3}{4}ABCD$.

Cela étant posé, il est facile de déterminer les parallèles EF, GH, KL, car, à cause de la similitude des triangles, on a $\dfrac{OEF}{OAD} = \dfrac{\overline{EF}^2}{\overline{AD}^2}$, d'où $EF = AD\sqrt{\dfrac{OEF}{OAD}}$; $\dfrac{OGH}{OAD} = \dfrac{\overline{GH}^2}{\overline{AD}^2}$, d'où $GH = AD\sqrt{\dfrac{OGH}{OAD}}$;

$\dfrac{OKL}{OAD} = \dfrac{\overline{KL}^2}{\overline{AD}^2}$, d'où $KL = AD\sqrt{\dfrac{OKL}{OAD}}$.

Les longueurs EF, GH, KL étant connues, on portera ces longueurs de A en M, N, P, et par ces points on mènera à AB les parallèles MF, NH, PL, et enfin par les points F, H, L des parallèles à AD.

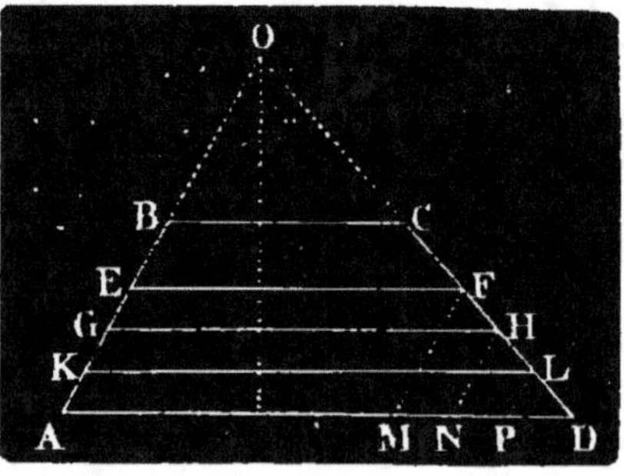

Fig. 89.

REMARQUE. En se basant sur les problèmes précédents on pourra sans difficulté diviser par des parallèles aux bases, un trapèze proportionnellement à plus de deux nombres donnés, ou en plus de deux parties de grandeurs données.

PROBLÈME

165. *Diviser un quadrilatère ABCD par des parallèles à l'un de ses côtés, AD.*

On mènera par le point B une ligne BE parallèle au côté AD. Il reste alors à diviser le trapèze ABED par des parallèles aux bases (problèmes précédents), et le triangle BCE, s'il contient plusieurs portions, par des parallèles à la ligne BE (problèmes précédents).

Dans le cas où le triangle BCE ne contient pas un nombre exact de parties, on prend dans le trapèze ABED,

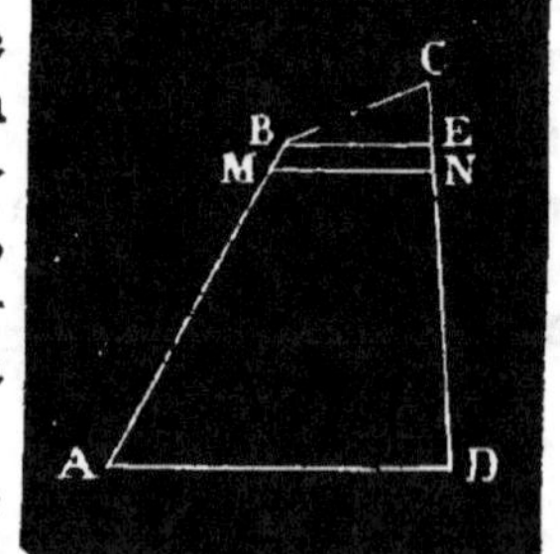

Fig. 90.

par une parallèle MN à BE, ce qui manque à la portion contiguë à BE (163).

PROBLÈME

166. *Diviser un quadrilatère ABCD par des lignes ayant une direction quelconque.*

Soit BE la direction donnée. On mène par le point A une parallèle AF à BE. On a alors à partager le trapèze ABEF par des parallèles aux bases, et les triangles BCE, ADF par des parallèles aux côtés BE, AF (problèmes précédents).

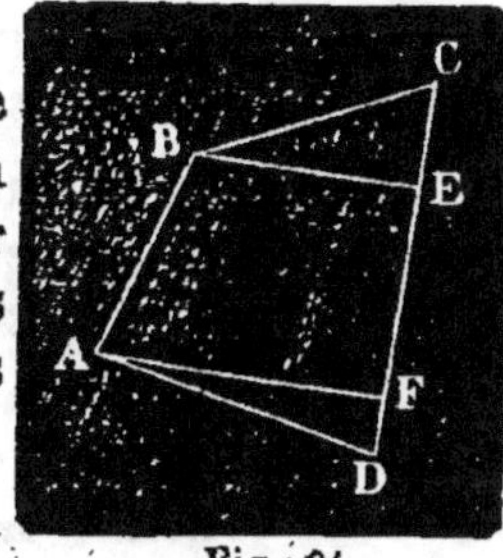

Fig. 91.

PROBLÈME

167. *Diviser un triangle ABC par des droites ayant une direction donnée DE.*

On a à diviser le triangle BDE par des parallèles à DE et le quadrilatère ADEC par des parallèles à DE (problèmes précédents).

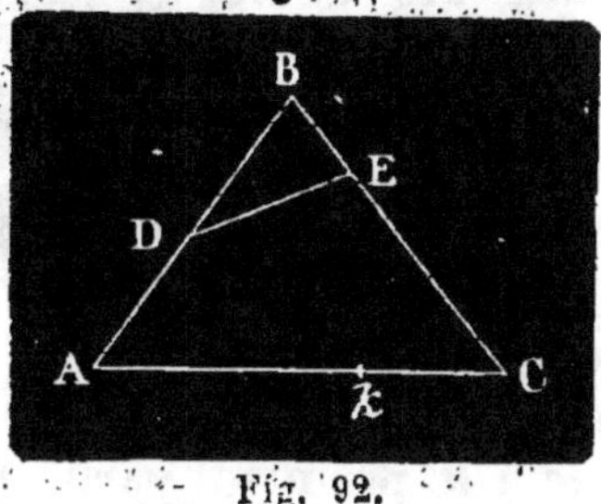

Fig. 92.

PROBLÈME

168. *Diviser un polygone quelconque par des lignes ayant une direction donnée.*

Soit MN la direction donnée. Par les points A, B, F, C, E, menons des parallèles à MN et nous aurons à diviser le triangle AGH par des parallèles à sa base; le trapèze AMNH par des parallèles à ses bases; le trapèze MBIN par des parallèles à ses bases, etc.

On voit que le problème n'est pas difficile, quelque nombreux que soient les côtés du polygone; il serait donc encore facile, dans le cas où le polygone ne serait pas à contour rectiligne,

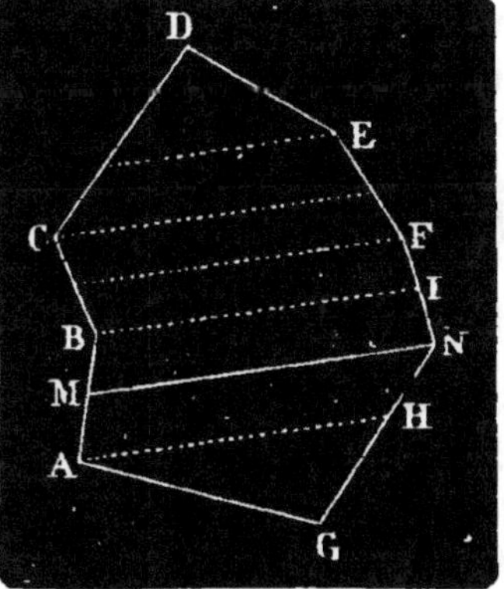

Fig. 93.

PROBLÈME

169. *Diviser le terrain AB... K en quatre parties équivalentes (en quatre parties de grandeur donnée, en quatre parties proportionnelles à des nombres) par des perpendiculaires à AK.*

Soit 60 ares 22 centiares la surface de la propriété. Si le partage doit être fait en quatre parties équivalentes, la valeur de chacune sera $\frac{60,20}{4} = 15$ ares 05 centiares. Ayant calculé la surface totale, on a séparément les aires des petites figures, il est donc bien facile de déterminer chaque partie, il suffit d'ajouter une à une des figures contiguës jusqu'à ce que l'on obtienne une surface égale à 15 ares 05 ou qui en approche. Ainsi par exemple, si $a = 4$

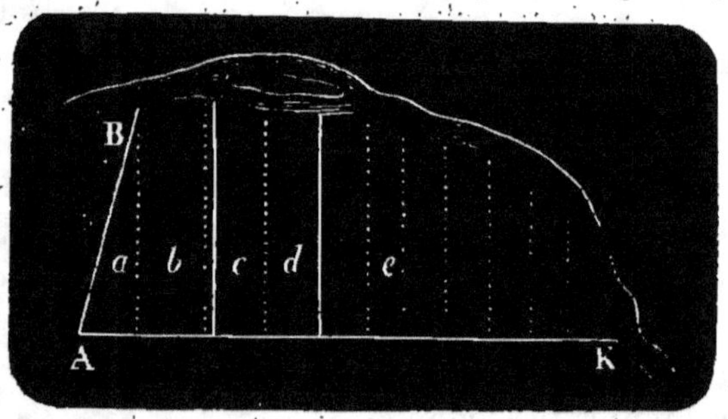

Fig. 94.

ares 32 et b, 9 ares 37, on a $a + b = 13$ ares 69, il manque donc à la première partie 15 ares 05 — 13,69 = 1 are 36, on prendra cette surface dans le trapèze c en menant à la distance voulue une parallèle aux bases (163), qui sera perpendiculaire à AK.

Les autres parties se détermineront de même. Il est évident qu'il n'y aurait pas plus de difficulté pour effectuer le partage en parties de grandeur donnée ou proportionnelles à des nombres.

PROBLÈME

170. *Un sentier sinueux sépare deux propriétés : on demande de redresser ce sentier.*

Il est évident que la nouvelle limite doit être tracée de façon que les parties de terrain qu'elle enlève à un propriétaire soient équivalentes aux parties abandonnées par son voisin. On commencera donc par tracer le nouveau sentier de manière à satisfaire à peu près à cette condition, et s'il y a lieu, aux convenances des propriétaires. Ensuite on mesure les parcelles enlevées et abandonnées à chacun, on voit alors dans quel sens le tracé de la nouvelle limite doit être modifié. Pour opérer cette modification on se basera sur les problèmes précédents.

171. OBSERVATION IMPORTANTE. Lorsqu'il s'agit d'opérations compliquées, par exemple de diviser un terrain couvert (bois, vergers et maisons, etc.), ou un terrain d'une certaine étendue ou encore des terrains ayant des contours analogues à ceux des figures 82, 83, *la meilleure méthode* consiste à effectuer la division sur le plan.

On évalue d'abord la superficie de toute la propriété, ou mieux encore sa valeur en argent, on calcule ensuite la part qui revient à chacun selon ses droits, puis on trace sur le plan les lignes de séparation des différents lots. Ces lignes sont menées de manière à satisfaire le mieux possible aux intérêts des co-partageants.

On devra faire attention à la qualité du terrain qui souvent n'est pas la même dans la propriété que l'on divise. La position des lots pourra être prise aussi en considération, etc. S'il existe dans la propriété un puits, une source, une porte de sortie, un pont sur un cours d'eau, on fait le partage de manière à ce que chacun des intéressés puisse y avoir accès, si cela est entendu entre eux. En un mot, on fait tout son possible pour que les avantages et les désavantages soient convenablement répartis. A l'aide d'un plan il est facile d'obtenir ces résultats en peu de temps, parce que les lignes qui doivent donner à chaque lot sa contenance peuvent se déterminer sur le papier bien promptement.

D'ailleurs, un plan permet de faire des parcelles plus régulières, dans le cas d'un terrain ayant la forme des figures 82 et 83.

Un plan, lors même qu'il a été levé avec précaution, n'est pas toujours d'une exactitude irréprochable ; avant de marquer sur le terrain les points de séparation des lots, on s'assurera donc que le rapport qui existe entre deux lignes du plan est le même que celui qui existe entre les deux lignes homologues du terrain. Par exemple, si sur le plan un lot vient se terminer en k (*fig.* 92), il faut trouver sur le terrain le point homologue de k, c'est-à-dire un point tel que $\dfrac{Ak}{kC}$ du plan soit égal à $\dfrac{AK}{KC}$ du terrain.

Si, après avoir pris AK sur le terrain (en se servant du plan),

22

*k*C du plan ne répond plus à KC du terrain, c'est une marque que l'on n'a pas trouvé sur le terrain le point homologue du point *k* du plan. Pour déterminer ce point, on mesure AC du plan et AC du terrain, le rapport de ces deux lignes est égal au rapport de A*k* du plan et de AK du terrain.

Sur un plan, on ajoute ou l'on retranche un triangle à une portion de la même manière que sur le terrain.

PROBLÈME

172. *Diviser un bois ABCD en trois parties (équivalentes, de grandeurs données, etc.).*

Supposons le partage effectué sur le plan (n° précédent) et soient E, F, G, H les points qui séparent chaque lot ; il est facile de trouver ces points sur le terrain, mais généralement les co-partageants désirent que des laies séparent leurs lots. Pour tracer celles-ci, on mesurera sur le plan les angles AEF, AGH et l'on ouvrira dans le bois des tranchées sous des angles égaux à ces derniers.

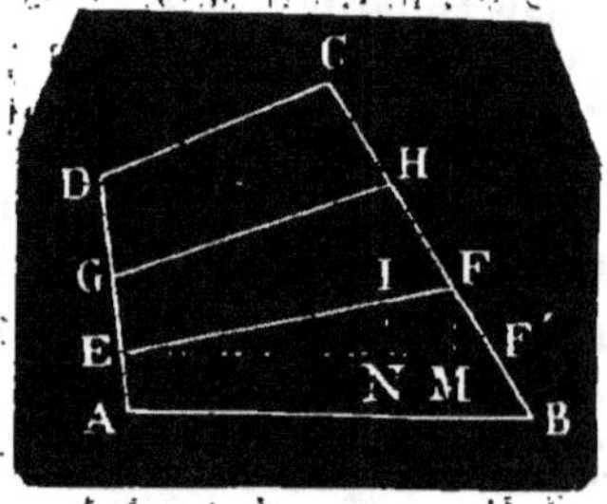

Fig. 95.

173. REMARQUE I. Il est difficile de mesurer bien exactement un angle sur le papier, par conséquent l'angle que l'on fera sur le terrain pourra n'être pas tout à fait égal à celui du plan ; or, cette petite différence peut amener une erreur notable dans le tracé des laies, et celles-ci, au lieu de venir s'ouvrir en F et en H, s'ouvriront assez loin de ces points.

Par exemple, une laie partant de E viendra s'ouvrir en F' au lieu de venir en F (nous avons exagéré l'erreur à dessein).

Or, connaissant EF', on peut aisément trouver autant de points de EF que l'on voudra, et par conséquent tracer la laie qui doit séparer les lots. Pour cela, on abaisse du point F une perpendiculaire sur EF'. On détermine ainsi un triangle rectangle EFM ; il est évident que toutes les perpendiculaires à EM rencontreront EF en produisant des triangles semblables à EFM. On trouvera les points de rencontre à l'aide du problème du n° 102, 2°, ainsi on a $\dfrac{IN}{FM} = \dfrac{EN}{EM}$, d'où $IN = \dfrac{EN \times FM}{EM}$.

Il est facile de connaître les longueurs EN, FM, EM, par suite IN et le point I. Tout autre point se déterminerait de même.

174. Remarque II. Il est évident que le tracé d'une ligne provisoire telle que EF' doit être fait d'une manière aussi invisible que possible ; on ne coupera donc que le bois nécessaire pour apercevoir la tête des jalons.

175. Remarque III. Si l'on voulait ouvrir une route dans un bois, on commencerait par tracer seulement l'axe ou le milieu de la route. Si dans ce tracé on commet un écart, il sera presque toujours compris dans la largeur de la route ; on aura ainsi évité de faire un travail inutile. Il est bien évident que l'on procède de la même manière dans le cas où l'ouvrage doit être commencé à ses deux extrémités.

176. Remarque IV. Quelquefois on veut aboutir à un point déterminé d'un bois, sans avoir un alignement pour se diriger ; on y envoie dans ce cas quelqu'un qui doit crier ou tirer un coup de fusil ; on obtient ainsi un tracé provisoire que l'on rectifie (173). Ce procédé peut être aussi employé pour tracer les laies.

PROBLÈME

177. *Détacher d'un bois* ABCD... *une coupe de 3 hectares 18 ares.*

Soit A un point où la coupe doive se terminer. A partir de ce point, on lèvera par l'une des méthodes connues une partie ABCD...H du bois ayant une surface *à peu près* égale à 3 hectares 18.

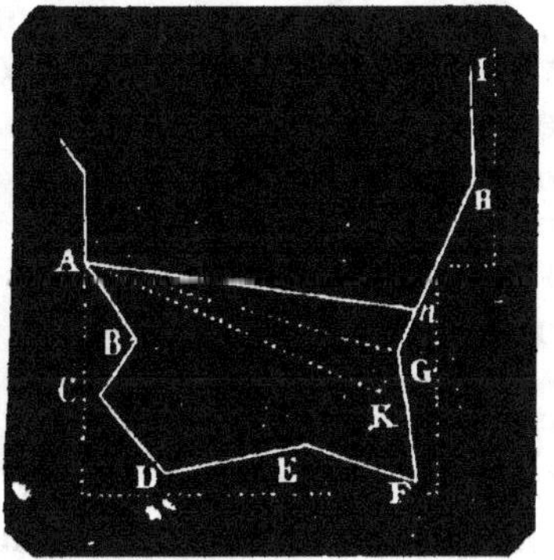

Fig. 96.

Puis on calculera la surface du terrain représenté par tout ce plan ou par une partie ABCDEFG. Soit 2 hectares 70 la surface de ce polygone ; la coupe a en moins 3,18 — 2,70 = 48 ares. On ajoutera cette surface en un triangle ayant son sommet en A et sa base sur GH ; pour trouver la longueur de cette base, on divisera le double de la surface manquante (132) ou 96 ares = 9600 mètres carrés par la perpendiculaire homologue à AK du plan (la longueur de AK sur le terrain se trouvera à l'aide de l'échelle de proportion).

Si l'on trouve une longueur qui correspond à G*n* sur le plan, le polygone AB...*n* aura une contenance de 3 hectares 18, et la coupe sera séparée du bois restant par la ligne A*n*.

Remarque. Si l'on voulait diviser un bois en 15, 20 ou 25 coupes, on n'aurait pas autre chose à faire que de résoudre un problème analogue à celui du n° 172.

178. *Percement d'une galerie souterraine, d'un tunnel, etc.* Si la galerie ou le tunnel doit être le prolongement d'un travail déjà fait en ligne droite, il n'y a pas d'erreur possible, on sait prolonger une ligne. Mais dans le cas d'une longue galerie, d'un tunnel d'une certaine étendue, il y a généralement avantage à multiplier les points d'attaque. A cet effet on ouvre des puits placés le plus souvent sur la ligne d'axe ou la ligne milieu du tracé à ouvrir : on repère d'abord exactement le tracé de celle-ci à la surface du sol ; pour cela on se sert de très-forts piquets ou mieux encore de bornes scellées dans des massifs en maçonnerie. On détermine ensuite l'emplacement de chaque puits, que l'on creuse à la profondeur nécessaire ; puis on tend au-dessus de l'ouverture de chacun d'eux et dans l'alignement de la galerie un fil de fer ou un cordeau auquel on suspend deux fils à plomb, qui doivent descendre jusque dans la galerie. Ces deux fils en repos déterminent dans chaque puits l'alignement à suivre pour le percement. Pour arrêter les oscillations des fils, on peut faire plonger leur plomb dans un seau d'eau.

179. Lorsque pour le percement d'une galerie souterraine on doit suivre une ligne brisée, on s'aide d'un plan bien exécuté et construit sur une grande échelle. Supposons, par exemple, que l'axe d'une galerie soit représenté par la ligne brisée ABC..... et que A soit l'entrée du souterrain. Pour déterminer l'alignement AB,

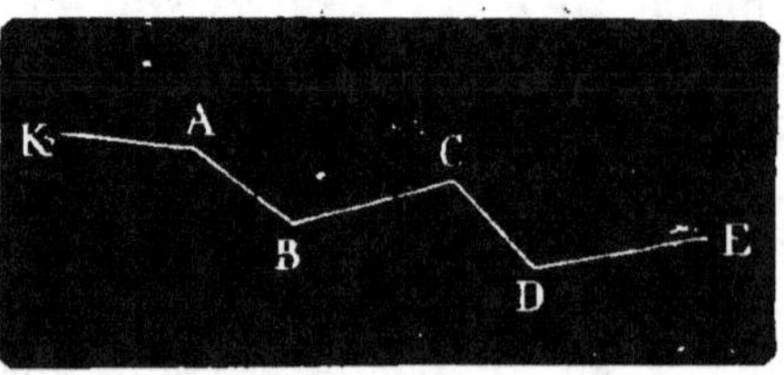

Fig. 97.

on fera sur le terrain un angle A égale à l'angle du plan, on travaillera dans cette direction jusqu'à ce que l'on soit arrivé en B, ce qu'on connaîtra à la distance parcourue.

En ce point on fera un angle égal à l'angle B du plan, on travaillera dans cette direction jusqu'au point C. L'opération se continue ainsi jusqu'au point où l'on doit arriver, ou jusqu'à ce que l'on rencontre une autre attaque.

180. Lorsque l'axe de la galerie ou du tunnel est une ligne courbe, on substitue à cet axe une ligne brisée (cas précédent) dont les sommets des angles soient compris dans la largeur du passage à ouvrir et l'on rattache à cette ligne brisée autant de points que l'on veut de l'axe curviligne, et par conséquent l'axe lui-même.

181. Dans les travaux en galerie souterraine, la direction de l'axe est généralement donnée par des fils à plomb fixés au ciel de la galerie. En procédant ainsi, la voie ne se trouve pas embarrassée par des jalons.

182. *Moyens employés pour trouver rapidement la contenance d'un terrain à l'aide de son plan.* On peut transformer la figure en un triangle (328), ou la renfermer dans un carré ou un rectangle que l'on divise en petits carrés ou en petits rectangles. Cherchant la superficie de l'un d'eux on a bientôt celle de tous ceux qui sont contenus dans le plan. Quant aux carrés ou aux rectangles partagés par le périmètre de la figure, on évalue à vue d'œil leur surface.

183. Un grand nombre de géomètres emploient aussi un instrument nommé *vérificateur* : c'est généralement un cadre carré, sur les bords duquel sont fixés des fils très-fins qui se croisent en formant de petits carrés. On applique sur le plan la face sur laquelle les fils sont tendus; cherchant l'aire d'un carré on trouve comme dans le cas précédent, l'aire représentée par la figure. Pour abréger, des fils plus gros que les autres ou peints renferment quatre ou seize carrés ordinaires.

184. On peut soi-même faire facilement un vérificateur en traçant de petits carrés sur une plaque de verre bien transparent : il suffit d'appliquer la plaque de verre sur le plan et l'on voit les carrés contenus dans le plan.

185. Ces moyens ne donnent pas des évaluations rigoureuses; mais ils peuvent être utiles lorsqu'on veut se rendre compte approximativement d'opérations que l'on ne veut pas recommencer. On les emploie principalement pour préparer la solution de problèmes relatifs au partage des terrains.

NIVELLEMENT

186. Le plan d'un terrain est sa projection. Or cette projection ne peut donner une juste idée du terrain si celui-ci est accidenté ou seulement incliné, il faut que l'on connaisse en outre la distance de ses différents points au-dessus du plan de projection.

187. Le nivellement a pour but de déterminer les distances des points principaux d'un terrain à un même plan horizontal, nommé *plan de comparaison* ou *plan de niveau*. La distance d'un point au plan de niveau est la *cote* de ce point. *La différence de niveau* de deux points est la différence des cotes de ces points lorsqu'ils sont d'un même côté du plan de niveau, et leur somme quand ils sont de chaque côté du plan de niveau.

Ordinairement celui-ci est choisi de manière à laisser toutes les cotes du même côté.

188. On a recours au nivellement dans la construction des canaux, des voies ferrées, des routes, des égouts, dans le pavage des rues, dans les travaux d'irrigation, dans les questions de drainage, etc.

189. Les principaux instruments employés dans le nivellement sont le *niveau d'eau* et *la mire*.

190. Niveau d'eau. Cet instrument est formé d'un tube AB en fer-blanc ou en laiton, ayant environ un mètre de longueur, et dont les extrémités recourbées à angle droit, portent deux fioles sans fond, à goulots étroits et d'un dia-

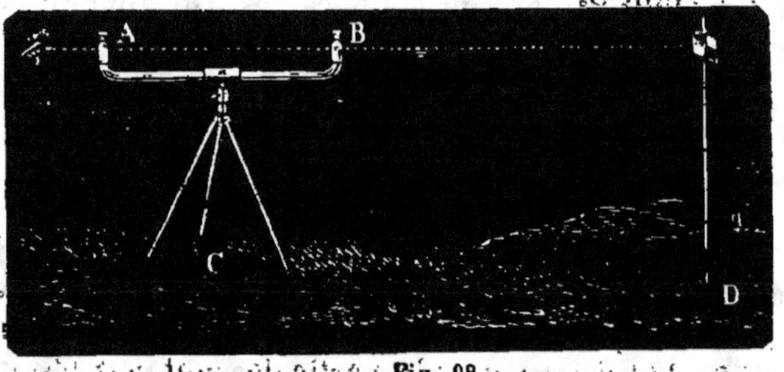

mètre parfaitement égal. Le contact de ces fioles avec le tube est établi par des rondelles en cuir ou simplement par du mastic.

Le niveau est porté en son milieu à l'aide d'un trépied.

Pour s'en servir, on le dispose à peu près horizontalement, et l'on y verse de l'eau, généralement colorée en rouge avec quelques gouttes de vin, en assez grande quantité pour qu'on puisse l'apercevoir dans les deux fioles. L'équilibre étant établi, les deux surfaces liquides sont sur un même plan horizontal.

191. Mire. On appelle ainsi une règle de bois divisée en centimètres et formée de deux tiges pouvant glisser l'une sur l'autre.

Une plaque de fer-blanc, appelée *voyant*, mobile le long de la mire, porte une ligne horizontale nommée *ligne de foi*.

192. Nivellement simple, nivellement composé. Le nivellement est simple lorsqu'il se fait sans changer de station, il est composé lorsque la distance des points à niveler, ou leur grande différence de niveau nécessite plusieurs stations.

PROBLÈME

193. Nivellement simple. *Déterminer la différence de niveau des points C et D.*

On place verticalement une mire en D, et un niveau en C. Un observateur placé près du niveau dirige un rayon visuel vers la mire, et passant par les deux surfaces liquides, il fait signe à son aide, avec la main, d'élever ou d'abaisser le voyant, jusqu'à ce qu'il rencontre la ligne de foi. Si, de la hauteur que donne la mire, on retranche la hauteur de l'instrument, on a la différence de niveau des points C et D, ou, ce qui est la même chose, on sait de combien le point C est plus élevé que le point D.

Le plus souvent le niveau se place entre les point C et D, et l'on dirige des rayons visuels sur la mire placée successivement en C et en D, la différence des cotes observées sur la mire donne la différence de niveau des deux points. Il est évident que le point qui a la plus grande cote est le plus bas.

Remarque. Les petites bulles d'air qui viennent souvent crever à la surface de l'eau peuvent gêner l'opérateur. Pour s'en débarrasser, on bouche l'une des fioles avec le pouce, tenant ensuite le tube à peu près verticalement, les bulles d'air gagnent la partie supérieure et s'échappent.

194. Niveau à bulle d'air. Pour certains nivellements, on se sert du *niveau à bulle d'air*. Cet instrument, bien plus précis que le niveau d'eau, se compose d'un tube de verre un peu bombé en son milieu, et ayant partout même épaisseur. On le remplit entièrement d'eau, ou

Fig. 99.

mieux encore d'alcool coloré; puis on le ferme hermétiquement à la lampe, en ayant la précaution d'enfermer une petite bulle d'air. Cela fait, on met le tube dans un étui en cuivre;

celui-ci est fixé à un support de même métal, lequel est dressé avec le plus grand soin, de manière que, s'il est sur un plan parfaitement horizontal, la bulle vienne se placer entre deux points de repère a et b. Lorsque le plan n'est pas horizontal, la bulle monte vers la partie la plus haute.

Avec ce petit instrument, on peut vérifier si un plancher, un meuble, etc., est ou n'est pas de niveau, aussi les ouvriers en font-ils un fréquent usage.

Pour prendre des nivellements qui demandent une grande précision, on emploie le niveau à bulle d'air ; on le fixe, pour s'en servir, à une lunette dont il sert à constater l'horizontalité.

PROBLÈME

195. NIVELLEMENT COMPOSÉ. *Trouver la différence de niveau de deux points* A *et* E *dont l'éloignement nécessite plusieurs stations.*

On choisit des points intermédiaires B, C, D assez rapprochés pour qu'on puisse faire un nivellement simple entre A et B, un entre B et C, etc. A chaque station on donne deux coups de niveau, l'un vers le point d'où l'on part, et l'autre

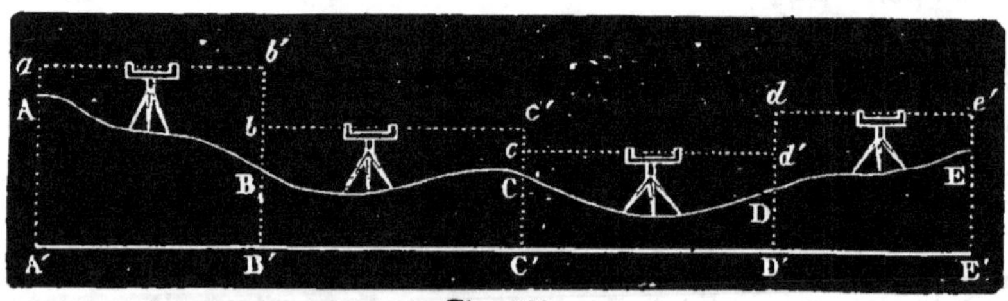

Fig. 100.

vers celui où l'on va : le premier est appelé *coup d'arrière* et le second *coup d'avant*. Ainsi, pour le point A il y a un coup d'arrière Aa et pour le point B un coup d'avant Bb' et un coup d'arrière Bb, ainsi de suite ; à chaque point il y a donc un coup d'avant et un d'arrière, excepté pour les deux points extrêmes, dont l'un n'a qu'un coup d'arrière et l'autre un coup d'avant.

Si nous choisissons A'E' pour plan de comparaison, la différence de niveau des points A et E sera A'A — E'E ou E'E — A'A, selon que le point A est plus ou moins élevé que le point E au-dessus du plan de comparaison. Or, d'après la figure, on a les égalités suivantes :

$$\text{A'A} + \text{A}a = \text{B'B} + \text{B}b',$$

$$B'B + Bb = C'C + Cc',$$
$$C'C + Cc = D'D + Dd',$$
$$D'D + Dd = E'E + Ee'.$$

Ajoutant ces égalités membre à membre et supprimant les quantités communes, on a

$$A'A + Aa + Bb + Cc + Dd = Bb' + Cc' + Dd' + Ee' + E'E.$$

En désignant la somme des coups d'arrière par S et la mme des coups d'avant par S', il vient

$$A'A + S = S' + E'E,$$

ce qui donne A'A — E'E = S' — S, ou E'E — A'A = S — S', selon que le point A est plus ou moins élevé que le point E au-dessus du plan de comparaison.

196. RÈGLE. *Cette formule, qui est générale, fait connaître :
1° que la différence de niveau de deux points entre lesquels on a effectué un nivellement composé s'obtient en faisant la somme des cotes avant et la somme des cotes arrière et en retranchant la plus petite somme de la plus grande ; et 2° que le point d'arrivée est plus bas ou plus haut que le point de départ, selon que la somme des coups d'avant est plus grande ou moindre que la somme des coup d'arrière.*

Cette règle s'applique sans difficultés en inscrivant les résultats donnés par le nivellement dans un tableau préparé d'avance.

POINTS NIVELÉS.	COUPS D'ARRIÈRE.	COUPS D'AVANT.
A	0^m,60	»
B	1^m,20	2^m,70
C	0^m,60	1^m,20
D	2^m,10	0^m,90
E	»	1^m,00
	4^m,50	5^m,80
		4^m,50
	Différence 1^m,30	

REMARQUE I. Le niveau doit être placé à peu près au milieu

de chaque station, mais il n'est pas nécessaire qu'il soit sur la ligne qui joint les points à niveler.

REMARQUE II. Lorsqu'on vérifie un nivellement, on recommence généralement l'opération en sens opposé.

197. *Nivellement par rayonnement*. Pour trouver la différence de niveau des points A et E nous avons employé la méthode de nivellement par *cheminement*. On opère par *rayonnement* lorsqu'on détermine à l'aide d'une seule station les cotes de différents points qui se trouvent dans un certain rayon autour de l'instrument. Par exemple si l'on détermine de la station O les cotes des points A, B, C..., on fait un nivellement par rayonnement.

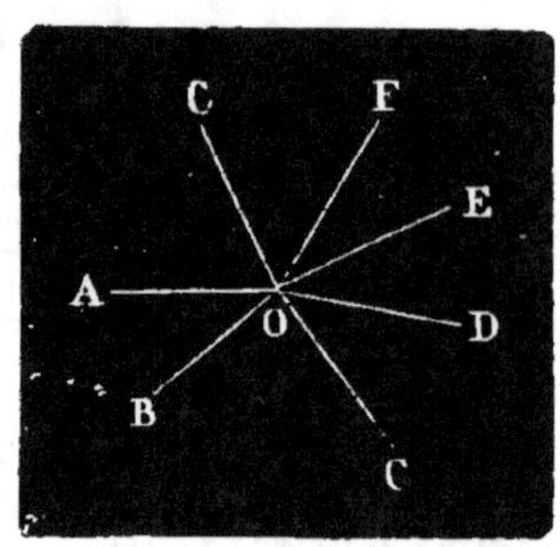

Fig. 101.

198. *Nivellement général d'un terrain*. Lorsqu'on doit déterminer les différentes cotes d'un terrain par rapport à un plan de comparaison, on emploie la méthode par rayonnement. Si une station ne suffit pas on a la précaution de rattacher les stations les unes aux autres : la deuxième se rattachera à la première en leur donnant un point commun qui devra recevoir par conséquent un coup de niveau à la première et à la deuxième station, la troisième se rattachera à la deuxième de la même manière et ainsi de suite.

199. *Plan coté*. Pour donner une idée de la forme d'un terrain, on se contente quelquefois d'inscrire à côté de chaque point son élévation au-dessus du plan de comparaison, on a alors ce qu'on appelle un *plan coté*.

200. *Profils*. Au lieu de la méthode précédente, on cherche le plus souvent à représenter aux yeux les accidents du sol.

Pour connaître la forme d'une ligne ABCDE (*fig.* 100) d'un terrain, on en fait le profil. Pour cela, on commence d'abord par faire le nivellement du terrain suivant cette ligne, puis on porte sur une droite XY des distances A'B', B'C' égales aux distances *horizontales* de A et de B, de B et de C... réduites à l'échelle adoptée. Aux points A', B', C'... on élève des perpendiculaires A'A, B'B... égales aux cotes, réduites à l'échelle, des points A, B, C... Enfin on réunit par un trait continu les extrémités de ces perpendiculaires en imitant les légères sinuosités qui existent d'un point à l'autre. La figure ainsi obtenue est le *profil* de la ligne ABCDE du terrain.

Pour rendre plus sensibles les ondulations de terrain on construit généralement les cotes A'A, B'B... à une échelle plus grande que les distances horizontales A'B', B'C'... Le profil dont il vient d'être question ne fait connaître la forme d'un terrain que dans un sens; mais souvent cette connaissance n'est pas suffisante; s'il s'agit par exemple d'étudier le projet d'une route, d'un chemin de fer, d'un canal, etc., le profil dans le sens de la plus grande dimension du terrain sur lequel on travaille ou *profil en long* devient insuffisant. On fait alors d'autres profils, *profils en travers*, ayant généralement une direction perpendiculaire à celle du premier profil.

201. *Courbes de niveau.* Au lieu de rendre sensibles les inégalités du sol à l'aide de profils, on emploie aussi la méthode suivante. On imagine des plans horizontaux (*fig.* 102) *également distants* les uns des autres, de 1 mètre par exemple, et coupant les ondulations du terrain. Les sections faites par ces plans déterminent autant de *courbes de niveau*[1] que l'on projette toutes sur le plan de comparaison. Il est évident que plus les projections sont rapprochées et plus la pente est roide; si quelques-unes se confondent, c'est que dans cet endroit le terrain est à pic. On appelle *ligne de plus grande pente* une ligne telle que AB menée sur la surface du sol perpendiculairement à toutes ces courbes; sa projection sur le plan de comparaison est aussi perpendiculaire à celles des courbes de niveau.

202. Sur quelques cartes on emploie les lignes de plus grande pente pour représenter les **accidents** du sol; elles for-

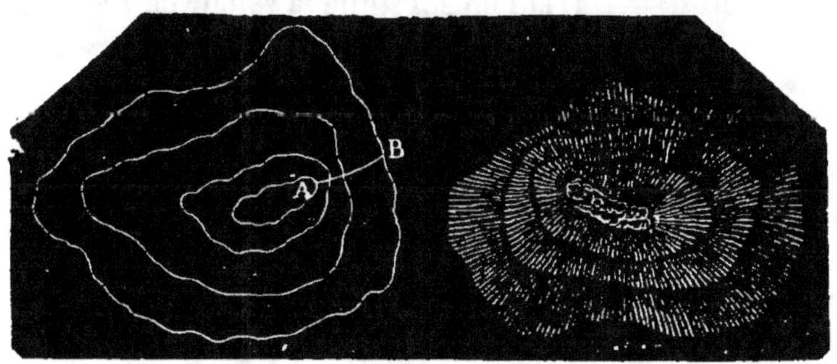

Fig. 102.   Fig. 103.

ment des hachures (*fig.* 103) qui donnent immédiatement une idée du terrain; à cet effet, il est bon qu'elles présentent des

1. Courbes dont tous les points sont à la même hauteur au-dessus du plan de comparaison.

solutions de continuité aux endroits où elles rencontrent les courbes de niveau; on les serre d'autant plus que la pente est plus roide ; ainsi les hachures fines et espacées représentent des pentes douces, et les hachures serrées et larges des pentes roides.

203. *Pente totale, pente par mètre.* On appelle *pente totale* d'une ligne *ab* la différence de niveau des points *a* et *b* ou A*a* —B*b*=*aa'* ; le rapport $\frac{aa'}{AB}$ est la *pente par mètre.* Par exemple, si A*a*=7^m,80, B*b*=5^m,60 et AB=25 mètres. La pente totale sera 7,80—5,60=2^m,20 et la pente par mètre, $\frac{2,20}{25}$.

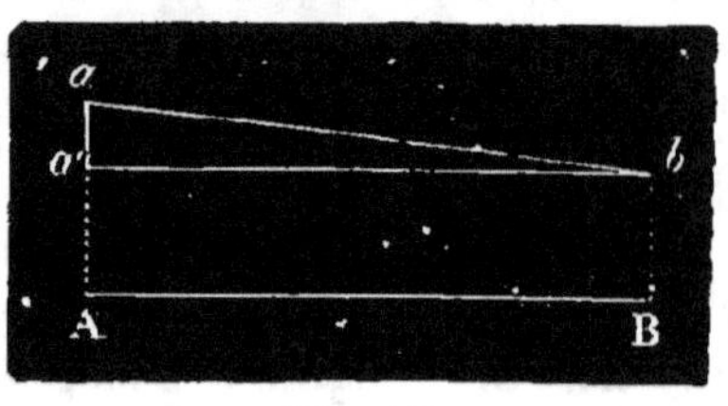

Fig. 104.

=0,088. Ainsi, la pente de *a* en *ò* est de 88 millimètres par mètre.

QUESTIONS USUELLES

204. Cubage des bois. La formule $\pi R^2 H$ (1) exprime le volume d'un cylindre (511) en fonction du rayon R de sa base et de sa hauteur H. Or, il est facile d'obtenir une autre expression du volume d'un cylindre, car, de C=2πR (313), on tire R=$\frac{C}{2\pi}$, d'où R^2=$\frac{C^2}{4\pi^2}$; si l'on substitue la valeur de R^2 dans la formule (1), on a $\frac{\pi C^2 H}{4\pi^2}=\frac{C^2 H}{4\pi}=\frac{\left(\frac{C}{2}\right)^2 H}{\pi}$ (2). Dans la pratique la formule (2) s'emploie de préférence à la formule (1).

205. Bois en grume. Les bois en grume ou bois revêtu de leur écorce, ont quelquefois la forme d'un cylindre, mais le plus souvent celle d'un tronc de cône. Si leur forme est celle d'un cylindre, on se sert, pour calculer leur volume, de la formule $\frac{\left(\frac{C}{2}\right)^2 L}{\pi}$. L représente la longueur de l'arbre ou hauteur du cylindre.

206. RÈGLE. *Cette formule fait connaitre que, pour avoir le volume d'un tronc d'arbre cylindrique, il faut multiplier le carré* *de la demi-circonférence du tronc par sa longueur et diviser le produit par π.*

207. Lorsque l'arbre a la forme d'un tronc de cône, on emploie pour calculer son volume la formule $\pi\left(\dfrac{R+r}{2}\right)^2 \times H$ (529).

Dans ce cas, l'arbre est donc assimilé à un cylindre ayant pour rayon la demi-somme des rayons des deux bases et pour hauteur la longueur de l'arbre. Pour avoir R et *r*, il faut connaître les circonférences des deux extrémités. Or, dans la pratique, au lieu de prendre ces circonférences, on se content de prendre *la circonférence moyenne* ou une circonférence à égale distance des deux extrémités, et alors l'arbre est considéré comme un cylindre ayant pour base cette circonférence moyenne et pour hauteur la longueur de l'arbre. Si donc on représente par C' cette circonférence, le volume d'un arbre ayant la forme d'un tronc de cône sera donné approximativement par la formule $\dfrac{\left(\dfrac{C'}{2}\right)^2 L}{\pi}$.

208. RÈGLE. *Cette expression fait connaître que, pour avoir le volume d'un arbre ayant la forme d'un tronc de cône, il faut multiplier le carré de sa demi-circonférence moyenne par la longueur de l'arbre et diviser le produit par π.*

209. Bois équarris. Les bois équarris sont des prismes droits; leur volume est par conséquent égal à la surface de l'une des extrémités multipliée par la longueur de la poutre. Si les deux extrémités n'ont pas la même surface, on multiplie par la longueur de la poutre la demi-somme de ces surfaces ou la surface de la section menée à égale distance des deux extrémités et perpendiculairement aux arêtes de la poutre.

210. Cubage au cinquième déduit. Journellement on a besoin de savoir le volume que pourrait donner un arbre en grume si on l'équarrissait. Pour cela, il suffit de multiplier par la longueur de l'arbre la surface du carré inscrit dans l'un des cercles tracés aux extrémités *en dedans de l'aubier;* si ces deux carrés n'ont pas même surface, ce qui arrive bien souvent, on multiplie la demi-somme de leur surface par la longueur de l'arbre. Comme ce procédé est un peu long, et que d'ailleurs il suppose que l'arbre est scié à ses deux extrémités, ce qui n'a pas toujours lieu, on le remplace par celui-ci, qui donne à peu près le même résultat et qui est bien plus court.

On prend le cinquième de la circonférence moyenne, on élève ce cinquième au carré et on multiplie ce carré par la longueur de l'arbre. Cette manière d'opérer, connue sous le nom de *cubage au cinquième déduit*, traduite en formule, donne $\frac{C^2 L}{25}$. Le volume d'un arbre en grume ayant même circonférence et même longueur est égal à $\frac{\frac{C^2}{4} L}{\pi}$: le rapport de ces volumes est $\frac{\frac{C^2}{4} L}{\pi}$ divisé par $\frac{C^2 L}{25} = \frac{C^2 L}{4\pi} \times \frac{25}{C^2 L} = \frac{25}{4\pi} = \frac{25}{12,5664} = \frac{2}{1}$ environ. Le volume d'un arbre en grume est donc à peu près le double du même arbre équarri.

211. Le chêne se cube généralement au cinquième déduit. Pour le sapin, on suit une méthode bien différente ; on considère le sapin comme portant à peu de chose près un équarrissage égal à son diamètre moyen (196). Soit D ou 2R le diamètre moyen d'un bois de sapin et L sa longueur, son volume sera, d'après le procédé employé, $4R^2 L$. Le volume du même arbre, en le considérant comme bois en grume, serait $\pi R^2 L$, et son volume au cinquième déduit, $\frac{4\pi^2 R^2 L}{25}$. La première expression, divisée successivement par les deux dernières donne $\frac{4R^2 L}{\pi R^2 L}$, $\frac{100 R^2 L}{4\pi^2 R^2 L}$ ou encore $\frac{4}{\pi}$ et $\frac{25}{\pi^2}$, ce qui revient à peu près à $\frac{4}{3}$ et à 2,5. Ces rapports montrent les différences considérables que l'on obtient pour les volumes, selon que l'on emploie l'une ou l'autre méthode.

212. Exemple. *Un chêne qui a $5^m,20$ de longueur et une circonférence moyenne de $1^m,40$ a été payé à raison de $7^f,80$ le décistère ; on demande sa valeur, si on le cube au cinquième déduit.*

Si dans la formule $\frac{C^2 L}{25}$, on remplace les lettres par leurs valeurs, il vient $\frac{(1,4)^2 \times 5,20}{25} = 0^{m.c.},40768 = 4$ décistères 0768.

La valeur du chêne sera $7,80 \times 4,0768 = 31^f,80$

213. Cubage au sixième déduit. Quelques bois dont l'écorce est enlevée (bois pelards), ou qui est très mince, se cubent au sixième déduit. Pour cuber au sixième déduit, on prend le sixième de la circonférence moyenne de l'arbre, on re-

tranche ce sixième de la circonférence, on prend le quart du reste qu'on élève au carré et qu'on multiplie par la longueur de l'arbre. On peut aisément appliquer cette règle.

214. Jaugeage des tonneaux. On considère quelquefois un tonneau comme étant la somme de deux troncs de cône égaux opposés par la grande base, et on en cherche la capacité en l'envisageant ainsi, mais cette manière d'opérer est videmment inexacte, à cause du renflement.

Dans la pratique, *on assimile le tonneau à un cylindre ayant pour hauteur la longueur du tonneau et pour diamètre le diamètre du bouge* (diamètre correspondant au centre de la bonde), *diminué du tiers de la différence qui existe entre ce diamètre et le diamètre moyen des fonds.*

D'après cela, si l'on désigne par D le diamètre du bouge, par d le diamètre moyen des fonds, par L la longueur du tonneau et par V sa capacité, on a $V = \pi \left(\dfrac{D}{2} - \dfrac{D-d}{6} \right)^2 \times L.$

Après réduction, on a $V = \pi \left(\dfrac{2D+d}{6} \right)^2 \times L.$

Par conséquent, un tonneau peut être aussi considéré comme un cylindre ayant pour diamètre le tiers de la somme du double du diamètre du bouge et du diamètre moyen des fonds et pour hauteur la longueur du tonneau.

Exemple. Un tonneau a $1^m,90$ de hauteur, $0^m,61$ pour le diamètre du bouge et $0^m,50$ pour le diamètre moyen des fonds : trouver sa capacité.

Si dans la dernière formule on remplace les lettres par leurs valeurs, on a

$$V = 3,1416 \left(\frac{2 \times 0,61 \times 0,50}{6} \right)^2 \times 0,90 = 0^{m.c.},232 = 232 \text{ litres.}$$

Jauge. Les douaniers, les employés des bureaux d'octroi, les marchands de vin, etc., évaluent la capacité des tonneaux à l'aide d'une tige en fer nommée *jauge* ou *velte.* Pour se servir de la jauge, on l'enfonce jusqu'à l'extrémité inférieure du diamètre de l'un des fonds et même de tous les deux successivement pour s'assurer si la bonde est bien au milieu de la longueur des douves. La jauge porte une graduation qui fait connaître immédiatement la capacité du tonneau.

215. Contenance d'une cuve, d'un cuvier, d'un broc, d'un bidon, etc. Les cuves ont la forme des cuviers ou d'un tonneau : or on sait chercher la capacité d'un cuvier (595) et celle d'un tonneau (214), donc on sait aussi trouver celle d'une cuve.

Les brocs et les bidons ayant toujours une contenance peu considérable, il est important de connaître très-exactement leur capacité : or le moyen le plus prompt et le plus exact est tout simplement de mesurer leur contenance en se servant d'un litre. Sans doute on pourrait, comme l'indiquent des auteurs, les décomposer en figures dont on sait chercher le volume (cylindre, cône, etc.); mais ce procédé nous paraît d'autant plus absurde qu'il est très-long et qu'il ne peut donner qu'une grossière approximation.

216. **CONTENANCE DES CAVES, DES CITERNES, DES FOSSES**, etc. Les caves, les citernes, etc., ont quelquefois la forme de parallélipipède rectangle. Il est évident que, pour trouver leur contenance, il suffit de faire le produit de leurs trois dimensions : ce qui revient à multiplier la surface du mur vertical qui limite l'une des extrémités de la cave par la longueur de celle-ci. Or, quelle que soit la forme de la cave, ou de la citerne, pour en trouver la contenance on a presque toujours à multiplier la surface du mur vertical qui en limite l'une des extrémités par la longueur du réservoir souterrain. Si, par exemple, la voûte se continue jusque sur le sol, la surface du mur vertical de chaque extrémité est un demi-cercle et la contenance à mesurer est celle d'un demi-cylindre. Cette contenance

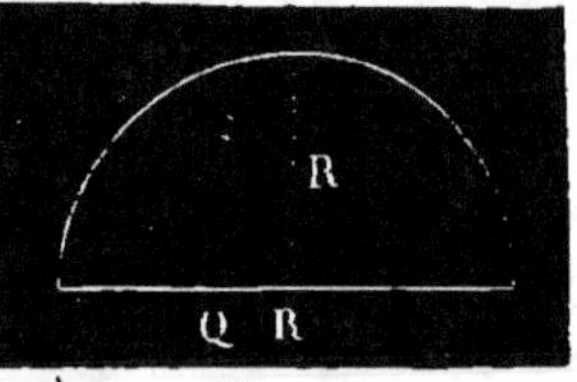

Fig. 105.

sera donnée par la formule $\frac{1}{2}\pi R^2 H$: la largeur de la cave prise sur le sol est 2R et sa longueur est H.

Voici les principales formes qu'affectent les murs verticaux qui sont aux extrémités des caves : un rectangle au-dessus duquel est un demi-cercle, ou un segment de cercle ou une demi-ellipse ; un trapèze au-dessus duquel est un demi-cercle ou un segment de cercle. On sait trouver l'aire de toutes ces figures, on n'éprouvera par conséquent aucune difficulté pour trouver la contenance d'un réservoir souterrain limité ainsi à ses extrémités ; puisqu'en se basant sur le n° 443 il suffira comme nous venons de le dire de multiplier la surface du mur vertical d'une extrémité par la longueur de la cave. Dans es caves, les citernes, etc., il peut se trouver des piliers ou d'autres constructions qui occupent une partie de la contenance à évaluer : on calcule leur volume et on le retranche de la capacité totale.

217. Toisé d'une auge a faces intérieures rectangulaires. Si l'on veut connaître la contenance de l'auge, il suffit de faire le produit des trois dimensions de la partie creusée (440) ; autant de décimètres cubes on trouvera, autant de litres l'auge contiendra. Si l'on veut connaître le volume de la pierre employée, on fait le produit de ses trois dimensions prises à l'extérieur.

218. Calculer la contenance d'un tombereau, d'une caisse de maçon, le volume d'un tas de pierre qui se trouve sur les routes, d'un tas de sable, d'une pile de boulets. On fera usage de la formule trouvée n° 501.

219. Calculer le volume de la maçonnerie d'une tour ronde, d'un puits, de la margelle ronde d'un puits[1]. On fera usage de la formule trouvée n° 592.

220. Calculer le volume de la partie vide d'un moule. Cette partie vide est un anneau cylindrique, un cylindre creux, un tronc de cône creux, etc. Du volume total (partie pleine et vide) on retranche la partie pleine.

221. Volume d'une borne. Une borne est composée de deux parties distinctes, du *dé*, et du *fût*. Le dé étant la partie de la borne destinée à être enfoncée, reste à peu près brut, c'est généralement un parallélipipède à base carrée. Le fût au contraire devant être en évidence est taillé avec soin. Les formes les plus ordinaires des fûts sont celles d'un tronc de cône, ou d'un tronc de cône surmonté d'un segment de sphère. Nous savons calculer le volume d'un parallélipipède, celui d'un tronc de cône et celui d'un segment de sphère, donc nous savons calculer le volume d'une borne comme celle dont il vient d'être question. S'il s'agissait de calculer la surface de la borne la difficulté ne serait pas plus grande, puisque nous savons calculer l'aire de tous les éléments qui composent la borne.

---

1. Cette maçonnerie est ce qu'on appelle souvent un anneau cylindrique.

222. Toisé des murs, des portes, des croisées, des planchers, etc., qui composent un bâtiment. On cherche la superficie des murs pour payer les maçons et les ouvriers qui ont posé les enduits. On évalue la superficie des portes et des croisées pour payer les peintres, celle des planchers pour payer les menuisiers; on calcule souvent aussi le volume des murs pour payer les maçons.

Les figures que les murs représentent sont, en général, des rectangles au-dessus desquels sont des triangles ou des trapèzes, des trapèzes au-dessus desquels sont des triangles ou d'autres trapèzes; or on sait évaluer la superficie de ces figures. On a le volume d'un mur en multipliant la surface d'un côté par son épaisseur (443).

Le toisé des portes et des croisées est facile, elles ont la forme d'un rectangle. Un plancher a en général la même forme; s'il en est autrement, c'est-à-dire si ce n'est ni un carré ni un rectangle, on le décompose en triangles; il est donc toujours aisé d'en avoir la superficie.

223. Évaluer la surface et le volume d'une voute. On cherche la surface et le volume d'une voûte pour payer les maçons, les plâtriers, les peintres, etc.

On distingue différentes espèces de voûtes : *les voûtes en plein cintre ou voûtes en berceaux, les voûtes en dôme, les voûtes surbaissées, les voûtes en arêtes,* etc.

On peut se servir de différentes courbes pour construire les voûtes, mais on emploie le plus souvent des arcs de cercle.

224. *La voûte plein cintre* est celle qui a la même largeur dans toute sa longueur et dont la base est un rectangle; par conséquent, pour avoir sa surface, il suffit de multiplier l'arc *intérieur* de courbure (c'est l'arc intérieur de la section que produirait un plan qui couperait la voûte perpendiculairement au rectangle qui lui sert de base) par la longueur de la voûte. Si les arcs intérieurs et extérieurs sont des demi-cercles, il est évident que le volume de la voûte est la différence de deux demi-cylindres. Si les arcs sont moindres que des demi-cercles, la voûte est une portion d'anneau cylindrique dont il est encore facile d'avoir le volume, car la base de cette portion d'anneau est une partie de couronne dont la surface est la différence des surfaces des secteurs, dont l'arc de l'un est l'arc extérieur de la voûte et l'arc de l'autre l'arc intérieur.

En multipliant la surface de cette partie de couronne par la longueur de la voûte, on aura son volume (443).

225. *Les voûtes en dôme* sont engendrées par la révolution d'un arc de cercle autour de son axe. Lorsque l'arc de cercle générateur est un quart de cercle, le dôme est un hémisphère; si l'arc de cercle est moindre qu'un quart de cercle, le dôme est une zone à une base ou calotte sphérique. Dans tous les cas, on sait comment il faut calculer sa surface intérieure ou extérieure. La demi-somme de ces deux surfaces, multipliée par l'épaisseur de la voûte, donnera très-approximativement son volume, car ce volume peut être considéré comme la réunion d'une infinité de petits troncs de cône, puisqu'une sphère peut être considérée comme composée d'une infinité de cônes. On peut d'ailleurs avoir ce volume exactement en le considérant comme la différence de deux segments sphériques, dont l'un serait engendré par la révolution de l'arc extérieur et l'autre par la révolution de l'arc intérieur.

226. *Les voûtes surbaissées* sont celles dont l'arc est un arc d'ellipse sur sa plus longue dimension. La surface d'une voûte surbaissée s'obtient en multipliant la longueur de l'arc intérieur (213) par la longueur de la voûte. Quant au volume, il est à peu près équivalent à la demi-somme des arcs intérieurs et extérieurs multipliée par l'épaisseur et la longueur de la voûte.

227. *La voûte en arêtes,* employée généralement dans les églises, a une surface divisée en triangles de trois ou quatre espèces; ceux de chaque espèce diffèrent nécessairement très-peu. Il suffit donc de mesurer les parties non comprises par les triangles, et un triangle de chaque espèce, pour être dans la possibilité d'avoir la surface totale. Bien que les côtés des triangles ne soient pas rectilignes, on aura une valeur suffisamment approchée de la surface de l'un d'eux en mesurant exactement ses trois côtés et en cherchant sa superficie d'après la formule trouvée pour les triangles rectilignes (327). La surface de la voûte multipliée par son épaisseur donnera très-approximativement son volume.

228. **Cubage des matériaux, moellons, pierres, sables, etc.** On dispose les matériaux en parallélipipèdes rectangles, on fait le produit des trois dimensions des parallélipipèdes pour avoir leur volume.

Le bois à brûler se dispose et se mesure de la même manière. Dans un grand nombre de villes le bois se vend au poids.

229. On peut aussi disposer les terres et les sables en parallélipipèdes rectangles, mais on leur donne généralement la forme des tas de pierres qui sont sur les routes et on peut obtenir leur volume en se servant de la formule du n° 501. Mais cette formule est un peu longue ; dans la pratique on peut employer le procédé suivant qui donne un résultat suffisant.

On ajoute la longueur de la base inférieure à celle de la base supérieure, on prend moitié de la somme, on prend aussi moitié de la somme des deux largeurs, en multipliant les deux demi-sommes l'une par l'autre, on obtient presque une surface moyenne (surface parallèle à la surface supérieure et inférieure, menée à égale distance de ces deux surfaces) *qu'on multiplie par la hauteur du tas de terre ou de sable ;* on a ainsi approximativement le volume cherché.

230. REMARQUE I. Pour calculer le volume de certains déblais et remblais, de tas de terre, de pierres, de sables, etc., présentant des formes irrégulières, on se contente souvent d'un résultat approximatif. On trouve ce résultat en prenant *à vue d'œil* des mesures qui transforment le tas de terre, de pierres, etc., en une figure dont on sait évaluer le volume. Avec un peu d'exercice on obtient par ce procédé des résultats satisfaisants.

231. REMARQUE II. Pour trouver *exactement* le volume d'un corps irrégulier on peut se reporter au n° 614, ou se servir de cette formule de physique $P = VD$ (le poids d'un corps est égal à son volume multiplié par sa densité) qui donne $V = \dfrac{P}{D}$: le volume d'un corps est donc égal à son poids divisé par sa densité. Le poids d'un corps est facile à obtenir, quant à sa densité, on voit en physique la manière de l'obtenir. (Voir le tableau de la page 479.)

232. RACCORDEMENT DE DEUX DROITES. Lorsqu'une route, un canal ou un chemin de fer doit quitter une direction MA pour prendre une direction BN, il est évident que le changement de direction ne peut avoir lieu en O à la rencontre des lignes MA, BN, car il serait trop brusque. On raccorde généralement les droites par un arc de cercle. Si par exemple on quitte la direction MA au point A, la perpendiculaire AC menée à MA jusqu'à la rencontre de la bissectrice de l'angle AOB sera le rayon de l'arc raccordant les deux directions, car la circonférence décrite du point C comme centre sera tangente aux deux directions et à la direction MA au point A (81 C.). Au lieu de donner le point A, ou la distance AO, on donne plus souvent le rayon AC de l'arc de raccordement. Dans le triangle rectangle AOC on connaîtra AC et l'angle AOC qu'on mesurera sur le terrain, on aura donc les données nécessaires pour construire sur un plan un triangle qui lui sera semblable. Avec le plan on déterminera les distances OC, OA sur le terrain et par conséquent OB qui est égal à OA. Pour tracer l'arc on se servira de son centre s'il n'est pas trop éloigné. S'il est trop difficile de tracer la courbe de raccordement à cause du trop grand éloignement de son centre, il faut recourir à un autre procédé que voici : unissons par une droite les points A et B, déterminés comme il vient d'être indiqué. Soit I un point de l'arc AIB, l'angle OBA a pour mesure la moitié de l'arc AIB (170 C., 4°). Les angles inscrits IAB, IBA ont pour mesure la moitié des arcs IB, IA, ensemble la moitié de l'arc AIB : la somme de ces deux angles inscrits est donc égale à l'angle OBA. Plaçons un graphomètre au point B et en dirigeant l'alidade fixe sur BO, traçons avec l'alidade mobile une direction *quelconque* BI. Transportons ensuite le graphomètre au point A et en dirigeant l'alidade fixe sur AB, faisons un angle IAB égal à l'angle OBI. Le point I ainsi déterminé appartiendra à l'arc, car les angles IBA, IAB étant égaux aux angles IBA, OBI, leur somme égale l'angle OBA. Tout autre point de la courbe se déterminerait de la même manière.

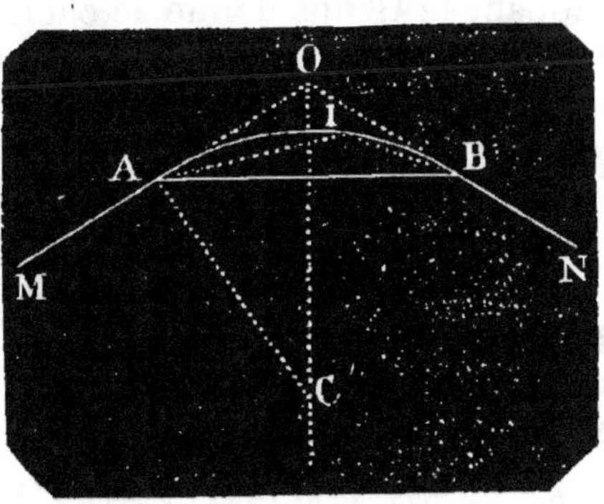

Fig. 106.

233. CALCULER LE VOLUME D'EAU ÉMIS PAR UNE RIVIÈRE. Supposons que l'on veuille calculer le volume d'eau fourni par une rivière en une minute : on peut considérer ce volume comme un prisme ayant pour base une section de la rivière déterminée par un plan vertical perpendiculaire à sa direction et pour hauteur la distance parcourue par l'eau en une minute.

Pour avoir la surface de la section, on suppose une horizontale AB tracée à la surface de l'eau perpendiculairement au sens du courant. On mesure les profondeurs CD, EF... correspondantes à AB, les distances BC, CE... on a ainsi toutes les données nécessaires pour trouver les aires des triangles et des trapèzes qui composent la section, et par conséquent pour trouver l'aire de la section elle-même. En observant

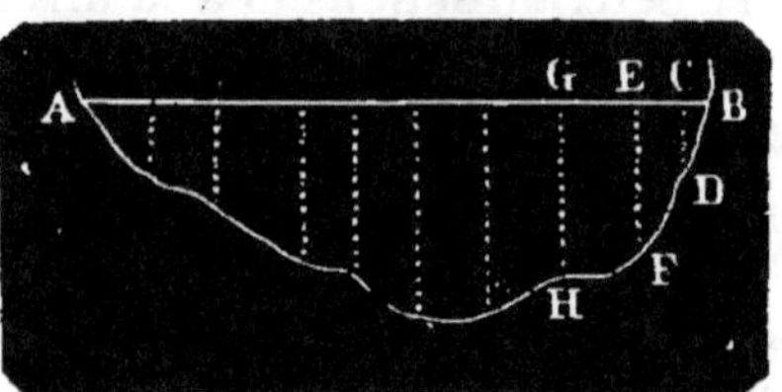

Fig. 107.

pendant le temps donné le chemin parcouru par un flotteur en bois, on aura la hauteur du prisme, et en multipliant cette hauteur, ou la distance observée, par la surface de la section, on aura en mètres cubes la quantité d'eau émise par le courant.

234. Volume des déblais et des remblais. Lorsqu'on trace une route, un chemin de fer, un canal, etc., on a des terres à enlever (*déblais*) dans certaines parties du tracé, et à rapporter (*remblais*) dans d'autres. Pour calculer les déblais et les remblais, on mène des profils en travers (200), qui décomposent les volumes à enlever et à rapporter en prismes droits. Chacun d'eux est considéré comme ayant pour base la demi-somme de deux profils consécutifs et pour hauteur la distance de ces profils. Si, en général, on représente par V le volume d'un déblai ou d'un remblai, par S, S' les surfaces des profils en travers et par d la distance de ces profils, on a

$$V = \frac{S + S'}{2} \times d.$$

Cette formule suppose que les deux profils sont complétement en déblais ou en remblais. Lorsqu'il n'en est pas ainsi, ce qui arrive assez souvent, on peut décomposer le prisme en parties dont on sait calculer le volume.

Quant à la surface des profils, elle est facile à trouver, car ils peuvent se décomposer en triangles et en trapèzes (*fig.* 107).

235. Erreurs dues à la différence de longueur des chaines. On arpente quelquefois un terrain avec une chaîne qu'on n'a pas vérifiée et qui se trouve par suite trop grande ou trop petite. Les surfaces sont alors entachées d'une erreur que l'on rectifie sans *recommencer* l'arpentage. Soit L la chaîne vraie, ou 10 mètres, l la chaîne qui a servi à l'arpentage, S la surface que l'on devrait trouver avec la chaîne L et s celle qui a été trouvée avec la chaîne l. D'ailleurs $L = l \pm$ une longueur facile à trouver.

Il est évident que plus la chaîne l sera petite et plus la surface s sera considérable et réciproquement : donc (319) les surfaces semblables S et s sont réciproquement proportionnelles aux carrés des longueurs, L et l, des chaînes : on a par conséquent

$$\frac{S}{s} = \frac{l^2}{L^2}$$

d'où

$$S = \frac{l^2 \times s}{L^2}$$

DENSITÉ DES PRINCIPAUX CORPS

LIQUIDES

Mercure	13,60	Eau de mer	1,026
Acide sulfurique (huile de vitriol)	1,84	Eau distillée	1,000
Acide azotique (eau forte)	1,22	Vin	0,992
Lait	1,03	Huile d'olive	0,915
		Alcool pur	0,79

SOLIDES

Platine	21,15	Sable fin et sec	1,40
Or	19,36	Chaux éteinte, (pâte ferme)	1,38
Plomb	11,35	Craie	1,25
Argent fondu	10,47	Terre végétale	1,25
Cuivre forgé	8,95	Chêne (cœur à 60 ans)	1,17
Cuivre fondu	8,85	Corps humain	1,066
Cuivre jaune (laiton)	8,43	Cire	0,963
Acier	7,83	Beurre	0,942
Fer	7,79	Hêtre	0,852
Etain	7,29	Chaux vive (sortant du four)	0,82
Zinc	7,19	Noyer	0,685
Antimoine	6,72	Sapin d'Angleterre	0,657
Diamant	3,50	Chêne	0,610
Marbre français	2,71	Bois empilé	0,35 à 0,60
Granit	2,70	Acajou	0,560
Aluminium	2,56	Peuplier blanc	0,387
Soufre	2,07	Liége	0,24
Pierre à bâtir	1,20 à 2,50	*Gazeux*	
Marne	1,60	Poids de 1 litre d'air (1)	1ᵍ,293
Miel	1,45	1 — d'oxygène	1ᵍ,429
		1 — Acide carbonique	1ᵍ,977

(1) A 0° et au niveau de la mer.

TABLEAU DES FORMULES LES PLUS IMPORTANTES

DÉMONTRÉES DANS L'OUVRAGE

—

LIGNES

N°⁰

Le côté du carré inscrit ou $AC = R\sqrt{2}$. 254

Le côté du triangle équilaté-
ral inscrit ou .... $BE = R\sqrt{3}$. 256

Circonférence ou .... $C = 2\pi R$. 262

Rayon ou .... $R = \dfrac{C}{2\pi}$ 272

SURFACES

Rectangle ou .... $R = B \times H$. 283

Carré dont le côté est .... $a = a \times a = a^2$. 285

Parallélogramme ou ...... $P = B \times H$. 286

Triangle ou .... $T = \dfrac{B \times H}{2}$ 288

Losange ou .... $L = \dfrac{D \times d}{2}$ 290

Trapèze ou .... $T = H\left(\dfrac{B+b}{2}\right)$ 293

Polygone régulier ou surface $S = P \times \dfrac{a}{2}$ 301

Cercle .... $= C \times \dfrac{R}{2} = \pi R^2$. 304

Secteur ..... $ACB = AB \times \dfrac{R}{2} = \pi R^2 \times \dfrac{n}{360°}$ 306

Triangle équilatéral dont le
côté est .... $a = \dfrac{a^2\sqrt{3}}{4}$ 316

Hexagone dont le côté est $a = \dfrac{3a^2\sqrt{3}}{2}$ 316

Triangle dont les côtés sont
a, b, c, ou .... $T = \sqrt{p(p-a)(p-b)(p-c)}$. 317

Octogone en fonction du côté
a ou ..... surface octogone $= \dfrac{2a^2\sqrt{2}}{2-\sqrt{2}}$ ou $2a^2(1+\sqrt{2})$. 464

Surface latérale d'un cylindre
ou .... $S = 2\pi RH$. 476

VOLUMES

EXERCICES DE RÉCAPITULATION [1]

Livre I

809. Si, dans un triangle ABC, rectangle en A, l'hypoténuse BC est le double du côté AB, l'angle $C = \frac{1}{3}$ d'angle droit ; et réciproquement, si $C = \frac{1}{3}$ d'angle droit, BC est le double de AB.

810. Trouver, sur l'un des côtés d'un angle ABC, un point O également distant du second côté et d'un point E donné sur le premier.

811. Dans un triangle quelconque, la somme des médianes est comprise entre le périmètre du triangle et les $\frac{3}{4}$ de ce périmètre.

812. Dans un triangle quelconque, une bissectrice intérieure quelconque ne surpasse pas la médiane correspondante.

813. Dans un triangle quelconque, la somme des bissectrices est plus petite que le périmètre et plus grande que le demi-périmètre du triangle.

814. De tous les triangles formés avec un angle donné A, compris entre deux côtés dont la somme est constante, le triangle isocèle ABC est celui dont le périmètre est un minimum.

815. Sur une droite donnée AB, trouver un point M tel que la différence de ses distances à deux points donnés C, D, situés de part et d'autre de AB, soit un maximum.

816. Sur le côté AB d'un triangle, trouver un point tel que la somme de ses distances aux deux autres côtés soit un minimum.

817. Dans le plan d'un triangle, trouver un point tel que la somme de ses distances aux trois côtés du triangle soit un minimum.

818. Le point I étant le milieu de la base AB d'un triangle isocèle ABC, et M un point pris à volonté sur le côté AC, démontrer que la différence des longueurs AB et AM est plus grande que celle des longueurs IB et IM.

819. Si l'on mène les bissectrices des angles extérieurs d'un triangle ABC, les trois triangles partiels et le triangle total qu'elles déterminent autour du triangle ABC sont équiangles. Chaque angle du triangle ABC a pour supplément le double de l'angle qui lui est opposé dans le triangle total.

---

(1) La plupart de ces exercices ont été donnés aux examens.

820. On prolonge les côtés d'un quadrilatère quelconque, ABCD ; on mène les bissectrices des deux angles nouveaux ainsi formés. On se propose de démontrer que l'angle FGE des bissectrices est égal à la demi-somme des angles opposés DAB, BCD.

821. Soient D, E, F les milieux respectifs des côtés BC, AC, AB d'un triangle ABC, et la parallèle DG à la médiane CF, menée jusqu'à la rencontre de EF prolongée : démontrer que les trois côtés du triangle ADG sont respectivement égaux aux trois médianes du triangle ABC.

822. Étant données deux parallèles et deux points A et B, situés hors de ces parallèles et de côtés différents, trouver le plus court chemin de A en B par une ligne brisée ADCB telle que la portion CD comprise entre les parallèles ait une direction donnée xy.

823. On a trois carrés égaux M, N, P ; on mène une diagonale dans chacun des deux premiers, on applique ensuite les hypoténuses des quatre triangles rectangles ainsi obtenus sur le côté du troisième carré. Démontrer que les droites qui joignent deux à deux les sommets des angles droits des quatre triangles forment un quadrilatère égal à la somme des trois carrés donnés, et que ce quadrilatère est lui-même un carré.

Livre II

824. Étant donné un triangle ABC, on mène les bissectrices des suppléments des angles A et B, lesquelles se coupent au point O : prouver que la droite qui joint ce point au centre du cercle inscrit au triangle passe par le troisième sommet C.

825. Construire un triangle connaissant un angle A adjacent à la base, la hauteur h et le périmètre $2p$.

826 Construire un triangle connaissant un côté et deux médianes.

827. Construire un triangle connaissant deux cercles exinscrits.

828. Lorsque dans un triangle deux bissectrices sont égales, le triangle est isocèle.

829. Prouver que quand plusieurs cordes d'un cercle suffisamment prolongées concourent en un même point, leurs milieux sont situés sur la circonférence d'un autre cercle.

830. Les trois côtés AB, AC, BC d'un triangle ABC sont respectivement : $41^m,20$, $51^m,40$, $50^m,60$: trouver les valeurs des 6 segments AD, BD, BE, EC, CF, AF déterminés sur ces côtés par le cercle inscrit au triangle.

831. Construire un cercle passant par un point donné et tangent à un cercle en un point donné.

832. Étant donnés de position une droite xy et un point O, décrire de ce point comme centre une circonférence qui coupe la droite xy en deux points A et B, de manière qu'en joignant un point quelconque du segment AMB aux points A et B, tous les angles ainsi formés soient égaux à un angle donné.

833. Étant données deux circonférences O et O' qui se coupent en A et B, on joint un point quelconque C de la circonférence O aux points A et B, et on prolonge les droites jusqu'à leur rencontre avec la circonférence O' en D et en F. On tire les droites BD et AF : démontrer que l'angle AGB est constant, quelle que soit la position du point C sur la circonférence O.

834. Lorsque deux circonférences se coupent, la droite qui joint les extrémités de deux diamètres partant de l'un des points d'intersection : 1° est perpendiculaire à la corde qui joint ces points; 2° passe par l'autre point d'intersection; 3° cette droite est la plus grande ligne qu'on puisse mener par cet autre point d'intersection entre les circonférences.

835. A un cercle O, inscrit dans un angle A, on mène des tangentes intérieures ou extérieures. Démontrer : 1° que les tangentes intérieures BC (BC est une quelconque de ces tangentes) déterminent des triangles qui ont même périmètre; 2° que les tangentes extérieures ID (ID est une quelconque de ces tangentes) déterminent des triangles dont l'excès du demi-périmètre sur le côté ID est constant; 3° que si l'on joint le centre aux extrémités des tangentes intérieures ou extérieures, on obtient des angles constants pour chaque espèce de tangente; 4° que les angles au centre pour la tangente extérieure et pour la tangente intérieure sont supplémentaires.

836. Deux circonférences qui se coupent étant données, mener, par l'un des points d'intersection, une sécante commune d'une longueur donnée l.

837. Trouver le lieu des points d'où l'on voit une droite AB sous un angle donné.

838. Circonscrire à un triangle ABC un autre triangle DEF égal à un triangle donné D'E'F'.

839. Par un point A, situé hors d'une circonférence, mener une sécante qui soit divisée par la circonférence en deux parties égales.

840. Trouver le lieu géométrique des milieux des cordes d'un cercle issues : 1° d'un point hors du cercle; 2° d'un point pris sur la circonférence; 3° d'un point pris dans l'intérieur du cercle.

841. Décrire, avec un rayon donné, une circonférence passant par un point donné, et tangente à une circonférence donnée.

842. Décrire, avec un rayon donné, une circonférence tangente à deux circonférences données.

843. Construire un triangle équilatéral ayant ses sommets sur trois parallèles données.

Livre III

844. Les deux segments d'une droite donnent un produit

maximum lorsque la droite est divisée en deux parties égales.

845. Dans un triangle ABC, rectangle en A, on abaisse la perpendiculaire AH sur l'hypoténuse BC; on représente par c et b les côtés AB, AC : on propose de trouver, au moyen de ces données, les deux segments de l'hypoténuse ainsi que la hauteur.

846. Le rayon de la surface des mers supposée sphérique est de 6 366 198^m. A quelle distance peut s'étendre en pleine mer la vue d'un observateur placé au sommet d'une tour à 50^m au-dessus du niveau de l'eau ?

847. Deux cordes AB, CD se coupent en un point O; les deux parties OA, OB de la première corde sont respectivement égales à 1^m,20 et 2^m,10 ; la différence entre les parties OC et OD de la deuxième corde est 1^m,84 : on demande la longueur de cette corde.

848. Construire un triangle connaissant les trois hauteurs.

849. Calculer le côté et l'apothème du dodécagone régulier inscrit en fonction du rayon du cercle. Application des deux formules dans le cas où R = 3^m.

850. Si l'on fait rouler un cercle dans un autre cercle de rayon double, de manière qu'ils soient toujours tangents, un point de la circonférence du cercle mobile décrira un diamètre du cercle fixe.

851. On donne un cercle dont le rayon a 26^m; on y inscrit une corde CD de 24^m; cette corde divise en deux parties le diamètre AB qui lui est perpendiculaire : on demande les deux segments du diamètre.

852. 1° Doubler une ligne donnée, n'ayant pas d'autre instrument que le compas; 2° faire un carré avec le compas seulement.

853. Les triangles semblables ABC, abc ont leurs côtés parallèles, savoir AB parallèle à ab, BC parallèle à bc, AC parallèle à ac; prouver que les trois droites Aa, Bb, Cc vont concourir en un même point.

854. Sur le diamètre AB d'un cercle on prend deux points C et D à égale distance du centre : démontrer que si l'on joint les deux points C et D à un point quelconque M de la circonférence, la somme $\overline{CM}^2 + \overline{MD}^2$ sera toujours la même quel que soit le point M.

855. Démontrer que la somme des côtés du carré et du triangle équilatéral inscrits dans un même cercle surpasse la moitié de la circonférence de ce cercle d'une quantité moindre que $\frac{1}{2}$ centième du rayon.

856. On construit un triangle rectangle dont les côtés de l'angle droit sont égaux au diamètre d'une circonférence et à l'excès du triple du rayon sur le tiers du côté du triangle équilatéral inscrit : démontrer que l'hypoténuse de ce triangle rectangle représente, à 0,0001 du rayon, la moitié de cette circonférence.

857. Étant données deux circonférences tangentes extérieurement, on mène une sécante commune passant par le point de contact. Démontrer que les cordes sont entre elles comme les rayons ; trouver en outre le moyen de mener par le point de contact une sécante qui produise deux cordes dont la somme soit égale à une ligne donnée.

858. Étant donnés deux cercles sécants, démontrer que si par un point quelconque C du prolongement de la corde commune on mène deux sécantes de même grandeur, une dans chaque cercle, les parties intérieures FD et GK sont égales : calculer la longueur commune des deux parties dans l'hypothèse où $AB=40^m$, $CB=20^m$, $CD=35^m$.

859. Étant donnés un cercle de rayon R et un triangle équilatéral ABC inscrit dans le cercle, on joint le point D, milieu de l'arc ADC, au point F, milieu de BC, on prolonge jusqu'en G : on demande de calculer DG et les deux segments DF et FG.

860. AB et AC sont les côtés égaux d'un triangle isocèle ABC inscrit dans une circonférence. On prend sur BC un point quelconque D entre B et C, et on mène la droite AD qu'on prolonge jusqu'en F, où elle rencontre la circonférence : prouver que AB est moyenne proportionnelle entre AD et AF.

861. D'un point O, pris dans le plan d'un triangle ABC, on abaisse des perpendiculaires sur les trois côtés ; on détermine six segments tels que la somme des carrés de ceux qui n'ont pas d'extrémités communes est égale à la somme des carrés des autres.

862. La somme des carrés de deux cordes perpendiculaires est égale à 8 fois le carré du rayon, moins 4 fois le carré de la distance du centre au point d'intersection des deux cordes.

863. Dans tout triangle, la distance des centres de la circonférence inscrite et de la circonférence circonscrite est moyenne proportionnelle entre le rayon de celle-ci et l'excès de ce rayon sur le double du rayon de la première.

864. Par deux points donnés sur une circonférence, mener deux cordes parallèles dont la somme l soit donnée.

865. Trouver le lieu des points dont les distances à deux droites données AB, AC, sont dans un rapport constant $\dfrac{m}{n}$.

866. Dans tout triangle, si l'on joint le sommet A à un point quelconque M de la base BC, on a la relation :

$$\overline{AB}^2\, CM + \overline{AC}^2\, BM = BC\,(\overline{AM}^2 + BM\, CM).$$

867. Si, par un point pris en dehors d'un cercle, on mène deux sécantes également distantes du centre, les diagonales du quadrilatère formé par les points d'intersection se coupent en un point constant.

868. On donne deux points A et B, sur une parallèle à une ligne donnée xy, leur distance $AB=2a$, la distance des deux parallèles est b : on demande à quelle distance de la droite AB se trouve le centre du cercle qui passe par les deux points, A et B et est tangent à la droite xy.

869. Étant donné un cercle, on demande de déterminer, sur sa tangente au point A, un point T tel que si par ce point on mène une droite passant par le centre du cercle et rencontrant la circonférence en deux points M,M , la partie TM soit égale au diamètre MM'. Application : $R = OA = 3^m,015$.

Livre IV

870. Dans un triangle quelconque ABC, les milieux a, b, c des côtés, les pieds l, m, n des hauteurs, les milieux p, q, r des distances qui séparent les sommets A, B, C du point de concours H des hauteurs, sont 9 points situés sur une même circonférence ; le centre O' de cette circonférence est le milieu de la droite qui unit le centre O du cercle circonscrit au triangle au point de concours H des hauteurs, et son rayon est égal à la moitié du rayon de ce cercle.

871. On a mesuré une longueur de $360^m,40$. La chaîne vérifiée seulement après le mesurage se trouve n'avoir que $9^m,94$: on demande la longueur réelle.

872. Former avec les diverses parties d'un carré décomposé : 1° 3 carrés égaux ; 2° en 8 carrés égaux.

873. Étant donnés les côtés de deux triangles équilatéraux respectivement égaux à $43^m,56$ et à $18^m,35$, on demande de calculer à 0,01 près le côté d'un triangle équivalent aux ^{2} du premier, plus aux $\frac{3}{5}$ du second.

874. Les deux côtés de l'angle droit d'un triangle rectangle étant 1 et 2 : calculer à 0,01 près la valeur du rayon du cercle inscrit.

875. Trouver la surface d'un hexagone en fonction de son apothème.

876. Partager un triangle ABC, dans un rapport donné, par une droite MN parallèle à une direction donnée.

877. Déterminer la surface d'un trapèze en fonction de ses quatre côtés.

878. La projection horizontale d'un rectangle incliné régulièrement a 400^{mq} de surface; la hauteur a 8^m de plus que la base, la différence de niveau entre les deux extrémités de la base est de 3^m : on demande la superficie réelle du rectangle.

879. 1° Construire sept hexagones réguliers égaux de manière que six d'entre eux aient deux sommets situés sur une circonférence donnée et un côté commun avec le 7° qui doit avoir le même centre; 2° prouver que le polygone concave formé des sept hexagones est équivalent à l'hexagone régulier inscrit dans la circonférence donnée.

880. Si sur les trois côtés d'un triangle rectangle on construit des demi-circonférences, les deux surfaces comprises respectivement entre la grande circonférence et les deux petites équivalent ensemble à l'aire du triangles (*Les deux surfaces dont il s'agit sont connues sous le nom de lunule d'Hippocrate.*)

881. Étant donné un hexagone régulier ABCDEF, on joint les sommets de deux en deux par des diagonales : 1° démontrer que le polygone *abcdef* formé par les intersections des diagonales consécutives est régulier; 2° trouver le rapport de la surface de ce polygone à celle de l'hexagone donné.

882. Calculer l'aire d'un cercle tel que la surface de l'hexagone régulier inscrit dans ce cercle soit 4^{mq}.

883. Transformer un triangle quelconque en un triangle isocèle qui lui soit équivalent et qui ait avec lui un angle commun. Déterminer le nombre de solutions.

884. 1° Trouver en fonction du côté c d'un carré le côté de l'octogone régulier inscrit dans ce carré; 2° trouver la surface dans le cas où $c = 4^m$.

885. Un triangle ABC étant donné, on propose de mener, du sommet C, deux droites CM et CN qui partagent le triangle en trois autres dont les surfaces soient entre elles comme 1,2, 3.

886. Étant donné un point sur l'un des côtés d'un triangle, mener par ce point une ligne qui partage le triangle en deux parties équivalentes.

887. Sur chacun des côtés d'un carré comme diamètres et dans l'intérieur de la figure, on décrit des demi-circonférences qui déterminent 4 feuilles dont on demande la surface. Application : rayon $= 1$ décimètre.

888. Inscrire à un triangle un rectangle équivalent à un carré donné m^2.

889. D'un point B pris sur le côté AB de l'angle droit FAB on abaisse BC perpendiculaire sur la bissectrice AG, on prend CK = CG, et des points G et K on mène les perpendiculaires GF et KL sur AF, on tire KB et GB : on propose de démontrer que la surface du triangle KBG est équivalente à celle du trapèze LGKF.

890. Si l'on prolonge les côtés d'un triangle équilatéral d'une quantité égale à eux-mêmes et qu'on joigne les extrémités de ces prolongements, il en résultera un hexagone irrégulier dont les trois grands côtés seront doubles des petits, la hauteur triple decelle du triangle et la surface vaudra treize fois celle du triangle.

891. De tous les triangles formés avec deux côtés donnés, le maximum est celui dans lequel ces deux côtés sont perpendiculaires l'un à l'autre.

892. Le cercle est plus grand que toute figure isopérimètre.

893. Parmi toutes les figures équivalentes, le cercle a le périmètre minimum.

894. De tous les triangles isopérimètres et de même base, le maximum est le triangle isocèle.

895. Tout polygone de n côtés qui a une surface maximum dans un périmètre donné, est convexe.

896. Tout polygone qui contient un angle rentrant peut être transformé en un polygone ayant une surface plus grande, le même périmètre et un côté de moins.

897. De tous les polygones isopérimètres et d'un même nombre de côtés, le polygone maximum est régulier.

898. De tous les polygones équivalents et d'un même nombre de côtés, le polygone régulier a le périmètre minimum.

899. De deux polygones réguliers isopérimètres, le maximum est celui qui a le plus grand nombre de côtés.

900. De tous les rectangles isopérimètres, quel est le maximum?

901. De tous les rectangles de même surface, lequel a le périmètre minimum?

902. Quel est le rectangle maximum qu'on puisse inscrire dans un carré ?

903. Inscrire dans un carré dont le côté est a le carré minimum.

904. Inscrire dans un cercle le rectangle maximum.

905. Inscrire dans un triangle le rectangle maximum.

906. Trouver parmi les triangles isopérimètres le triangle maximum.

907. De tous les triangles rectangles de même hypoténuse quel est le maximum en surface ?

908. De tous les triangles isocèles inscrits dans un cercle, quel est le maximum en surface?

909. Trouver le trapèze maximum inscrit dans un demi-cercle.

910. Sur la ligne $AB = 1^m$, on prend un point O entre A et B; on construit le triangle équilatéral AOE sur la partie AO, et le carré OBCD sur la partie OB. Cela posé, la surface du pentagone ABCDE dépend de la position du point O sur AB, et l'on demande : 1° de déterminer la position du point O qui convient au maximum ou au minimum du pentagone ABCDE; 2° de calculer les surfaces maximum ou minimum à 0,001 près.

911. Par un point A pris sur la circonférence d'un cercle, on mène des cordes qu'on prolonge de l'autre côté du point de quantités égales à elles-mêmes : on demande de prouver que les points ainsi déterminés sont sur une autre circonférence de cercle : on demande en outre le rapport des surfaces des deux cercles.

912. Décrire une circonférence tangente intérieurement à un cercle donné, de manière que la surface de ce cercle soit divisée en deux parties proportionelles à deux longeurs données.

913. On suppose qu'un plan donné renferme, avec une circonférence de cercle, deux pentagones réguliers, l'un inscrit, l'autre circonscrit. On demande : 1° le rayon du cercle dans le cas où la différence entre les périmètres des deux pentagones est de 1^{dm}; 2° dans le cas où l'aire comprise entre ces deux périmètres est de 1^{dmq}.

914. Partager un polygone ABCDE en 5 parties porportionnelles à des lignes données, par des droites partant du sommet A.

915. Partager le même polygone en 5 parties équivalentes par des lignes partant d'un point intérieur O.

915 bis. Inscrire à un cercle donné un trapèze ayant une hauteur donnée h et équivalent à un carré m^2.

Livre VI

916. D'un sommet A d'un rectangle on abaisse la perpendiculaire AO sur la diagonale BD, on mène OG, OF respectivement perpendiculaires aux côtés BC et DC. 1° Démontrer les égalités $\dfrac{\overline{AB}^3}{\overline{AD}^3} = \dfrac{\overline{OC}}{\overline{OF}}$ et $\overline{AO}^3 = BD \times OG \times OF$; 2° déduire de ce qui précède un moyen de construire une droite qui soit à une droite donnée dans le même rapport que deux cubes donnés; 3° prouver que les lignes DF, BG sont deux moyennes proportionnelles entre OF et OG ou que $\dfrac{OF}{DF} = \dfrac{DF}{BC} = \dfrac{BC}{OC}$.

917. De tous les parallélipipèdes rectangles isopérimètres, quel est celui dont le volume est maximum?

918. De tous les parallélipipèdes rectangles ayant même surface, quel est celui qui a le volume maximum?

919. Quel est le prisme maximum qu'on peut déduire d'une pyramide par une section parallèle à la base?

920. On donne un prisme triangulaire droit qui a une hauteur de $3^m,80$; sur l'une des arêtes, à partir de la base, on prend une hauteur représentée par x, sur une autre arête on prend une hauteur de $1^m,20$ de plus, et sur la troisième une hauteur de $1^m,30$ de plus; par les extrémités de ces trois hauteurs, on mène un plan, qui divise le volume du prisme en deux parties : comment faut-il prendre la première hauteur pour que les deux parties soient équivalentes ?

921. La hauteur d'un prisme creux est $0^m,1$; chaque base est un rectangle dont l'un des côtés est double de l'autre et la surface totale égale 28^{emq}. On demande : 1° l'aire de chaque base; 2° l'aire de chaque face latérale ; 3° le poids à 0° du mercure contenu dans ce prisme. On prendra 13,6 pour la densité de ce liquide.

922. Trouver le volume de l'octaèdre régulier en fonction de son arête a.

923. Les longueurs des arêtes d'une pyramide triangulaire SABC sont :

AB $= 2^m,43$;		SA $= 4^m,18$;
AC $= 3^m,15$;		SB $= 4^m,45$;
BC $= 3^m,54$;		SC $= 4^m,78$.

Trouver le volume de cette pyramide et le rayon de la sphère équivalente.

Livre VII

924. Lorsque la hauteur d'un tronc de cône est égale à 4 fois la différence des rayons de ses bases, son volume est la différence des volumes de deux sphères construites avec ces rayons.

925. La surface totale d'un cône est S′ et sa génération A : trouver son volume : $S' = 4^{mq}$ et $A = 1^m$.

926. AB est le diamètre d'une sphère; on veut mener un plan perpendiculaire à ce diamètre de telle sorte que la surface de la sphère soit partagée en deux parties qui aient entre elles le rapport de 2 à 3 ; par quel point du diamètre AB faut-il mener ce plan?

927. Un verre à pied de forme conique a $0^m,08$ de diamètre au bord supérieur et $0^m,12$ de hauteur. Il est rempli par du mercure et de l'eau pure dans des proportions telles que le poids du mercure est triple du poids de l'eau. La densité du mercure est 13,598 : on demande l'épaisseur de chaque couche liquide.

928. Le rayon de la base d'un cône égale 4^m, la hauteur de ce cône égale 6^m. On fait à 2^m du sommet une section parallèle à la base : trouver la surface du tronc de cône ainsi obtenu.

929. Le diamètre d'une sphère égale 4^m, une corde parallèle à ce diamètre égale 2^m : on demande la surface engendrée par cette corde tournant autour du diamètre.

930. Trouver le volume d'une sphère, étant donnée une zone dont la hauteur est égale à $0^m,47$ et la surface 2^{mq}.

931. Le rayon d'une sphère étant égal à 1, calculer à 0,001 près la hauteur d'un cône dont la base est un petit cercle, dont le sommet est au centre de la sphère et dont la surface latérale est égale au $\frac{1}{10}$ de la sphère.

932. Un tronc de cône a 2^m de hauteur : trouver le volume de ce tronc sachant que la différence entre le carré de la somme des rayons des bases et le produit des mêmes rayons$=1^m$.

933. Une machine soufflante lance 14^{kg} d'air par minute. Cette machine se compose d'un cylindre dont le diamètre intérieur égale $0^m,75$; la course du piston est de $0^m,50$: combien dure chaque coup de piston, sachant que 1^{mc} d'air pèse 1298 grammes?

934. Un gramme de mercure occupe dans un tube capillaire une longueur de $0^m,007$: quel est le diamètre intérieur de ce tube, la densité du mercure étant 13,596.

935. Une boule de verre pèse 1 kil. : quelle est sa surface, sachant que la densité du verre est 2,7 ?

936. On plonge par le sommet, dans du mercure dont la densité est 13,596, un cône de fer ayant 22^{cm} de hauteur, le rayon de la base du cône est $0^{cm},5$ et la densité du fer 7,788. De combien le cône s'enfoncera-t-il dans le mercure?

937. Un morceau de bois dont la densité est 0,729 a la forme d'un cône droit. On le fait flotter sur l'eau de manière que le cône soit vertical, en mettant d'abord le sommet en bas, puis le sommet en haut. On demande : 1° quelle fraction de la hauteur du cône s'enfoncera dans l'eau dans la première position ; 2° quelle fraction de cette même hauteur s'enfoncera dans la seconde?

938. Un creuset ayant la forme d'un tronc de cône a $0^m,04$ de diamètre au fond, $0^m,07$ de diamètre au bord supérieur et $0^m,10$ de hauteur. Ce creuset contient du métal en fusion dont la surface supérieure a $0^m,06$ de diamètre; on veut couler ce métal dans un moule sphérique : quel devrait être le rayon de ce moule, pour que le métal le remplît entièrement?

939. Un réservoir a la forme d'un tronc de cône. La base inférieure a $0^m,50$ de rayon, la surface supérieure de l'eau contenue dans ce réservoir a $0^m,80$ de rayon et la hauteur de l'eau est $1^m,50$. On laisse tomber dans le réservoir un cube de $0^m,40$ de côté. A quelle hauteur s'élèvera le niveau de l'eau?

940. La surface totale d'un cylindre circonscrit à une sphère est moyenne proportionnelle entre la surface de la sphère et la surface totale du cône équilatéral circonscrit. Il existe la même relation entre les volumes de ces trois corps.

941. Le côté d'un hexagone régulier égale 1^m : on demande de calculer à $0,001$ près le volume engendré par l'hexagone régulier tournant autour d'un de ses côtés.

942. La surface de la sphère est moyenne proportionnelle entre les surfaces engendrées par deux polygones réguliers semblables, d'un nombre pair de côtés, inscrits et circonscrits au même grand cercle, et tournant autour du même diamètre.

943. Inscrire dans une sphère un cylindre droit dont la somme de ses deux bases soit égale à sa surface latérale.

944. Inscrire dans une sphère un cône dont la surface latérale soit équivalente à celle de la calotte sphérique se terminant au même cercle.

945. Mener à une sphère deux sections parallèles et également éloignées du centre de cette sphère, de manière que la somme des surfaces des deux sections soit égale à la surface de la zone déterminée par ces sections.

946. Inscrire dans une sphère un cône dont la base soit équivalente à la moitié de la surface latérale.

947. Faire passer une sphère par quatre points non situés dans le même plan.

948. Une sphère de bois s'enfonce des 5/3 de son rayon dans de l'eau pure : calculer la densité de ce bois.

949. Inscrire dans une sphère un cône équivalent au segment sphérique adjacent.

950. Inscrire dans une sphère un cylindre droit ayant un rapport donné m avec la somme des deux segments sphérique adjacents.

951. Dans un cercle donné, mener à angle droit deux diamètres AB, CD ; par le point A mener la tangente AE ; on mènera aussi la corde CB que l'on prolongera jusqu'à son intersection E avec la tangente. Entre les droites AE, EC et l'arc AC, une certaine figure est comprise. On suppose que cette figure fait une révolution complète autour de AB : on demande le volume ainsi engendré par cette figure. Appl.: R=1^m,35.

952. Une sphère étant donnée, menez un rayon quelconque et un plan perpendiculaire au milieu de ce rayon ; ce plan partagera la sphère en deux segment. Supprimez le petit segment et remplacez-le par un cônedroit de même base que se segment supprimé. On demande à quelle distance doit être placé le sommet du cône pour que le corps ainsi composé d'un cône et d'une partie sphérique ait la même surface que la sphère.

953. Trouver en fonction de l'arête *a* d'un tétraède le rayon de la sphère inscrite et celui de la sphère circonscrite.

954. Un aéronaute est à 10 kilomètres de la terre : quelle surface peut-il apercevoir, le rayon de la terre étant égal à 6,366 kilomètres.

955. Inscrire dans une sphère le parallélipipède maximum.

956. Inscrire dans une sphère le cône maximum.

957. Inscrire dans un cône le cylindre maximum.

958. Inscrire dans une sphère le cylindre maximum.

959. Circonscrire à une sphère le cône minimum.

Livre VIII

960. Le carré de la distance du foyer F de l'ellipse à une tangente et le carré de la moitié du petit axe sont dans le même rapport que les rayons vecteurs FM, F'M du point de contact M de la tangente.

961. 1° Les deux tangentes OT, OT' à l'ellipse partant d'un point extérieur O font des angles égaux FOT, F'OT' avec les droites qui joignent le point O aux foyers ; 2° la droite OF est bissectrice de l'angle TFT' des rayons vecteurs menés d'un même foyer aux deux points de contact.

962. Lorsqu'un angle est circonscrit à une ellipse, la portion d'une tangente mobile comprise entre les côtés de cet angle est vue de chaque foyer sous un angle constant.

963. Le produit des segments interceptés par le grand axe d'une ellipse et une tangente mobile sur les deux tangentes menées aux extrémités du grand axe est égal à b^2.

FIN DES ÉLÉMENTS DE GÉOMÉTRIE

TABLE DES MATIÈRES

Paris. — Imprimerie VIÉVILLE et CAPIOMONT, rue des Poitevins, 6.

www.ingramcontent.com/pod-product-compliance
Lightning Source LLC
LaVergne TN
LVHW020249060726
842525LV00001B/187